SCHÄFFER
POESCHEL

Robindro Ullah / Michael Witt

Praxishandbuch Recruiting

Grundlagenwissen, Prozess-Know-how, Social Recruiting

2015
Schäffer-Poeschel Verlag Stuttgart

FSC MIX Papier aus verantwortungsvollen Quellen FSC® C089473

Gedruckt auf chlorfrei gebleichtem, säurefreiem und alterungsbeständigem Papier

Bibliografische Information der Deutschen Nationalbibliothek
Die Deutsche Nationalbibliothek verzeichnet diese Publikation in der Deutschen Nationalbibliografie; detaillierte bibliografische Daten sind im Internet über
http://dnb.d-nb.de abrufbar.

ISBN 978-3-7910-3402-7 Bestell-Nr. 20857-0001
EPDF 978-3-7992-6943-8 Bestell-Nr. 20857-0150

www.schaeffer-poeschel.de
info@schaeffer-poeschel.de

Einbandgestaltung: Willy Löffelhardt (Abbildung: Shutterstock)
Satz: Claudia Wild, Konstanz
Druck und Bindung: BELTZ Bad Langensalza, Bad Langensalza

Printed in Germany
Juni 2015

Schäffer-Poeschel Verlag Stuttgart
Ein Tochterunternehmen der Haufe Gruppe

Inhaltsverzeichnis

1 Einleitung

Die Bedeutung des Themas Personalgewinnung wuchs in den letzten Jahren fast schon zu einem Hype heran, dem man nicht entfliehen konnte. Eine Vielzahl von Medien berichten von einem Fachkräftemangel, aufgrund dessen wir in den kommen Jahren erhebliche Wirtschaftseinbußen zu erwarten hätten. Gar sprechen manche vom Aus der einst florierenden deutschen Wirtschaft. Die Gründe sind bekannt und liegen, so die allgemeine Meinung, auf der Hand: Sie lassen sich unter anderem auf die demografische Entwicklung, die nachkommenden geburtenschwachen Jahrgänge, die Globalisierung von Absatz- und auch Arbeitsmärkten und nicht zuletzt auf die fortschreitende Technisierung der Arbeitswelt, die neue uns derzeit unbekannte Berufsbilder hervorbringt, zurückführen. Der Produktivfaktor »menschliche Arbeit« wird also knapp und dies bei einer steigenden Nachfrage an gut ausgebildeten Mitarbeiterinnen und Mitarbeitern. Der Kampf, der »War for Talents«, der zwischen Unternehmen um diese begehrenswerten Gruppen konstatiert wird, hat begonnen und der Kriegsschauplatz ist der Arbeitsmarkt. Jedoch sprechen bereits einige vom Ende des »War for Talents«. Denn die Talente haben den Krieg gewonnen und die Unternehmen müssen sich diesen beugen. Eine von vielen Interpretationen dessen, was heute auf dem Arbeitsmarkt in Deutschland geschieht. Letztlich ist es aber so: Das Überleben eines Unternehmens hängt längst nicht mehr nur von seiner Innovationskraft und seinen guten Produkten ab. Die Fähigkeit, sich selbst zu regenerieren wie ein lebender Organismus, ist die Basis und der Hauptbestandteil eines jeden erfolgreichen Unternehmens geworden. Wie gut ein Unternehmen darin ist Talente zu rekrutieren und zu halten, entscheidet langfristig über seinen Erfolg oder Misserfolg am Markt in einer globalen Wirtschaft. Es ist diese eine Ressource, die nahezu alle Unternehmen miteinander verbindet, deren Bedeutung ins Unermessliche gestiegen ist: die Mitarbeiterinnen und Mitarbeiter. Die Gesellschaft und die Unternehmen haben diesbezüglich einen Paradigmenwechsel vollzogen, der sich schlussendlich in einer Umkehrung des Arbeitsmarktes ausdrückt. Der ehemalige Arbeitgebermarkt ist zum Bewerbermarkt avanciert und unterliegt nicht länger den einstweiligen Gesetzmäßigkeiten der marktdominierenden Unternehmen. Die Marktmacht hat sich gewandelt. Unzählige Beispiele in diesem Handbuch werden Sie an diesen Satz erinnern.

Den Umgang mit der Veränderung der Gesetzmäßigkeiten auf dem Arbeitsmarkt und den damit verbundenen Anpassungen von Prozessen, Gedanken und Einstellungen werden wir auf den nachfolgenden Seiten ausführlich besprechen und Ihnen praxistauglich darlegen. Das Buch setzt dort an, wo wir uns schon vor Jahren hätten hinbegeben sollen: an der Professionalisierung des Recruitings. Die Bedeutung der Personalgewinnung auf das operative Geschehen in Unternehmen wiegt schwerer denn je und eine der direkten und logischen Konsequenzen ist es, eine Spezialisierung des Fachgebietes Recruiting durchzuführen. Spezialisierung bedeutet in diesem Zusammenhang, dass Sie nicht länger die Gewinnung von Personal als Mitläufer-Aufgabe in Personalunion betrachten, sondern als eine Ihrer kritischen und geschäftsbezogenen Funktionen. Wir wollen Ihnen gern dabei helfen, den Weg der Professionalisierung zu gehen. Im Fokus haben wir hierbei vor allem die kleinen und mittelständischen Unternehmen, denen oftmals die Kapazitäten fehlen, um die notwendige Grundlagenarbeit durchzuführen. Aber auch in Konzernen findet man häufig noch Prozesse vor, die beispielsweise nicht aus Sicht der Kandidaten und Bewerber durchdacht und umgesetzt wurden. Das Praxishandbuch Recruiting gibt Ihnen die richtigen Denkanstöße, um genau diesen Prozess in Bewegung zu setzen: den Aufbau von geschäftskritischem Know-how innerhalb ihres Unternehmens. Wir versuchen, den gesamten Recruitingprozess zu betrachten, und gehen insbesondere in diesem Ansatz davon aus, dass Funktionen wie externes Employer

Branding und Personalmarketing inhaltlich dem Recruiting untergeordnet sind und es unterstützen. Auslöser des gesamten Recruitingprozesses soll eine Vakanz sein bzw. die Planung von Vakanzen, die es gilt zeitnah oder in Zukunft zu besetzen. Erst aus dieser Ausgangssituation heraus entsteht in unserer Betrachtung die Notwendigkeit einer attraktiven Arbeitgebermarke im Außenauftritt und ihrer Präsenz am Arbeitsmarkt. Natürlich gibt es auch die Gründe der Mitarbeiterbindung und -zufriedenheit, die einen nach innen gerichteten Employer-Branding-Prozess notwendig machen. Dies soll aber nicht Gegenstand unseres Buches sein, wenngleich man die Themen extern und intern nicht völlig losgelöst voneinander betrachten kann.

Unser Wissen und Können setzt sich zusammen aus vielen Jahren des operativen Recruitings, Employer Brandings und HR-Marketings. Dieses zu teilen, war Anstoß unseres Buchprojektes, denn bekanntlich wächst Wissen, wenn man es teilt. In den nachfolgenden Kapiteln teilen wir daher den gesamten Recruitingprozess mit Ihnen. Von der Planung bis zur schlussendlichen Besetzung der Stelle finden Sie im Praxishandbuch nützliche Denkanstöße, einige Tipps, verschiedene Tools und Best Cases der deutschen Recruitinglandschaft. Wir wollen mit unserer Arbeit einen Ansatz verfolgen, der eben nicht nur die sogenannten Highlights der Dax 30 Unternehmen zusammenträgt und vorstellt, denn diese sind für viele Unternehmen einfach nicht praktikabel. Hier sollen Sie sich für Ihr Unternehmen Inspirationen holen und teilweise Werkzeuge, mit denen Sie Ihr Unternehmen für die zukünftigen Herausforderungen im Recruiting wappnen können. Der Grundgedanke, der uns antrieb, war nicht Ihnen ein fertiges Kochrezept zu liefern: Folgen Sie Schritt eins bis fünf und am Ende ist Ihr Recruiting professionalisiert. Während der vergangenen Jahre haben wir erlebt, dass die Lösungen von der Stange keine Lösungen sind. Wir wollen Sie dabei unterstützen, Strategien und Gedanken maßgeschneidert für Ihr Unternehmen zu entwickeln. Unternehmen sind in Struktur und Kultur derart unterschiedlich, dass jeder mit dem Schema F zwangsläufig scheitern muss. Die wenigen Eckpfeiler, an denen man sich orientieren kann, haben wir gesetzt. Insgesamt wollen wir Sie, lieber Leser und liebe Leserin, zum Denken auffordern. Geben Sie uns ruhig Feedback und teilen Sie uns mit, wenn Themen des Buches überholt sind.

Vielleicht lässt sich dieses Buch auch mit dem Gedanken umschreiben: »Hilfe zur Selbsthilfe«. Wie haben schon unsere Mathelehrer gesagt: Nicht nur das Ergebnis ist entscheidend, sondern auch der Weg. Erst wenn Sie wissen, wie Sie zu dem für Ihr Unternehmen richtigen Ergebnis kommen, haben wir unseren Job gut gemacht. *Das* richtige Ergebnis für Ihr Unternehmen wollen wir Ihnen daher nicht liefern. Einer unserer früheren Chefs hat einmal gesagt, dass wir nicht mehr Konkurrenten brauchen, sondern bessere. Der gesunde Wettbewerb fördert die Kreativität und lässt uns wachsen – und genau daran sind wir zwei interessiert.

Das nun folgende Kapitel 2 beginnen wir mit verschiedenen notwendigen Begriffsdefinitionen und Abgrenzungen. Unserer Meinung nach bilden sauber definierte und klar besprochene Begrifflichkeiten die Grundlage für weiterführende Prozesse. Dabei legen wir einen Schwerpunkt auf die Definition von Zielgruppen und zeigen deren erheblichen Einfluss auf das gesamte Recruitinggeschehen auf. Die Zielgruppen sind oftmals Auslöser unserer Prozesse und geben beim Recruiting die entscheidende Richtung vor. Vorangestellt werden wir uns nochmals mit dem viel zitierten »War for Talents« beschäftigen und unseren Blick auf den deutschen Arbeitsmarkt richten. Viel zu oft werden Begriffe, die sich im Themengeflecht des Recruitings befinden, synonym und unserer Meinung nach häufig auch falsch verwendet. Ergänzend sei hierzu angemerkt, dass es im Grunde kein Falsch und auch kein Richtig gibt. Man sollte nur durchgängig einer Definition folgen, um seinen jeweiligen Gegenpart auch verstehen zu können. Es ist also für unsere Verständigung von Bedeutung, selbst wenn Sie eine andersgeartete Abgrenzung in Ihrem Unternehmen leben. Mit der Klärung und Abgrenzung der Begriffe Employer Branding und HR-Marketing beenden wir Kapitel 2.

Recruiting ist ein dynamischer und vielsichtiger Prozess, den es zu planen und zu gestalten gilt. Wir werden uns in Kapitel 3 ausführlich mit vielen denkbaren Facetten des Recruitings auseinandersetzten und Ihnen dabei immer wieder Praxisbeispiele und sofern standardisiert vorhanden das notwendige Handwerkszeug beschreiben. Zum Einstieg in das Themenfeld haben wir unsere Gedanken über das Recruiting an sich in Form einer Definition beschrieben. Anhand dieser Definition leiten wir in den aus unserer Sicht optimalen Recruitingprozess über. Im Rahmen dessen vertiefen wir die Kernthemen der Bedarfsanalyse und Bedarfsplanung und stellen Ihnen daraufhin vor, welche Möglichkeiten sich bei der Erstellung von Stellenausschreibungen bieten. Kern dieses Kapitels bilden die Recruiting Tools, die bei einem operativ ausgerichteten Recruiting zum Einsatz kommen. Wir werden Ihnen mehrere Anwendungsbeispiele aufzeigen, sodass sie sich ihre eigene Tool-Box, ihren eigenen Recruiting-Werkzeugkasten, zusammenstellen können. Neben den Tools nimmt das Auswahlverfahren einen besonderen Stellenwert ein. Vertiefen wollen wir auch Themengebiete, die unserer Meinung nach im Recruiting oftmals zu wenig Beachtung finden: Da sind zum einen die Berührungspunkte, die im Recruitingprozess zwischen Unternehmen, Kandidaten und Bewerbern entstehen und zum anderen wollen wir auch das Themengebiet des Onboardings besprechen und vorstellen. Um den Prozess zu komplettieren, werden wir aus der Prozessperspektive des Recruitings heraus Employer Branding und auch HR-Marketing einordnen. Dabei geht es uns um die die Wirkungszusammenhänge zwischen den Disziplinen.

Das Thema Social Media ist nicht mehr aus der Personalgewinnung wegzudenken. Daher werden wir Social Media in einem gesonderten Kapitel, dem Kapitel 4, behandeln. Auch hier werden wir mit den grundlegenden Begrifflichkeiten, Definitionen und Prozessen beginnen und dabei einen besonderen Fokus auf die Dialogfähigkeit dieses Mediums legen. Social Media kann auf zwei unterschiedliche Arten ihre Personalgewinnung unterstützen. Es kann, auf der einen Seite als Markenbildungs- und Marketinginstrument zum Einsatz kommen. Auf der anderen Seite kann Social Media als ein direktes Recruiting-Werkzeug bei der Ansprache von Kandidaten eingesetzt werden. Wir werden Ihnen beide Einsatzmöglichkeiten vorstellen und dabei den Einsatz von Social Media im operativen Recruiting vertiefen. Mit einem Überblick zu einzelnen ausgesuchten Social-Media-Kanälen und den entsprechenden Hinweisen für einen möglichen Einsatz im Recruiting schließen wir dieses Kapitel. Vor allem in diesem Kapitel kommt es uns darauf an, dass Sie so viele Eindrücke wie möglich mitnehmen. Nichts wandelt sich so schnell wie das Social Web. Daher haben wir uns genau überlegt, wie wir Ihnen Unterstützung anbieten können, ohne dass diese direkt am nächsten Tag bereits veraltet ist. Die Detailtiefe unserer Beschreibungen geht daher nicht bis auf die Einzelfunktionsbeschreibung diverser Netzwerke. Wir haben es aber versucht derart zu gestalten, dass Sie als Leser das notwendige Know-how aufbauen, um Netzwerke einzuordnen und bewerten zu können.

Die immer stärker werdende Nachfrage an Fachkräften und der damit einhergehende Engpass in manchen Branchen und bei einigen Berufsbildern in Deutschland zwingt uns, immer stärker auch in Nachbarländern zu rekrutieren. Das Kapitel 5 stellt notwendige Informationen bereit, die für ein Recruiting im europäischen Ausland von Nöten sind. Neben verschiedenen Fördermöglichkeiten, Programmen und Initiativen passen wir den in Kapitel 3 vorgestellten Recruitingprozess an diese Belange an. Dazu werden wir ein besonderes Augenmerk auf die Integration von neuen ausländischen Mitarbeitern legen. Für diese Integration sind unserer Meinung nach eine ausgeprägte Willkommenskultur und auch interkulturelle Kompetenz unverzichtbar. Die Vorstellung dieser Voraussetzungen schließt die Ausführungen in diesem Kapitel ab.

Um den Erfolg Ihrer gesamten Bemühungen einschätzen, bewerten und verbessern zu können, sollten Sie sich ein Kennzahlensystem zulegen, das Ihnen eine quantitative aber vor allem auch qualitative Bewertung Ihrer Aktivitäten ermöglicht. Gerade hier scheint im Personalbereich allgemein noch deutlicher Aufholbedarf zu sein. Wir vertreten die Meinung, dass Maßnahmen nur als wirksam eingestuft werden können, wenn ausreichend bewertbares Zahlenmaterial vorliegt. Denn Recruiting muss wirksam und auch messbar sein. Im Rahmen dieses Kapitels werden wir Sie in die Welt der Kennzahlen, die für unsere Belange notwendig sind, einführen und Ihnen einige Möglichkeiten aufzeigen. Es ist ein breiter Blumenstrauß an Zahlen, Daten und Fakten, der teilweise auch mit Vorsicht genossen werden sollte.

Auf dem Weg der Professionalisierung Ihres Recruitings reicht es nach unserer Auffassung nicht aus, Prozesse zu optimieren und Recruiting Tools zu implementieren. Wir denken, dass eine systemische Professionalisierung mit einer Professionalisierung Ihrer Mitarbeiter einhergehen muss. Das Personal, mit dem Sie diesen Weg beschreiten, muss top ausgebildet sein. Recruiting ist kein Hexenwerk und arbeitet nicht mit Magie, sondern besteht aus grundsoliden Fähigkeiten, die aufgebaut und regelmäßig nachjustiert und verfeinert werden müssen. Mit dem Kapitel 7 wollen wir Ihnen ein Schulungskonzept an die Hand geben, welches 2012 mit dem HR Excellence Award ausgezeichnet wurde. Das Konzept soll Sie und Ihre Mitarbeiter auf den Weg zum Recruiter Next Generation bringen. Da das Umfeld von Recruiting ein sehr volatiles Konstrukt ist, sind immer wieder Anpassungen und Änderungen in der Ausübung des Recruiterberufes notwendig. Beim Lesen des Konzeptes werden Sie feststellen, dass es vor allem die Organisation auf das selbstständige Weiterlernen vorbereitet. Ein Recruiter Next Generation (#RNG oder auch #Umberto genannt) ist kein Status, den man irgendwann erreicht. Er ist vielmehr als ein Prozess ständiger Weiterentwicklung und Marktanpassung zu verstehen.

Mit dem 8. Kapitel wollen wir das Buch beenden. Gemeinsam wollen wir in diesem Kapitel auf das Thema Recruiting zurückblicken, um dann nach vorne zu schauen. Der offene Blick in die Zukunft ist das, was uns heutzutage oftmals fehlt. Wenn wir uns auf diesem sehr klein gewordenen Schlachtfeld, was man hierzulande Arbeitsmarkt nennt, behaupten wollen, müssen wir als Recruiter den Dingen, die da kommen, einen Schritt voraus sein. Wenn wir als HR in Summe strategischer Partner des Business sein wollen, dann müssen wir vordenken in den geschäftskritischen Bereichen. Recruiting ist unserer Meinung nach ein solcher kritischer Bereich. In den Personalabteilungen vieler Unternehmen glaubt man leider auch heute noch, wer Visionen hat, solle zum Arzt gehen. Trotzdem wollen wir Ihnen unsere Visionen zum Abschluss mitteilen als einen hervorragenden Ansatzpunkt für Diskussionen. Nach diesem Blick in die Glaskugel schließen wir das gesamte Praxishandbuch Recruiting ab und hoffen, dass wir mit Ihnen einen umfangreichen Einblick in ein modernes und auf die Zukunft gerichtetes Recruitings teilen konnten.

Das Recruiting hat sich grundlegend verändert. Genau diese Botschaft wollen wir Ihnen mitgeben. Eine grundlegende Veränderung hat allerdings auch sehr häufig Auswirkungen auf die Sprache. Im Verlauf des Buches werden Sie vermutlich mit etlichen neuen Begriffen konfrontiert werden. Es sind neue Fachbegriffe, die sich in das veränderte Recruiting eingeschlichen haben. Gerade die angesprochene Technisierung und die Welt der sozialen Netzwerke brachten eine neue Terminologie mit sich. Um Sie beim Lesen nicht zu verlieren, haben wir ein Glossar angelegt, das Sie am Schluss des Buches finden. Dort haben wir sicherheitshalber mehr Begriffe hinterlegt, als vielleicht notwendig sind, aber uns ist letztlich nur sehr viel daran gelegen, dass wir und die Leser uns verstehen. Bei der Handhabung des Glossars haben wir uns einer neuen Technik bedient, die man aus dem Social Web kennt. Diese funktioniert in Printmedien leider nicht in exakt der gleichen Weise, aber wir denken, dass diese Neuerung hilfreich sein kann. Wir werden sogenannte Hashtags innerhalb der Texte verwenden. Dies ist eine Such- und Sortierungssystematik aus den sozialen Medien. Der Hashtag ist ein Schlagwort, welches durch die Raute »#« gekennzeichnet ist. Ein solches Schlagwort bündelt in den sozialen Netzwerken Themen und Sachverhalte und macht diese so zentral auffindbar. Den Begriffen im Text, die wir in unser #Glossar aufgenommen haben, haben wir einen #-tag vorangestellt. So können Sie sich sicher sein, dass Sie diese Begriffe definitiv im Glossar finden werden. Normalerweise lösen Hashtags eine Suchanfrage auf genau das Schlagwort aus, sobald man diese anklickt. Diese zusätzliche Funktion konnten wir leider noch nicht in das Printmedium übersetzen. Aber wer weiß, vielleicht folgt eine solche Link-Funktion nach ein paar Updates (Neuauflagen).

Wir beide vertreten die Auffassung, dass Gender Management ein wichtiges und ernst zunehmendes Thema ist. Dies gilt in besonderer Weise für das Thema Recruiting. Jedoch haben wir uns aufgrund der besseren Lesbarkeit für die männliche Form in unseren Formulierungen entscheiden. Bei all unseren geschlechterbezogenen Aussagen sind immer die weibliche und männliche Form eingeschlossen und explizit gewünscht.

Bevor wir Sie nun in die weiten Sphären des Recruitings entlassen, wollen wir es nicht versäumen, all unseren beruflichen und familiären Begleitern, Unterstützern und Freunden zu danken, die uns über den gesamten Weg der Entstehung dieses Buches zur Seite standen. Vielen Dank!

Nun wünschen wir Ihnen viel Spaß beim Lesen unseres Buches und wünschen Ihnen viel Erfolg auf Ihrem persönlichen Recruiting-Weg!

2 Grundlagen

Kapitel 2 legt die Grundlagen für eine durch und durch strukturierte Herangehensweise an das Thema Recruiting in den nachfolgenden Kapiteln. Bevor wir also mit dem Recruiting-Prozess selbst beginnen können, ist ein gemeinsames Verständnis der Grundlagen entscheidend. Welche Themen verstehen wir wie und welche Schlüsse ziehen wir daraus? Wenn wir, Sie lieber Leser und wir, uns nicht auf einer Ebene befinden, wird Ihnen das Buch im besten Fall unverständlich vorkommen. Einige der Vereinbarungen, die wir in Kapitel 2 als Grundlage für unser Recruiting-Verständnis treffen, können Sie gegebenenfalls für sich und Ihr Unternehmen auch anders entscheiden haben. Um uns und unsere Gedankengänge dennoch verstehen zu können, sollten Sie sich unsere Vereinbarungen bzw. Definitionen zumindest zu Gemüte führt haben.

Fassen wir alles zusammen und betrachten unsere Motivation, die dazu geführt hat, dieses Buch zu schreiben, dann kann man in wenigen Worten festhalten, dass es uns um die Professionalisierung der Rekrutierung geht – einem längst überfälligen Akt. Professionelles Recruiting und Recruiting-Strategien gehen bis auf Caesar zurück, der damals bereits seinen Soldaten angeblich 30 % ihres Jahressoldes versprach für die Vermittlung eines neuen Soldaten. Ein klassisches »Mitarbeiter werben Mitarbeiter« Programm, welches auch heute noch eine der effektivsten Methoden zur Mitarbeitergewinnung darstellt. Erstaunlich, dass scheinbar bereits Caesar erkannt hatte, dass die Quelle für gute neue Mitarbeiter, die eigenen Mitarbeiter sind. Diese Erzählung deutet zumindest auf eine strategische Überlegung hin, wenngleich wir dies auch nicht belegen können.

Recruiting als etwas zu begreifen, was einer besonderen Aufmerksamkeit bedarf, scheint also vor vielen Jahren bereits erkannt worden zu sein. Diese Erkenntnis hat man aber, böse gesagt, gerade in den vergangenen Jahren wohl wieder vergessen. Es wurde zu einem Themengebiet degradiert, welches nebenbei von Personalern erledigt wird, wenn gerade einmal Zeit dazu ist. Das Thema der Professionalisierung bzw. Spezialisierung liegt noch weiter zurück. Seit Anbeginn der Menschheit bildet man Spezialisierungen aus. Sei es das Jagen oder Kämpfen oder aber der Schmied und der Müller – die Ausgründung von Berufsgruppen und damit die Zuweisung zu einer speziellen Tätigkeit, die man dann kontinuierlich perfektionieren konnte, begleitet die Menschheit seit jeher. Springen wir auf dem Zeitstrahl ein wenig weiter in Richtung Zukunft, stellen wir fest, dass das Thema der Spezialisierung immer weiter verfeinert wurde. Berufsgruppen wurden in sich nochmals geteilt, denkt man beispielsweise an das Metier der Ärzte. Man entwickelte sich weiter und die Tätigkeiten gewannen an Komplexität. Neue Subbereiche wurden entdeckt und Disziplinen erweiterten sich. Heute stehen wir vor einem ganzen Blumenstrauß an Ärzte-Spezialisierungen, weitere werden kommen. Kaum eine Zunft verschloss sich dem Thema Spezialisierung und Weiterentwicklung. Kaum eine? Ja, denn eine Berufsgruppe währte den Fortschritt erfolgreich bis heute ab: die Personaler. Natürlich gibt es auch hier Ausnahmen, wie die Literatur von den Autoren Manfred Becker, Berthel/Fred Becker, Jetter zeigt. Leider verstehen sich die meisten dennoch als Generalisten. »Wir können alles« – aber eben nichts richtig. Verstehen Sie diese Gedanken bitte nicht als Angriff, sondern als Chance, Personalarbeit neu zu schreiben. Zumindest die Disziplin Recruiting wollen wir nun gemeinsam verändern.

2.1 Fachkräftemangel – War for Talents

Die unternehmerische Wertschöpfung wird maßgeblich durch die in Betrieben arbeitenden Mitarbeiter beeinflusst. Die quantitative aber auch die qualitative Verfügbarkeit von Erwerbspersonen auf dem Arbeitsmarkt hat einen hohen Stellenwert für Unternehmen, besonders wenn sich die Betriebe in einer wachsenden und voranschreitenden Wirtschaft wiederfinden. Insgesamt befindet sich die unternehmerische Wertschöpfung seit Längerem, bedingt durch den gesellschaftlichen Wandel, die rasant voranschreitende technologische Entwicklung und Automation der Arbeit und nicht zuletzt auch durch die demografische Entwicklung der Gesamtbevölkerung in Deutschland, in einer Kehrtwende. Daher ist es eine Notwendigkeit, sich mit den derzeit und auch zukünftig am Arbeitsmarkt verfügbaren Personen auseinanderzusetzen und für die Gewinnung dieser Strategien und Perspektiven zu erarbeiten. Gerade dabei nimmt das Recruiting eine exponierte Stellung ein, ist es ja die Schlüsselfunktion für die Personalgewinnung.

Kaum eine Debatte, die sich mit der aktuellen wirtschaftlichen Lage Deutschlands und Europas auseinandersetzt, kommt ohne die Nennung einer der beiden Begriffe »War for Talents« oder seinem deutschen Pendant »Fachkräftemangel« aus. Ebenso scheint die personalbezogene Literatur, die sich vornehmlich mit dem Finden, Binden und Entwickeln von Mitarbeitern beschäftigt, diese Begrifflichkeit als eine Konstante zu verwenden. Leider werden diese Diskussionen nicht immer mit der notwendigen Ernsthaftigkeit und dem angebrachten Fachwissen geführt. Daher ist eine sachliche und auf Fakten beruhende Diskussion aus unserer Sicht zielführender. Wir wollen hier nicht auf die oftmals sehr plakativ und schwarzmalenden Kampagnen aufsetzten, die den drohenden Fachkräftemangel in allen Bereichen prognostizieren und auch vom Aus der deutschen Wirtschaftskraft sprechen. Ebenso wenig sehen wir den »War«, den Krieg um die Talente, aus einer kampfbetonten Perspektive, sondern verstehen den »Kampf um die Besten« als Chance und Herausforderung verschiedener Disziplinen des Human Resources Managements und insbesondere des Recruitings. Daher wollen wir die ersten Ansätze liefern, die neben einem modernen Recruiting auch für die dauerhafte Sicherung von Fachkräften im Unternehmen verantwortlich sind.

Um die gesamte Thematik umfassend zu beleuchten, bedarf es mehrerer Perspektiven. Zunächst müssen die Bedingungen des Arbeitsmarktes untersucht werden. Davon ausgehend lassen sich die Angebots- und Nachfragekomponenten des Arbeitsmarktes analysieren und mit den gewandelten Bedingungen, die derzeit vorherrschen, in Bezug setzen. Der Blick auf prognostizierte zukünftige Bedingungen für die Arbeitswelt im Allgemeinen und das Recruiting im Speziellen, soll bei unserer Betrachtung einen wichtigen Stellenwert einnehmen, da die Weichenstellung im Jetzt beginnen muss. Bevor wir damit beginnen, ist eine definitorische Auseinandersetzung mit den Begrifflichkeiten »Fachkräftemangel« und auch »War for Talents« angebracht.

In einer regelmäßig erscheinenden Online-Veröffentlichung der Managementberatung McKinsey »The McKinsey Quarterly« wurde 1998 in dem Journal »Number 3« von einer Autorengruppe um den damaligen Direktor der Edward G. Michaels der Begriff »War for Talent« geprägt: »Better talent is worth fighting for« (Michaels et al., 1998) (deutsch: Es lohnt sich, um die besten Talente zu kämpfen). Die Verfasser sprachen im weiteren Verlauf des Journals bewusst von »War« (deutsch: Krieg), um den damals beginnenden »Kampf um die Besten« zu veranschaulichen, und dass es sich lohnt, diesen Kampf zu kämpfen (ebd.). Dieser Aussage liegt eine von den Verfassern durchgeführte Untersuchung zugrunde, bei der 77 befragte große US-Firmen zugaben, Probleme zu haben, Talente zu erreichen und diese für ihr Unternehmen zu gewinnen (ebd.). Daraufhin wurde schon 1998 die Verknappung von Erwerbspersonen prognostiziert. Der Fokus der damaligen Betrachtungen lag aber auf den sogenannten High

Potentials, den besten und talentiertesten Absolventen von Universitäten (Chambers 1998, S. 44–57). Mittlerweile hat sich der Kampf, also die Bemühungen talentierte Mitarbeiter zu gewinnen, auf weitere Berufsgruppen ausgebreitet. Laut McKinsey Deutschland (2011, S. 9) gibt es einen neuen War for Talents der »... längst nicht mehr nur, wie zu Beginn des Jahrtausends, die Topabsolventen [ein bezieht], sondern alle für den Erfolg eines Unternehmens kritischen Mitarbeitergruppen« (ebd.). Der »War for Talent« bezeichnet unabhängig von der Dekade, den Kampf bzw. die aktiven Bemühungen von Unternehmen um talentierte und für das Unternehmen als erfolgsrelevant einzustufende Mitarbeitergruppen. Im Jahre 1990 ging Bernhard von Rosenblatt mit seiner Veröffentlichung »Fachkräftemangel und Arbeitslosigkeit« im Rahmen eines Sonderdrucks der Mitteilungen aus der Arbeitsmarkt- und Berufsforschung (23. Jg./1990) der Frage nach, ob der damals von den Unternehmen beklagte Fachkräftemangel beschäftigungswirksam sein wird (a.a.O., S. 372). Dabei wurde untersucht, ob die Entwicklung des Arbeitsmarkes (u.a. steigende Arbeitskräftenachfrage in Relation zum Arbeitskräfteangebot) Auswirkungen auf die wirtschaftliche Situation deutscher Unternehmen haben wird. Aus unserer Sicht wurde im Rahmen dieser Veröffentlichung eine der ersten Untersuchungen unter Bezugnahme empirischer Methodik mit Fokus auf den Fachkräftemangel durchgeführt. Die dort vollzogene Herangehensweise wurde mit einigen kleineren Änderungen bis dato beibehalten. So wird der Fachkräftemangel auch heute noch unter anderem aus einer Relation von Arbeitskräftenachfrage zum Arbeitskräfteangebot errechnet. Zusätzlich wird heute bei einzelnen Berufsgruppen bzw. Berufsgattungen die sogenannte Vakanzzeit berücksichtigt, also die Zeitspanne von der Meldung der Vakanz bei der Agentur für Arbeit bis zu ihrer Abmeldung (Bundesministerium für Wirtschaft und Technologie (BMWi) 2012).

Betrachten wir nun die einzelnen Gruppen, in die Erwerbspersonen in Deutschland eingeteilt werden. Diese wurden 2010 neu definiert und geben uns Sicherheit im Umgang mit Studien und Erhebungen (BMWi 2013, S. 7).

Definition Fachkraft

Die Bundesagentur für Arbeit (BA) versteht heute unter einer »Fachkraft« eine Person, die eine abgeschlossene Berufsausbildung unabhängig von Branche und Berufsgattung absolviert hat. Die BA spricht hier von einem Anforderungsniveau 2.

Spezialist

Wurde zur erfolgreich absolvierten Ausbildung aufbauend ein sogenannter Fortbildungsabschluss absolviert, also einen Meistertitel oder einen Technikerabschluss erlangt, spricht die BA von Spezialisten (Anforderungsniveau 3).

Experte

Hochschulabsolventen, also Akademikerinnen und Akademiker werden in der neuen Einteilung Expertinnen und Experten genannt (Anforderungsniveau 4) (BMWi 2013, S. 7 ff).

Betrachtungen anderer Institutionen subsummieren hingegen unter dem Begriff « Fachkraft« Personen, die den Anforderungsniveaus 2–4 der BA entsprechen und teilen somit Personen mit Erwerbspotenzial in 2 Gruppen: »Mit Ausbildung« und »Ohne Ausbildung« ein (DIHK 2014, S. 10). Wir schließen uns dieser schlichteren Definition im Rahmen unserer Ausführungen an. Dennoch wollen wir anmerken, dass eine feine Ausdifferenzierung von Berufsgruppen aus Recruitingperspektive eine Notwenigkeit ist, um zielgruppenadäquate und maßgeschneiderte Anspracheformate zu entwickeln (vgl. Kapitel 2.3.2 Zielgruppenanalyse). Für die Rekrutierung ist es wichtig zu wissen, ob eine Fachkraft, ein Spezialist oder ein Experte gesucht wird.

Wo immer man hinsieht, berichten durchgängig alle Studien und Untersuchungen von Engpässen und Verknappungen. Bei der Recherche für unser Buch haben wir etliche lesen dürfen. Sie alle wirken sehr undifferenziert, zumal nicht immer ganz klar war, nach welchen Definitionen untersucht wurde. Mit Blick auf den Indikator »Vakanzzeit« bringen wir ein wenig mehr Schärfe in diese eher undurchsichtige Landschaft von Ergebnissen. So spricht das Bundesministerium für Wirtschaft und Energie (2014, S. 4) von zwei unterschiedlichen Ausprägungen: Es besteht ein Fachkräfteengpass, wenn kurzfristig regional und berufsbezogen die Fachkräftenachfrage höher ist, als das Fachkräfteangebot. Ein Fachkräftemangel entsteht erst, wenn über Jahre hinweg die Nachfrage höher ist als das Angebot (ebd.). Da die erwähnte Klassifizierung der Berufsgruppen erst im Jahr 2010 erfolgte, ist keine Langzeitbetrachtung möglich und damit auch keine rechnerische Aussage über einen tatsächlichen Fachkräftemangel. Als Hilfskonstrukt hat die Bundesagentur daher den Begriff der Sockelengpassberufe eingeführt, das bezeichnet jene Berufsgruppen, die seit September 2011 eine Angebots-Nachfragerelation kleiner gleich zwei haben (ebd.). Nach dieser Definition können Stand April 2014 106 sogenannte Berufsgattungen als Sockelengpassberufe benannt werden. Also Berufe, die über den Betrachtungszeitraum hinweg einen erkennbaren Mangel hatten.

Obwohl diese Herangehensweise rechnerisch klare Hinweise auf einen bestehenden und auch voranschreitenden Mangel an Fachkräften gibt, werden auch Schwächen dieser Vorgehensweise benannt (BMWi 2013, S. 7 ff). Eines der Hauptargumente, die gegen diese Berechnungen spricht, ist die Kenntnis, dass nur jede zweite zu besetzende Stelle der Agentur gemeldet wird, sowie die Abmeldung besetzter Stellen verzögert geschieht. Es kann daher keine allumfängliche rechnerisch fundierte Aussage zu Mangel- und Engpasszuständen getroffen

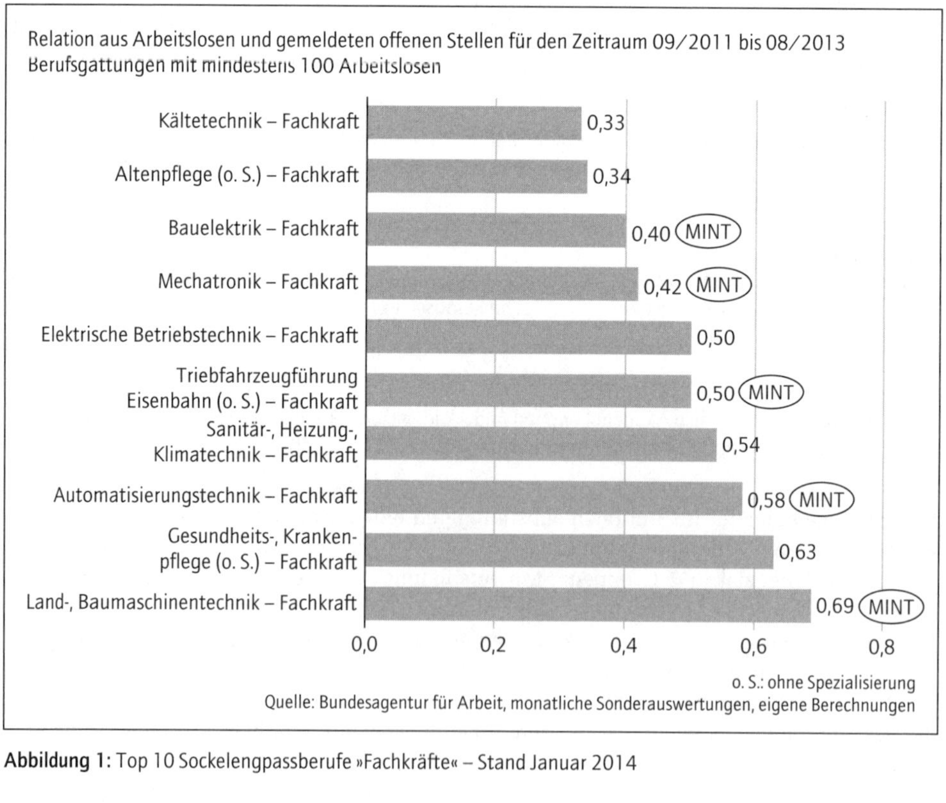

Abbildung 1: Top 10 Sockelengpassberufe »Fachkräfte« – Stand Januar 2014

werden. Wir nehmen aber an, dass unter Einbezug dieser sich in der Grauzone befindlichen Vakanzen, deutliche Indizien für Engpässe und Mangelsituationen aufgezeigt werden können. Des Weiteren wird bei der errechneten Angebots- und Nachfragerelation unterstellt, dass eine gemeldete Stelle in Baden-Württemberg mit einer arbeitslos gemeldeten Person aus Berlin besetzt werden könnte. Diese berufliche Mobilität stellt sich in der Realität teilweise etwas anders dar und lässt hier die Studien unscharf erscheinen. Ebenso wird nicht berücksichtigt, dass eine gemeldete Stelle, auch von einer artverwandten Berufsgattung besetzt werden kann. Beispielsweise könnte eine Stelle, die für einen Elektriker (m/w) ausgeschrieben ist, auch mit einem Mechatroniker (m/w) besetzt werden. Trotz dieser in der Methodik begründeten Schwachstellen dieser Erhebungen können wir von einem Trend in Richtung Mangel- und Engpassberufen ausgehen. Grundsätzlich gilt unserer Meinung nach aber die Empfehlung voreilig, entdeckte Engpässe nochmals zu hinterfragen.

Um die Begrifflichkeit »Fachkräftemangel« nun abschließend zu definieren, ziehen wir aus der Vielzahl existierender Definitionen eine aus dem Jahr 2014 heran. Diese Definition beschreibt zwei unterschiedliche Arten von Mangelzuständen auf dem Markt, berücksichtigt zudem die schon angesprochene Angebots-Nachfrage-Relation und bezieht schließlich alle Qualifikationsniveaus mit ein:

Definition Fachkräftemangel

»Fachkräftemangel ist (...) gegeben, wenn unter Berücksichtigung der beruflichen Flexibilität der Bedarf an ausgebildeten Fachkräften erkennbar und dauerhaft über dem Angebot an ausgebildeten Fachkräften liegt. Hiervon abzugrenzen ist der Arbeitskräftemangel, der die notwendige berufliche Qualifikation nicht berücksichtig und auch nicht formal beruflich Qualifizierte mit einbezieht« (Bundesinstitut für Berufsbildung (BIBB) et al. 2014, S. 3).

Es lässt sich also als erste rechnerisch bestätigte Aussage festhalten, dass es in verschiedenen Berufsgattungen klare Hinweise auf bestehende Mangelzustände gibt (Sockelengpässe), die sich unserer Meinung nach ausweiten und manifestieren werden. Es besteht aber in Deutschland kein flächendeckender und branchenübergreifender Mangel an Fachkräften (Bundesagentur für Arbeit 2011b, S. 5).

Das aufgezeigte Vorgehen zur Engpassanalyse der BA beschreibt nur eine Momentaufnahme und lässt keine Vorhersagen bezüglich zukünftiger Veränderungen zu. Wir sehen dennoch in den Ergebnissen eine wichtige Bestätigung für die Notwendigkeit eines erfolgreich strategisch ausgerichteten Recruitings. Für diese notwendige Weitsicht ziehen wir für unsere folgenden Ausführungen, Studien und Projektionen heran, die sich zur Aufgabe gemacht haben, die Entwicklungen des Arbeitsmarktes und die der Arbeitskräftenachfrage sowie das dagegenstehende Arbeitskräfteangebot zu betrachten und ausgehend von einem empirischen Maßnahmenbündel zu prognostizieren. Hierfür eine geeignete Auswahl an Studien zu finden, scheint aufgrund der Vielzahl unterschiedlichster Erhebungen, Analysen und Prognosen schwer. Neben den anerkannten staatlichen Stellen und Ministerien wie das Statistische Bundesamt, die Agentur für Arbeit (BA) oder das Institut für Arbeitsforschung (IAB) führen auch die großen Arbeitgeberverbände wie die Deutsche Industrie und Handelskammer (DIHK) oder der Verein Deutscher Ingenieure (VDI) Untersuchungen durch. Darüber hinaus existieren verschiedenste Studien, die ihren Fokus auf lokale Gegebenheiten richten oder auch einzelne Berufsgruppen zum Gegenstand der Untersuchung machen. Für die folgenden Darstellungen werden vornehmlich Studien der staatlichen Behörden sowie ausgewählte Studien großer Arbeitgeberverbände zugrunde gelegt.

Ein Blick in die Zukunft ist auch immer ein Wagnis, da sich Veränderungen nicht linear und eindimensional vollziehen, sondern sich in einem komplexen Gefüge abspielen. Daher müssen in Bezug auf das in der Zukunft vorherrschende Angebot an Arbeitskräften und die entsprechenden Nachfragen grundlegende Annahmen über gesellschaftliche und wirtschaftliche Entwicklungen getroffen werden. Im Rahmen einer Metastudie, die von der Hans Böckler Stiftung durchgeführt wurde (Heidemann 2012), wurden unter Berücksichtigung anderer Studien Annahmen getroffen, die eine Projektion ins Jahr 2030 zulassen. Diese Projektionen geben einen guten Ausblick auf die geänderten Rahmenbedingungen und den daraus resultierenden Fachkräftebedarf. Die Basis dieser Projektionen bilden zwei Annahmen. Zum einen wird davon ausgegangen, dass die demografische Entwicklung, die durch die alternde und abnehmende Erwerbsbevölkerung und die schwachen nachfolgenden Geburtenjahrgänge gekennzeichnet ist, nicht genügend neue Erwerbspersonen auf den Markt bringen wird. Zum anderen geht man davon aus, dass sich die am Markt nachgefragten Qualifikationen drastisch ändern werden (Heinemann 2012, S. 3 ff). Diese Annahmen werden durch die Veröffentlichung der Bundesagentur für Arbeit »Perspektive 2025: Fachkräfte für Deutschland« unterstrichen, in der ebenso von einem deutlichen Rückgang an Arbeitskräftepotenzial ausgegangen wird.

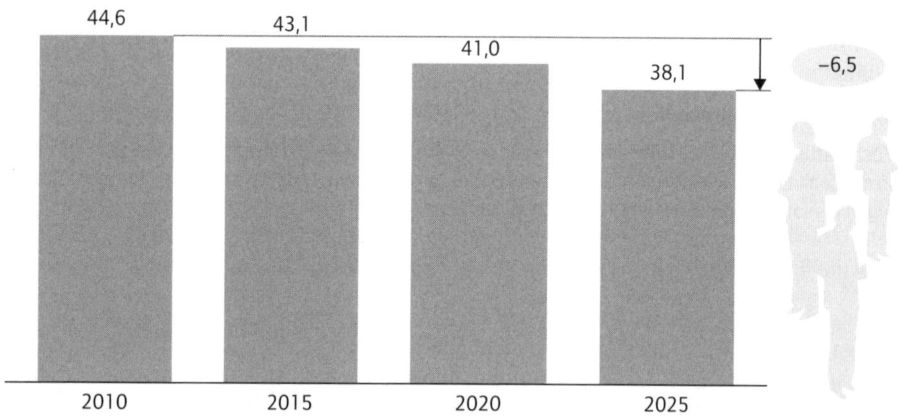

Quelle: Bundesagentur für Arbeit 2011, S. 7

Abbildung 2: Erwerbspotenzial in Millionen

Neben diesem demografisch begründeten, erkennbaren Rückgang an Arbeitskräften wird durch den Wandel der Wirtschaft, hin zu wissensintensiven Produktionsprozessen und Produkten, die Nachfrage nach höher Qualifizierten in den nächsten Jahren zunehmen (Heidemann 2012, S. 12). Auch die Fertigungstiefe wird aufgrund der voranschreitenden Rationalisierung und Automatisierung am Standort Deutschland abnehmen und beratungsintensive Dienstleistungen hervorbringen. »Deutschland wird seinen Weg in die Dienstleistungsökonomie mit Nachdruck fortsetzen« (Vogler-Ludwig/Düll 2013). Dies führt dazu, dass die sogenannten Unternehmens- und Beratungsdienste bis 2030 allein in diesen Bereichen 750.000 neue Arbeitsplätze schaffen werden (ebd.). Hier sind vor allem Ausbildungen auf Hochschulniveau angesprochen, die sich vornehmlich mit der Wissensverarbeitung beschäftigen. Duale Ausbildungsgänge werden der Projektion zur Folge keine großen Einbußen verzeichnen und nach wie vor ein wichtiger Garant für den Produktionsstandort Deutschland sein (ebd.). Dagegen werden Tätigkeiten in produktionsnahen Bereichen, die keine Ausbildung erfordern, zurückgehen. Per Saldo wird es im zukünftigen Arbeitsmarkt neben Mangel an Fachkräften auch Überschüsse an Erwerbspersonen geben. Darauf müssen sich nicht nur das Recruiting, sondern die Unternehmen und allen voran die Politik einstellen und geeignete Maßnahmen

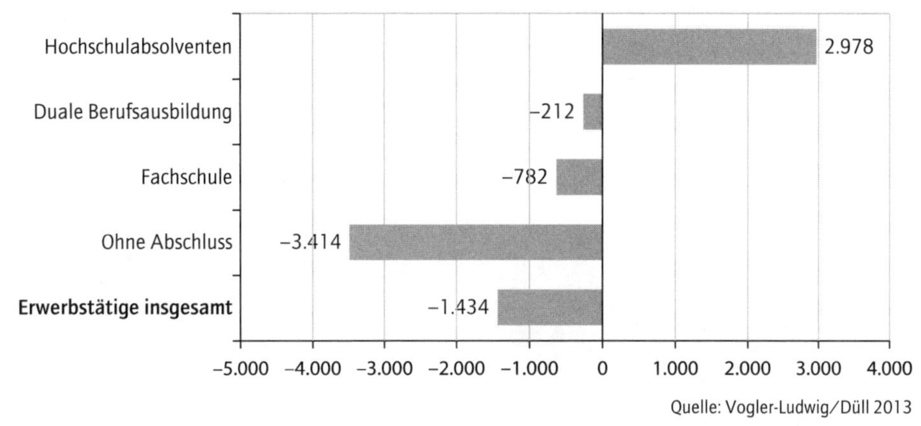

Abbildung 3: Bedarf an Erwerbstätigen nach Ausbildung 2010 – 2030

zur Qualifizierung und Weiterbildung schaffen und so aktiv gegen das drohende Ungleichgewicht zwischen Angebot und Nachfrage arbeiten.

Der ansteigende Bedarf von Personen mit Hochschulabschluss trägt der angesprochenen Wissensintensivierung unserer Wirtschaft Rechnung. Hierbei fallen die meisten dieser Stellen auf die Rechts-, Wirtschafts- und Sozialwissenschaften. Im Rahmen der dualen Ausbildung wird es zu einer erweiterten Nachfrage von Erwerbstätigen in den Bereichen der Gesundheits- und Pflegeberufe geben. Dies liegt vornehmlich in der alternden Gesellschaft begründet. Die Zahl der ausgebildeten Fachkräfte sowie die Nachfrage nach Auszubildenden in Fertigungsberufen wird gleichbleiben, wogegen in den Bereichen der Organisations-, Verwaltungs-, und Büroberufe ein deutlicher Rückgang zu verzeichnen sein wird – diese sind für den negativen Ausschlag verantwortlich (Vogler-Ludwig/Düll 2013). Wird der Fokus auf den gesamten Arbeitsmarkt gerichtet, so lässt sich auch mit einem unterstellten Rückgang der Arbeitslosigkeit und einem in den Studien bereits eingerechneten jährlichen Zuzug von 200.000 ausländischen Erwerbspersonen ab dem Jahr 2020 (Heidemann 2012, S. 7 ff) eine deutliche Fachkräftelücke identifizieren. Es werden laut Vogler-Ludwig/Düll (2013) jedes Jahr ca. 7 Millionen Arbeitskräfte benötigt, die den sogenannten Ersatzbedarf ausmachen, also die Lücken füllen, die durch das altersbedingte Ausscheiden aus dem Berufsleben entstehen. Wird zeitgleich ein konstantes Wirtschaftswachstum in der Projektion berücksichtigt, so werden wir in den nächsten Jahren die Fachkräftelücke nicht vermeiden können.

Die vorangegangene Grafik (Abbildung 3) zeigt nochmals auf, dass trotz des angesprochenen Rückgangs an Arbeitslosen, dem verringerten Bedarf an Fachkräften in den Bereichen der dualen Ausbildung sowie der reduzierten Nachfrage bei Erwerbspersonen ohne Ausbildung eine deutliche Fachkräftelücke klafft.

Um diese Lücke zu schließen, hat die Bundesagentur für Arbeit ein Maßnahmenpaket entwickelt, welches viele Aspekte berücksichtigt, die aus politischer Perspektive aktiv in die Gesamtausrichtung gegen den drohenden Fachkräftemangel eingebracht werden können. Auch McKinsey Deutschland (2011, S. 21 ff) hat sich diesem Thema umfassend angenommen und formuliert unter Berücksichtigung der von der BA veröffentlichten Aspekte ein umsetzungsorientiertes Maßnahmenbündel.

Die Bundesagentur für Arbeit setzt dabei auf ihre Kernkompetenzen, die sich mit der strategisch ausgerichteten Bearbeitung des Arbeitsmarktes beschäftigen. Neben der Qualifizie-

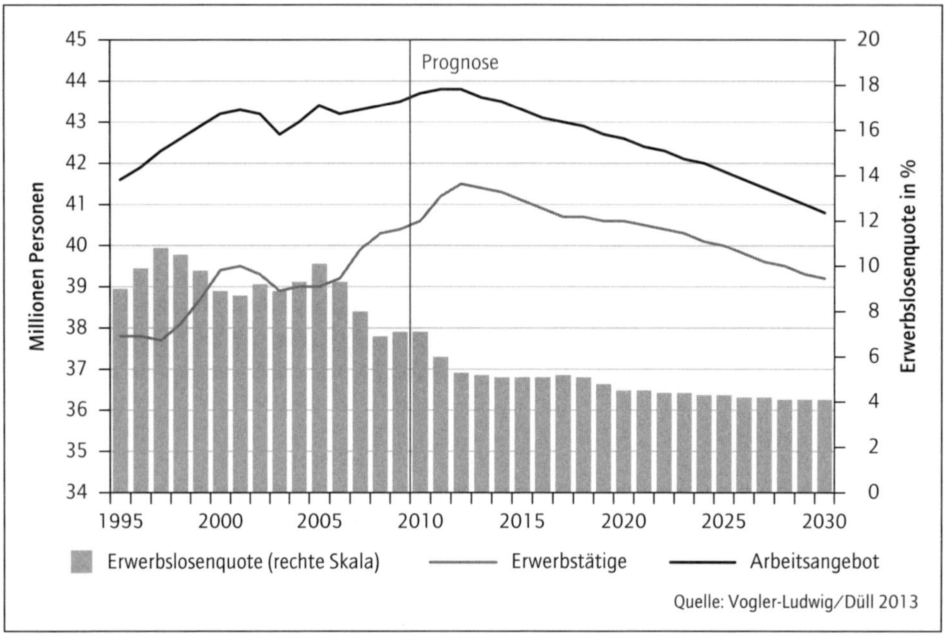

Abbildung 4: Gesamtentwicklung auf dem Arbeitsmarkt bis 2030

rung bildungsferner Schichten sowie der Um- und Weiterqualifizierung von Erwerbspersonen will die BA zukünftig auch die Anwerbung von ausländischen Fachkräften vorantreiben. Zudem wird die von der Politik beschlossene Erhöhung des Renteneintrittsalters sowie die nachhaltige Aufstockung des Frauenanteils seinen Beitrag zur Fachkräftesicherung leisten (Bundesagentur für Arbeit 2011b, S. 10 ff). McKinsey Deutschland (a. a. O., S. 21 ff) greift dieses Maßnahmenpaket aus Unternehmensperspektive in ihrer Veröffentlichung auf und erwei-

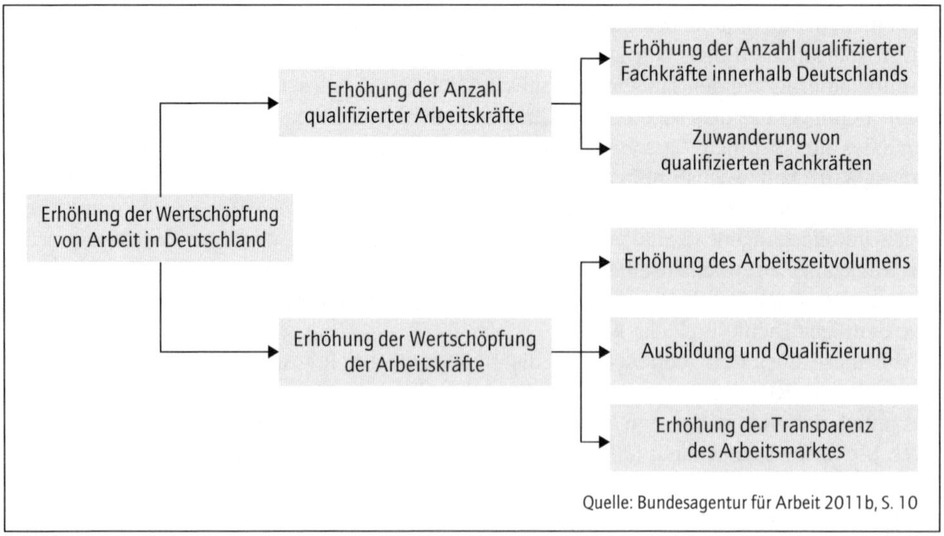

Abbildung 5: Stellhebel der Bundesagentur für Arbeit

tert diese Maßnahmen um moderne Managementinstrumente, die sich konzeptionell mit Talent-Management und einem zielgerichteten Recruiting beschäftigen. Im Rahmen des DIHK-Arbeitsmarkreports 2013 befragte die DIHK ihre Mitgliedunternehmen dahingehend, welche Maßnahmen aus Sicht der Unternehmer angedacht werden, um dem Fachkräftemangel entgegen zu treten. Neben den Punkten Ausbildung/Qualifizierung und Steigerung älterer Arbeitnehmer im Unternehmen liegen das Recruiting im Allgemeinen, das Recruiting ausländischer Arbeitskräfte sowie die Steigerung der Arbeitgeberattraktivität in den TOP 5 der geplanten und als notwendig angesehenen Maßnahmen. Somit nimmt das Recruiting bei allen Befragungen und Erhebungen einen zentralen Stellenwert ein.

Deutlich wird, dass Politik und Wirtschaft die Problematik erkannt haben und entsprechende Maßnahmenkonzepte auf den Weg bringen oder gebracht haben, um gemeinsam mit den Unternehmen an der unausweichlichen Fachkräftelücke zu arbeiten. Es bleibt abzuwarten, ob alle Maßnahmen zielführend umgesetzt werden können und die Fachkräftelücke dadurch reduziert werden kann, auf die wir faktisch gesehen zusteuern. Als eine der wichtigsten Reaktionen auf Seiten der Betriebe sehen wir neben den strukturellen Änderungen der Rahmenbedingungen von Arbeit, ein optimal auf die erforderlichen Zielgruppen ausgerichtetes und funktionierendes Recruiting.

Um seine eigenen Recruitingbemühungen auf eine strategisch operative Ebene zu heben, muss vorab auch eine Auseinandersetzung mit den im Arbeitsmarkt bestehenden Gegebenheiten und Strömen stattfinden. Dieser Diskussion wollen im Folgenden nachgehen und den Arbeitsmarkt als solches unter die Lupe nehmen.

2.2 Der Arbeitsmarkt

Der Arbeitsmarkt bildet den Rahmen und ist auch gleichzeitig die Aktionsfläche des Recruitings. Hier kommen die Maßnahmenbündel in ihre Umsetzung und treffen, im Idealfall, direkt auf die anvisierten Zielgruppen. Es ist daher unerlässlich, das Marktgeschehen näher zu betrachten und das Recruiting daran auszurichten. Zunächst wollen wir der Frage nachgehen, wie aus betriebs- und volkswirtschaftlicher Sicht der Arbeitsmarkt definiert wird und welche Spezifika diesen Markt ausmachen. Das daraus abgeleitete Marktgeschehen soll anschließend auf das Recruiting übertragen werden, um abschließend den Fokus auf die differenzierbaren Markteilnehmer zu lenken.

In der Fachliteratur lassen sich viele Definitionen über den Markt und das Marktgeschehen finden. Stellvertretend für diese Vielzahl ziehen wir die Definition von A. Woll (2000, S. 496) heran: »Der Markt ist der ökonomische Ort des Zusammentreffens von Angebot und Nachfrage, an dem sich Preisbildung und Tausch vollziehen«. Ein Markt entsteht demnach automatisch, wenn Angebot und Nachfrage aufeinandertreffen. Auf dem Arbeitsmarkt werden, analog der aufgegriffenen Marktdefinition, ebenfalls Tauschgeschäfte vollzogen. Es existieren Nachfrage und Angebot. Die Nachfrage auf dem Arbeitsmarkt wird durch die Unternehmen bestimmt. Die Anbieter sind in dieser Konstellation die Arbeitnehmer. Das angebotene Gut, die personenbezogene Arbeitsleistung, wird in Zeiteinheiten angeboten und gemessen. Für das Tauschgeschäft bringen die Unternehmen sogenannte Transferleistungen ein: den (Zeit-) Lohn (Franz 2006, S. 20).

Definition Markt

»Der Markt ist der ökonomische Ort des Zusammentreffens von Angebot und Nachfrage, an dem sich Preisbildung und Tausch vollziehen« (Woll 2000, S. 496).

In einer weiterführenden verfeinerten Betrachtung des Arbeitsmarktes lassen sich in der Literatur zwei unterschiedliche Ansätze finden: Der Arbeitsmarkt kann auf der einen Seite als Faktorenmarkt bezeichnet werden. Dies bedeutet, dass der Arbeitsmarkt in Teilarbeitsmärkte zerlegt werden kann, beispielsweise nach Branchen und Regionen (Tonmann 2005, S. 140). In der gegenüberliegenden Sichtweise liegt der Fokus auf dem Tauschgut, das auf dem Arbeitsmarkt in Form von Arbeitszeit existent ist. In der sich daraus ergebenden Definition wird der Arbeitsmarkt als Gütermarkt beschrieben (Kortendieck 2009, S. 65). Der Arbeitsmarkt kann zusammenfassend, aus volkswirtschaftlicher Perspektive als ein nicht vollkommener Markt bezeichnet werden, da die sieben definierten Kriterien eines vollkommenen Marktes nicht eingehalten werden (Wöhe 2002, S. 297). Die von Gerhard Brinkmann (1981, S. 225) veröffentliche Definition, fasst die angesprochenen Vorgänge am Arbeitsmarkt zusammen und soll als Grundlage für die folgenden Ausführungen dienen:

Definition Arbeitsmarkt

Der Arbeitsmarkt ist der Ort »... an dem die Nachfrage nach Arbeitskräften mit dem Selbstangebot von Arbeitskräften zusammentrifft« (Brinkmann 1981, S. 225).

Für die Konzeption der zukünftigen Recruitingbemühungen ist aus unserer Sicht vor allem die umgekehrte Aussage grundlegend und soll besonders hervorgehoben werden: Unternehmen sind die Anbieter von Stellen. Sehr folgerichtig wird schon seit Längerem das Stellenangebot am Markt platziert. Mit dieser veränderten Formulierung deutet sich schon erstmals der vollzogene Wandel des Arbeitsmarktes an. Der Arbeitnehmer (Arbeitsnachfragende) besitzt die Handlungsinitiative, zwischen verschiedenen Angeboten zu vergleichen und auszuwählen. Der Anbieter, das Unternehmen, ist daher angehalten, das Angebot so präzise und attraktiv wie möglich zu formulieren bzw. zu präsentieren. Um nun als Unternehmen Angebote gezielt zu platzieren, müssen wir uns in dieser veränderten Situation genauer mit den Arbeitsmärkten beschäftigen.

Aus Sicht der Personalsuche handelt es sich bei den zu definierenden Teilarbeitsmärkten in erster Linie um Beschaffungsmärkte, die es zu bearbeiten gilt. Die erste Entscheidung, die

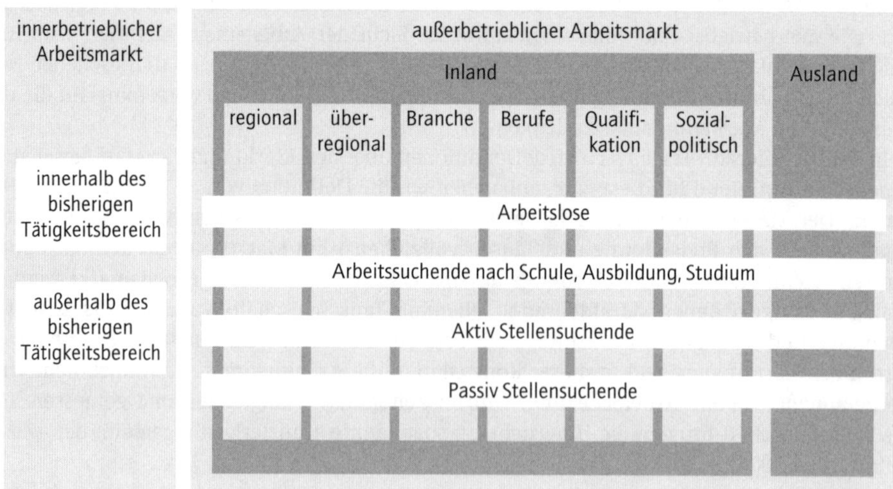

Quelle: eigene Darstellung in Anlehnung an Berthel/Becker 2013, S. 235

Abbildung 6: Differenzierung des Arbeitsmarktes

dabei zu treffen ist und sich mithin auch um die erste, grobe Teilung der Beschaffungsmärkte handelt, ist die Einteilung nach internen oder externen Märkten. Soll die Vakanz intern besetzt werden, greifen dabei meist aus der Personalentwicklung bekannte Instrumente wie Job-Rotation oder Job-Enrichment. Bei diesen Kandidaten handelt es sich in aller Regel um Personen, die schon einer gleichen Tätigkeit nachgehen. Auch interne Nachfolgeplanungen oder Ansätze eines internen Talent-Management-Programms dienen als interne Märkte, jedoch handelt es sich bei diesen Kandidaten oft um Personen außerhalb des anvisierten Tätigkeitsbereichs. Liegen externe Märkte im Fokus der Beschaffung, so lassen sich inländische und ausländische Teilarbeitsmärkte identifizieren. Auf das Recruiting in ausländischen Arbeitsmärkten wollen wir in Kapitel 5 im Besonderen eingehen. Daher soll im Folgenden vertiefend auf die *externen inländischen Teilarbeitsmärkte* eingegangen werden:

Regional und überregional

Die hier vorgenommene Einteilung spiegelt vornehmlich die geografischen Gegebenheiten des gesamtdeutschen Arbeitsmarktes wider. Die Bundesagentur für Arbeit nimmt seit der Zusammenführung der ost- und westdeutschen Arbeitsmärkte lediglich eine Zweiteilung vor Dabei ist zu beachten, dass sich diese Märkte je Standort ganz unterschiedlich ausprägen können. Ob Sie beispielsweise überregional auf der schwäbischen Ostalb Fachkräfte suchen oder aber in München, ist ein ungemeiner Unterschied und bedarf einer differenzierten Betrachtung der jeweiligen Recruiting-Strategien. München strahlt bei einer überregionalen Suche eine deutlich höhere Standortattraktivität aus als die Ostalb. Unternehmen an weniger attraktiven Standorten sind daher häufig dazu gezwungen, eine Art Standortmarketing mitzuliefern, wenn sie sich auf dem überregionalen Arbeitsmarkt bewegen. Umgekehrt kann ist es so, dass der regionale Arbeitsmarkt in München hart umkämpft ist. Er zwingt die Unternehmen, teilweise in den überregionalen Arbeitsmarkt zu wechseln. Dieser Herausforderung müssen sich viele der in ländlicheren Gegenden ansässigen Unternehmen vielleicht gar nicht stellen, da der regionale Arbeitsmarkt nur wenig Konkurrenz bietet.

Branche/Beruf/Qualifikation

Die Markeinteilung nach Branche, Beruf und Qualifikation zeichnet einzeln betrachtet sehr homogene Teilbereiche des Marktes aus. Diese Teilmärkte weisen in aller Regel eine überregionale Struktur auf und besitzen unterschiedlich viele Marktteilnehmer. Branchenspezifische Arbeitsmärkte sind meist in sich geschlossen und bilden unterschiedliche branchenbezogene Berufe und Qualifikationen ab. Hier lassen sich die meisten Kandidaten finden. In Teilarbeitsmärkten, die sich an Berufen orientieren, finden sich Kandidaten wieder, die eine vergleichbare Ausbildung absolviert haben. Hier wird auch von Nischenmärkten gesprochen, die eine sehr zielgerichtete und spezialisierte Bearbeitung voraussetzten. Qualifikationsbezogene Teilarbeitsmärkte bestehen oftmals aus sehr kleinen und meist sehr speziell qualifizierten Gruppen von Kandidaten, die je nach Qualifikation teilweise nur aus weltweit 2–3 Kandidaten bestehen können. Hier kommt ein auf persönliche Kontakte und netzwerkbezogenes Recruiting zum Einsatz.

Sozialpolitisch

Im Rahmen einer von der Sozialpolitik vorgenommen Einteilung wird zwischen dem 1. Arbeitsmarkt und 2. Arbeitsmarkt unterschieden. Oftmals ist auch vom 3. Arbeitsmarkt die Rede. Die Stoßrichtung dieser Einteilung wird aus der Förderperspektive vorgenommen. Der 1. Arbeitsmarkt ist demnach der Markt, an dem reguläre Arbeitsverhältnisse bestehen, die auf Basis des genannten Marktprinzips und ohne Förderung zustande gekommen sind. Der 2. Arbeitsmarkt ist gekennzeichnet von staatlich subventionierten Beschäftigungsverhältnissen, die ohne diese Förderung nicht bekundet werden können. Ziel der am 2. Arbeitsmarkt Geförderten ist der (Wieder-) Eintritt in den 1. Arbeitsmarkt (www.iab.de – 06.06.2014). Der 3. Arbeitsmarkt wird auch Ersatzarbeitsmarkt genannt. Hier finden Personen eine Beschäftigung die aufgrund von Handicaps als »arbeitsunfähig« gelten.

Sonderform: Versteckter Arbeitsmarkt

Der versteckte Arbeitsmarkt gilt als Sonderform, da er offiziell nicht existiert. Die im Vorfeld genannten Teilarbeitsmärkte finden unbeachtet ihrer Ausprägung offensichtlich und für jedermann zugänglich statt. Dem gegenüber steht der versteckte Arbeitsmarkt, der den Zugang von außen kaum zulässt, da dieser »unter der Hand« stattfindet. Es ist bekannt, dass nur jede 3. Stelle öffentlich sichtbar ausgeschrieben wird. Die anderen Stellen werden durch Markteilnehmer des versteckten Arbeitsmarktes besetzt. Der Markteintritt in den versteckten Arbeitsmarkt kommt nur über direkte Kontakte, Headhunter oder Personalberater zustande. Eine initiativ platzierte Bewerbung kann darüber hinaus auch den Eintritt ermöglichen.

In all diesen Teilarbeitsmärkten interagieren Personen mit Unternehmen. Der Personenkreis der Erwerbsfähigen lässt sich wiederum in verschiedene Gruppen unterscheiden. Suchende, die aufgrund von Arbeitslosigkeit oder eines erst kürzlich erworbenen Abschlusses einer Ausbildung am Markt sind, lassen sich der aktiven Suchgruppe zuordnen. Auch Personen, die sich dazu entschieden haben, eine neue Stelle in einem anderen Unternehmen anzutreten, tun dies aktiv und gehören damit derselben Gruppe an. Für das Recruiting ist diese Gruppe, die auch »Active« genannt werden, einfacher zu erreichen als die sogenannten passiv Suchenden. Passiv Suchende lassen sich wiederum in drei unterschiedliche Subgruppen einteilen. Zunächst gibt es diejenigen, die mit ihrer Arbeitssituation absolut zufrieden ist. Man könnte diese als »super passiv« bezeichnen. Sie interessieren sich nicht für andere Stellen und sind damit praktisch nicht am Markt vertreten. Die »Explorer« sind dagegen diejenigen, die auf der einen Seite zufrieden mit ihrer aktuellen beruflichen Situation sind und zeitgleich offen für Neues sind. Interessante Angebote mit Perspektive werden gern tiefergehend geprüft. Zuletzt gehören noch die »Tiptoer« zu den passiv Suchenden. Dies sind die Mitarbeiter, die schon sehr aktiv

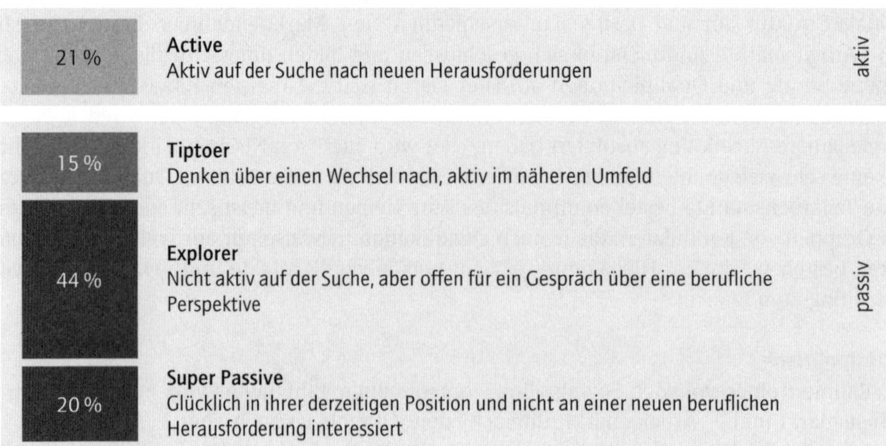

Quelle: eigene Darstellung in Anlehnung an Gimbel/Deininger 2013, S. 131

Abbildung 7: Aktive und passive Arbeitsmarktteilnehmer

über einen möglichen Wechsel nachdenken und bereits die Fühler ausgestreckt haben. Die beiden letztgenannten passiv suchenden Gruppen bieten insbesondere Potenzial für das Recruiting. Diese Gruppen sind wählerisch, informieren sich dezidiert und intensiv und können mit den richtigen Argumenten leicht für einen Wechsel gewonnen werden.

Die schematische Darstellung des Arbeitsmarktes mit seinen Teilarbeitsmärkten kann die am Markt bestehende Dynamik nur schwer abbilden. Die Ströme der einzelnen Märkte mit ihren Teilnehmern bestimmen diese Dynamik. So wurde auch der aus Unternehmensperspektive in den letzten Jahren wichtige und ernst zu nehmende Paradigmenwechsel auf dem Arbeitsmarkt durch die Marktteilnehmer bestimmt: Waren noch in den 1980er- und 1990er-Jahren die Unternehmen diejenigen, die den Arbeitsmarkt bestimmten, so hat sich ein Machtwechsel hin zum Anbieter der Arbeitsleistung vollzogen. Diese Verschiebung hin zum Bewerbermarkt hat weitreichende Konsequenzen für die Personalbeschaffung, deren maßgebliche Indikatoren folgend vorgestellt werden:

Generationenwechsel

Der bereits nachgewiesene Generationenwechsel stößt unaufhaltsam eine gesellschaftliche Veränderung an, die das Selbstverständnis der neuen, nachfolgenden Generationen nicht nur in Bezug auf Arbeit verändert. Vorgreifend kann hier die Generation Y angeführt werden, die z. B. dem Unternehmen gratuliert, wenn es in die eigene engere Auswahl der Top-Unternehmen aufgestiegen ist. Auch die Sinnhaftigkeit von Arbeit wird zunehmend hinterfragt und in Bezug zum Privatleben einer Prüfung unterzogen. Es sind mittlerweile viele neue Faktoren, die darüber entscheiden, ob ein Arbeitgeber im Relevant-Set einer Zielgruppe landet oder nicht.

Technisierung

Die ständige Verfügbarkeit von Informationen und das damit im Zusammenhang stehende Thema »Big Data« werden die Art und Weise ändern, wie wir arbeiten. Kunden, Zielgruppen und auch Bewerber haben die Möglichkeit, schnell und einfach an Informationen zu gelangen. Stellenangebote zu vergleichen sowie auf Rezensionen und Erfahrungen anderer zurückzugreifen, ist jederzeit möglich und findet beispielsweise auf Arbeitgeberbewertungsplattformen bereits heute seine praktische Anwendung. Auch diese Entwicklung stellt für Arbeitgeber eine besondere Herausforderung dar: Sie werden transparent. Die früher als undurchdringlich gehaltene Mauer, die ein Unternehmen umgab, fängt an zu bröckeln.

Angebots-Nachfragerelation

Die hohe Nachfrage von Arbeitskräften am Markt, negiert die Angebots-Nachfragerelation. Laut der Bundesagentur für Arbeit (2011, S. 6) gibt es in bestimmten Sockelengpassberufen 0,41 Arbeitslose pro Stelle. Würde man dieser Berechnung die Vakanzen, die über alternative Wege ausgeschrieben werden, sowie die des verstecken Arbeitsmarktes hinzufügen, dann würde sich eine noch deutlichere Verschiebung in Richtung Bewerberseite ergeben. Diese Verschiebung erhöht den Druck auf jede Vakanz und spiegelt sich unter anderem in den vielfältigen HR-Marketing- und Recruitingmaßnahmen wider. Ein weiterer Effekt, der durch diese Verschiebung eintritt, ist die Verschiebung des Reallohns hin zu einem deutlich höheren Niveau. Dies erschwert es vor allem für Klein- und Mittelunternehmen, (KMU) konkurrenzfähige Stellen am Markt zu platzieren.

Akademisierung
Die zunehmende Globalisierung der Arbeitswelt und der Trend, Produktionsplätze ins Ausland zu verlagern, bringt eine alle Gewerke durchdringende Akademisierung der Arbeitswelt mit sich. Die Anzahl der Stellen, für die ein akademischer Abschluss benötigt wird steigt. Parallel sinken aber die Absolventenzahlen durch geburtenschwache Jahrgänge. Auch diese Entwicklung wirkt sich auf die Angebots-Nachfragerelation negativ aus.

Marktplatz
Durch die zunehmende Verlagerung der Märkte ins Internet, finden auch die Tauschgeschäfte online statt. Dies führt dazu, dass die Nachfrage entsprechend diesen neuen Strukturen angepasst werden muss. Der internetbezogene Tausch wird zunehmend schnellere und innovativere Lösungen hervorbringen. Da es sich hier um eine komplett neue Marktform handelt, die ein anderes Verständnis und eine neue Herangehensweise erfordert, haben sich die US-Autoren Rick Levine, Christopher Locke, Doc Searls und David Weinberger mit dieser Thematik eingehend auseinandergesetzt und ihre Aussagen im Cluetrain Manifest zusammengefasst, das zuerst 1999 in ihrem Blog und 2000 als Buch veröffentlicht wurden (Levine et al. 2000). Das Cluetrain Manifest besteht aus 95 Thesen und wurde den Thesen von Martin Luther nachempfunden. Die Grundannahmen dieser Thesen, die sich vornehmlich um den internetbasierten Dialog zwischen Kunden und Unternehmen drehen, werden bis heute noch diskutiert und weisen nach wie vor eine hohe Aktualität auf. Mit der wohl bekanntesten Aussage des Manifests »Märkte sind Gespräche« markierten die Autoren einen Paradigmenwechsel in der Kommunikation zwischen Kunden und Unternehmen und den Anfang einer neuen Dimension in der Öffentlichkeitsarbeit von Unternehmen (ebd.).

Betrachtend man nun zusammenfassend die vorangegangen Ausführungen in diesem Kapitel, so kann festgehalten werden, dass die auf den War for Talents bezogene Aussage »Talent won!« zutrifft. Die Marktmacht ist an die Kandidaten und Bewerber übergegangen und diese sind sich ihrer Macht durchaus bewusst. Daher gilt es, ein modernes und auf die Zukunft gerichtetes Recruitingverständnis zu erarbeiten und entlang diesem funktionierende Maßnahmenbündel zu entwickeln und zu implementieren.

2.3 Recruiting – ein professioneller Ansatz

Wenden wir uns nun ab von den theoretischen Betrachtungen der Arbeitsmärkte und seinen Protagonisten. Um gemeinsam dieses Buch weiter zu durchschreiten, benötigen wir ein gemeinsames Recruitingverständnis. Sich ein gemeinsames Verständnis zu erarbeiten, ist allerdings nicht trivial. Struktur, Definition und Umsetzung können sehr unterschiedlich aussehen. Wie eingangs bereits erwähnt, vereinbaren wir gewisse Dinge in diesem Kapitel, die es uns ermöglichen darauf aufbauend Prozesse zu designen. Diese Vereinbarungen müssen nicht eins zu eins übernommen werden und ggf. ist es je nach Unternehmen auch nicht immer so möglich. Dadurch dass wir diese Vereinbarungen aber offen darlegen, können Sie leicht unser Prozess-Design verstehen und dieses ohne Weiteres auf ggf. andere Vereinbarungen anpassen. Das einzige, was wir hier voraussetzen, ist der Fakt, das Recruiting ein eigenständiges Berufsbild geworden ist und damit entsprechendes Spezialwissen umfasst, welches man sich gesondert aneignen muss. Mit dieser Übereinkunft vertiefen wir nun die Grundlagen mit Blick auf professionelles Recruiting.

2.3.1 Ansätze und Modelle

Die Verankerung der Funktion Recruiting war in der Vergangenheit in vielen Unternehmen zufällig gewachsen. Klassischerweise entdeckte man Recruiting als eines von vielen Aufgabengebieten eines HR-Generalisten oder auch eines Personalreferenten. Wir brauchen uns aber keiner Illusion hingeben, auch heute findet man vielerorts dieses Bild. Der Ansatz war aufgrund der noch sehr gering ausgeprägten Spezialisierung vieler Themengebieten im Personalbereich nicht abwegig. Ein HR-Dreh- und Angelpunkt, der alle Themen unter einem Hut vereint. Für das Recruiting bedeutete dies vor allem die Anwendung der sogenannten Post&Pray-Strategie. Vakanzen im Unternehmen werden lediglich ausgeschrieben – manchmal auf der eigenen Karriereseite, wenn vorhanden, oder auf Jobbörsen bzw. in Printmagazinen. Danach wird gewartet und gehofft, dass diese Stellen gefunden werden. Das ist grundsätzlich eine Möglichkeit potenzielle Kandidaten anzusprechen, wenn ein Kandidatenüberhang am Markt existiert. Nun kann man sich darüber streiten, ob unsere aktuelle Arbeitsmarktlage eine Unterdeckung mit Kandidaten aufweist oder nicht. In den vorangegangenen Abschnitten haben wir das ausführlich ausgeführt. Fakt ist, dass das Matching von Kandidat und Stelle schwieriger geworden ist, was sicherlich nicht nur auf einen sogenannten Fachkräftemangel zurückzuführen ist. Lassen Sie uns darauf zu einem späteren Zeitpunkt detaillierter eingehen. Ließen sich in der Vergangenheit Vakanzen auf dem Wege des Post&Pray-Recruitings nicht besetzen, griff man bei einigen Funktionen auf ein temporäres Outsourcing zurück: den Personalberater.

Wenn wir über Ansätze und Modelle sprechen, so ist zuvor beschriebenes Modell als klassisch zu bezeichnen. Der HR Generalist, der alle Bereiche abdeckt und somit diese meist in einer Person vereint. Ein Auslaufmodell, denn tatsächlich ist es so, dass HR noch eine der wenigen Spezialisierungswüsten in der Joblandschaft deutscher Unternehmen ist. Kein anderes Themengebiet kann es sich heute noch erlauben, keine Spezialisierungen auszubilden. Nehmen Sie den Juristen als Beispiel. Würden Sie im Fall einer Scheidung einen Anwalt aufsuchen, der angibt alles zu können? Oder nicht doch einen Scheidungsanwalt auswählen?

Selbst das eingangs erwähnte Post&Pray-Recruiting bedarf heute speziellen Know-hows. Natürlich ist es so, dass auch noch in Zukunft Stellenausschreibungen publiziert werden. Allerdings überwiegend auf der eigenen Karriereseite. Lediglich den Part »Pray« wollen wir durch Know-how ersetzen und Recruiting nicht länger mehr als Glücksspiel verstehen. Das Posten von Stellenanzeigen verlangt nämlich einem professionellen Recruiter Wissen in den Bereichen der Zielgruppenansprache und der #Search Engine Optimization (SEO) ab, welches es aufzubauen gilt. Dazu später mehr.

Die Komplexität im Recruiting ist exponentiell gewachsen. Im Verlauf des Buches werden Sie feststellen, dass diese Beschreibung nicht übertrieben ist. Eine Spezialisierung ist daher unvermeidlich. Große Konzerne haben längst damit begonnen, Recruitingabteilungen aufzubauen, die sich ausschließlich diesem Thema widmen. Diese meist zentralen Abteilungen werden häufig nach dem Dave Ulrich Modell (1996: Human Resource Champions) als Shared Service designed. Das Modell basiert letztlich auf einer strukturellen Arbeitsteilung. Danach organisiert sich der Personalbereich im Wesentlichen in drei Säulen. Die erste Säule umfasst sehr strategische Aufgaben und ist insbesondere für Grundsätze, einheitliche Vereinbarungen und die Entwicklung bestehender Tools verantwortlich. Bezeichnet wir diese Säule meist als sogenanntes *Center of Competence*. Die zweite Säule stellt die Schnittstelle zum Geschäft dar. Ihre Aufgabe ist es, gemeinsam mit dem Geschäft die Gesamtstrategie zu gestalten und die daraus entstehenden Bedürfnisse in den Personalbereich zu spiegeln. Der sogenannte *HR Businesspartner* ist somit direkt am Puls der Produktion und versteht seinen Partner sehr genau. Wir werden sehr viel später noch genauer ausführen, wie wir die Rolle des Businesspartner in Zukunft sehen. Die letzte der Säulen, das *Shared Service Center*, bündelt alle administrativen Tätigkeiten sowie die operativen Spezialisten und Experten. Genau hier verortet man das operative Recruiting. Ein in diesem Zusammenhang häufig verwendeter Begriff ist das Recruiting-Center. Die Dienstleistungen, die in solchen Centern angeboten werden, können von dem reinen Posting über die Suche und Vorauswahl bis hin zum kompletten Recruitingprozess reichen. Trotzdem, dies allein ist noch keine Spezialisierung, aber den Grundstein haben Sie damit gelegt. Manche Unternehmen sourcen ihre Recruiting-Center auch aus oder zumindest Teile davon. Hier sollte man sich stets die Frage stellen, wie wichtig für einen das Know-how ist, welches benötigt wird, um den Mitarbeiter von Morgen zu rekrutieren. Je nach Unternehmen, was Sie an der Organisationsstruktur bereits erkennen können, werden die Schwerpunkte anders gesetzt. Für manche ist die Rekrutierung derart wichtig, dass die Funktion direkt an den Personalvorstand berichtet. Andere Unternehmen wiederum legen den Fokus auf die Bindung der Mitarbeiter und deren Entwicklung. Letztlich ist es eine Frage der Personalstrategie Ihres Unternehmens.

Je nach Zielgruppe kann der Aufbau eines Teils des Recruiting-Centers auch als eine Art Center of Competence erfolgen. Dies wird durch die Strategie ihres Unternehmens entschieden. Lassen Sie uns ein Beispiel formulieren: In der Regel werden Recruiting-Center durch die verschiedenen Bereiche eines Unternehmens beauftragt. Je nach spezifischem zukünftigem Personalbedarf, der einer langfristigen und mittelfristigen Personalplanung folgt, werden die Maßnahmen innerhalb des Recruiting-Centers geplant. Es agiert als eine Art Cost Center. Die Beauftragung unterliegt direkt den Schwankungen und Priorisierungen der Auftraggeber und damit den einzelnen Fachbereichen oder Tochtergesellschaften. Entsprechend gestaltet sich ebenfalls die Größe und finanzielle Ausstattung des Recruiting-Centers.

Sie haben aber als Unternehmen unter Umständen strategische Bedarfe, die nicht unbedingt der lokalen Optimierung Ihrer Fachbereiche oder Tochtergesellschaften folgen. Praktikanten oder sogenannte Trainees sind hier stets ein beliebtes Beispiel. Als Unternehmen kann es sinnvoll sein eine Größe X an Trainees jährlich einzustellen, unabhängig von Schwankungen in verschiedenen Bereichen. Um diese Rekrutierung sicherzustellen, kann diese in einem erweiterten Center of Competence erfolgen bzw. das CoC kann in diesem Fall als Auftragge-

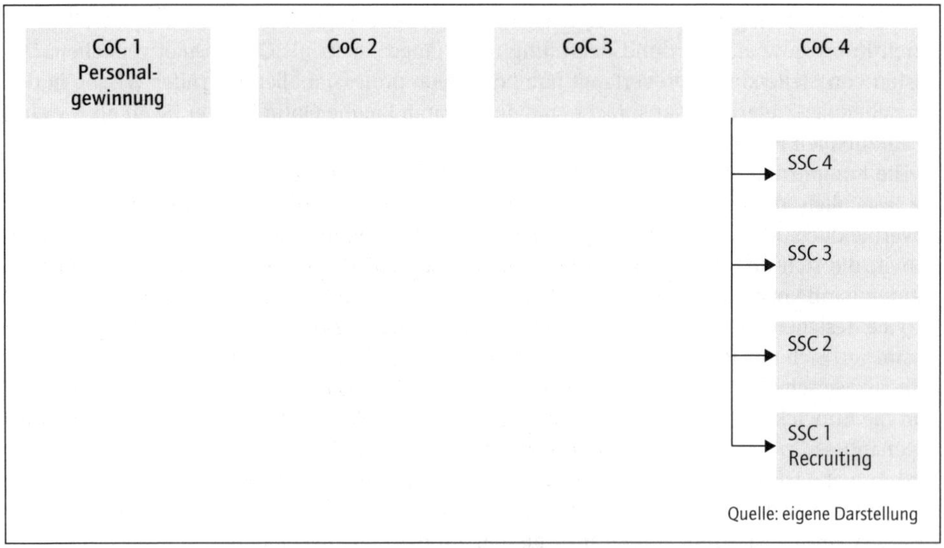

Abbildung 8: CoC Personalgewinnung und davon getrenntes Recruiting-Center

ber fungieren. Damit werden diese Bedarfe als strategisch eingestuft und vor Sparmaßnahmen geschützt.

Im Fall des Konzerns sind weitere Modelle denkbar: Das Recruiting-Center, welches im Sinne eines Shared Services häufig nicht in einer Berichtslinie mit dem Center of Competence »Personalgewinnung (Talent Acquisition)« liegt, kann auch in eben diesen Bereich organisatorisch eingebettet werden. Aus unserer Sicht die bessere Variante, da in diesem Fall die Organisation den Inhalten folgt. Letztlich kann man diese Entscheidung auf eine simple Frage zurückführen: Welchen Wert hat Qualität für Sie? Bzw. welches Qualitätsniveau streben Sie an? Nicht immer und nicht für jede Zielgruppe muss die 100 %-Marke erreicht werden. Fassen Sie Ihr Recruiting-Center mit weiteren Shared Services zusammen, so können Sie unter Umständen höhere Ziele im Bereich operativer Kosteneinsparungen erreichen. Die organisatorische Trennung von dem zugehörigen Center of Competence kostet Sie dafür jedoch ggf. Qualität. In Zeiten moderner Kommunikationstechnologien lässt sich im Zweifel aber auch einiges anders organisieren.

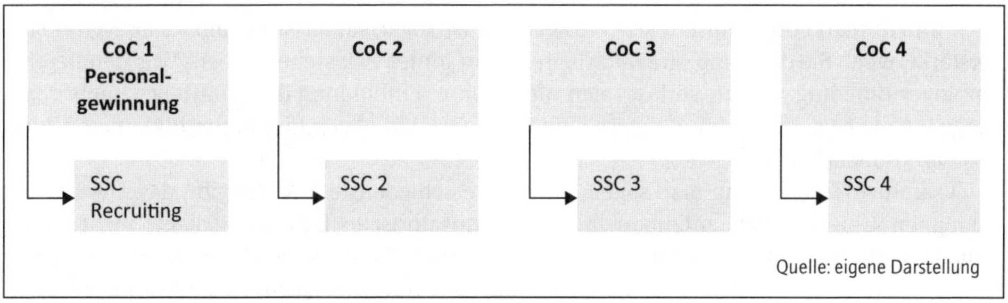

Abbildung 9: CoC Personalgewinnung und Recruiting-Center gekoppelt

Nun ist die Mehrheit der Unternehmen nicht der Kategorie »Konzern« zugehörig und die zuvor angeschnittenen Modelle ergeben erst ab einer gewissen Unternehmensgröße einen Sinn. Bei den Klein- und Mittelständischen Unternehmen (KMU) sehen nicht nur die Bedarfszahlen oftmals anders au, sondern auch die Strukturen. Eine organisatorische Trennung der Funktionen ist manchmal schon aus dem einfachen Grund nicht realisierbar, da verschiedene HR Bereiche lediglich von einer Person abgedeckt werden. In der Regel sollten Sie aber von den Bedarfszahlen ausgehend ihre Rekrutierungsorganisation planen. Hier ist es besonders wichtig, sich zu fokussieren und langfristig die Zielgruppen zu definieren, die es anzusprechen und zu rekrutieren gilt. Die Überlegung, von der wir hier und da immer wieder hören, man suche zwar nur Zielgruppe X, wolle aber auch für Y und Z attraktiv sein, ist ein Luxus, den man sich bewusst leisten wollen muss. Gerade in diesem Luxus-Ansatz ist es umso wichtiger eine genaue Definition des Ansatzes zu haben, den man gewählt hat und des Modells. Woran soll was gemessen werden? Schnell läuft man in die Falle und soll dann am Ende des Tages lediglich an den Rekrutierungszahlen der Zielgruppe X, die Aufwendungen des Brandings in den Zielgruppen Y und Z rechtfertigen, was in der Regel nicht glücken wird. An dieser Stelle wird sich zeigen, wie gut die Abgrenzung der Begriffe »Employer Branding«, »Recruiting« und »HR-Marketing« in Ihrem Unternehmen vollzogen wurde, mit der wir uns noch in einem der nachfolgenden Kapitel beschäftigen werden. Auch das Thema Kennzahlen und Monitoring wird Ihnen detaillierter in Kapitel 6 begegnen.

Je geringer die Bedarfszahlen, desto stärker muss eine Bündelung der Ressourcen erfolgen; unter Umständen eben auch fachübergreifend. Dies mag bedeuten, dass in kleineren Unternehmen nur eine Person zuständig ist für die Personalbetreuung und Rekrutierung.

Daraus jedoch abzuleiten, dass in dem Fall keine Spezialisierung erfolgen sollte, ist ein Trugschluss. Es ist sogar so, dass die Effizienz dieser Person steigt, wenn man ihr die entsprechenden Tools an die Hand gibt, und man im Kontext Rekrutierung sehr spitz an die Aufgabenstellungen herangeht. Dies ist allerdings keine Überraschung. Wenn Sie in der Situation sind, dass Ihnen nur sehr begrenzte Personalressourcen zur Verfügung stehen, ist Effizienz ein bedeutender Faktor für Sie. Den Luxus, von dem wir vorhin sprachen, sollten Sie sich im ersten Schritt daher auf gar keinen Fall leisten. Wie entsprechende Tools aussehen können und welche dies sind, werden Sie im Verlauf dieses Buches unter anderem in Kapitel 3 erfahren.

Was in der Regel KMUs von ihren großen Geschwistern, den Konzernen, unterscheidet, ist das Commitment der Mitarbeiter zum Unternehmen. Diese Aussage kann sicherlich nicht pauschalisiert werden, doch viele Beispiele zeigen, dass kleine Unternehmen gerade im Kontext Social Media durchaus sehr erfolgreich unterwegs sein können (siehe Beispiele aus Kapitel 4). Die Überlegung ist daher, die geringere Größe und das meist deutlich kleinere Budget durch Mitarbeitereinbindung zu kompensieren. Dies kann sowohl in der Rekrutierung als auch im HR-Marketing sehr effektiv erfolgen. Es ist sogar so, dass Ihr Impact im Markt sich verstärkt, wenn Sie die komplette Mitarbeiterschaft hinter sich stehen haben. Was den Bereich Employer Branding angeht, so lässt sich dieser ohne Einbindung der Mitarbeiter nicht realisieren – ganz egal, ob Sie ein Konzern sind oder ein KMU. Auch hier tun sich kleinere Unternehmen oftmals leichter.

Zusammenfassend kann man sagen, dass es verschiedenste Modelle gibt, das Thema Recruiting im Unternehmen aufzubauen. Die organisatorische Einbettung kann recht unterschiedlich erfolgen und die Ausrichtung des Recruiting-Centers kann ebenfalls von Unternehmen zu Unternehmen differieren. Es hängt sehr viel vom Unternehmen und seiner Struktur ab und von den Zielen, welche die Spitze des Personalbereichs verfolgt. Das Einzige, was Sie nicht tun sollten, ist eine 08/15 Lösung zu etablieren, nur weil ein Berater meinte, dies sei der Standard. Wir denken, dieses Buch wird Ihnen zeigen, dass »Standard« nahezu ein Fremdwort im Bereich des professionellen Recruitings ist und man dennoch unheimlich viel vereinheitlichen kann. Dies bedeutet letztlich, dass man auf maßgeschneiderte Lösungen setzt, wenn es um die Zielgruppen geht, und auf Vereinheitlichung, wenn man den Blick nach innen auf die unternehmenseigenen Prozesse richtet.

Gehen wir daher nun im Folgenden auf die Zielgruppen ein.

2.3.2 Zielgruppenbestimmung

Die Umkehr des Arbeitgebermarktes hin zum Bewerbermarkt, die voranschreitende Technisierung des privaten und beruflichen Umfeldes, der andauernde gesellschaftliche Wandel, der Rückgang von Schulabgängern und Absolventen, die unterschiedlichen regionalen Gegebenheiten und weitere bekannte Faktoren haben bedeutenden Einfluss auf die Ausrichtung eines zielgerichteten und erfolgreichen Recruitings. Das Wissen, dass es Mangel in bestimmten Berufsgruppen gibt, die genauen Kenntnisse der Arbeitsmarktzahlen sowie die Kenntnis eines schematisch konzeptionellen Recruitingorganisation können nur als hinreichende Bedingungen für ein an Ergebnissen gemessen erfolgreiches Recruitings gesehen werden. Denn die wesentlichen Erfolgsfaktoren des Recruitings liegen in der Ausrichtung auf relevante Zielgruppen. Die Zielgruppen sind Indikator und Impulsgeber aller Handlungen und Prozessschritte. Daher ist die notwendige Bedingung, die an ein Recruiting gestellt werden muss, die deskriptiv analytische Auseinandersetzung mit den Zielgruppen.

Auch in unseren Alltagssituationen bestimmen wir, bewusst oder auch unbewusst regelmäßig Zielgruppen, wie folgende kleine Geschichte zeigt:

Sie haben Hunger! Jedoch müssen Sie aufgrund verschiedener Vakanzen in ihrem Küchenschrank auf dem externen Markt nach geeigneter Ergänzung suchen. Sie wägen die gebotenen Möglichkeiten des Marktes ab und entscheiden sich für einen nahegelegenen Supermarkt. Dieser ist zum einen schnell erreichbar und zum anderen findet man dort umfangreiches Warensortiment, welches stets etwas Passendes für Sie bereithielt. Angekommen, stellt sich nun die erste Frage: Was soll es denn sein? Was wollen Sie essen? Sie entscheiden sich für Nudeln mit Soße. Soße haben Sie noch vorrätig, also müssen Sie ihr Nahrungsmittelteam mit Nudeln ergänzen. Sie stehen am Eingang des weitläufigen Supermarktes und sind erschlagen von den Gängen voller Waren, denn Sie wollten eigentlich schnell und zielstrebig Nudeln kaufen. Somit machen Sie sich nun daran, den Standort des Nudelsortiments zu finden. Sie wissen, dass bestimmte Artikelgruppen in derselben Gegend aufbewahrt werden, und aus Erfahrung wissen Sie auch, dass Nudeln irgendwo in den ersten Regalen nach dem Obst in der Nähe von Reis und anderen Nährmitteln angeboten werden. Also machen Sie sich auf die Suche, nach besagter Region im Supermarkt, und nach ein paar Fehlversuchen in Quergängen finden Sie das meterlange Regal, in dem die Nudeln liegen. Aber auch hier stellen sie fest: Sie sind noch nicht am Ziel. Sie haben zwar Nudeln gefunden, diese aber zu ungenau definiert. Es gibt dutzende verschiedene Sorten Nudeln, die wiederum aus verschiedenen Zutaten bestehen und auch in diversen Verpackungseinheiten angeboten werden. Sie beginnen nun wieder, ihre Zielgruppe »Nudeln« weiter einzugrenzen, geben, vom Hunger getrieben, nach einer Weile entnervt auf, greifen sich die nächstbesten Nudeln aus dem Regal und gehen an die Kasse, um endlich ihren Hunger zu stillen. Ob das nun aber die perfekten Nudeln für Sie sind, mit denen Sie den Tag glücklich abschließen können, wissen Sie leider nicht. So genau hatten Sie den Bedarf ja leider nicht bestimmt.

Das aus dem Alltag herausgegriffene Beispiel zeigt, dass die Auseinandersetzung mit dem »Was« und anschließend mit dem »Wo« den gesamten Prozess bestimmt. Das »Wie« folgt, nachdem das Gesuchte definiert, lokalisiert und aufgefunden wurde. Der eigentliche Akt des Kaufens, also das »Wie«, folgt dann bekannten und standardisierten Routinen.

Auf das Recruiting übertragen würden die Vorgänge analog vonstatten gehen: Sie haben eine Vakanz, wissen, mit welcher Profession die Stelle besetzt werden soll. Zudem haben Sie auch schon erste Ideen und Ansätze, welche weiteren Kenntnisse und Fähigkeiten und obendrein, welche Persönlichkeit Sie suchen wollen. Nun wollen Sie auf dem unübersichtlichen Markt eine relevante Zielgruppe finden. Hierfür beginnen Sie, den Markt möglicher Kandidaten zu analysieren und in Gruppen zu zerlegen, um so nahe wie möglich an »ihre« Zielgruppe zu kommen. Sie beginnen, den Markt zu segmentieren.

Die grundlegende Recruitingexpertise und das Können den Bewerbermarkt zu lesen und zu verstehen, sind für die Zielerreichung, die Besetzung der Vakanz immens wichtig. Es geht darum, Zielgruppen zu definieren, deren Mitglieder Kandidaten und mögliche Bewerber sind. Recruiting findet immer auf verschiedenen Märkten, genauer gesagt Bewerbermärkten, statt, die wiederum aus unterschiedlichen Interessengruppen und Individuen bestehen.

Marion Halfmann (2014, S. 3) führt dazu aus, dass »die Grenzen zwischen den Zielgruppen verschwimmen und die Marktteilnehmer nicht mehr klar abgrenzbar sind«. Mit der zunehmenden und auch eingeforderten Individualisierung wird jedes Mitglied einer Zielgruppe zum Unikat und möchte auch so angesprochen werden. Darauf wird auch im Bereich der Personalrekrutierung und insbesondere im Schulungskozept im Kapitel 7.4 genauer eingegangen. Dies ist einer der zentralen Punkte in der Zielgruppenansprache.

Um speziell für das Recruiting Formate zu generieren, die einzelne Zielgruppen ansprechen sollen, benötigt es vorab einer ausführlichen Analyse des Marktes und zudem einer eingehenden Beschäftigung mit der Zielgruppe. Denn nur Personen, die sich angesprochen fühlen, und somit die Vakanz und das Unternehmen in das sogenannte persönliche Relevant-Set aufnehmen, werden zu Bewerbern. In einem ersten Schritt geht es um die Segmentierung des Bewerbermarktes nach bestimmten Kriterien und Ausprägungen. Diese Marktsegmentierung hilft dabei, die Grundgesamtheit, die Bevölkerung, bzw. genauer, die arbeitsfähigen Bürgerinnen und Bürger in kriteriengestützte Gruppen einzuteilen, die besondere Merkmale besitzen. Einfach gesagt: Man muss wissen, was man will. Sonst wird man nie fündig und alle Anstrengungen gehen an der Zielgruppe vorbei, was im Endeffekt heißt, die Vakanz bleibt unbesetzt. Damit die Besetzung der Vakanz gelingt, ist zuerst eine theoretisch konzeptionelle Herangehensweise notwendig.

Um sich aus Recruitingperspektive mit den für das jeweilige Unternehmen relevanten Zielgruppen methodisch zu beschäftigen, müssen Methoden aus anderen Disziplinen herangezogen werden, da das Recruiting an sich kein eigenes Instrumentarium bereit hält. In diesem Fall wird man in der Methodik der Marktforschung und dem Marketing fündig. Es handelt sich dabei im Speziellen um die Marktanalyse, die auch Marktsegmentierung genannt wird.

Marktsegmentierung

Bei der Marktsegmentierung handelt es sich nach Meffert (2000, S. 181) um ein »integriertes Konzept der Markterfassung und Marktbearbeitung«. Somit werden Märkte in Teilmärkte zerlegt, um diese unter strategisch konzeptionellen Gesichtspunkten zu bearbeiten. Die strategische und somit weitergefasste Definition der Marktsegmentierung nimmt Freter (1993, S. 13) vor, indem er von einer gesamtheitlichen Marketingstrategie spricht, »die aufgrund einer Aufteilung des heterogenen Gesamtmarktes in homogene Teilmärkte anhand geeigneter Segmentierungskriterien eine segmentspezifische Marktbearbeitung erlaubt«. Auf den Bewerbermarkt übertragen kann man also die Methodik der Marktsegmentierung dazu einsetzten, um aus der Grundgesamtheit der Jobadressaten, Gruppen zu bilden, die einen Vakanzbezug aufweisen. Diese Gruppen lassen sich dann im Sinne einer ganzheitlichen Recruitingstrategie »bearbeiten«. Sucht man beispielsweise einen Spezialisten, findet man sich schnell in Nischen- oder Randmärkten wieder.

Zieht man den Fokus gedanklich nochmals auf und betrachtet den gesamten Markt, dann werden Hinsichtlich der strategischen Überlegungen in seiner Bearbeitung grundsätzlich zwei Stoßrichtungen verfolgt: Zum einen die Positionierung von Produkten oder Dienstleistungen und zum anderen und damit einhergehend die Erreichbarkeit der Zielgruppe mittels unterschiedlichen Werbeträgern und -botschaften (Weis 2005, S. 15 ff). Dabei dienen die Ansätze der Marktsegmentierung als Grundlage für die Marktbearbeitung (Freter 1983, S. 15 f). Um die Instrumente der Marktsegmentierung im Recruiting zielgerichtet einsetzen zu können, müssen vorab einige definitorische Überlegungen durchgeführt werden. Die entsprechende Fachliteratur hält hierfür passende Sortierungsansätze der Segmentierungsmethodik bereit. In einem ersten Schritt lassen sich diese nach ihren unterschiedlichen Merkmalen aufteilen (Halfmann et al. 2014):

- Sozioökonomische Merkmale: Einkommen, Beruf, Ausbildung
- Demografische Merkmale: Alter, Geschlecht, Haushaltsgröße, Religion
- Verhaltensorientierte Merkmale: Erstkäufer, Wiederholungskäufer, Intensivnutzer
- Psychografische Merkmale: Lebensstil, Gewohnheiten, Sicherheitsstreben, Innovationsfreude
- Medienorientierte Merkmale: Internetnutzer, Zeitungsleser, Radiohörer
- Besitz- und Verbrauchsmerkmale: Markentreue, Einkaufsstättenwahl, Produktwahl

Die Strukturierung nach Merkmalsausprägungen macht schon auf den ersten Blick deutlich, dass die aufgeführten Merkmale auch im Recruiting Relevanz haben. Beispielsweise liefern die medienorientieren Merkmale einer Zielgruppe genaue Informationen über die Nutzung der unterschiedlichsten Kanäle. So können ganz gezielt Ansprache-Modelle entwickelt werden. Wird die Form der Ansprache um demografische Merkmale erweitert und die Art und Weise der Darstellung an psychografischen Merkmalen angepasst, werden damit ganz spezifische Nutzenbündel geschaffen, die eine zielgerichtete Ansprache von Kandidatengruppen ermöglicht.

Um jedoch diese einzelnen Merkmale in Form eines Methodensets anwenden zu können, werden verschiedene Typen von Ansätzen benötigt. Diese stellen neben den bereits unterschiedenen Merkmalen auch das notwendige Set an entsprechenden wissenschaftlich fundierten Methoden bereit. Daher münden die vorangegangenen Unterteilungen schlussendlich in verschiedenen Ansätzen, die ein gesamtes Methodenset mit sich bringen und somit eine sehr hohe Praxisrelevanz und Einsatztiefe aufweisen. Die gängigen Ansätze lassen sich nach Kerth et al. (2011, S. 124ff) wie folgt benennen:

- Demografisch/sozioökonomische Segmentierungsansätze
- Psychografische Segmentierungsansätze
- Verhaltensbezogene Segmentierungsansätze
- Geografische Segmentierungsansätze
- Situationsbezogene Segmentierungsansätze

Für das Recruiting eignen sich vor allem die psychografischen Segmentierungsansätze. Diesen Ansätzen wird zugeschrieben, dass sie eine mehrdimensionale Ausrichtung haben, sprich mehrere der genannten Segmentierungsmerkmale parallel einbeziehen und auch untereinander vergleichbar machen. Diese Mehrdimensionalität ist auch besonders für den zunehmend komplexer werdenden Bewerbermarkt wichtig, da mit Hilfe dieser Ansätze vielseitige Informationen berücksichtigt werden können. Die bekanntesten und anerkanntesten Ansätze dieser Gruppe sind die sogenannten Zielgruppenmodelle. Einer der prominenteste Vertreter dieser Modellgruppe sind die Sinus-Milieus®.

Auf die Sinus-Milieus® soll im weiteren Verlauf ausführlicher eingegangen werden, da sie für das Recruiting eine außerordentliche Praxisrelevanz haben und gewinnbringend eingesetzt werden können.

Zielgruppenmodell: Sinus-Milieus®

Der Ansatz der Sinus-Milieus® hat das Ziel, den Status sowie die Veränderungen der Einstellungen und Verhaltensweisen von Gruppen bzw. Zielgruppen zu beschreiben. Dabei ist die statistische Grundgesamtheit die Wohnbevölkerung in Deutschland ab 14 Jahren (Sinus-Institut 2014). Dieser Ansatz geht über die »klassischen«, eindimensionalen Merkmale wie Einkommen, Alter oder Schulbildung hinaus und stellt gesamte Lebenswelten und Lebensstile zur Verfügung und zieht darüber hinaus auch Wertvorstellungen und auch Einstellungen mit ein. Er liefert mehrdimensionale, in Abhängigkeit zueinander bestehende Aussagen. Für das Recruiting kann dieser Ansatz sehr wichtige Statements bereitstellen, die eine milieuspezifische Orientierung hin zur Zielgruppe gewährleisten. Viele Unternehmen nutzen die Milieus für die Ansprache ihrer Kunden und Interessenten und konnten mit der Integration der Milieus nachweisliche Verbesserungen im Absatz von Produkten und somit in der Ansprache von Zielgruppen realisieren. Die Sinus-Milieus® werden aufgrund ihrer breiten Einsetzbarkeit in viele renommierte Studien wie z. B. dem Fernsehpanel, als der bekanntesten Markt-Media-Studie, integriert.

Die Wurzeln der Sinus-Milieus® gehen auf das von den Diplom Psychologen Dorothea und Horst Nowak im Jahr 1974 in Heidelberg gegründete Forschungsinstitut Sinus-Sociovison GmbH zurück. Das Unternehmen hat sich über die Jahre hinweg auf die kontinuierliche Beobachtung und marktspezifische Interpretation des soziokulturellen Wandels spezialisiert und bietet neben anderen etablierten Produkten auch die Sinus-Milieus® an. Nach Sinus ist das Milieu, in dem jemand lebt »....in der Regel das, was sein Leben prägt – der Alltag in den er gestellt ist« (Sinus-Sociovison GmbH, 2014). In diesen Milieus werden Gruppen von Menschen zusammengefasst, die ähnliche Alltagskriterien wie soziale Lage, Lebensauffassung und Lebensweise hinsichtlich ihres Lebensstils und ihren Werten aufweisen (Kuß/Tomczak 2007, S. 98).

Exkurs: Sinus Institut

Sinus ist schwerpunktmäßig im Bereich psychologischer und soziokultureller Forschung und Beratung tätig. Die Auftraggeber des Instituts sind vor allem international tätige Unternehmen aus Industrie und Dienstleistung sowie Ministerien und kirchliche Institutionen. Neben Antworten zu sozialen, gesellschaftlichen und politischen Fragestellungen liefert Sinus diesen Kunden entscheidungsrelevante Informationen und Beratungsleistungen, insbesondere für die Produktentwicklung, die Positionierung von Marken und Produkten sowie das Zielgruppenmarketing und die werbliche Kommunikation. (Quelle: Sinus Institut 2014, Heidelberg)

Das Institut stellt mit seiner Milieuforschung ein praxisnahes Instrument für die strategische Planung von Marketing und Kommunikationsmaßnahmen bereit, das auch für Recruitingzwecke, vornehmlich in den Bereichen des Employer Brandings und des HR-Marketings eingesetzt werden können. Es dient dazu, den vielschichtigen Bewerbermarkt passend in berufsspezifischen Kontext zu segmentieren und strategische Aussagen zu tätigen. Sinus-Milieus® sind im Recruiting wichtig »... weil sie Erkenntnisse aus allen relevanten Lebens- uns Themenbereichen bündeln und die Menschen als Ganzes betrachten (..)« (Borgstedt 18.04.2014).

Der Fokus der Milieus liegt dabei auf zwei maßgeblichen Bereichen: den Lebensstilen einzelner Personen und auf den externe Faktoren, die die Lebensstile prägen und beeinflussen. Meffert (2000, S. 199f) unterteilt diese externen Faktoren in: Freizeit und Gewohnheiten (beobachtbares Verhalten) und Werte, Einstellungen und Meinungen (psychische Variablen). Des Weiteren werden die sogenannten Umweltfaktoren Wirtschaft, Kultur, Gesellschaft und Technologie den externen Faktoren zugeschrieben. Durch die Beeinflussung der externen Faktoren unterliegen die Lebensstile einer hohen Dynamik. Die Lebensstile von Personen bilden den Kern des Milieu-Ansatzes. Diese zu kennen ist vor allem dafür wichtig, dass Botschaften nicht nur im Sinne des Transportvehikels, also des Werbeformats, sondern auch inhaltlich, milieuspezifisch ausgestaltet werden können. Dies schlägt sich vor allem in Imagetexten, Stellenausschreibungen oder auf der Karrierewebseite nieder.

Lebensziel	Werte – Lebensgüter – Lebensstrategie – Lebensphilosophie
Soziale Lage	Größe – soziodemografische Struktur der Milieus
Arbeit/Leistung	Arbeitslos/Arbeitszufriedenheit – Prestige – materielle Sicherheit
Gesellschaftsbild	Politisches Interesse – Engagement – Systemzufriedenheit
Familie/Partnerschaft	Einstellungen – emotionale Sicherheit – Vorstellung von Glück
Freizeit	Freizeitgestaltung/Motive – Kommunikation – soziales Leben
Wunsch- und Leitbilder	Wünsche/Tagträume/Phantasien – Leitbilder/Vorbilder
Lebensstil	Ästhetische Grundbedürfnisse – milieuspezifische Stilwelten

Quelle: Drieseberg 1995, S. 195

Abbildung 10: Milieu-Bausteine

Um ein Milieu beschreibbar zu machen, werden verschiedene Bausteine definiert, mit deren Hilfe die Gesamtheit der Milieus erfasst wird:

Ausgehend vom stetigen dynamischen Wandel der Gesellschaft werden in Bezug auf diese Bausteine durchgehend Befragungen und Beobachtungen durchgeführt, um die sich ändernden Lebensstile und externe Faktoren zu erfassen. Aufgrund dieser laufenden Beobachtung lassen sich Trends und Änderungen beispielsweise im Konsumverhalten oder auch im Einsatz von Technologien ermitteln, die Aufschluss über einen Einsatz bei verschiedenen Recrutingaktivitäten geben.

Die Erhebungen ergaben für Deutschland 10 unterschiedliche Sinus-Milieus®. Mittlerweile wurden, resultierend aus den durchgeführten Beobachtungen, die Sinus-Milieus® zweimal angepasst. Derzeit wird ein Modell »Sinus-Milieus® 3.0« aus dem Jahr 2010 angewendet. Im vorangegangenen Update, das von 2001 bis 2010 Gültigkeit besaß, wurden den gesellschaftlichen Änderungen des wiedervereinten Deutschlands Rechnung getragen (Sinus-Sociovison GmbH, 2014). Insbesondere wurde die Grundgesamtheit durch die Wiedervereinigung Deutschlands größer, sodass auch die Milieulandschaft davon geprägt wurde. Hier gab es zum Beispiel ursprünglich eine Gruppe von »DDR Nostalgischen«, die im vereinten Update des Modells gänzlich verschwanden. Die 10 Milieugruppen, wurden 2001 in 4 Untergruppen geclustert, die als erste Einordung der Milieus dienten: (1) Gesellschaftliche Leitmilieus, (2) Traditionelle Milieus, (3) Mainstream Milieus und (4) Hedonistische Milieus (Walczak 2008, S. 17). 2010 erfolgte eine Aktualisierung der deutschen Sinus-Milieus® (Flaig/Barth 2014). Dabei wurde die soziale Lage eingeteilt in (1) Sozial gehobene Milieus (Sinus AB12, B1, C1, C12), (2) Milieus der Mitte Deutschlands (Sinus B23, C2, B12) sowie (3) Milieus der unteren Mitte/Unterschicht in Deutschland (Sinus AB23, B3, BC23).

Für die Anwendung der Milieus im Recruiting ist es wichtig zu wissen, dass Milieus spezifische Aussagen über die jeweiligen Milieuzugehörigen treffen und somit nicht mit konkreten Zielgruppen gleichgesetzt werden können. Es ist durchaus möglich, dass sich die anvisierte Zielgruppe in verschiedenen Milieus finden lässt. Werden Milieu-Spezifika der Unternehmenskultur zugeordnet, können daraus Informationen über das notwendige Anspracheformat, die Ausgestaltung der Bewerbungsprozesse und auch über den Einsatz von kandidatenbezogener Technologie getroffen werden. So können beispielsweise unter Gesichtspunkten der Diversität im Unternehmen ganz bewusst Milieus angesprochen werden, die die eigene Unternehmenskultur erweitern und bereichern.

Hier recht analytisch deskriptiv dargestellt enthalten die 10 einzelnen Milieus auch auf diesem Abstraktionsniveau Anhaltspunkte über die entsprechenden Milieuzugehörigen. Werden die Milieus weiter ausdifferenziert, geben sie auch konkrete Hinweise auf Einkommen, Technikaffinität, Konsum- und Freizeitverhalten bis hin zu Wünsche, Werten und Lebenszielen. So kann dies beispielsweise entscheidend für die Auswahl eines Testimonials für den Dreh eines TV-Spots oder auch eines Recruiting-Videos sein, wenn dieser eine gewisse Öffentlichkeit haben und dadurch ganz gezielt ein Milieu angesprechen soll. Dennoch sei hier nochmal darauf hingewiesen, dass das Recruiting an sich eine sehr zielgruppenorientierte Disziplin ist und sich in der operativen Ausgestaltung dann beispielsweise Facharbeiter in einer bestimmten Branche oder Fachrichtung fokussiert. Die Sinus-Milieus® geben dann hierfür ergänzende Informationen, können aber die Zielgruppe der Facharbeiter nicht auf ein Milieu einschränken. Daher muss bei der Entwicklung von Anspracheformaten die Zielgruppe als Ganzes gesehen und unter milieuspezifischen Gesichtspunkten ergänzt werden. So können dann bewusst Milieuzugehörige angesprochen, oder auch ausgelassen werden.

Verlagert man die Sichtweise tiefer ins Recruitinggeschehen, kann es bedeutend sein, dass das Angebot eines Geschäftswagens für manche Milieus ein Statussymbol ist und einen einhergehenden Imagegewinn bedeutet, für andere aber ein »must have« darstellt und das expli-

Sinus-Milieu®	Beschreibung
Konservativ-etabliertes Milieu – Sinus AB12 – 10 %	Das klassische Establishment: Verantwortungs- und Erfolgsethik; Exklusivitäts- und Führungsansprüche; Standesbewusstsein; Entre-nous-Abgrenzung
Liberal-intellektuelles Milieu – Sinus B1 – 7 %	Die aufgeklärte Bildungselite: liberale Grundhaltung und postmaterielle Wurzeln; Wunsch nach selbstbestimmten Leben, vielfältige intellektuelle Interessen
Milieu der Performer – Sinus C1 – 7 %	Die multi-optionale, effizienzorientierte Leistungselite: global-ökonomisches Denken; Konsum- und Stil-Avantgarde; Hohe IT- und Multimedia-Kompetenz
Expeditives Milieu – Sinus C12 – 6 %	Die ambitionierte kreative Avantgarde: mental und geografisch mobil, online und offline vernetzt und auf der Suche nach neuen Grenzen und deren Lösungen
Bürgerliche Mitte Sinus B23 – 14 %	Der leistungs- und anpassungsbereite bürgerliche Mainstream: generelle Bejahung der gesellschaftlichen Ordnung; Streben nach beruflicher und sozialer Etablierung, nach gesicherten und harmonischen Verhältnissen
Adaptiv-pragmatisches Milieu – Sinus C2 – 9 %	Die moderne junge Mitte unserer Gesellschaft mit ausgeprägtem Lebenspragmatismus und Nutzenkalkül: zielstrebig und kompromissbereit, hedonistisch und konventionell, flexibel und sicherheitsorientiert, starkes Bedürfnis nach Verankerung und Zugehörigkeit
Sozialökologisches Milieu Sinus B12 – 7 %	Konsumkritisches/-bewusstes Milieu mit normativen Vorstellungen vom »richtigen« Leben: ausgeprägtes ökologisches und soziales Gewissen; Globalisierungs-Skeptiker, Bannerträger von Political Correctness und Diversity
Traditionelles Milieu Sinus AB23 – 15 %	Die Sicherheit und Ordnung liebende Kriegs-/Nachkriegsgeneration: verhaftet in der alten kleinbürgerlichen Welt bzw. in der traditionellen Arbeiterkultur; Sparsamkeit, Konformismus und Anpassung an die Notwendigkeiten
Prekäres Milieu – Sinus B3 – 9 %	Die um Orientierung und Teilhabe bemühte Untersicht mit starken Zukunftsängsten und Ressentiments: Häufung sozialer Benachteiligungen, geringe Aufstiegsperspektiven, reaktive Grundhaltung; bemüht Anschluss zu halten an die Konsumstandards der breiten Mitte
Hedonistisches Milieu Sinus BC23 – 15 %	Die spaß- und erlebnisorientierte moderne Unterschicht/untere Mittelschicht: Leben um Hier und Jetzt, Verweigerung von Konventionen und Verhaltenserwartungen der Leistungsgesellschaft
	Quelle: Flaig/Barth 2014

Abbildung 11: 10 Sinus-Milieus® in Deutschland

zite Angebot eines Geschäftswagens eher Verwunderung auslösen würde und auch ggf. zur Abkehr führen könnte. Auch dem Freizeitverhalten entgegenkommende Angebote zur sogenannten Work-Live-Balance »ziehen« bei manchen Milieus mehr, bei manchen weniger. Ist ein Milieu sehr freizeitorientiert, so würde es sich anbieten, die Work-Live-Balance-Angebote explizit zu adressieren.

Die Bewerberansprache allgemein mit seinem noch näher zu beleuchtenden Instrumentarium hat nach Scholz (1999) drei zu unterscheidende Funktionen: (1) Die Akquisefunktion, (2) die Motivationsfunktion und (3) die Profilierungsfunktion. Auf die unterschiedlichen Milieus bezogen, weisen hier jede der drei Funktionen unterschiedliche Ausprägungen auf, die aber innerhalb der Milieus stabil sind. Besonders die Akquisefunktion sticht bei milieuspezifischer Betrachtung besonders hervor, denn durch sie soll das Interesse an der angebotenen Vakanz geweckt werden. Dabei wird das – möglichst bekannte – Unternehmensimage emotional in die Bewerberansprache integriert. Diese transportierte Emotion wird vom Bewerber als sehr stark empfunden, wenn sie die Werte und Sprache des Bewerbers trifft. Somit sollte eine emotional geleitete Werbung und Ansprache bestmöglich auf das Milieu abgestimmt

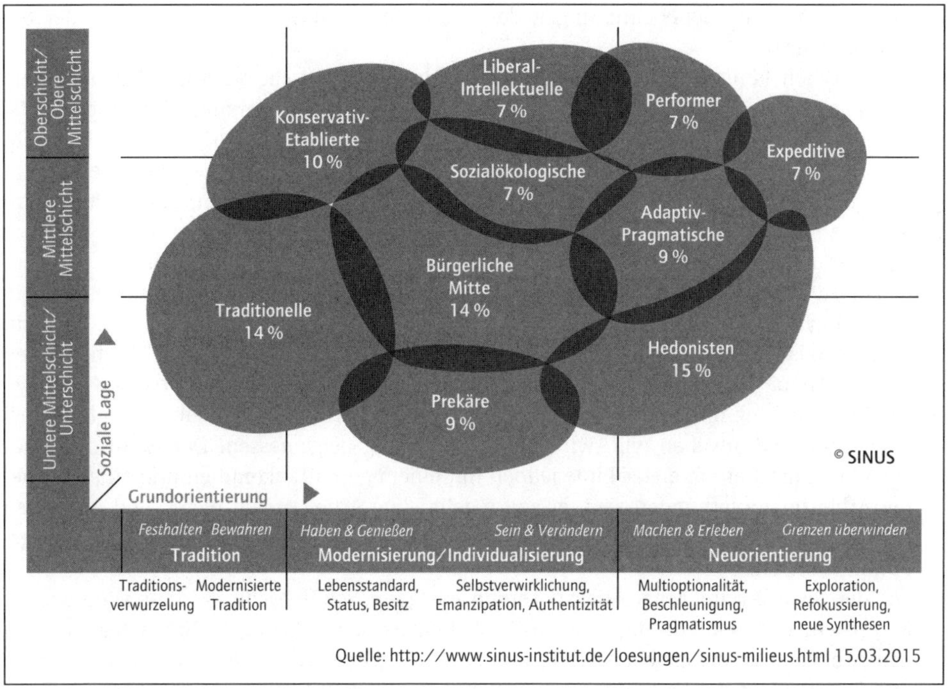

Abbildung 12: Sinus-Milieus® Deutschland 2013

sein. Die schematische Darstellung der Milieus erfolgt in Form der sogenannten Kartoffelgrafik. Bei der Interpretation der Milieus in der strategischen Landkarte gilt grundsätzlich, dass je höher das Milieu auf der y-Achse (soziale Lage) zu finden ist, desto gehobener sind Einkommen, Bildung und Berufsgruppe.

Grundlage von Marketingansätzen im Allgemeinen und im Speziellen von HR-Marketingansätzen ist die Art und Weise der eingesetzten Kommunikation. Das einzelne Sinus-Milieu® kann dahingehend unterstützen, dass es aufzeigt, welche Anspracheformate in einem Milieu funktionieren oder nicht.

Die milieuspezifische Ansprache hat aufgrund der im Milieu enthaltenen Ausprägungen und Informationen eine deutliche Orientierung hin zur Unternehmenskultur. Umgekehrt haben wir dadurch die Möglichkeit, aus Unternehmensperspektive ausgehend von unser eigenen Kultur das Ziel-Millieu zu wählen. Die allseits bekannte Generation Y ist beispielsweise eine selbstbewusste, hoch qualifizierte, medienaffine und entsprechend extrem anspruchsvolle Gruppe. Für diese Gruppe gib es Anspracheformate und Inhalte, die ungeachtet der Milieuzugehörigkeit funktionieren und die Gruppe aktiveren. Da sich die Gen Y aber in unterschiedlichen Milieus finden lässt, können diese Anspracheformate mit Blick auf die Milieuspezifika verändert und angepasst werden. Hier kann mit den Sinus-Milieus® gezielter auf kulturelle Belange eingegangen und Gruppen angesprochen werden.

Als weiteres Beispiel milieuspezifischer Ansprache soll ein bundesweit agierender Elektronikkonzern herangezogen werden, der Verkäufer sucht, die jung, modern und technikaffin sein sollen (hedonistisches Milieu). Daher muss zum einen die Sprache (»Geiz ist Geil«) als auch zum anderen der Inhalt der Anzeigen entsprechend gestaltet sein, um die passenden Kandidaten anzusprechen (hrimpulse.wordpress.com – 18.04.2014). Auch hier wird in den

Recruiting- und Ansprachebemühungen der sogenannte #Cultural-Fit ins Zentrum der Betrachtung gerückt.

Wie gesehen können unter Bezugnahme auf milieuspezifische Aussagen zielgerichtete Recruitingaktivitäten entwickelt und durchgeführt werden. Im Rahmen der Studie »Wie ticken Jugendliche? Lebenswelten von Jugendlichen im Alter von 14 bis 17 Jahren in Deutschland« (Calmbach et al. 2012) wurde ganz spezifisch auf die Milieus Jugendlicher eingegangen. Daraus werden nun abschließend einige Statements herausgegriffen, um die hohe Praxisrelevanz der Sinus-Milieus® nochmals zu verdeutlichen.

Das hier angesprochene Milieu ist das der adaptiv-pragmatische Jugendlichen:

- »Das erste Etappenziel nach der Schule ist eine gute Ausbildung in möglichst krisensicheren Branchen. Die Gymnasiasten möchten häufig Maschinenbau, Informatik, Medizin oder Grundschul-Lehramt studieren. Die Jugendlichen mit mittlerer Formalbildung planen oft, das Abitur nachzuholen oder sympathisieren mit kaufmännischen Berufen.
- Der Entscheidung für den richtigen Beruf, d. h. einen Beruf, den man ein Leben lang ausüben kann und ausüben will, wird große Bedeutung beigemessen. Der Beruf soll zwar auch Spaß machen, in erster Linie jedoch mit einem guten Einkommen und einem sicheren Arbeitsplatz verbunden sein, er soll regelmäßige Arbeitszeiten bieten und im besten Fall nahe zum Wohnort liegen. Außerdem soll der Job – familienverträgliche – Aufstiegsoptionen bieten.
- Für die Chancen am Arbeitsmarkt werden ein guter Schulabschluss, die eigene soziale Kompetenz und Sekundärtugenden als Vorteil eingeschätzt. Man geht davon aus, dass bei den Arbeitgebern die gleichen Werte und Normen gelten wie in der eigenen Lebenswelt, und äußert nicht die Vermutung, dass es notwendig sein könnte, durch ungewöhnliche Fähigkeiten oder Originalität aufzufallen, um einen Arbeitsplatz zu bekommen« (ebd.).

Die hier dargestellten Auszüge der Studie zeigen deutlich erkennbare Werte und Verhaltensmuster auf, die bei der Jobsuche angesetzt und als Maßstab der Jugendlichen an den Job an sich gestellt werden. So müssen Arbeitgeberversprechen dahingehend überprüft werden, ob sie für die Gruppe »treffend« sind und sie sich hier angesprochen fühlt. Klar ist, dass neben der Jobsicherheit, dem Spaß an der Arbeit auch das Fordern und Fördern nicht fehlen darf. Hinsichtlich einer dualen Ausbildung kann die Aussage abgeleitet werden, dass in diesem Milieu eine Ausbildung nur als erstes Etappenziel angesehen wird und an einem leistungsorientierten beruflichen Vorankommen gearbeitet wird. Somit müsste aus Perspektive des Recruitings hinterfragt werden, ob Ausbildungsangebote in diesem Milieu platziert werden sollen oder Duale Studiengänge. Auch in diesem Beispiel ist erkennbar, dass eine milieuspezifische Bewerberansprache den »Königsweg« darstellt. Vor allem wenn man sich aus strategischem Blickwinkel einer Zielgruppe für die nächsten Jahre verschreibt, kann mit einer Sinus-Milieu-Studie eine speziell ausgerichtete Recruitingstrategie entwickelt werden. Dennoch muss den Milieu-Studien eine gewisse Kostenintensivität unterstellt werden. Will man ganz spezifische Milieuaussagen für die Problemstellung des eigenen Unternehmes und der entsprechenden Zielgruppe erhalten, reichen oftmals die öffentlich zugänglichen Studienmaterialen nicht aus und es läuft auf eine kostenpflichtige Beauftragung hinaus.

Zielgruppenanalyse nach Kerth et al.

Um an Informationen über seine Zielgruppen zu gelangen, können auch klassische Methoden wie Benchmarkanalysen oder auch Konkurrenzanalysen herangezogen und eingesetzt werden. Diesen liegen eventuell im Bereich des Vertriebes oder dem Produktmarketing vor und lassen ebenfalls auf die zu rekrutierenden Gruppen Rückschlüsse zu. Kerth et al. (2012, S. 126ff) stellen darüber hinaus ein Modell vor, das mit geringem finanziellen und externen

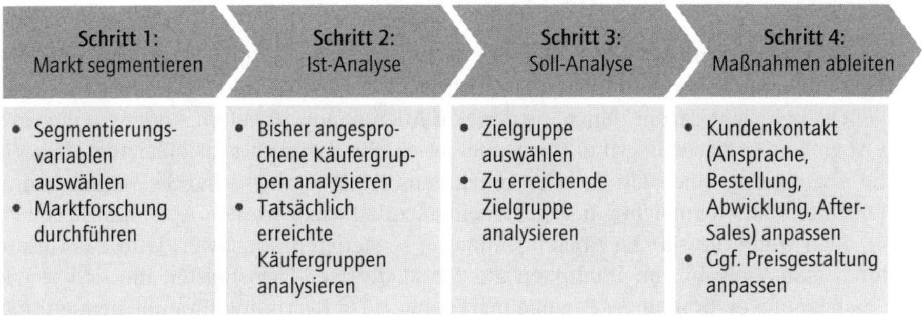

Quelle: Kerth et al. 2011, S. 127

Abbildung 13: Vorgehensweise bei der Zielgruppenanalyse

Aufwand eine selbst durchführbare Zielgruppenanalyse zulässt. Ein wichtiger Punkt dabei ist, dass man selbst zur fokussierten Gruppe gehört, oder Mitglieder dieser Gruppen im Unternehmen hat.

Im ersten Schritt werden die für die anschließende Marktforschung benötigen Segmentierungskriterien festgelegt. Dabei kann eine unterschiedliche Anzahl von eindimensionalen oder auch mehrdimensionalen Segmentierungskriterien herangezogen werden. Anschließend erfolgt die Segmentierung des Marktes. Dies kann in Form einer extern durchgeführten Konkurrenzanalyse geschehen oder eben durch Befragung der eigenen Mitarbeiter. Dabei können teilstandardisierte Interviews oder anonyme Fragebögen zum Einsatz kommen. Für die Befragung werden die im ersten Schritt festgelegten Segmentierungskriterien zugrunde gelegt. Bei der folgenden Ist-Analyse werden mit Blick auf das Recruiting nicht die Käufergruppen, sondern die Gruppen von Bewerbern analysiert und beschrieben. Dies kann ganz allgemein oder auch vakanzbezogen vorgenommen werden. Nun werden im folgenden Schritt die Zielgruppe genauer benannt und davon ausgehend Sollkriterien formuliert. Diese Sollkriterien spiegeln die fokussierte Zielgruppe bzw. Bewerbergruppe wider. Dies können Vertriebsmitarbeiter, Auszubildende oder auch Produktionsmitarbeiter sein. Ist die Zielgruppe erfasst, werden die Daten hinsichtlich verwendbarer Statements in der Rekrutierung analysiert und ggf. mit weiteren Inhalten ergänzt. Die so gewonnen Erkenntnisse münden dann im vierten Schritt in der Umsetzungsphase, in der konkrete Recruitingmaßnahmen geplant und umgesetzt werden. Von Zeit zu Zeit muss die Ergebnisqualität und die Zielrichtung der einzelnen Maßnahmen evaluiert und nachjustiert werden.

Auch wenn das aufgezeigte Vorgehen primär auf Käufergruppen abzielt, kann dieser Ansatz mit kleinen methodischen Änderungen auch für die Zielgruppenanalyse im Recruiting eingesetzt werden und liefert umsetzbare Ergebnisse.

Festhalten lässt sich abschließend, dass Zielgruppen für das vakanz- und erfolgsorientierte Recruiting ausschlaggebend sind. Auf die jeweilige Zielgruppe sind alle Handlungen, Maßnahmen und Aktivitäten in Gänze zu fokussieren. Ohne eine konsequente Ausrichtung aller Planungen auf die Zielgruppe, werden nicht nur direkte Kosten verursacht, sondern auch das Unternehmen in seiner Wertschöpfung behindert. Daher ist es ratsam, sich eingehend mit seinen Zielgruppen zu beschäftigen. Nicht nur für das Recruiting selbst, sondern auch für benachbarte Disziplinen, die das Recruiting unterstützen, sind Zielgruppen die Basis aller Bemühungen.

2.4 Abgrenzungen zu anderen Disziplinen

Je mehr HR-Verantwortliche befragt werden, desto mehr Definitionen und Umschreibungen der Begriffe »Employer Branding«, »HR-Marketing« und »Recruiting« erhält man. In diesem Buch geht es uns nicht darum, Ihnen die perfekte Abgrenzung zu liefern – oder gar die einzig wahre Abgrenzung dieser Begriffe. Unser Ziel ist es, Sie dafür zu sensibilisieren, dass eine logische Abgrenzung innerhalb Ihres Unternehmens erfolgen muss, und Sie Vergleichen mit anderen Unternehmen vorsichtig begegnen sollten. Allzu leicht werden Äpfel mit Birnen verglichen, auch wenn die Namen Übereinstimmung suggerieren. Erschwert wird das Gesamtbild durch eine Vielzahl von Produkten am Markt diverser Dienstleister, die sich je nach Trend mal Employer Branding-, Personalmarketing- oder Recruiting-Produkt nennen, ganz gleich welcher der Bereiche berührt wird.

Betrachten wir unsere drei Bereiche durch eine theoretische Brille, so steht Employer Branding auf der ersten Stufe. Diese Disziplin bildet die Basis, auf der wir die Instrumente der anderen beiden Bereiche aufbauen bzw. von der wir die Inhalte und Vorgehensweisen ableiten. Wir schaffen uns einen Rahmen, der es uns ermöglicht, die Wirkung unserer Aktivitäten zu verstärken, durch eine inhaltliche Einheitlichkeit, die wir jederzeit belegen können, ohne unsere Möglichkeiten in der Kreativität einzuschränken. Das Thema Employer Branding werden wir in diesem Buch lediglich streifen und auf weitergehende Literatur verweisen. Es ist eine Disziplin für sich und Bedarf einer intensiven Auseinandersetzung, denn schließlich soll es die Basis unseres Rahmens bilden. Sowohl HR-Marketing als auch Recruiting sollen durch die Inhalte des Employer Brandings mit Leben gefüllt werden. Sicherlich geht es auch ohne. Aber Sie werden schnell an der inhaltlichen Qualität bemerken, welche Unternehmen ihre Hausaufgaben gemacht haben und welche nicht. Unsere Hinweise und Empfehlungen können Sie aber selbstverständlich auch anwenden und umsetzen, ohne einen detaillierten Employer-Branding-Prozess durchgeführt zu haben.

Haben Sie aber die Basis ordentlich gelegt, geht es über zu dem Thema des Erstkontaktes. Auch wenn es gedanklich schwerfällt und man weiß, dass die drei Bereiche große Überschneidungspunkte haben, möchten wir Sie bitten, die nun nachfolgenden Bereiche als aufeinander folgende Bausteine zu betrachten.

Der Bereich HR-Marketing befasst sich umfassend mit dem Thema des Erstkontaktes und der Überführung in den Recruitingprozess. Damit ist nicht nur die Umsetzung von Events, Messen und Veranstaltungen gemeint, sondern vor allem auch die Bereitstellung von Materialien, Konzepten und Strategien. Hier entsteht meist die erste Irritation, da viele Personalentscheider insbesondere das Thema Konzepte und Strategien im Employer Branding verhaftet sehen. Irrtümlicher Weise wird Employer Branding oftmals mit Strategie und Konzepten gleichgesetzt. HR-Marketing sei lediglich der operative Ausfluss dieser Disziplin. Das kann man sicherlich so organisieren, verwässert unserer Meinung nach jedoch dann das Ziel der Rekrutierung. Es gibt einen signifikanten Unterschied zwischen der Erarbeitung einer Emplo-

Abbildung 14: Prozesskette Employer Branding, HR-Marketing und Recruiting

yer Brand und den Zielen des HR-Marketings und Recruitings. Der Fokus im Employer Branding ist viel weiter gefasst, da hier auch die Mitarbeiter an sich eine große Rolle spielen. D. h. der interne Blick und die dadurch erzeugte Bindung von Mitarbeitern sind ebenfalls im Employer Branding verankert und macht dort sogar den größeren Teil aus. Das HR-Marketing fokussiert dann mit den Strategien und Konzepten auf die externen Zielgruppen und dies bereits stets mit dem Link zum Recruiting. In diesem Bereich werden also u. a. Kampagnenkonzepte auf Basis des Employer Brandings erstellt. Materialien wie Broschüren, Messewände, etc. werden durch das HR-Marketing konzipiert und erstellt. Internet, Social Media und viele weitere Kanäle unterliegen ebenfalls der Obhut des HR-Marketings. Es ist die Disziplin, die sich konzeptionell um die Schnittstellen zu den externen Zielgruppen kümmert.

Das letzte Wegstück bis zur Einstellung beschreitet das Recruiting. Es setzt schon sehr früh an und umfasst alle zielgerichteten Maßnahmen zur Besetzung von Stellen. Das können Messen und Foren an Universitäten sein, aber eben auch die Begleitung des kompletten Recruitingprozesses ab Bewerbungseingang und der dazugehörigen Auswahlinstrumente. Das Recruiting muss die Welt der Ausschreibungen im Griff haben und dementsprechend das Business aus dem FF kennen. Es setzt auf den Ergebnissen und Tools des HR-Marketing auf und verwendet diese mit dem Ziel der Einstellung der richtigen Kandidaten.

Nun verwenden wir unsere operative Brille und Betrachten das Dreigestirn erneut. Nichts von dem, was wir tun, sollte allein aus Selbstzweck erfolgen. Stets müssen wir uns in allen drei Disziplinen fragen, was das Ziel ist und warum wir den Aufwand betreiben. Hierbei fokussieren wir erneut auf unsere externen Zielgruppen, denn zumindest beim Employer Branding kann es auch noch andere Treiber für die Aktivitäten geben. Die theoretische Reihenfolge ist, unserer Meinung nach, klar: Wir beginnen mit dem Employer Branding, schließen daran das HR-Marketing an, um dann im Recruiting die Einstellungserfolge zu erzielen.

Die operative Brille zeigt uns ein etwas verändertes Bild. Hier wird klar, dass der Anstoß insgesamt durch die Personalplanung erfolgen muss und somit durch die Rekrutierungsbedarfe vorskizziert wird. Sowohl der externe Ansatz des Employer Brandings als auch der des HR-Marketings müssen sich nach den zu suchenden Zielgruppen richten und damit den Rekrutierungsbedarfen folgen. Leicht wird genau dies außer Acht gelassen, denn den meisten Geschäftsführern ist die Rekrutierung von Hochschulabsolventen am nächsten. Hieraus entstehen oftmals absurde Forderungen, trotzdem die Personalplanung den Fokus auf ganz andere Zielgruppen legt. Dadurch bedingt entwickeln Employer Branding und HR-Marketing oftmals Eigenleben, die dann fernab der eigentliche Bedarfe ihre Ressourcen investieren. Hier ist klar die Aufgabe des Recruitings zu fokussieren und das Ziel der Stellenbesetzung nicht aus den Augen zu verlieren. Das operative Ruder hat also das Recruiting in der Hand, dem die anderen beiden Bereiche zuarbeiten müssen.

Der operative Blickwinkel verdeutlicht, dass das Recruiting an mehreren Stellen im Prozess gefragt ist. Es ist bei der Personalplanung involviert, die den grundsätzlichen Anstoß für den Gesamtplanungsprozess liefert. Gehen wir eine Ebene weiter hinunter zum jährlichen Prozess, initialisiert auch hier wieder das Recruiting die Jahresplanung. Zum Schluss landen wir bei den einzelnen Stellenausschreibungen, die dann den tatsächlich operativen Prozess anstoßen, den die meisten Personaler den Recruitingprozess nennen.

Die Abgrenzung der Disziplinen, wenn gleich sie auch große Überschneidungen haben, hilft Ihnen bei der Bewertung der Maßnahmen und dem Aufbau eines Kennzahlensystems oder auch KPI Set (Key Performance Indicator) Systems, das wir in Kapitel 6 nochmals betrachten werden. Alles, was wir tun, muss messbar sein. Wir konnten uns zwar in den vergangenen Jahren oftmals als HR-Bereich vor genauen Messungen drücken, doch diese Zeiten gehören der Vergangenheit an. Durch eine genaue Abgrenzung der drei Bereiche innerhalb Ihres Unternehmens stellen Sie sicher, dass verschiedene Maßnahmen an den richtigen

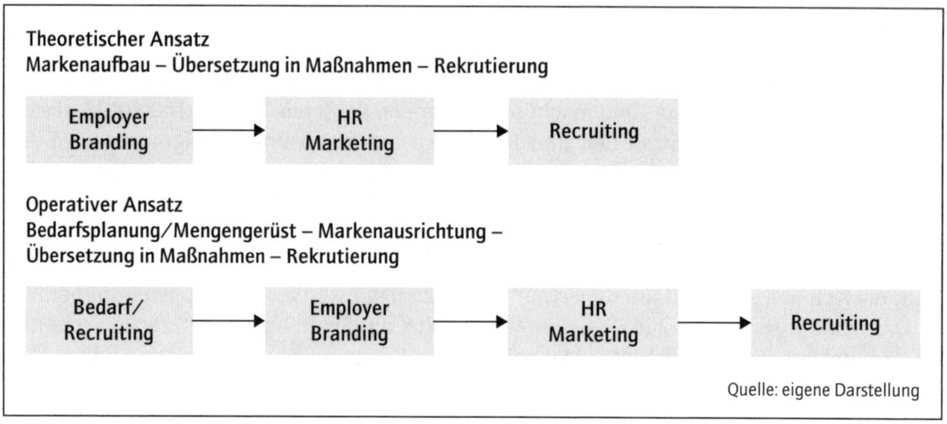

Abbildung 15: Wirkrichtung Prozess Employer Branding, HR-Marketing und Recruiting

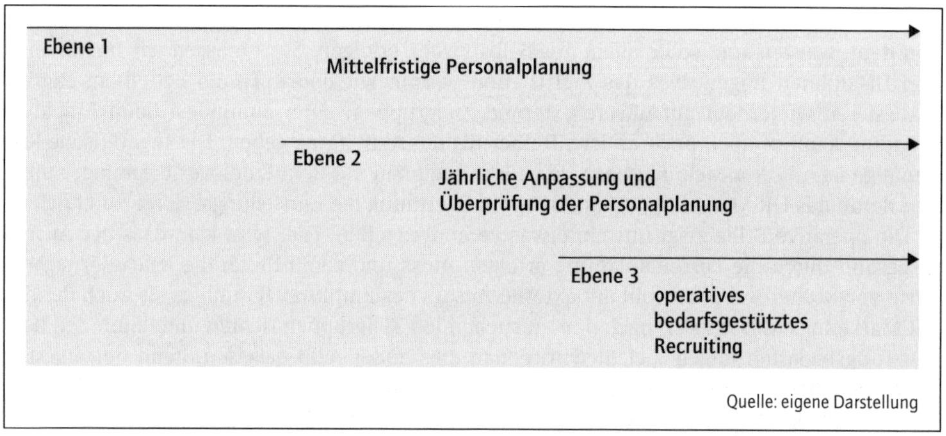

Abbildung 16: Prozessebenen Personalplanung

KPI gemessen werden. Wie bereits zuvor erwähnt, kommt es immer wieder vor, dass Employer Branding und HR-Marketing-Maßnahmen an Recruiting-Kennzahlen gemessen werden sollen. Das Ergebnis ist meist verheerend und die Maßnahmen geraten in Verruf. Aber auch den umgekehrten Fall gibt es. Recruiting-Maßnahmen, die kein Ergebnis erzielt haben, werden zur Rechtfertigung einfach in den Bereich des HR-Marketings oder Employer Branding geschoben: »Eingestellt haben wir zwar niemanden, aber wir haben ja etwas für unsere Markenbildung getan.«

Wenn wir im Bereich des Recruitings professioneller werden wollen, dann bedeutet dies, dass wir nicht nur in allem, was wir tun, messbar sein wollen, es bedeutet auch, dass wir transparent agieren und einen Plan haben, von dem, was wir machen. Eine detaillierte Unterteilung der drei Bereiche Employer Branding, HR-Marketing und Recruiting trägt hierzu bei. Die in diesem Buch vorgeschlagene Unterteilung ist allerdings nur als Empfehlung zu verstehen. Natürlich kann sich je nach Unternehmensstruktur, Größe oder Organisation eine andere Aufteilung anbieten. Letztlich sollten Sie darauf achten, dass alle Schritte innerhalb des Gesamtprozesses abgedeckt sind und das Konstrukt in sich logisch aufgebaut ist.

2.4.1 Employer Branding

Definition Employer Branding

»Employer Branding ist die identitätsbasierte, intern wie extern wirksame Entwicklung und Positionierung eines Unternehmens als glaubwürdiger und attraktiver Arbeitgeber« (Deutsche Employer Branding Akademie (DEBA) nach Kriegler 2012, S. 23).

Die Definition der Deutschen Employer Branding Akademie (DEBA) trifft das Thema sehr genau. Es geht um eine Positionierung der Arbeitgebermarke von innen heraus. Es ist ein weicher Ansatz, der eben den Kern des Arbeitgebers treffen soll. Natürlich steht außer Frage, dass die Arbeitgeberattraktivität noch von weiteren Faktoren abhängt. Beispielsweise sind Sozialleistungen und zusätzliche Benefits auch stets Punkte, die die Attraktivität des Arbeitgebers mit beeinflussen. Darf man bundesweiten Studien Glauben schenken, so gibt es noch viele weitere harte Faktoren, die die Wahrnehmung der Kandidaten mitbeeinflussen. Dabei handelt es sich um keine neue Erkenntnis. Die Frage, die sich Employer Brand Manager stellen müssen, ist, wie schaffen wir es, den Unterschied zu machen. Wie heben wir uns vom Markt und damit den anderen Unternehmen ab?

Der Kern des Employer Brandings versucht genau auf diese Fragen Antworten zu finden. Versucht man als Arbeitgeber, sich durch harte Faktoren vom Wettbewerb zu unterscheiden, wird man sich sehr bald in einem Hamsterrad wiederfinden, in dem es darum geht, den nächst höheren oder besseren Konkurrenten zu überbieten. Ziel muss es also sein, etwas Einzigartiges zu finden, welches die Konkurrenz nicht einfach kopieren kann.

In diesem Kapitel und auch im Kapitel 3.3 werden wir lediglich auf grobe Umrisse und Auswirkungen des Employer Brandings eingehen. Es ist nicht unser Anspruch, innerhalb eines Unterkapitels die Komplexität des Fachgebietes Employer Branding abzuhandeln. Dies wird schlichtweg auch nicht möglich sein. Als Fachliteratur zu diesem Gebiet können wir das Praxishandbuch Employer Branding von Reiner Kriegler empfehlen. Ebenso gibt es einen hervorragenden Zertifikatskurs in diesem Bereich, angeboten durch die Deutsche Employer Branding Akademie (DEBA). Hier bekommen Sie tiefergehende Einblicke in die hinter dem Employer Branding stehende Theorie und zur Umsetzung des Prozesses. Idealerweise sucht man sich externe Beratung, die den Prozess innerhalb des Unternehmens begleitet. Nichtsdestotrotz muss das Thema hier Erwähnung finden, denn es ist ebenso wie HR-Marketing unzertrennlich mit dem Recruiting verbunden.

Die ersten Absätze haben es bereits angedeutet: Der Kern des Employer Brandings ist ein interner Prozess, der eine durch die Mitarbeiter getragene Positionierung erarbeitet. Diese Positionierung ist im späteren Verlauf des Gesamtprozesses der Personalgewinnung die Basis für die Dinge, die im HR-Marketing erarbeitet werden und – einfach gesagt – dann im Recruiting angewendet werden. Es ist somit die Basis dessen, was Recruiter später als Produkt (die Vakanz) verkaufen.

Je nach Unternehmensgröße können zur Erarbeitung der sogenannten Employer Value Proposition (EVP), den einzigartigen Merkmalen eines Arbeitgebers, Fokusgruppen gebildet werden oder aber auch Mitarbeiterumfragen herangezogen werden. Bei Unternehmen, die international aufgestellt sind, muss man sich zudem darüber Gedanken machen, wie man den unterschiedlichen Ländern Rechnung tragen möchte. Letztlich hängt dies auch von der grundsätzlichen Unternehmensphilosophie ab, die einerseits eine dezentrale oder andererseits eine zentrale Strategie verfolgen kann.

Die Employer Brand ist Teil der Corporate Brand, ihrer Produktmarke. Je nach »Marktlage« füllt die Employer Brand die Corporate Brand mal stärker aus und mal schwächer. Ist das Thema Employer Branding, so wie aktuell gerade der Fall, in den Medien en vouge, spielt die

Arbeitgebermarke in der Außendarstellung natürlich eine wesentlich wichtigere Rolle, als es der Fall wäre, wenn das Thema in der Gesellschaft nicht so sensibilisiert wäre. Die Stärke der Employer Brand wird nochmals begünstigt, wenn Ihr Unternehmen beispielsweise ein B2B-Unternehmen ist. Sie haben dann die Situation, dass ihr öffentliches Bild stärker durch die Arbeitgebermarke geprägt wird, da die Produktmarke für den Otto Normalverbraucher unbekannt ist. Als klassisches B2C-Unternehmen hingegen liegt die Herausforderung eher darin, dass die Arbeitgebermarke nicht zu sehr durch das Produkt überstrahlt wird. Dies kann bei Produkten, die zufälligerweise auch genau die Bewerberzielgruppen ansprechen, gut gehen. Wenn das Produkt aber Zielgruppen anspricht, die nicht zu den Vakanzen passen, haben Sie im Recruiting trotz starker Produktmarke nicht viel gewonnen. Bei B2C-Unternehmen kann eine negativ aufgeladene Corporate Brand oder Produktmarke von einer extrem positiven Arbeitgebermarke profitieren oder sie in ein neues Licht rücken. Die Deutsche Bahn ist sicherlich ein solches Beispiel aber auch die Berliner Stadtreinigung hat durch ihre Mitarbeiterkampagnen viele Pluspunkte sammeln können.

Letztlich sieht man, dass es beim Thema Arbeitgeber um Menschen geht. Es sind die Mitarbeiter, die das Arbeiten zu einem großen Teil prägen und ihr Empfinden der eigenen Arbeitgebermarke nach außen tragen. Damit ist es unumgänglich, die Mitarbeiter bei dem Prozess der Erarbeitung der EVP mitzunehmen und zu beteiligen. Sie werden später das Schiedsgericht sein, wenn es darum geht zu entscheiden, ob das, was die Personalmarketeers und Recruiter nach außen verkaufen, auch nach innen gelebt wird.

Die Erarbeitung der Arbeitgebermarkenpositionierung bzw. der EVP ist ein Prozess, der, wenn er erst mal angestoßen wurde, keine nach wenigen Monaten beendete Projektlebensdauer hat. Dies muss letztlich den Entscheidern und vor allem dem Vorstand/der Geschäftsführung bewusst sein. D. h. die Basisarbeit im Employer Branding ist Stakeholder Management und viel Aufklärung.

2.4.2 HR-Marketing

Definition HR-Marketing

»HR-Marketing umfasst die Erstellung zielgruppenspezifischer sowie unspezifischer Tools zur Ansprache der gewünschten Zielgruppen bzw. zur Erzielung des gewünschten Effektes auf Basis der aus dem Employer Branding erwachsenen Arbeitgebermarkenpositionierung bzw. der Kernbotschaften« (Ullah/Witt 2014, n.V.).

Je nach Unternehmen fallen an dieser Stelle ebenfalls die Begrifflichkeiten Personalmarketing, Hochschulmarketing, Azubimarketing oder weitere Variationen. HR-Marketing meint in unserem Verständnis dasselbe wie Personalmarketing und stellt hierbei die englische Variante dar. Hochschulmarketing und Azubimarketing hingegen sind Subdisziplinen des HR-Marketings. Wie die Definition bereits umschreibt, handelt es sich um eine Disziplin, die letztlich die Schnittstelle zwischen Employer Branding und Recruiting darstellt. Hier werden Botschaften in Tools umgewandelt, um diese dann dem Recruiting zur Verfügung zu stellen. Grundsätzlich sollte diese Tätigkeit nicht ausschließlich konzeptionell erfolgen, sondern stets auch durch eine operative Erdung begleitet werden. In diesem Kapitel wollen wir lediglich einen groben Umriss dessen geben, was wir unter HR-Marketing verstehen, um im Weiteren eben auf diese Übereinkünfte zurückgreifen zu können. In der Regel sind die Tools des HR-Marketing darauf fokussiert, den Erstkontakt mit einer bestimmten Zielgruppe herzustellen und diese dann durch verschiedene nachfolgende Kontaktpunkte, sei es online oder offline, bis zur Einstellung zu begleiten. Es reicht bei weitem nicht aus, Aufmerksamkeit zu erregen, denn Sie wollen schließlich am Ende potenzielle Mitarbeiter gewinnen und diese für Ihr Unternehmen begeistern. Dieser Funke springt nur in seltenen Fällen innerhalb eines Kontaktpunktes (z. B. einer Hochschulmesse) über. Für das HR-Marketing bedeutet dies in der Regel, dass es eine Reise zu planen gibt: die sogenannte Candidate Journey. Sie können es sich vielleicht bildlich so vorstellen, dass das HR-Marketing die Straßen und Infrastruktur baut, auf denen der Recruiter den Kandidaten ins Ziel begleitet. All jene Dinge, die dem Kandidaten auf seinem Weg zur Position begegnen, sind geplant und designed, um ihm einen optimalen Einblick in das Unternehmen zu gewähren. Die Basis für die Konstruktion beispielsweise der Straße bildet das Employer Branding. Welche Form und welche Farben die Steine haben, das wird durch den Employer-Branding-Prozess entschieden. Auf diese Weise haben Sie letztlich alle drei Disziplinen in einer Szene vereint. Jede mit der ihr eigens zugedachten Aufgabe.

Analysieren wir die grobe Struktur des HR-Marketings, so wird uns schnell klar, dass wir hier auf eine Matrixstruktur treffen. Auf der einen Seite haben wir verschiedene Kanäle zur Ansprache potenzieller Kandidaten zur Verfügung und auf der anderen Seite stehen die verschiedenen Zielgruppen. Nicht jede Zielgruppe lässt sich auf die gleiche Weise durch denselben Kanal ansprechen und umgekehrt eignet sich auch nicht jeder Kanal für jede Zielgruppe. Da wir versuchen, nicht einzelne Zeitpunkte gesondert zu betrachten, sondern stets das große Ganze im Blick haben wollen, erhöht sich die Komplexität der Matrix nochmals um den sogenannten Marketingmix. Einfach ausgedrückt heißt das, ein Kanal kann alleine unter Umständen effektlos bleiben. Bei der richtigen Kombination mit anderen Kanälen befruchten diese sich aber ggf. derart, dass das Ergebnis umwerfend ist. Im Alltag werden Ihnen immer wieder Aussagen begegnen wie z. B. Printmedien seien tot. Diesen pauschalen Aussagen sollten Sie keine Bedeutung zu messen. Es kann sein, dass eine Printanzeige allein gedacht, nicht für jede Zielgruppe der richtige Kanal ist. Doch wenn Sie Ihren Horizont erweitern und die Printanzeige in Verbindung mit anderen Kanälen bzw. Aktivitäten einsetzen, kann sich das Bild gravierend ändern. Was Sie zudem stets in Ihre Betrachtung mit einfließen lassen sollten, sind technische Neuerungen, wie beispielsweise das Thema #Augmented Reality (erweiterte Realität), welches die Brücke zwischen Print und Online schlägt – hierzu aber in Kapitel 4 mehr (siehe dazu Best Case und Abbildung 17 auf S. 40).

Das große Ganze zu betrachten bedeutet auch, die Bedarfe des Unternehmens im Blick zu behalten. Allzu leicht fühlen sich Entscheider dazu hingezogen, Unsummen in Hochschulmarketing-Aktivitäten zu investieren, obwohl die Hauptzielgruppen des Unternehmens Facharbeiter sind. Die Recruiter oder das Management selbst entsprang einer Hochschule, dadurch bedingt glaubt man, sich mit dieser Zielgruppe am ehesten identifizieren zu können und spielt mit solchen Aktivitäten natürlich ebenfalls den Medien in die Hände, die Hochschulmarketing an die Spitze des HR-Marketings setzen. Neben dem Azubimarketing ist das Hochschulmarketing eine der leichtesten Disziplinen des HR-Marketings. Die Zielgruppe ist recht homogen, leicht zu finden und Vorstände und Entscheider können sich oftmals schnell in diese hineindenken. Die Marketeers haben hier also auch leichtes Spiel, um an Budgets zu kommen.

Letztlich muss Ihre gesamte HR-Marketing-Planung aber auf Ihrer Personalplanung beruhen. Ihre kurz- und mittelfristige Planung geben Ihnen den Rahmen für die Zielgruppen und die Budgetaufwände vor. Hierauf aufbauend setzen Sie all Ihre Aktivitäten und Kampagnen auf und planen so bis zu 5 Jahre im Voraus. HR-Marketing ist keineswegs ein Ad-hoc-Gewerbe und bezieht sich, wie ausführlich dargestellt, auf keine punktuellen Symptombehandlungen. Innerhalb einer gesamthaften Personalgewinnungsstrategie ist HR-Marketing ein wichtiger Baustein zwischen Employer Branding und Recruiting.

Best Case Printanzeige
Den Best Case einer Printanzeige entleihen wir leider aus dem Produktmarketing. Dieses Beispiel ist einfach zu inspirierend, als das wir es vorenthalten könnten. Die Anzeige wurde von Lexus bereits 2012 herausgebracht und zeigt eine hervorragende Kombination aus Print und Video. Die Anzeige erwacht zum Leben, sobald man ein IPad hinter sie legt und das entsprechende Video abgespielt wird (s. Abb. 17).

Quelle: https://www.youtube.com/watch?v=hckCBO2eezM

Abbildung 17: Lexus Print Werbung mit IPad

Ebenso wie das Employer Branding braucht das Thema HR-Marketing eine enge Verzahnung mit dem Kommunikations- und Marketingbereich. Eine tief gehende Auseinandersetzung mit diesen Themen ist eine der Grundvoraussetzungen für gutes HR-Marketing.

Das klassische Konstrukt eines Unternehmens sieht keinerlei externe Kommunikation außerhalb des Kommunikationsbereiches vor. Diese recht altertümliche Ansicht hat sich nicht zuletzt mit der Professionalisierung der Personalgewinnung verabschiedet. Bereits das Aufkommen der ersten Social Networks in Deutschland im Jahr 2000 läutete den Wandel in der Unternehmenskommunikation ein. Nicht länger sollte nur eine Stimme des Unternehmens über dessen Beschaffenheit Auskunft geben. Heute finden Sie in Blogs, Foren oder auf Arbeitgeberbewertungsplattformen wie #Kununu, Aussagen von Mitarbeitern zum Unternehmen, dessen Kultur und den Aufgaben, etc. Die Grenzen der Transparenz waren mit einem Mal weggewischt. Nicht jeder kam mit dieser neuen Transparenz zurecht und kurzsichtige Reaktionen waren teilweise die Folge. In den Medien konnte man Berichte über Unternehmen verfolgen, die beispielsweise den Gebrauch von sozialen Netzwerken wie Facebook innerhalb des Unternehmens untersagten.

Ein Pressesprecher, dessen Name uns leider im Verlaufe der Jahre abhandengekommen ist, sagte 2007: »Über das Unternehmen dürfen alle Mitarbeiter sprechen; für das Unternehmen spreche aber nur ich.« (o. V. 2007).

Ein sehr treffender Satz, der die Richtung der Entwicklung bereits deutlich skizziert. Heute hat sich das HR-Marketing als führende Instanz in Themen der Kommunikation gegenüber potenziellen Bewerbern etabliert und übernimmt damit einen Teil der externen Darstellung des Unternehmens. Ob tatsächlich die jeweiligen Funktionen der Unternehmen sich dieser Aufgabenstellung bewusst sind, lassen wir einmal dahingestellt. Fakt ist, dass es bei Ihrem Geschäft um Lebensentscheidungen geht. Sie arbeiten mit Beziehungen und Vertrauen, die aufgebaut werden. Hier besteht ein grundlegender Unterschied zur Produkt- bzw. Unternehmenskommunikation. Ohne diese Disziplinen geht es aber auch nicht. Das Personal kann und sollte von den Stärken der anderen Kommunikationsbereiche profitieren. Arbeitgeber Public Relations (PR) ist in diesem Zusammenhang das Stichwort. Die gezielte Platzierung des Unternehmens in nicht auf Personalgewinnung orientierten Medien. Als Beispiel seien die klassischen Medien benannt, wie die regionalen oder überregionalen Zeitungen, namhafte Magazine und Fernsehsender. Im Rahmen der Presse- und Öffentlichkeitsarbeit werden in letzter Zeit ohnehin gehäuft Anfragen an Unternehmen im Zusammenhang des grundsätzlichen Themas Arbeitgeber-Marke oder Unternehmen als Arbeitgeber gerichtet. Arbeitgeberthemen sind in den nicht fachgebundenen, allgemeinen Medien derzeit en vouge und lassen sich daher dort leicht platzieren. Aber selbst wenn dies nicht der Fall wäre, benötigt der Bereich der Personalgewinnung Unterstützung bei der Positionierung der eigenen Themen in der allgemeinen Presse.

Die Platzierung in auf Personalgewinnung bezogenen Medien, wie in einem Messekatalog, in der Studentenzeitschrift »Unicum« oder anderen Medien, die sich explizit dem Thema Job, Arbeitgeber und Karriere widmen, ist dann wiederum der Beritt des HR-Marketings. Wiederum in diesen Formaten finden Sie ebenfalls eine bunte Vielfalt an Möglichkeiten, den eigenen Arbeitgeber zu positionieren. Neben den eben erwähnten Medien haben Sie zudem Arbeitgeberbeilagen, Portale und Plattformen zu Arbeitgeberthemen und viele weitere Kanäle. Die Vielfalt der möglichen Kanäle ist schier grenzenlos und sollte genau deswegen durch das HR-Marketing beherrscht werden. Im Verlauf des Buches werden wir Ihnen noch einige dieser Möglichkeiten vorstellen und genauer beschreiben (vgl. Kapitel 3.5).

Eine klare Rollenverteilung innerhalb dieser Themen ist aber letztlich entscheidend für eine gute Zusammenarbeit der Bereiche Kommunikation, Marketing und Personalgewinnung. Der Begriff HR-Marketing legt bereits eine enge Schnittstelle zum Marketing nahe. Aber auch das Thema Kommunikation wird unwiderruflich auf den Plan gerufen, wenn es um die Außendarstellung des Unternehmens geht. Da wir bereits im Themenfeld Employer Branding sehr eng mit diesen Bereichen interagiert haben, wird Ihnen die nahtlose Fortführung der Zusammenarbeit nicht schwer fallen.

Eingangs hatten wir von Tools gesprochen, die das HR-Marketing dem Recruiting bereitstellen soll. Dabei handelt es sich unter anderem um Messestände, Broschüren und Anzeigenlayouts. Aber auch ganze Messekonzepte können sich hinter den Tools verbergen. Um sich diesen Tools etwas strukturierter zu nähern, haben wir sie in verschiedene Cluster eingeteilt. So existieren Tools, die für eine weltweite Anwendung bestimmt sind, und wieder andere, deren Einsatz lediglich bei regionalen Aktivitäten vorgesehen ist. Als Ausgangspunkt unterteilen wir daher die Tools grob zunächst in drei Bereiche mit jeweils zwei Unterkategorien:

- Global: Material – Konzepte
- Regional: Material – Konzepte
- Lokal: Material – Konzepte

Was in vielen Unternehmen parallel als zusätzliche Dimension oder Cluster berücksichtigt werden muss, ist die Organisationsstruktur. Das heißt, dass es Teile des Unternehmens gibt, die eine besondere Stellung einnehmen und aus diesem Grund einen anders gearteten Auftritt

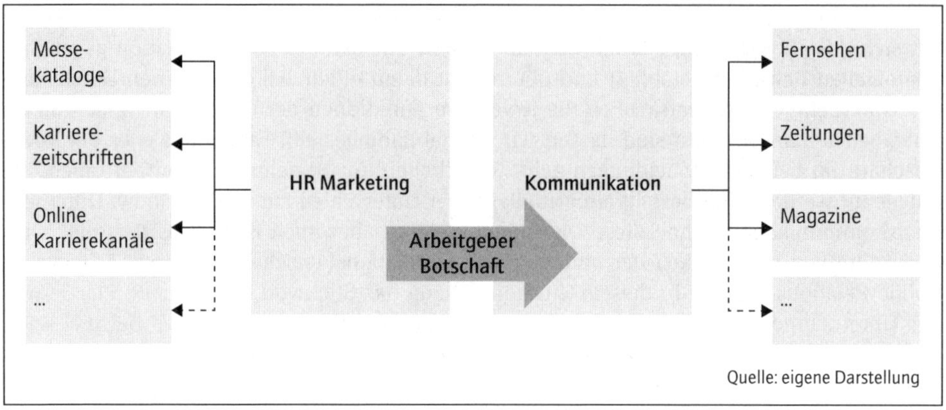

Abbildung 18: Zusammenspiel HR-Marketing und Unternehmenskommunikation

benötigen. Als eine Disziplin, die vom Markt her denken sollte – der Wurm soll ja dem Fisch schmecken und nicht dem Angler –, wiederstrebt einem Marketeer ggf. diese Betrachtung, dennoch sollten Sie diese zumindest für sich einmal bewerten:

- Unternehmensübergreifende Konzepte
- Divisionsspezifische Konzepte
- Abteilungsspezifische Konzepte

Es mag sein, dass in einzelnen Fällen eine interne Unterscheidung der Vermarktungsstrategie sinnvoll ist. In unseren Augen ist dies jedoch in der Regel die Ausnahme. In den folgenden Kapiteln werden wir uns daher bei dem Thema HR-Marketing auf eine marktbezogene Betrachtung konzentrieren.

Als Basis wird das HR-Marketing stets der Bereitsteller von Materialien und Konzepten sein. Ganz egal ob es Messestände, Roll-ups, Plakattemplates oder Giveaways sind, all diese Dinge sollten nicht nur in Abstimmung mit dem Marketing erstellt werden, sondern vor allem auch in Abstimmung mit der zuvor erarbeiteten Arbeitgebermarkenpositionierung.

Je nachdem, wie Sie dann letztlich Ihre Personalgewinnungsorganisation aufbauen, werden neben dem Material auch Konzepte durch das HR-Marketing erstellt und den Recruitern oder auch Fachbereichen zur Verfügung gestellt. Dies können Messekonzepte sein, welche von der Standplatzwahl bis hin zu Aktivitäten vor Ort reichen (vgl. Kapitel 3.6.4.). Es können aber ebenso gut globale Marketing-Konzepte für soziale Netzwerke sein. An dieser Stelle kommt es sehr auf die Bedarfe des Unternehmens an – nichtsdestotrotz steckt der Teufel im Detail: Hüten Sie sich daher vor HR-Marketing-Abteilungen, die sich für detaillierte Messekonzepte zu schade sind.

3 Recruiting – planen und gestalten

Die Abgrenzungen der Disziplinen Employer Branding, HR-Marketing und Recruiting in Kapitel 2 und deren verschachtelte Aufstellung haben deutlich gemacht, dass letztlich der Auslöser für unser Hauptthema der Personalgewinnung immer eine Vakanz ist, die es zu besetzen gilt. Letztlich nichts Überraschendes, wie wir meinen. Die Ursache für unsere Bemühungen liegt demnach klar darin begründet, dass immer wieder eine Stelle besetzt werden muss. Behält man diesen Zusammenhang im Auge, läuft man nicht Gefahr, Aktivitäten zum reinen Selbstzweck durchzuführen. Auf diesen Zusammenhang aller Aktivitäten werden wir immer wieder hinzuweisen versuchen, da es auch in der Außendarstellung unseres Berufes wichtig ist, diese Verbindung transparent darzustellen. Man ist sonst viel zu schnell der Bereich, der nur Geld kostet. Wir sind davon überzeugt, dass das Recruiting und das HR-Marketing einen echten Mehrwert für das Unternehmen erbringen können, der messbar ist.

Im Kapitel 2.3.1 haben wir dargestellt, dass es durchaus auch interne Zwänge und Gründe gibt, sich beispielsweise mit dem Thema Employer Branding intensiv auseinanderzusetzen. So völlig losgelöst von unserem Vorhaben Recruiting zu betreiben, lässt sich dieser interne Faktor gerade vor dem Hintergrund der Zeiten sozialer Netzwerke nicht betrachten und eben so wenig umgekehrt. Die Wechselwirkung zwischen den Mitarbeitern und der Außerdarstellung des eigenen Unternehmens darf man nicht ignorieren. Das ist aber unserer Meinung nach nichts Neues und wurde in jüngster Zeit durch die sozialen Netzwerke lediglich verstärkt. Wir haben leider oftmals die Angewohnheit erst dann zu handeln, wenn es wehtut. Markenbotschafter (wir wollen diesen Begriff später nochmals genauer betrachten und auf einen Gedanken von Professor Dr. Martin Grothe hin überprüfen) gibt es schon seitdem es Unternehmen gibt. Mitarbeiter sprechen schon seit jeher mit Externen über ihren Job, ihre Vorgesetzten und ihre Kollegen. Es hat bislang nur keine großflächigen Auswirkungen gehabt. Trotz dieser Ausführung versuchen wir, uns auf die externe Stoßrichtung zu fokussieren und werden die internen Themen zunächst hinten anstellen. Es würde schlichtweg den Rahmen des Buches sprengen. Bei Teilbereichen wie dem Recruiting-Kanal »Mitarbeiter werben Mitarbeiter« oder dem Launch von Kampagnen wird das Thema des internen Employer Brandings allerdings wieder in den Vordergrund treten.

Kapitel 3 bildet das Herzstück unseres Buches und behandelt den kompletten Recruitingprozess. In mehreren Schritten unterteilt durchlaufen Sie auf verschiedenen Abstraktionsebenen den Ablauf von der Planung einer Stelle bis hin zu deren Besetzung. Er ist der Kernprozess, um den sich alles drehen soll. Hierbei präsentieren wir Ihnen unsere Erfahrungen auf dem Silbertablett. Beachten Sie bitte die Regel, dass es in diesem Themengebiet kein Richtig und kein Falsch gibt. Das ist eine Erkenntnis, die wir im Verlauf unserer Arbeit gewannen. Vor allem die sozialen Netzwerke haben uns dies gelehrt. Es existiert lediglich: funktioniert und funktioniert nicht. Diese Aussage ist je Unternehmen neu zu überprüfen. Wir haben einfach schon viel zu viele Dinge gesehen, von denen wir dachten, die würden niemals funktionieren, aber dann wurden wir eines besseren belehrt. Recruiting ist derart vielschichtig, dass man eine Fülle von Nebenbedingungen beachten muss. Sobald man an der einen Schraube ganz hinten links etwas verändert, ändert sich unter Umständen der komplette Zusammenhang. Nehmen wir als Beispiel zwei Unternehmen, die völlig identisch aufgebaut sind. Beide haben die gleichen Produkte und damit dieselben Mitarbeiterbedarfe. Der einzige Unterschied ist, dass Unternehmen A in Hamburg sitzt und Unternehmen B in München. Würden wir diese beiden Unternehmen beraten, wir würden zwei sehr unterschiedliche Recruitingstrategien implementieren. Der übergeordnete Recruitingprozess ist natürlich der gleiche, aber die Ausgestaltung kann sich wie Tag und Nacht unterscheiden.

Beginnend mit der Definition in Kapitel 3.1 und einem Prozessüberblick, der Ihnen den Eindruck eines allgemeingültigen Ablaufs geben soll, werden wir uns dann in den nachfolgenden Kapiteln den verschiedenen Dimensionen und Abschnitten dieses Prozesses widmen. Betrachtet werden Teilprozesse wie die Bedarfsplanung oder die Positionierung der Arbeitgebermarke mit einem Zeitfokus von über einem Jahr. Darüber hinaus sehen wir uns ebenfalls die unterjährigen Prozessschritte an, wie etwa die konkreten Stellenanforderungen oder aber das Erstellen der HR-Marketingpläne. Was hin und wieder in Vergessenheit gerät ist, dass meist jedem unterjährigen Prozessschritte ein Pendant mit mehrjährigem Weitblick gegenüber steht. Betrachten Sie das Recruiting stets aus einer operativen sowie einer strategischen Perspektive. Letzteres meint dabei nicht, die strategische Bedeutung der Personalbeschaffung im Geschäftszusammenhang, sondern dass auch die Gewinnung von Personal sich stetig weiterentwickelt und man in einigen Bereichen schon beinahe von der Notwendigkeit einer F&E (Forschung und Entwicklung)-Abteilung sprechen kann. Nehmen Sie das Beispiel der Personalauswahl: Das Thema Gamification spielt in diesem Zusammenhang eine immer größere Rolle und könnte sicherlich auch noch in anderen Bereichen des Recruitingprozesses eine sinnvolle Anwendung finden. Hier fehlt es unserer Meinung nach oftmals an mangelndem »Forschungsinteresse« aufseiten der Unternehmen. Kapitel 3 schließen wir dann mit der Einstellung des Kandidaten und dessen Onboarding-Prozess. Es ist der Abschnitt des Gesamtprozesses, in dem die teuersten Fehler gemacht werden. Kaum ein Fehler kostet Sie so viel Geld, wie der, der während der Einstellung den Kandidaten abspringen lässt.

3.1 Bedarfsplanung und Bedarfsanalyse

Im vorangegangenen Abschnitt hatten wir bereits grob die verschiedenen zeitlichen Stufen der Personalplanung eingeordnet. Dies war wichtig, um sich ein genaues Bild vom Ablauf des Prozesses zu machen und vor allem die Mehrdimensionalität zu verstehen. Recruiting ist kein Ad-hoc-Geschäft mehr. Alle notwendigen Informationen liegen uns vor, damit wir strukturiert und gezielt unseren Job erledigen. Diese nicht zu nutzen, wäre nicht nur dumm, sondern wirft auch ein weniger professionelles Licht auf uns. Nun wollen wir in diesem Abschnitt den Prozessschritt 1 näher betrachten und uns vertieft mit der Bedarfsplanung und -analyse auseinandersetzen.

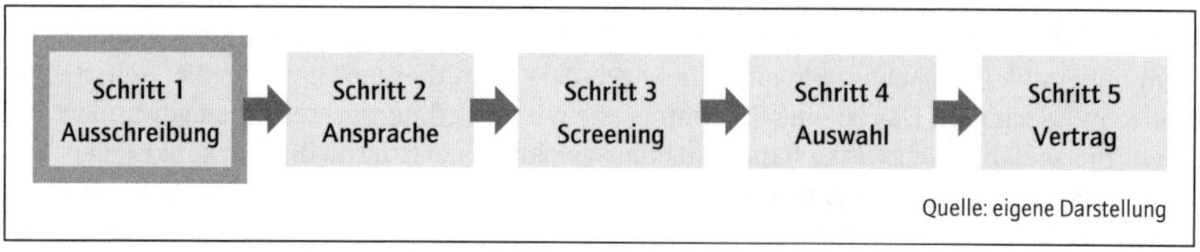

Abbildung 19: Der Recruitingprozess – Schritt 1

3.1.1 Bedarfsplanung

Allen personalwirtschaftlichen Handlungen gehen grundlegend strategisch ausgerichtete Planungsphasen voraus, die im Einklang mit der allgemeinen Unternehmensstrategie und der Produkt- und Absatzplanung stehen sollten. Im Rahmen der personalplanerischen Aktivitäten wird in diesem Zusammenhang allgemein von Personalplanung gesprochen. »Durch Personalplanung sollen unternehmerische Interessen nach ausreichender Verfügbarkeit von Arbeitskräften mit den Beschäftigungsinteressen nach Arbeitsplatzsicherheit und menschengerechten Arbeitsbedingungen miteinander in Einklang gebracht werden« (Bosch et al. 1995, S. 44). Ausgehend von dieser Definition lassen sich insgesamt 6 Teilbereiche der Personalplanung benennen:

- Personalbedarfsplanung,
- Personalbeschaffungsplanung,
- Personaleinsatzplanung,
- Personalentwicklungsplanung,
- Personalabbauplanung und
- Personalkostenplanung (ebd.).

Das Augenmerk unserer Ausführungen richtet sich in komprimierter Form auf die Personalbedarfsplanung (1) und in Kapitel 3.6. »Recruting Tools« ausführlich der Personalbeschaffungsplanung (2). Für das Recruiting sind die anderen genannten Teilplanungen, aus operativer Sicht, zunächst zu vernachlässigen.

Personalbedarfsplanung, als Teilbereich der Personalplanung beschäftigt sich mit der quantitativen, qualitativen, räumlichen und zeitlichen Deckung des Personalbedarfs eines Unternehmens (Becker 2010, S. 77). Da Planung immer eine gedankliche Vorwegnahme zukünftigen Handelns bedeutet, sind Aussagen je Planungshorizont mit den sich daraus ergebenen Unsicherheiten belegt (ebd.). Zudem wird in der Regel aus in der Vergangenheit resultierenden Erkenntnissen auf zukünftige Gegebenheiten geschlossen. Unterschieden wird bei der Personalplanung zwischen einem kurzfristigen Planungshorizont (1 Monat–1 Jahr), einem mittelfristigen Planungshorizont (1–5 Jahre) und einem langfristigen Planungshorizont (5–20 Jahre) (Becker 2010, S. 76). Da Personalbedarfsplanung im eigentlichen Sinne den originären Managementaufgaben zuzuordnen ist und somit immer auch mit den Zielen der gesamten Unternehmung abzugleichen ist, ist diese Dreiteilung notwendig. Für das operative Recruiting sind sicherlich Planungshorizonte von mehreren Monaten und für das strategische Recruiting von bis zu 1–5 Jahren sinnvoll (Rohrlack 2012, S. 22). Ad-hoc-Bedarfe oder auch projektbezogener schnell ansteigender Personalbedarf kann hier nicht prognostiziert und abgebildet werden. Dennoch ist eine Auseinandersetzung mit zukünftigen Bedarfen aus vielerlei Hinsicht wichtig (Stock-Homburg 2010, S. 105):

- Produktivitätssteigerungen durch Stellenbesetzungen mit geeigneten Mitarbeitern
- Kosteneinsparungen durch weniger Fehlbesetzungen, betriebliche Unterbrechungen und personelle Unterbesetzungen
- Aufrechterhaltung von Handlungsspielräumen durch frühzeitiges Identifizieren möglicher Engpässe auf dem Arbeits- und Ausbildungsmarkt
- Informationsgrundlage für die Festlegung von Zielen und die Auswahl von Maßnahmen der Personalbeschaffung.

Für die Umsetzung einer Planung, unabhängig vom Planungshorizont, müssen unterschiedliche Personalbedarfe bestimmt und in Beziehung zueinander gebracht werden. Dabei ist das Ergebnis, der sogenannte Nettopersonalbedarf, die Grundlage der zukünftigen Recruitingaktivitäten.

Dieses Berechnungsschema kann für unterschiedliche Planungshorizonte und unterschiedliche Bezugsgruppen herangezogen werden. Dabei ist zu beachten, dass der Brutto-Personalbedarf sowie der Personalstand zum jeweiligen Planungszeitraum passen und stichtagsbezogen erhoben werden sollten. Für die Erhebung der einzelnen Items werden verschiedene Herangehensweisen angeboten. Ausgewählte Methoden sollen in Bezug auf die entsprechenden Bedarfserhebungen und hinsichtlich ihrer Praxisnähe aufgezeigt werden. Ausgangspunkt

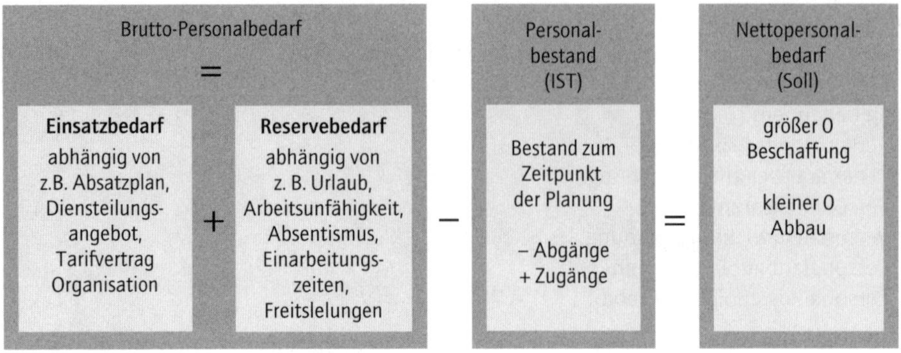

Quelle: Becker 2010, S. 81

Abbildung 20: Berechnung des Nettopersonalbedarfs

aller Planungen bildet immer die aktuelle Belegschaft, über die qualitative und quantitative Informationen systematisch zusammengetragen und in regelmäßigen Zeitintervallen aktualisiert werden sollten (Rohlack 2012, S. 23).

Für eine grundsätzliche Praktikabilität empfiehlt es sich, die Planungen für sogenannte Personalkategorien durchzuführen (Horsch 2006, S. 25). Auch aus der Recruitingperspektive ist es empfehlenswert, die Planungen auf Basis einzelner Stellenbeschreibungen durchzuführen, da mit dieser dezidierten Planung die ersten relevanten Indikatoren für das operative Recruitinggeschehen geliefert werden. Eine Stellenbeschreibung soll grundsätzlich die Ziele, Aufgaben und Kompetenzen aufzeigen, die ein möglicher Stelleninhaber im Bezug zur Gesamtaufgabe haben soll. Die Stelle kann somit als kleinste organisatorische Einheit gesehen werden und beinhaltet in der Regel folgende Bereiche (Rohrlack 2012, S. 27):

- Stellenbezeichnung und Rangstufe des Stelleninhabers
- Einordnung der Stelle in die Unternehmensorganisation
- Regelung der Stellvertretung
- Zielsetzung der Stelle
- Aufgabe, Kompetenzen und Pflichten des Stelleninhabers im Einzelnen
- sachlich-organisatorische Angaben.

Da die Erfassung sämtlicher im Betrieb existenten Stellen besonders auch für kleine und mittlere Unternehmen nicht unbedingt realisierbar ist, bietet es sich an, die Stellenbeschreibungen in einem höheren Aggregationszustand in Form von Stellenbündeln zu bearbeiten. Nach Becker (2010, S. 78) fassen »Stellenbündel (..) die Ziele, die Tätigkeiten und Anforderungen gleicher und hinreichend ähnlicher Stellen auf mittlerem Abstraktionsniveau zusammen«. Weist ein Unternehmen homogene Tätigkeitsstrukturen auf, so wird es in diesem Unternehmen eher weniger Stellenbündel geben, als in Unternehmen mit heterogenen Tätigkeiten. Stellenbündel weisen folgende Merkmale aus (Rohrlack 2012, S. 27):

- gleiche oder ähnliche Stellen werden zusammengefasst
- bezieht sich nicht auf einen konkreten Arbeitsplatz
- Gestaltungsprinzip: »So abstrakt wie möglich, so genau wie nötig«
- flexible Anpassung bei Aufgabenänderungen
- geringer Pflege- bzw. Aktualisierungsgrad
- wird im Bedarfsfall aktualisiert.

Für die folgenden Beschreibungen der einzelnen Bedarfserhebungen legen wir aggregierte Stellenbündel zugrunde.

3.1.1.1 Brutto-Personalbedarf

Die Berechnung des Brutto-Personalbedarfs besteht aus zwei Teilschritten: In einem ersten Schritt wird der Einsatzbedarf erhoben, der je nach Planungshorizont eine Momentaufnahme oder auch eine Zukunftsprojektion sein kann. Der Einsatzbedarf wird mit dem im Planungszeitraum entstehenden Reservebedarf addiert. Die Summe aus diesen Berechnungen spiegelt den Brutto-Personalbedarf wider. Für die Berechnungen werden in der Regel Arbeitszeitkontingente oder auch die Jahresarbeitszeit herangezogen (Bosch et al. 1995, S. 67 ff).

1. Einsatzbedarf

Der Einsatzbedarf lässt sich in quantitativer und qualitativer Hinsicht berechnen und ist für eine aussagekräftige Prognose wichtig. Für die quantitative Bedarfsberechnung werden in der Fachliteratur eine ganze Reihe an Methoden erwähnt: Intuitive Verfahren (Schätzverfahren, Stellenplanverfahren, Funktionendiagramm, Netzplantechnik), Arbeitswissenschaftliche Verfahren (REFA, MTM) und mathematische Verfahren (Kennzahlenverfahren, Trendverfahren, Modellbildung) (RKW, 1996, S. 79). Da einige der genannten Methoden nur theoretische Bedeutung besitzen, werden im Folgenden zwei praxiserprobte Verfahren im Besonderen vorgestellt: das Schätzverfahren und die Stellenplanmethode (Horsch 2006, S. 29):

- **Das Schätzverfahren** – Diese Methode eignet sich vor allem bei kleineren Unternehmen, da hier die eigenen Mitarbeiter befragt und als Experten mit ins Boot genommen werden. Etwa 10 Führungskräfte, leitende Angestellte, Bereichs- oder Abteilungsleiter werden auf Basis ihrer Erfahrungen nach ihren Einschätzungen bezüglich der Veränderungen in der Personalstruktur in nächsten 1–2 Jahre befragt. Darüber hinaus können auch externe Experten hinzugezogen werden. Die so gewonnen Ergebnisse werden auf Plausibilität geprüft und final zusammengefasst und verdichtet. Das Ergebnis bildet eine geschätzte Veränderung des Personalstamms ab. Trotz der zu erkennenden Unsicherheiten dieser Methodik, können hier umsetzbare Informationen herausgestellt werden.
- **Die Stellenplanmethode** – Die Stellenplanmethode basiert auf der Organisationsstruktur eines Unternehmens und die entsprechenden Organigramme. Stellenbündel oder einzelne Stellenbeschreibungen sind Ausgangspunkte der Planungen. Die bestehende Struktur wird für die Zukunft fortgeschrieben und eignet sich vor allem für eine kurz- bis mittelfristige Planung, Für das Recruiting weist ein Stellenplan sehr genau die Bedarfe aus und lässt sich als Ausgangspunkt für konkrete Maßnahmen in Bezug nehmen.

Für die qualitative Bestimmung des Einsatzbedarfs kommen in der Regel sehr aufwendige Prognoseverfahren zum Einsatz, da in diese Berechnungen auch die sogenannten externen Faktoren wie voranschreitende Technisierung und Automatisierung der Arbeitswelt, wirtschaftlicher Wandel und Globalisierung der Wirtschaft, die Entwicklung der Branche sowie die der Gesetzgebung berücksichtigt werden sollten. Daher eignet sich die Methode der Szenariotechnik besonders, bei der mittels mathematischen Modellen und Annahmen verschiedene Zukunftsprognosen berechnet und in einem Szenariotrichter dargestellt werden (Becker, 2010, S. 88). Als einfachere Lösung hat sich das Fortschreiben bestehender Stellenbeschreibungen oder Stellenbündel erwiesen. Dabei werden analog des Schätzungsverfahrens die unternehmenseignen und möglicherweise auch externe Experten zu Rate gezogen und hin-

Abeilung	Einkauf / Logistik	Produktion	Verwaltung	Vertrieb	Summe
Stellenbestand 01.01.	14	154	32	10	201
Neue Niederlassung				+5	+5
Erweiterung Produktion	+2	+25	+2		+27
Standortverlagerung	-3	-32	-4	-3	-42
Neues Fertigungsverfahren		-12			-12
Ausweitung Betriebszeit				+2	+2
Einführung Schicht »3«		+15	2		+17
Zentralisierung Beschaffung	-2				-2
Outsourcing Marketing			-3		-3
Chance Management Verwaltung			-3		-3
Stellenbestand 31.01	11	150	26	14	201
					Quelle: Horsch 1995, S. 31

Abbildung 21: Beispiel Stellenplanmethode

sichtlich der Veränderung spezifischer Stellen befragt. Auch wenn dies eine unscharfe Methode ist, lässt es durchaus Rückschlüsse auf zukünftige Veränderungen zu.

2. Reservebedarf

Dem Reservebedarf kommt je nach Ausrichtung des Planungshorizonts eine wichtige Bedeutung zu. Bei einer Kurzfirstplanung ist dieser Bedarf eher zu vernachlässigen, wogegen er bei Mittel- oder Langfristplanungen eine nicht zu unterschätzende Größe darstellt. »Der Ersatzbedarf gibt die Anzahl der Mitarbeiter an, die beschafft werden müssen um den Soll-Personalstand der aktuellen Planperiode zu erreichen« (Horsch 1995, S. 36). Bei dieser Erhebung werden alle Fehlzeiten der Mitarbeiter berücksichtigt, die wegen Urlaub, Krankheit, Einarbeitung, Weiterbildung oder auch Sonderurlaub zustande kommen. Folgende Abbildung 22 zeigt exemplarisch, wie der Reservebedarf ermittelt werden kann.

3.1.1.2 Personalbestandsplanung

Bei der Personalbestandsplanung werden alle einem Stellenbündel zugehörigen Mitarbeiter summiert und die Arbeitszeitkontingente auf die Planungsperiode hochgerechnet. Darauf zu achten ist, dass alle planbaren, sprich bekannten Zugänge und Abgänge diesem Personalbestand hinzugerechnet werden. Geplante Zugänge können unter anderem sein: Übernahme von Auszubildenden, Studierenden, Meister- oder Technikerschüler, Krankheitsrückkehrer, Rückkehrer aus der Elternzeit, Bundeswehr oder Freiwilliges Soziales Jahr. Planbare Abgänge sind beispielsweise Abgang in Rente, zur Bundeswehr oder in weiterführende Schulbildung.

1. Jährliche Betriebszeiten		
365 Jahrestage - 52 Samstage - 52 Sonntage - 11 Feiertage = 250 Arbeitstage (Bei 100 % -> 1 Tag 0,4 Prozent)		
Reservebedarf		
Grund	Tage	Prozent
Tariflicher Urlaub	30	12
unbezahlter Urlaub	1	0,4
Fehlzeiten	10	4,0
Freistellung	1	0,4
sonstiger Urlaub	2	0,8
Aufrechterhaltung		
Wochenarbeitszeit	15	25,6
Tage durchschnittlicher Abwesenheit 65		
Quelle: eigene Darstellung in Anlehnung an RKW 1996, S. 107		

Abbildung 22 : Ermittlung des Reservebedarfs

3.1.1.3 Netto-Personalbedarf

Wird nun abschließend der Personalbestand vom Brutto-Personalbedarf abgezogen, so wird der für die Planungsperiode geltende Netto-Personalbedarf gebildet. Ist dieser negativ, besteht Personalüberhang und Personalmanagementmethoden des Personalabbaus oder der arbeitsplatzbezogenen Personalentwicklung kommen zum Einsatz. Ist dagegen der Netto-Personalbedarf positiv, so müssen bezogen auf das berechnete Stellenbündel neue Mitarbeiter rekru-

Cluster	Stellenbündel A	Stellenbündel B	Stellenbündel C
Bruttopersonalbedarf	100		
– Vorhandene Mitarbeiter (Ist-Bestand)	90		
– Feste Zugänge + feste Abgänge (= Ersatzbedarf)	10 5 (–5)		
= Planpersonalbestand	5		
+ Zusatzbedarf – Minderbedarf (= Neubedarf)	25 15 (10)		
= Nettopersonalbedarf bzw. -überschuss	**15**		
Quelle: eigene Darstellung in Anlehnung an Rohrlack 2010, S. 33			

Abbildung 23: Kalkulationsschema zur Personalbedarfsermittlung

tiert werden. Abbildung 23 zeigt eine einfache und sehr übersichtliche Methode auf, den Nettopersonalbedarf für unterschiedliche Stellenbündel abzubilden.

Die Personalbedarfsplanung und vor allem die Ermittlung des Netto-Personalbedarfs stellt ein zentrales Element für die Planung von Recruitingmaßnahmen dar. Sie ist als Beginn und als Anstoß des Recruitings zu sehen und dient in der Folge für die Ausgestaltung aller Vorhaben. Jedoch muss, aus Sicht des Recruiting, eine an den definierten Bedarfen ausgerichtete Auseinandersetzung mit der Zielgruppe erfolgen.

3.1.2 Bedarfsanalyse und Zielgruppenbestimmung

In diesem Abschnitt wollen wir kurz auf verschiedene Zielgruppen eingehen. Einerseits lassen sich die Zielgruppen nach Fachrichtungen einteilen und somit sogenannte Jobfamilien bilden. Dies kann in der späteren Aufstellung ihrer Recruitingteams und der Zuordnung der jeweiligen Recruiter zu einer der Zielgruppen hilfreich sein. Jobfamilien stellen nochmals eine weitere Abstraktionsebene der von Becker (Becker, 2010, S. 79) eingeführten Stellenbündel dar. Sie fassen verschiedene Stellenbündel einer ähnlichen Fachrichtung zusammen. So gibt es bei einem Industrieunternehmen beispielsweise die Jobfamilie Anlagenbau. Ebenso existieren in den meisten Unternehmen die Jobfamilien Finanzen/Controlling und Personal. Diese Einteilung ergibt für die Recruiter bereits eine Spezialisierung. Wir hatten erwähnt, dass Recruiter sich sehr tief in die Materie ihrer zu besetzenden Stellen einarbeiten müssen. Sie sollen ein so detailliertes Fachwissen haben, dass sie erste Interviews führen können, ohne Fachfragen zurückstellen zu müssen, weil sie diese nicht beantworten können. Umgekehrt sollen sie die Kandidaten fachlich bereits vorprüfen können. Dies erscheint im ersten Augenblick kaum realisierbar. Bei einer Recruitingteam-Einteilung nach Jobfamilien könnten sich einige Recruiter auf wenige Jobfamilien konzentrieren.

Beispiel: mögliche Jobfamilien

- Anlagenbau
- Maschinenbau
- IT
- Finanzen und Controlling
- Personal
- Administration
- etc.

Je nachdem, in welcher Branche ihr Unternehmen tätig ist, können die Jobfamilien sich auch anders gestalten. Wichtig ist lediglich, den Raum für die Spezialisierung zu schaffen. In kleineren Unternehmen, in denen man keine Recruitingteams beschäftigen kann, sollte dennoch eine Jobfamilieneinteilung erfolgen. Die Spezialisierung des Recruiters würde dann anhand einer Priorisierung erfolgen. In den Bereich der Prio-1-Bedarfe würde dieser sich dann am tiefsten einarbeiten.

Die nächste Einteilung erfolgt dann anhand einer sehr groben Berufs-/Abschlussartkategorisierung. Dabei geht es darum, grobe Cluster zu bilden, die nun Ihre Jobfamilieneinteilung nochmals mit einer weiteren Spezialisierung unterfüttert, der sich der Recruiter unterziehen muss. Es sind die Alters-/Abschlusskohorten.

Beispiel: Einteilung Berufs-/Abschlussartkategorisierung
- Schüler/Abiturienten
- Studenten/Absolventen
- Young Professionals akademisch
- Young Professionals nicht akademisch
- Professionals akademisch
- Professionals nicht akademisch

Diese Kohorten kann man nun wiederum über die Jobfamilien legen. Um dies etwas übersichtlicher zu gestalten, kann man eine weitere Vereinfachung durchführen:
- Schüler
- Studenten/Absolventen
- Professionals akademisch/nicht akademisch

Hieraus folgt eine sehr logische Einteilung der Recruiter. Je Kohorte können Sie die dort befindlichen Bedarfe in Jobfamilien einteilen und diese dann in die Verantwortung verschiedener Recruiter geben. Auf diese Weise ergibt sich dann beispielsweise die folgende Recruiter-Spezialisierung:

Beispiel Einteilung nach Recruitingteams
- Azubi Recruiter technische Berufe
- Hochschulrecruiter Finanzen/Controlling oder
- Professional Recruiter technische Facharbeiter

Haben Sie eine solche Einteilung realisiert, wird das Training der jeweiligen Recruiter deutlich einfacher sein, und es wird nochmals deutlich, dass eben nicht jeder Recuiter alles wissen muss.

Nun bitten wir Sie, Folgendes zu beachten: Diese Einteilung ist die Unternehmenssicht und hilft Ihnen, Ihre Organisation schlank und effektiv auszubauen. Diese Aufteilung entspricht nicht unbedingt der Bewerber-Situation. Den Bewerbern ist es meist auch egal, wofür sich ein Recruiter spezialisiert hat. Sie wollen lediglich beraten werden und gegebenenfalls an den richtigen Ansprechpartner weitergeleitet werden. Einen gewissen Überblick über das zu haben, was die Kollegen so suchen, ist trotz Spezialisierung nicht verkehrt. Zudem müssen Sie auch stets das Allgemeine Gleichbehandlungsgesetz (AGG) bei der Einteilung beachten. Beispielsweise ist es nicht möglich, Stellen explizit für Young Professionals auszuschreiben.

Was es darüber hinaus zu beachten gilt, ist die jeweilige Größe der daraus entstehenden Zielgruppen. Ein *Recruiter Professionals technische Facharbeiter* hat eine wesentlich komplexere Zielgruppenzusammensetzung als ein *Hochschulrecruiter Finanzen/Controlling*. Hier liegen Welten zwischen den beiden Komplexitätsgraden. Der Hochschulrecruiter trifft auf eine sehr homogene Zielgruppe, alle haben ein ähnliches Alter und befinden sich in sehr ähnlichen Abschnitten ihres Lebens. Wir gehen davon aus, dass der durchschnittliche Student in einem Alter zwischen 18–27 Jahren ist. Darüber hinaus findet man diese Zielgruppe überwiegend an Hochschulen. Zumindest wäre das ein sehr einfacher Weg, diese Gruppe zu adressieren, wenngleich auch nicht gerade ein besonders kreativer. Intern betrachtet, wir hatten es bereits erwähnt, können sich Entscheider häufig leichter mit dieser Zielgruppe identifizieren, was übersetzt bedeutet, dass auch das interne Handling (z. B. Budget-Beantragung) oftmals leichter ist.

Wenden wir uns nun den nicht akademischen Professionals zu. In unserem Beispiel betrachten wir die technischen Facharbeiter. Für diese Gruppe gilt, dass sie zwischen 20 und

65 Jahren alt sein können. Allein diese Aussage treibt die Komplexität der Ansprache in eine kaum vorstellbare Potenz. Wir haben also Zielgruppenmitglieder in den unterschiedlichsten Lebensphasen.

Beispiel: Einteilung nach Lebensphasen

- Singles mit einigen wenigen Jahren Berufserfahrung.
- Junge Familien mit kleinen Kindern
- Mitglieder in der Midlifecrisis
- Familien, deren Kinder bereits aus dem Haus sind
- usw.

Die Liste ließe sich vermutlich noch beliebig lange weiterführen. Hier finden wir beinahe ein Abbild unserer Gesellschaft – zumindest einen Großteil. Der Professional Recruiter für berufserfahrene Facharbeiter muss also deutlich mehr Zeit und Arbeit in die Zielgruppenansprache stecken als sein Kollege der Hochschulrecruiter.

In der Gesamtzusammenstellung der zu suchenden Zielgruppen, kommen wir auf verschiedene Aspekte, von denen der eben betrachtete lediglich einer ist. Folgende Dimensionen sind maßgeblich für die Festlegung der Zielgruppen an:

- **Jobfamilie:**
  Diese gibt uns nicht nur Aufschluss über unsere organisatorische Aufstellung, sondern auch eine fachliche Zuordnung der Bedarfe.
- **Berufserfahrung in Abgleich mit der Altersdarstellung des Unternehmens:**
  Bei der detaillierteren Bedarfsplanung werden wir auf das Thema Senior oder Junior treffen. Der Fachbereich wird von sich aus eine solche Kategorisierung vornehmen, bzw. die Stellenanforderung wird dies bereits festlegen. Auf einer übergreifenden Ebene kann man diese durch die Fachbereiche mit der lokalen Brille vorgenommene Einschätzung nochmals mit der Unternehmensbrille abgleichen. Haben wir z. B. eine sogenannte Altersbadewanne, wie in Kapitel 2 beschrieben, sollte die Gesamttendenz des Unternehmens in Richtung der Rekrutierung von Berufserfahrenen gehen. Eine lokale Einschätzung der Fachbereiche, die im Hauptfokus Azubis hat, wäre dann eigentlich nicht richtig.
- **Person-Organization-Fit/Kultur:**
  Zuletzt betrachten wir die Gesamtkultur des Unternehmens und ihre Entwicklung sowie die Subkulturen der Bereiche oder Tochtergesellschaften, in denen vermehrt eingestellt wird. Hierüber können wir sanft Entwicklungen im Bereich der Kultur des Unternehmens anstoßen. Herrscht beispielsweise in einem Unternehmen eine Bewahrer-Kultur vor, die sich sehr innovationsfeindlich zeigt, lassen sich über die gezielte Einstellung von Mitarbeitern, die eher aus einer innovationsgeprägten Kultur stammen, Akzente zur Kulturverschiebung setzen.

Die letztgenannte Dimension wird oft vernachlässigt und teilweise als nice-to-have bezeichnet. Die Diskussionen der vergangenen Jahre zeigen aber, dass gerade diese Dimension bei den Zielgruppen immer wichtiger geworden ist. Aus der Sicht des Unternehmens könnte man ebenfalls meinen, dass die Bedeutung zugenommen haben solte. Wir können dies jedoch aus unserer Erfahrung nicht im Allgemeinen bestätigen.

3.2 Der Recruitingprozess

Definition Recruiting

»Das Recruiting umfasst die Durchführung sämtlicher Aktivitäten, die notwendig sind, um eine Vakanz mit dem für dieses Stellenprofil am besten geeigneten Kandidaten zu besetzen« (Ullah/Witt 2014 n.V.)

Diese sehr allgemein gehaltene Definition begreift den Recruitingprozess ganzheitlich. Sie beginnt noch vor dem Erstkontakt und endet erst mit der »Übergabe« des Kandidaten an den Personalentwickler nach der Einstellung. Was dabei nicht vergessen werden darf, ist die Mehrdimensionalität des Prozesses. Sie haben stets eine planerische und eine operative Dimension. Recruiting muss daher immer in einem jährlichen Prozess abgestimmt auf die Bedarfsplanung die groben Meilensteine des Jahres setzen und dann unterjährig individuell die geplanten Bedarfsanforderungen umsetzen. Je nach Unternehmensgröße gelingt Ihnen gegebenenfalls sogar eine mittelfristige Planung, die mit Blick auf die nächsten 5 bis 10 Jahre aufgrund der demografischen Daten der Mitarbeiter Hinweise auf die avisierten Zielgruppen liefert. In enger Abstimmung mit der Unternehmensstrategie können Sie ebenfalls langfristig Funktionsbereiche bestimmen und das Unternehmen auf diese Weise frühzeitig auf bevorstehende Rekrutierungswellen vorbereiten.

Die mittelfristige Personalplanung

Im Rahmen der Rekrutierungsaktivitäten eines Unternehmens begegnen Ihnen immer wieder Themen, für die selbst eine jährliche Planung noch zu kurzfristig sind. Der Aufbau intensiver Kooperationen mit Hochschulen zählt beispielsweise hierzu. Aber auch Kooperationen mit Studenteninitiativen oder Verbänden bedürfen einer mehrjährigen Planung. Leider basieren viele dieser Entscheidungen heute noch auf einem Bauchgefühl oder begründen sich aus Seilschaften heraus. Mit professioneller Rekrutierung haben diese Arten von Kooperationen in vielen Fällen nichts zu tun. Als eine Art Startpunkt können Sie eine demografische Analyse ihres Personalbestandes vorantreiben. Betrachten Sie im Detail die einzelnen Alterskohorten und überlegen Sie gemeinsam mit dem Business, welche Anforderungen in Zukunft auf das Unternehmen zukommen werden.

- Welche Alterskohorten sind bei Ihnen im Unternehmen dünn besetzt?
- Welche Funktionen werden Sie aufgrund der Geschäftsentwicklung in Zukunft verstärkt brauchen?
- Laufen Sie Gefahr einen Senioritäts- und Wissensverlust in den kommenden 10 Jahren zu erleiden?

Als gutes Beispiel ziehen wir Unternehmen heran, deren Belegschaft mit der klassischen Altersbadewanne dargestellt werden können. Das sind Unternehmen, die mit einer großen Wachstumsperspektive auf die Welt gekommen sind. Dann kam die Phase der Ernüchterung, in der niemand mehr eingestellt wurde. Nun seit einigen Jahren boomt das Thema Recruiting wieder und es hat sich als besonders schick erwiesen, Nachwuchs zu rekrutieren. Die Folge ist eine Altersbadewanne, die bei vielen Unternehmen in den kommenden 10 Jahren große Löcher reißen wird. Diversifiziertes Recruiting wäre in diesem Fall anzuraten. Damit meinen wir eine gezielte Rekrutierung bestimmter Level an Berufserfahrung. Die Gefahr, die in unserem Beispiel besteht, ist ein schlagartiger Know-how-Verlust. Hier wird das Thema Recruiting allein nicht helfen. Kooperationen mit Organisationen wie dem AARP (American Association of Retired Persons), die sich intensiv mit einer alternden Belegschaft beschäftigen und Arbeitsmodelle unterstützen, die gerade diese Zielgruppe fokussieren, können da

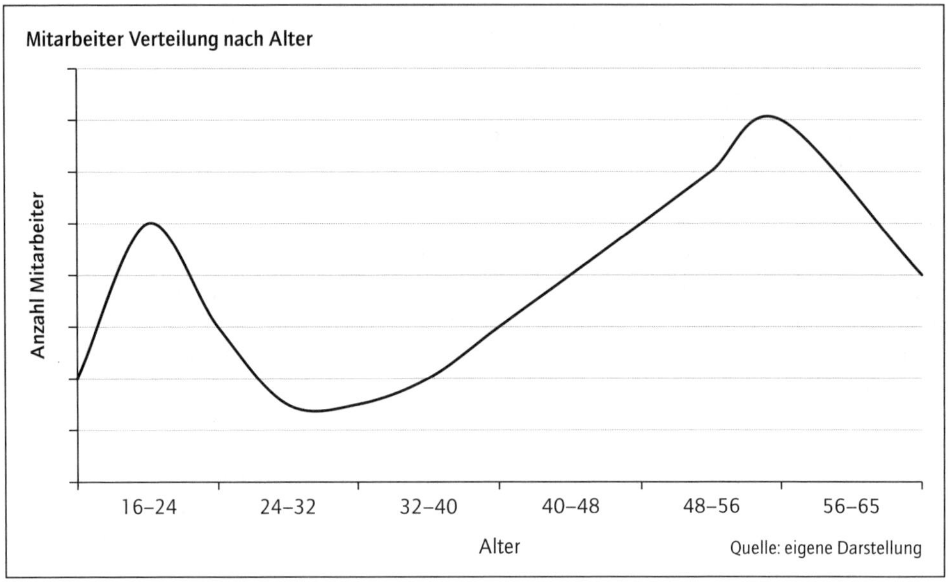

Abbildung 24: Die Altersbadewanne

hilfreich sein. Eine Kombination aus gezieltem Recruiting und einem nachhaltigen Wissensmanagementprogramm, kann solche Fälle eventuell noch retten.

Die mittelfristige Personalplanung und die Erkenntnisse, die man daraus zieht, haben also durchaus Einfluss auf die Recruitingaktivitäten eines Unternehmens. Sie legen anhand dieser Überlegungen die grundlegenden Stoßrichtungen fest und gehen der Frage nach: Welche Zielgruppen wollen wir ansprechen?

Beispiel mittelfristige Personalplanung
Das Ergebnis aus der mittelfristigen Personalplanung sollte wie folgt aussehen:
Festlegung der Zielgruppen nach Fachrichtung, Berufserfahrung und Einsatzort, die in den kommenden 5–10 Jahren benötigt werden.

Die jährliche Personalplanung

Ihre jährliche Personalplanung konkretisiert die mittelfristige Planung erheblich. Aus ihr geht hervor, wie viele tatsächliche offenen Stellen Sie unterjährig zu besetzen haben. Darüber hinaus klären sich auch die Fachbereiche, für die gesucht wird. Hatten Sie zuvor noch ein Berufsgruppen bezogenes Gesamtbild ohne genaue Anzahl, werden Sie nach der Jahresplanung einen Auftragszettel in Händen halten, der Ihnen sagt, welcher Bereich welche Funktion im laufenden Jahr besetzen will. Ohne tagesgenau zu wissen, wann welche Position besetzt werden soll, können Sie mit diesem Plan gemeinsam mit dem HR-Marketing die Aktivitäten des bevorstehenden Jahres planen und vor allem bereits buchen. In den seltensten Fällen werden alle Bedarfe eines Jahres direkt vom 01.01. an zu besetzen sein. Ihr Prozess sollte eine unterjährige Bedarfsbuchung durch den Fachbereich vorsehen. Er löst dann den konkreten Prozess aus, der Sie veranlasst, dann tatsächlich Kandidaten für die Vakanzen zu identifizieren. Gerade in der heutigen Zeit ist es aber nicht mehr so, dass Sie nur mit dem Finger schnipsen und der Kandidat steht vor der Tür. Sei es aus Gründen des demografischen Wandels oder aber weil Sie ein B2B-Unternehmen sind und in der Masse der Bewerber nicht sonderlich bekannt sind, in beiden Fällen ist eine strategisch aufgesetzte Personalgewinnung unverzichtbar. Ihre Jahresplanung hilft Ihnen dabei, nicht aus dem Stehgreif rekrutieren zu müssen. Natürlich wird sich diese Situation nicht völlig vermeiden lassen. Durch einen über das Jahr verteilten Aktivitätenplan, der auf die verschiedenen Zielgruppen abgestimmt ist, können Sie viel vorbereiten. Eines der großen Pfunde der neuen Generation von Recruitern ist das Netzwerken. Auf die Skills und Kompetenzen der Recruiter Next Generation (#RNG bzw. #Umberto) gehen wir nochmals vertiefend in Kapitel 7 ein.

Ein klassischer Fall für die Jahresplanung sind die Messeaktivitäten. Nicht nur, dass die Veranstalter meist einen Vorlauf von 6–12 Monaten haben, Sie selbst sollten ebenfalls frühzeitig einen Überblick über die Messen des Jahres gewinnen. Als Recruiter ist es Ihre Aufgabe, diese vorzubereiten. Hierzu gehören neben der Standplanung auch eine Aktivitätenplanung und eine Personalplanung.

Jede Messe sollte als einzelnes Recruiting-Instrument betrachtet werden. Standardisierung ist gut, aber nur bis zu einem gewissen Grad. Stand, Informationsmaterial und Giveaways sollten ebenso einem einheitlichen Standard folgen wie Ihr Gesamtplanungsprozess, der zu jeder Messe eine Vorbereitungsphase, eine Messephase und eine Nachbereitungsphase beinhalten sollte. Auch wenn wir in einer zunehmend digitaler werdenden Welt leben, so geht nichts über den persönlichen Kontakt mit den Kandidaten. Eine Messe bietet hierfür eine ausgezeichnete Plattform. Letztlich ist es aber an Ihnen, diese Plattform für sich optimal zu nutzen. Betrachten Sie die drei Phasen einer Messe, so werden Sie häufig feststellen, dass die Veranstalter bereits Vorabveranstaltungen proaktiv anbieten. Vorbereitungsphase bedeutet nämlich nicht nur, dass Sie Ihren Messeauftritt managen, es bedeutet auch, dass Sie jede Chance nutzen, um die Zielgruppe auf sich vorzubereiten. In der Regel sind es einfache Bewerbungstrainings, die oft in der Woche vor der Messe angeboten werden. Das ist Ihre Chance, mit der Zielgruppe schon einmal vorab in Kontakt zu kommen. Unterschätzen Sie nicht den Vorteil, der Ihnen solche ein Pre-Event auf der Messe verschaffen kann. Auf der Messe selbst können Sie dann Werbung für eine nachgelagerte Veranstaltung machen. Kandidaten, die einen besonderen Eindruck auf Sie gemacht haben, können Sie beispielsweise exklusiv zu einer Werksbesichtigung oder Ähnlichem einladen. Im Rahmen der Recruiting Tools in Kapitel 3.6 werden wir Ihnen einen kleinen Strauß an Tools präsentieren, die Sie hier und da einsetzen können. Sie merken vielleicht schon, mit welcher Professionalität man dem Thema Messe begegnen kann. Versuchen Sie Messen niemals als alleinstehende Events von der Stange zu betrachten. Verknüpfen Sie die Messen innerhalb Ihres Jahresplanes mit anderen Veranstaltungen und betrachten Sie Ihre Gesamtplanung als Veranstaltungsnetzwerk.

Auch für Ihre Fachbereiche ist es von Vorteil, wenn diese frühzeitig die Messetermine in ihr Tagesgeschäft einplanen können. Eine wichtige weitere Regel für die Messeplanung ist: Gehen Sie niemals ohne Fachbereich auf die Messe. Noch besser als der persönliche Kontakt zur Zielgruppe ist nämlich der persönliche Kontakt eines Fachbereichs zur Zielgruppe. Auch auf dieses Thema werden wir im Bereich der Recruiting Tools nochmals näher eingehen. Messen sind aber wirklich nur eines der Beispiele, die eine Planung explizit verlangen. Insgesamt betrachtet, erleichtern Sie sich Ihre Arbeit mit jedem Event oder jeder Aktion, die Sie mit ausreichend Vorlauf planen. Man darf nie vergessen, dass ein Event oder eine Aktion nur dann grandios ist, wenn auch jemand dort war bzw. es mitbekommen hat, um dieses Urteil zu treffen.

Die Prozessschritte

Haben Sie erstmal die jährliche Planung abgeschlossen, wird früher oder später der Tag kommen, an dem Sie dann tatsächlich den Kernprozess des Recruitings durchlaufen müssen. Der Prozess in der unteren Darstellung zeigt den gesamten operativen Recruitingprozess, der in einer professionellen Welt komplett in die Hand des Spezialisten gehört. Es lässt sich vielerorts beobachten, dass genau in diesem Prozess etliche Kompromisse geschlossen werden, die zu Lasten der Qualität und der Geschwindigkeit gehen.

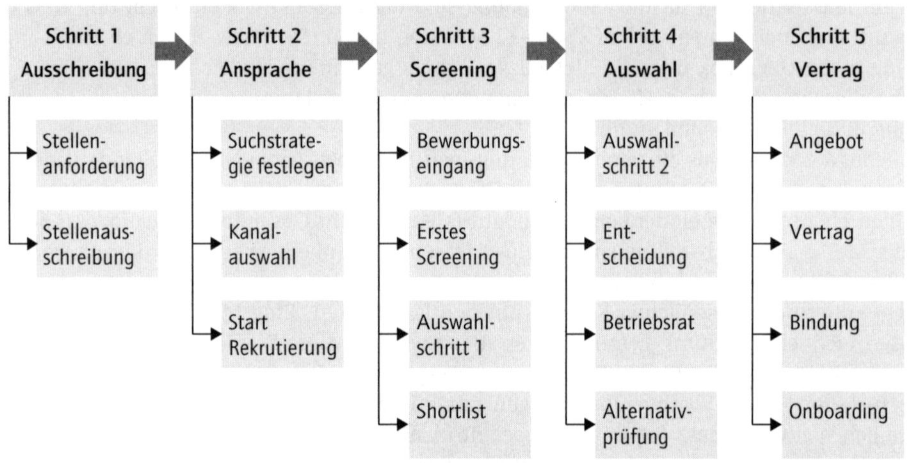

Quelle: eigene Darstellung

Abbildung 25: Der Recruiting-Prozess

Schritt 1 – Ausschreibung

Schritt 1 ist die detaillierte Aufstellung der *Stellenanforderungen* (Bedarfsplanung und Bedarfsanalyse). Häufig wird diese mit der Stellenbeschreibung verwechselt. Um Missverständnissen vorzubeugen, haben wir in Kapitel 3.4 die Stellenanforderung, Stellenbeschreibung und Stellenausschreibungen definiert. Die Stellenanforderungen werden gemeinsam von Fachbereich und Recruiter fixiert. Für den Recruiter geht es hierbei vor allem darum, die Zwischentöne zu hören, und für sich in greifbare Anforderungen zu übersetzen. Die Stellenanforderung ist die Grundlage der darauffolgenden Rekrutierung beginnend mit der Stellenbeschreibung. Je tiefer Sie als Recruiter an dieser Stelle einsteigen, desto präziser können Sie in den nachfolgenden Schritten arbeiten. Die fachlichen Anforderungen sind meist schnell bestimmt und wenn es um technische Vakanzen geht, hat man da oftmals wenig Flexibilität. Dennoch kann hier Beratung durch den Recruiter gefragt sein. Alternative Studiengänge oder Abschlüsse können durch den Recruiter ins Spiel gebracht werden. Außerhalb der gewohnten Barrieren zu denken, mit dem Wissen über die Veränderungen am Markt – das ist die Aufgabe des modernen Recruiters. Bei den sogenannten Softskills geht es für den Recruiter noch intensiver in die Rolle des Beraters. Die klassischen Schlagworte wie Teamfähigkeit, Kommunikationsstärke und Durchsetzungsfähigkeit sind schnell bei der Hand, werden Ihnen aber bei der Formulierung der Stellenausschreibung wenig helfen. Versuchen Sie, das Arbeitsumfeld der Vakanz zu ergründen. Wer sind die Kolleginnen und Kollegen? Wer sind die Vorgesetzten? Welche Subkultur herrscht in dem Bereich. Gerade für Letzteres werden Sie mit der

Zeit ein Gespür entwickeln. Die Aufgabe des Recruiters ist es nicht, den besten Kandidaten zu finden, sondern den Richtigen. Sogenannte Bewerbermanagementsysteme unterstützen den gesamten Rekrutierungsprozess digital und natürlich auch den der Aufstellung der Anforderungen. Doch ganz gleich wie digital wir den Prozess auch gestalten, eine tiefe On-Site-Einarbeitung des Recruiters und ein regelmäßiger Austausch mit dem Fachbereich während des Prozesses sind Grundvoraussetzungen für eine qualitativ hochwertige Leistung.

Nachdem Sie die Stellenbeschreibung formuliert haben, geht es vereinfacht gesagt darum, diese nun in zielgruppengerechte Sprache zu transformieren (*Stellenauschreibung*). Auch wenn es schwer fällt, muss man sich von Unternehmenssprachen und Abkürzungen lösen und dazu übergehen, den Blickwinkel der Zielgruppe einzunehmen. Auch wenn Sie ggf. nicht planen, die Stelle auf einer Jobbörse oder Print zu veröffentlichen, sollten Sie in jedem Fall die Ausschreibung auf Ihrer eigenen Karriereseite platzieren. Allein hierzu wird es notwendig sein, eine verständliche Stellenausschreibung zu formulieren. Ziel ist es dabei nicht möglichst viele Kandidaten anzusprechen. Je spitzer eine Ausschreibung formuliert ist, desto genauer werden Sie die Zielgruppe treffen. Wir werden dies Thema auch in Kapitel 3.4.2 vertiefen. Die Bedeutung dieses Schrittes ist enorm. Noch befinden Sie sich ganz am Anfang des Recruitingprozesses und legen die Grundlagen für den Erfolg oder den Misserfolg der nachfolgenden Schritte und letztlich des Besetzungserfolgs.

Schritt 2 – Ansprache

In diesem Schritt entscheiden Sie sich für die Wahl der Kanäle. Wie bereits angedeutet, sollte die eigene Karriereseite ein Pflichtkanal sein. Darüber hinaus müssen Sie sich aber noch für einen Kanalmix oder aber für das #Sourcing entscheiden. Letztlich hängt ihre Wahl nicht nur an der Zielgruppe, sondern auch an den weiteren Instrumenten, die Sie im Recruiting aufgesetzt haben. Praktikantenbindungsprogramme, Initiativbewerberpools und Ihre eigenen Netzwerke beeinflussen Ihre Wahl. »Viel hilft viel« ist schon seit vielen Jahren nicht mehr richtig. Professionalität bedeutet auch Zielsicherheit. In den nachfolgenden Kapiteln werden Sie mehr über Recruiting Tools und verschiedene Kanäle erfahren, sodass Sie besser in der Lage sein werden, einen geeigneten Kanalmix auszuwählen. Dieser Prozessschritt wird häufig durch ein Bewerbermanagementsystem unterstützt. Insbesondere Jobbörsen sind in der Regel automatisiert angebunden, sodass eine Veröffentlichung online meist keine Herausforderung darstellt. Das Herausschießen von Ausschreibungen auf beliebige Jobbörsen fällt allerdings nicht unter modernes Recruiting. Grundsätzlich ist stets zu überlegen, ob man nicht mittels einer GoogleAd-Kampagne einige der Stellen bewirbt und auf eine Ausschreibung auf einer Stellenbörse in den Fällen gänzlich verzichtet. Wie bei allen Aussagen, kann diese nicht pauschalisiert werden und steht in direkter Abhängigkeit mit der Vakanz. Dies steht oftmals leider auf den ersten Blick entgegen der ausgerufenen Ziele der Standardisierung. Man kann sehr, sehr viele Teile des Prozesses standardisieren, aber man darf nicht aus dem Auge verlieren, dass man sich mit unterschiedlichen Zielgruppen auseinandersetzen muss und vor allem mit Menschen. One-size-fits-all funktioniert einfach nicht mehr. Zu möglichen Kanälen zählen selbstverständlich auch alle Messen und Events, die aufgrund der Jahresplanung fixiert werden. Als Recruiter hat man diese auch stets für seine Zielgruppen im Blick und bezieht diese bei der Auswahl mit ein.

Schritt 3 – Screening

Nach dem die Suche angestoßen wurde, wird es früher oder später zur Kandidatenauswahl kommen. Auch dieser Prozessschritt kann sich von Unternehmen zu Unternehmen unterscheiden und wird sich auch mit Sicherheit von Zielgruppe zu Zielgruppe unterscheiden. Die Sub-Prozesse bilden diese Unterschiede ab. Die Variationen können von Onlinetests, die bereits eine Vorauswahl treffen, bis hin zu festgelegten Notenkriterien gehen, die durch Junior Recruiter beim Pre-Screening geprüft werden. Gerade im Bereich der Ausbildung geht der Trend weg von einem Noten-basierten Verfahren. Das Schlagwort Gamification, welches wir im Rahmen der Tools nochmals genauer beleuchten, kommt hier häufig zum Vorschein. Schließlich nimmt die Bedeutung des #Cultural-Fit stetig zu – dies gilt auch für Hochschulabsolventen und berufserfahrene Zielgruppen. In der Phase der Auswahl kann man dies sogar auf beiden Seiten beobachten. Auch Kandidaten messen dem #Cultural-Fit immer mehr Bedeutung zu. In Kapitel 3.8 gehen wir weiter auf die verschiedenen Auswahlinstrumente ein, wie beispielsweise das Assessment Center.

Innerhalb der Auswahlphase ist die Generierung einer *Shortlist*, die aus einer dezidierten Vorauswahl allein durch den Recruiter entsteht, sehr bedeutend. Diese Shortlist wird vom Recruiter dem Fachbereich noch vor dessen aktiver persönliche Einbeziehung in Form einer Interviewteilnahme in den Auswahlprozess zur Verfügung gestellt. Dies bedeutet einerseits, dass Sie als Recruiter unbedingt die Kultur des Unternehmens und die Sub-Kultur des Fachbereichs ausreichend kennen sollten, um eine zielgerichtete Vorauswahl treffen zu können. Andererseits müssen Sie aber auch die wesentlichen fachlichen Anforderungen kennen und Basisfragen des Kandidaten beantworten können. Hier zeigt sich, wie gut Sie tatsächlich als Recruiter ausgebildet wurden, denn die Shortlist ist eines der Kernprodukte des Recruiter Next Generation. Die Anzahl der Kandidaten auf der Liste sollte zwischen 3 und 5 liegen. Sind Sie dabei diese Strukturen erstmalig einzuführen, müssen Sie ggf. mit einer längeren Liste starten, bis Sie das Vertrauen des Fachbereichs gewonnen haben. Die Shortlist ist zudem ein wesentlicher Reputations-Punkt. Bieten Sie in diesem Schritt dem Fachbereich Beratung an. Entwerfen Sie ein standardisiertes Kandidatenprofil, welches kurz zusammengefasst die Bewerbung bzw. die Unterlagen wiedergibt. Geben Sie eine Empfehlung ab und begründen diese. Auf der anderen Seite haben Unternehmen natürlich auch Vakanzen mit einem hohen Volumen. D. h. es handelt sich um eine Funktion, für die 10 oder mehr Kandidaten eingestellt werden. Hier sollten Sie nicht mit Shortlists arbeiten, sondern eher Bewerbertage/Assessment Center anbieten. Die Vorauswahl muss präzise erfolgen, sodass Sie zu diesen Tagen den Fachbereich einladen können, der am Abend mit einer Anzahl X an Kandidaten wieder nach Hause fahren kann.

Für diesen Prozessschritt behalten Sie bitte im Hinterkopf, dass die Kosten enorm steigen, je weiter ein Kandidat in diesem Prozess voranschreitet. Übersetzt bedeutet dies, dass Sie im Pre-Screening eine hohe Anzahl an Kandidaten aussortieren sollten und im Assessment Center am besten keinen. Ein AC, bei dem kein Kandidat durchfällt, muss kein schlechtes AC sein. Es ist eher ein Indiz dafür, dass Sie eine erstklassige Vorauswahl getroffen haben.

Schritt 4 – Auswahl

Nach Erstellung der Shortlist folgen die Auswahlschritte, die Sie gemeinsam mit dem Fachbereich durchführen. Fachbereichsvertreter zeichnen sich häufig dadurch aus, dass Sie nicht tagtäglich Interviews führen. Die Routine und die Objektivität eines Recruiters kann man daher nicht von seinen Kollegen verlangen. Im Umkehrschluss führt dies erneut zu einer Serviceleistung. Regelmäßige Interviewtrainings und ein strukturierter Interviewbogen geben einem Fachbereich die benötigte Professionalität. Darüber hinaus sollte der Recruiter in der Lage sein, die Interviews in einer Art zu protokollieren, die dem Fachbereich eine maximal objektive Entscheidungsgrundlage liefert. Der sogenannte Nasenfaktor spielt immer eine große Rolle. Leider wird dieser viel zu oft durch persönliche Erfahrungen getrübt. Das kann bereits ein negativ konnotierter Name sein, der den Fachbereich veranlasst, alle Übungen schlechter zu bewerten, als er es bei einem anderen Namen getan hätte. Man spricht sich schnell frei von derlei Vorurteilen bzw. Einflüssen, letztlich ist es aber eine Frage des Trainings, eben diese zu dosieren und mit ihnen umzugehen.

Um ein besseres Verständnis der Schritte 3 und 4 zu vermitteln, wollen wir an dieser Stelle nochmals auf den Unterschied eingehen. Beide Schritte sind letztlich dem Thema Auswahl zu zuordnen und werden auch im weiteren Verlauf des Buches entsprechend behandelt. Der entscheidende Unterschied ist, dass der Recruiter erst in Schritt 4 weitere Personen zur Auswahl hinzuzieht. Schritt 3 liegt damit zu 100 % in der Hand des Recruitings und definiert folglich die originäre Vorauswahl (Srceening). Die Auswahl erfolgt dann in Schritt 4 in der Regel gemeinsam mit dem Fachbereich. Die Shortlist ist der Übergang von Schritt 3 zu Schritt 4 und wie bereits erwähnt eines der Kernprodukte Ihrer Tätigkeit.

Schritt 5 – Vertrag

Hat man sich für einen Kandidaten entschieden und die Vertragsverhandlungen erfolgreich abgeschlossen, beginnt eine der herausforderndsten Phase: das Onboarding. Kandidaten in dieser letzten Phase zu verlieren, ist das Kostspieligste, was Ihnen widerfahren kann. Auch die Probezeit fällt noch in diesen Gefahrenzeitraum. Nehmen wir als Beispiel die Zielgruppe der Schüler. Als Recruiter begegnet uns hier ein erhöhter Schwierigkeitsgrad. Zwischen Vertragsunterzeichnung und Ausbildungsbeginn können gern einmal 12 Monate liegen. Ein langer Zeitraum, in dem viel geschehen kann. Sich hier ein strukturiertes Bindungsprogramm zu überlegen, spart am Ende des Tages Geld und Aufwand.

Der Recruitingprozess hat an vielen Stellen die Form und Farbe eines Vertriebsprozesses angenommen. Es geht um ein Produkt, das dem Kandidaten so schmackhaft wie möglich gemacht werden soll, ohne die wahren Vor- und Nachteile des Produktes zu verbergen. Diese durch den immer enger werdenden Arbeitsmarkt getriebene Entwicklung hat so manches Unternehmen bis heute verschlafen. Diejenigen, die es verstanden haben, halten es aber dann nicht bis in Prozessphase 5 durch und verlieren dadurch sehr gute Kandidaten. In Kapitel 3.3 werden wir darauf eingehen, wie auch gerade das Thema Employer Branding sich durch alle 5 Phasen des Recruitingprozesses zieht. Die Schilderung des Prozesses ist auf einer recht groben Ebene erfolgt. Dies haben wir aus Gründen der Anwendbarkeit derart gestaltet. Der diesem Buch zugrunde liegende Prozess lässt sich in dieser Form weltweit anwenden. Es sind die Basic Steps der Rekrutierung, deren Anwendung global erfolgen kann. Selbstverständlich existieren regionale oder lokale Unterschiede, die dann im Detail berücksichtigt werden müssen. Der Betriebsrat in Deutschland, der EEO Fragebogen in den USA und viele weitere teils gesetzliche Bestimmungen führen dazu, dass einzelne Prozessschritte sich im Detail dann unterscheiden. Letztlich ist es aber so, dass die aufgezeigten fünf Basic Steps, ohne den Kern des Prozesses zu verändern, weltweite Gültigkeit haben.

In den nachfolgenden Kapiteln werden wir auf die einzelnen Phasen des Recruitingprozesses näher eingehen. An der einen oder anderen Stelle haben wir die Kapitelverlinkung bereits eingefügt. Umgekehrt werden wir Ihnen je Kapitel die Position im Recruitingprozess direkt zu Beginn an die Hand geben. Auf diese Weise lässt sich stets eine Verbindung zu den einzelnen Prozessschritten herstellen.

3.3 Arbeitgebermarke positionieren

Wir befinden uns nun in einem Teilgebiet, welches sich wohl auf alle Schritte des Recruitingprozesses auswirkt. Vielleicht formulieren wir diesen Satz lieber mit einem »tatsächlich«. Denn tatsächlich ist die Arbeitgebermarke ein ständiger Begleiter des Recruiters und des gesamten Recruitingprozesses. Es mag etwas übertrieben klingen, aber die Basis, auf der alles fußt, ist der Kern der Arbeitgebermarke. Wenn Sie sich den Auslöser des Prozesses ansehen, dann ist es der Bedarf an sich. In unserer Grafik kommt der Auslöser sozusagen von links. Was dann alles »ausgelöst« wird, nämlich der operative Prozess, baut auf der Arbeitgebermarkenpositionierung auf. Stellen Sie sich die Arbeitgebermarkenpositionierung als eine Art riesigen Topf voll Farbe vor. Es ist eine ganz spezielle Farbe, die sonst in dieser Weise nirgends vorkommt. Sobald nun der harte Bedarf kommt und Sie sich die Dinge überlegen, die daraufhin folgen müssen, sollten Sie jedes Tool, jede Anzeige, alles was Sie in diesem Prozess verwenden, einmal durch den Topf voll Farbe ziehen.

Das Thema Arbeitgebermarke hatten wir bereits in Kapitel 2 angerissen. Wir hatten versucht, Ihnen einen Einblick in das Thema »Erarbeitung einer Arbeitgebermarkenpositionierung« zu geben. Sich im Rahmen eines Recruiting-Buches tiefer mit diesem Themen-Bereich zu beschäftigen, das würde den Rahmen sprengen. Nichtsdestotrotz sind die drei Bereiche Employer Branding, HR-Marketing, Recruiting unzertrennlich miteinander verbunden. Im Rahmen einer gesamthaften Strategie ist es daher sehr zu empfehlen alle diese Bereiche aufeinander abgestimmt zu entwickeln.

Employer Branding begegnet einem innerhalb des Recruiting-Prozesses immer wieder. In den Bereichen der Personalplanung sind wir weniger davon betroffen, aber sobald es um das operative Recruiting geht und den operativen Prozess, verpasst uns unser Arbeitgeberversprechen überall dort einen kleinen Hieb, wo wir direkt auf die Zielgruppe treffen. Haben wir alles strukturiert aufgebaut, kann der kleine Hieb natürlich auch ein Push sein – im positiven Sinne. In der Realität erlebt man allerdings auf Bewerberseite heutzutage eher eine Enttäuschung. Das, was über die Employer Brand definiert wurde und über das HR-Marketing verbreitet wird, weicht leider häufig von der harten Realität im Bewerbungsprozess ab. Hier geht es um eine Konsistenz in der Außendarstellung, die die Bewerber vermissen.

Das Thema Social Media, welches an späterer Stelle nochmals genauer beleuchtet wird, hat uns in diesem Zusammenhang sogar noch härter erwischt. Dieses Medium macht nicht nur transparent, ob Versprechen im Marketing und Bewerbungsprozess konsistent sind, sondern dieses Medium erlaubt einen Vergleich mit der internen Kultur und somit eine Überprüfung des Versprechens. Wer hier nicht seine Hausaufgaben gemacht hat, denn wahres Employer Branding beginnt innerhalb des Unternehmens, wird sicherlich böse Überraschungen erleben.

Dass sich das Employer Branding in allem widerspiegelt, was im HR-Marketing produziert wird, ist vermutlich den meisten klar. Dass wir aber auch eine sehr direkte Verbindung in die Welt des Recruitings haben, überrascht vielleicht den einen oder anderen. Im Nachfolgenden

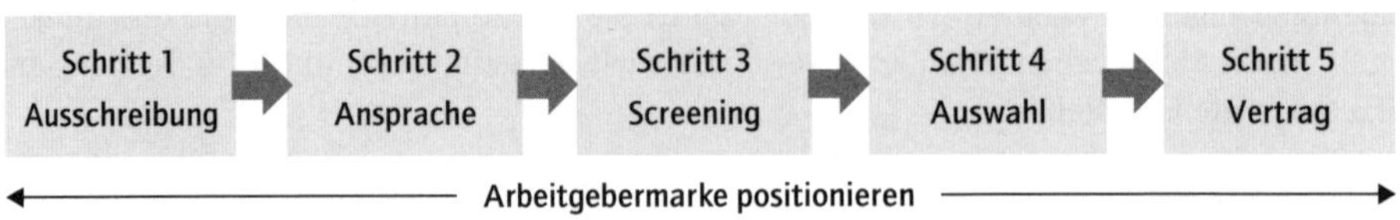

Quelle: eigene Darstellung

Abbildung 26: Recruiting-Prozess – alle Schritte

versuchen wir, diese Verbindung hervorzuheben, indem wir uns entlang des in Kapitel 3.1 skizzierten Recruiting-Prozesses orientieren.

Der Recruiter und der Fachbereich

Bevor wir aber überhaupt in den Prozess einsteigen, ist ein Schlüsselbaustein des Recruitings zu betrachten, nämlich der Recruiter an sich. Kapitel 7 werden wir zwar nochmals auf die Schulung des Recruiters vertieft eingehen, aber bereits hier macht es Sinn darauf hinzuweisen, dass der Recruiter zumindest die Arbeitgebermarke, die Positionierung und die Botschaften im Schlaf beherrschen muss. Wenn es an dieser Stelle im Prozess bereits Unklarheiten oder Unverständnis gibt, brauchen Sie sich im Grunde mit dem Nachfolgenden gar nicht mehr befassen. Der Recruiter ist in den meisten Fällen der erste menschliche Kontaktpunkt des Bewerbers mit dem Unternehmen. Hier entscheidet sich in vielen Fällen der erste Eindruck. Ein zweiter wunder Punkt kann der Fachbereich sein, der in den verschiedenen Auswahlschritten natürlich ebenfalls die Employer Brand vertreten können muss. Beinhalten Ihre Botschaften beispielsweise Attribute wie innovativ, offen oder verlässlich, sollte der Kandidat sich auch darauf verlassen können, dass eine Rückmeldung nach 5 Tagen erfolgt, wenn man ihm das zugesagt hat. Beim Thema Innovation fühlen sich Bewerber sehr leicht hinters Licht geführt, wenn es dann heißt, dass sämtliche Kommunikation nun auf dem Postwege erfolgen soll, oder aber dass soziale Netzwerke im Unternehmen verpönt seien und deswegen gesperrt sind. Mangelnde Konsistenz kann Ihnen das Genick brechen. Eine dritte Gruppe, die ebenfalls bedacht werden sollte, ist die Gruppe der Mitarbeiter. Hier muss ggf. das Wissen nicht aus dem FF abrufbar sein, aber diese Gruppe sollte definitiv auf die Reise mitgenommen werden. Dies ist bereits Teil der Erarbeitung der Arbeitgerbermarkenpositionierung und sollte mithilfe einer Beratung erfolgen. Dennoch sei es an dieser Stelle nochmals erwähnt, denn das Tool *Mitarbeiter werben Mitarbeiter* darf auch in Zeiten moderner Netzwerke auf gar keinen Fall unterschätzt werden.

Das Bewerbermanagement

Je nach Organisation und Unternehmensgröße haben Sie eventuell eine Art Recruiting-Backoffice. In den verschiedenen Organisationsmodellen in Kapitel 2 haben wir dies in der Detailtiefe nicht schematisch dargestellt und holen dies nun in aller Kürze nach. Das Recruiting an sich kann bei Bedarf und entsprechendem Arbeitsaufkommen nochmals in Front- und Backoffice unterteilt werden. In groben Zügen lässt es sich wohl am einfachsten in die folgenden Abläufe trennen:

- Bewerbungseingangsmanagement
- Screening
- Bewerbermanagement
- Interviewing

Das Backoffice wird in manchen Unternehmen tatsächlich vom Recruiting getrennt geführt oder materialisiert sich auch in Form eines Junior Recruiters, der dem Senior Recruiter zuarbeitet. Die Aufgaben sind oftmals das erste Screenen der Unterlagen und das darauffolgende Nachfordern von fehlenden Unterlagen. Auch diese Gruppe der am Recruiting-Prozess beteiligten Mitarbeiter muss in den Themen Employer Branding und der daraus abgeleiteten Botschaften geschult werden. Hier landen sehr häufig die ersten Nachfragen und Anfragen von Bewerbern und Kandidaten.

Der Bewerber vor der endgültigen Bewerbungsentscheidung

Wenn wir in den Prozess einsteigen, finden wir hier verschiedene neuralgische Punkte, die für die Rekrutierung entscheidend sein können. Bevor sich aber ein Kandidat bewirbt, kurz nach dem Aufgaben-Teil des HR-Marketings, haben wir eine Art Zwischen-Phase. Es ist der Zeitpunkt, an dem ein Kandidat Ihre Karriereseite besucht, nachdem er bereits im Bereich HR-Marketing und in der Phase des Erstkontaktes von Ihnen abgeholt worden ist. Er oder sie kommen auf Ihre Seite, weil sie neugierig gemacht wurden. Was sie konkret auf Ihrer Karriereseite erwarten werden, beschreiben wir in Kapitel 3.6. In diesem Teil soll es um die Gruppe der Interessenten gehen, die schon so weit sind, dass sie kurz vor Abgabe ihrer Bewerbung stehen. Es ist die Gruppe derer, von der das Institut Universum schreibt, dass sie den Arbeitgeber als einen Wunscharbeitgeber einstufen.

Unternehmen setzen in dieser Zwischen-Phase vermehrt Online-Tests ein, die entweder bereits eine erste Vorauswahl treffen und damit im Grunde Teil des Bewerbungsprozesses sind, oder aber lediglich der Orientierung dienen. Letztere sind in der Regel meist schon mit Employer Branding Botschaften versehen. Bei der Orientierung geht es nämlich nicht nur um den Beruf, sondern auch um die kulturelle Passung zum Unternehmen. Ein gutes Beispiel für diese Art der Orientierung ist der »Could it be U« Test von Unilever (https://apps.facebook.com/could-it-be-U). Bei diesem Test geht es darum, spielerisch das Unternehmen und dessen Komplexität kennenzulernen. Hier wird der Bewerber auf den letzten Metern bis zu seiner »Kaufentscheidung« abgeholt und ins Ziel geführt.

Richten wir nun noch einen Blick auf den Onlinetest. Dieser kann gleich zu Beginn des Bewerbungsprozesses stehen oder kurz davor. Hier wird es schon dunkler, wenn es um die Botschaften eines Arbeitgebers geht. Viele Unternehmen nutzen an dieser Stelle Dienstleister, von denen sie Tests einkaufen oder mit denen sie gemeinsam Tests entwickeln. Schnell gerät in Vergessenheit, was man im HR-Marketing alles dem Bewerber übermitteln wollte. Ein klassischer Verlauf dieser Zwischen-Phase ist geprägt durch einen Link, den der Bewerber nach der Registrierung erhält, der ihn zum Test führt. Sehr häufig findet er sich dann in einer Umgebung wieder, die weder optisch noch sprachlich der Employer Brand des zuvor betrachteten Arbeitgebers entspricht. Dem Bewerber widerfährt eine Art Medienbruch. Ein Bruch in

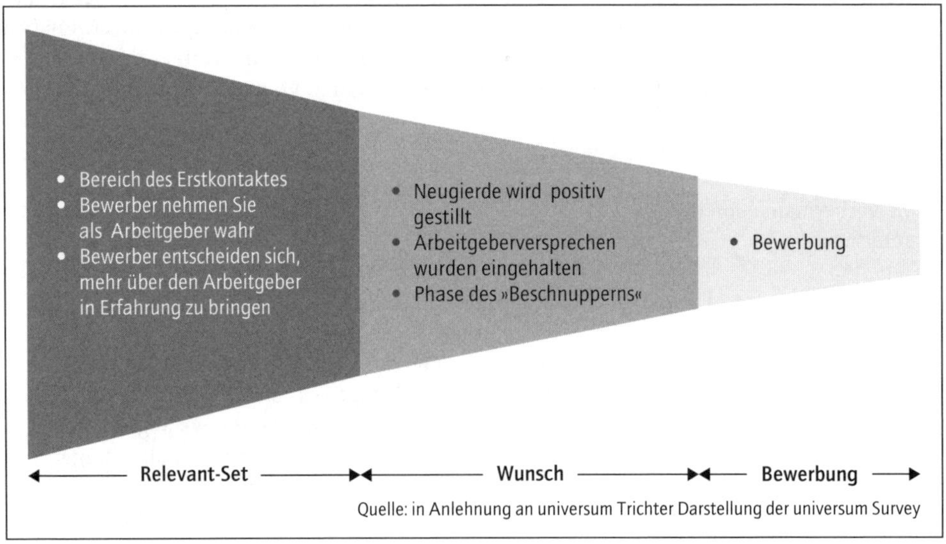

Abbildung 27: Zwischen Erstkontakt und Bewerbung

der Geschichte, die von einem Arbeitgeber berichtet, der sich beispielsweise auf Augenhöhe mit den Bewerbern austauschen möchte.

Untergekommen sind uns Unternehmen, die nicht nur das eigene Look and Feel für diese Online-Tests aufgegeben haben, sondern offenkundig nicht einmal ihren eigenen Bewerbungsprozess testweise selbst durchlaufen haben. Rechtschreibfehler und Sprachgewirr zeugten von der Sorgfalt, mit der sich einige Unternehmen dem Thema Personalauswahl widmen. Dies ist einer der Punkte bei der Anbahnung des Bewerbungsprozesses, an dem einiges schief gehen kann und heute auch schief geht. Sich hier Rat bei spezialisierten Dienstleistern einzuholen, können wir nur empfehlen.

Die Nachrichten vom Herrn Noreply

Genauso und nicht anders soll dieser Abschnitt lauten. Diejenigen von Ihnen, die ein Bewerbermanagementsystem (BMS) verwenden, werden diese kleinen Nachrichten kennen. Die Eingangsbestätigungen, die Passwortmail, die Statusmail und viele andere Nachrichten, die automatisiert an den Bewerber über ein System versandt werden. Aber auch bei Unternehmen, die kein Bewerbermanagementsystem verwenden, gibt es oder besser gesagt, sollte es Nachrichten geben, die den Bewerber darüber informieren, wo im Bewerbungsprozess er sich gerade befindet. Diese aus Sicht der HRler eher kleinere Baustelle, ist aus Sicht des Bewerbers ein entscheidender Kontaktpunkt zum Unternehmen. Für den Bewerber manifestiert sich auch hier ein Stück Arbeitgeber, weswegen diese Nachrichten für uns eine enorme Bedeutung haben. Es gilt wieder, den Bruch in der Botschaft des Arbeitgebers zu vermeiden. Man könnte fast empfehlen, an die Formulierung der Nachrichten mit viel Liebe zum Detail heranzugehen. Auf gar keinen Fall sollten die Standardtexte des Systems übernommen werden. Ebenso ist grundsätzlich darauf zu achten, dass Sie bei der Konzeption von Kampagnen, abgeleitet aus der Arbeitgeberpositionierung, diese »Nebensächlichkeiten« nicht vergessen. Der Teufel steckt im Detail.

Der erste menschliche Kontakt nach der Bewerbung – Schritt 3.1

Interessanterweise führt das Versäumnis, nicht die vollständigen Bewerbungsunterlagen eingereicht zu haben, in vielen Unternehmen zum direkten oder indirekten ersten menschlichen Kontakt innerhalb des eigentlichen Bewerbungsprozesses. Seine Unterlagen nicht vollständig eingereicht zu haben, ist heutzutage überhaupt kein Indiz mehr für einen schlechten Kandidaten. Die Frage wäre wohl eher, ob dieser recht frühe Prozessschritt nicht vielleicht auf ein sehr behäbiges konservatives Unternehmen schließen lässt. Wir erleben es immer wieder, dass Unternehmen pauschal vollständige Bewerbungsunterlagen verlangen, obwohl die bereits eingereichten oft zumindest über ein Weiterkommen des Kandidaten entscheiden könnten. Das heißt, bei den Top-Kandidaten könnte die Nachfrage auch zu einem späteren Zeitpunkt im Prozess erfolgen. Betrachten wir aber nun die Nachforderung direkt in Schritt 3.1 unseres Recruitingprozesses. Je nachdem wie diese Nachforderung organisiert ist – telefonisch oder per Mail, sollten Formulierungen gewählt werden, die der Employer Brand entsprechen. Im Fall der telefonischen Einforderung müssen entsprechende Schulungen des Personals erfolgen. Nun kann nicht nur aus Gründen der Prozessoptimierung ein Verschieben des Abfragezeitpunkts sinnvoll sein, sondern auch aus Sicht des Employer Brandings. Steht die Arbeitgebermarke in Verbindung mit Innovation oder Fortschrittlichkeit, könnte man durch eine Veränderung des Prozesses in diesem Punkt ein Zeichen setzen. Diesen Schritt zu einem späteren Zeitpunkt durchzuführen, kann einen modernen Eindruck hinterlassen.

Der nächste Kontaktpunkt ist in der Regel das Telefoninterview (Schritt 3.3). Im Sinne eines professionellen Recruiting-Prozesses sollte dies nicht nur dokumentiert werden, sondern auch maximal standardisiert erfolgen, um eine Vergleichbarkeit zu gewährleisten. Aber Achtung!

Standardisierung bedeutet nicht, alle Zielgruppen über einen Kamm zu scheren. Das Thema Auswahl werden wir in Kapitel 3.8 noch weiter vertiefen. So viel aber bereits an dieser Stelle: Interviewleitfäden sollten in Bausteinen aufgebaut sein, die je nach Stelle und Zielgruppe unterschiedlich zusammengesetzt werden können. Im Sinne der Arbeitgebermarkenbotschaft haben wir an dieser Stelle erneut die Möglichkeit, viel falsch zu machen, aber auch viel zu gewinnen. Die Arbeitsmarktlage zeigt uns, dass auch der Auswahlprozess eine Art Verkaufsprozess sein muss. Dies kommt in dem frühen Stadium eines ersten Telefoninterviews natürlich auch zum Tragen. Die Recruiter müssen an dieser Stelle die Balance schaffen, eine professionelle Auswahl durchzuführen und zeitgleich das Unternehmen bestmöglich zu verkaufen. Bestmögliche Vermarktung im Sinne des Employer Brandings bedeutet natürlich, die Botschaften richtig zu setzen. Professionelles Recruiting und damit auch die Stärkung der Arbeitgebermarke fängt bereits in der professionellen Durchführung des Interviews an. Die Stichworte sind wertschätzend und respektvoll. Dies werden Sie von uns im Verlauf des Prozesses noch häufiger lesen. Wenn es um Employer Branding geht, stehen alle Bewerber im Fokus. Ihre Marke wird auch oder vor allem von Bewerbern, die es nicht geschafft haben, gespiegelt werden.

Der Fachbereich – Schritt 4

Wir gelangen nun in den Bereich des Prozesses, in dem es uns als Unternehmen immer teurer zu stehen kommt, wenn Kandidaten abspringen zum Zeitpunkt des ersten Kontakts mit dem Fachbereich. Je weiter wir im Prozess fortgeschritten sind, desto ärgerlicher ist es, wenn uns Kandidaten verloren gehen. Aus Prozesssicht stößt ein neuer Spieler hinzu und die Karten werden im Sinne des Employer Brandings neu gemischt. Bislang können wir das Thema Employer Branding innerhalb des Bewerbungsprozesses gut im Griff haben. Die Beteiligten sind Teil der Rekrutierungsorganisation, deren Schulungen und somit das vorhandene Knowhow in unserer direkten Verantwortung liegt. Der Fachbereich jedoch stellt in diesem Punkt gewissermaßen ein kleines Risiko dar. Letztlich kann man das Wissen oder Unwissen des Fachbereichs auf einen guten oder schlechten Employer-Branding-Prozess und dessen anschließendem Wirken nach innen zurückführen. Letztlich wird es in der Praxis aber so sein, dass Sie bzgl. verschiedener Prozessschritte den Fachbereich erziehen müssen. Als Recruiter bekommt man recht schnell einen guten Überblick über seine Fachbereiche. Nicht zuletzt durch die regelmäßigen operativen Fachbereichstage, die ein Recruiter durchlaufen sollte, wird ihm präsent werden, bei welchen Fachbereichen er die Zügel des Employer Brandings enger in die Hand nehmen muss. Bereits so triviale Dinge wie die Rückmeldezeit zur Shortlist kann die Arbeitgebermarke schädigen. Im besten Fall springt der Kandidat lediglich ab. In solchen Fällen können geeignete »Erziehungsmaßnahmen« recht schnell greifen. Beispielsweise nutzten Unternehmen (insbesondere KMU), zu denen wir Kontakt hatten, die schnelle Eskalationsmethode:

> **Best Case: Schnelle Eskalationsmethode**
> Braucht ein Fachbereich länger als 5 Tage, um Feedback zu einer Shortlist zu geben, wird dies an die Geschäftsführung gemeldet. Tritt dies häufiger auf, behält sich die Geschäftsführung meist vor, zu überprüfen, ob die zu besetzende Position überhaupt notwendig ist oder nicht vielleicht gestrichen werden kann. So dringend kann die Besetzung bei derartigen Zeitverzögerungen ja nicht sein.

Sobald es um solche Themen geht, müssen Sie als Recruiter natürlich die Rückendeckung der Geschäftsführung haben. Dies haben wir allerdings selten anders erlebt.

Innerhalb des vierten Schrittes kommt es zur Entscheidung für den Kandidaten. Grundsätzlich gilt, dass wertschätzend abgesagt wird, unabhängig vom Prozessschritt. Auch hier wird die Arbeitgebermarke präsentiert und gerade in der letzten Phase des Prozesses geht es auch darum, gute Kandidaten, die vielleicht nicht zu 100 % auf die eine Stelle gepasst haben, nicht zu verprellen. Die strukturierten Aufzeichnungen, die während der Gespräche angefertigt wurden, dienen nicht nur der Vergleichbarkeit der Kandidaten, sondern bieten eine gute Grundlage für ein solides Feedback bei einer Absage. Vielen Kandidaten ist es wichtig zu wissen, warum es nicht gereicht hat, und ob sie daran arbeiten können. Dies ist eine Einladung, sich auch bei den Absagen positiv zu positionieren. Aber bitte beachten Sie stets die AGG Konformität.

Wenn der Kandidat unterschrieben hat, kann der Recruiter sich noch nicht direkt ausruhen. In Abhängigkeit von der Zielgruppe kann der Zeitraum zwischen Vertragsunterzeichnung und erstem Arbeitstag zwischen wenigen Tagen und teilweise bis zu zwölf oder mehr Monaten dauern. Gerade im Bereich der Ausbildung stellt dies eine kritische Phase dar. Dies wird sich vor dem Hintergrund des demografischen Wandels eher verstärken. Die Kommunikation, die in dieser Phase stattfindet, sollte ebenfalls an die Employer Brand angelehnt sein. Je nachdem wie Ihr Unternehmen organisiert ist und wie weit Ihr tatsächlicher Recruitingprozess reicht, kann es natürlich sein, dass Teile dieser Aufgabe durch den Ausbildungskoordinator oder den Personalbetreuer übernommen werden. Je mehr Personen daran beteiligt sind, desto riskanter wird der Prozessschritt aus Sicht der Arbeitgebermarkenpositionierung.

Um hier dennoch erfolgreich den Prozess abzuschließen, können verschiedene Schritte eingeleitet werden. Mit der Motivation der erfolgreichen Besetzung können Bildungsmaßnahmen angesetzt werden. Das bedeutet, dass der angehenden Mitarbeiter ein Art Programm durchläuft. Man könnte dieses Programm als ein PreBoarding im Gegensatz zum Onboarding betiteln: Bindung und Vorbereitung auf den zukünftigen Job in einem. Das heißt, dem potenziellen Mitarbeiter werden im Rahmen des Programms erste Eindrücke des Unternehmens aber vor allem seiner zukünftigen Abteilung vermittelt. Der Mitarbeiter kann auf diese Weise viel schneller produktiv werden, wenn er beispielsweise für seine Tätigkeit wichtige Kontakte vorab kennenlernt.

Die Botschaften eines Arbeitgebers tatsächlich durch den gesamten Recruitingprozess durchzuhalten, ist beinahe schon eine Frage der Disziplin. Sehr häufig erlebt man, dass die Botschaften lediglich für Kampagnen und Internetauftritt verwendet werden. Taucht man dann in den jeweiligen Bewerbungsprozess ein, verblassen die Botschaften immer weiter. Je tiefer sie vordringen, desto weniger wissen selbst die Mitarbeiter über die eingangs ausgerufenen Botschaften Bescheid. Vor wenigen Monaten erst hat ein Kandidat von seinen Erfahrungen auf dem Blog www.robindroullah.de berichtet. Es handelte sich dabei um einen Absolventen der Ingenieurwissenschaften (Maschinenbau), der, objektiv betrachtet, sehr gut ausgebildet war. Noten, Praktika und Motivation stimmten. Zudem könnte man meinen, es handle sich bei Ingenieuren um eine gefragte Zielgruppe, aber dem war nicht so. Was dem jungen Herrn widerfahren ist, spottet jeder Beschreibung und gehört auf die Top-10-Liste der absoluten Dont's im Zusammenhang mit Arbeitgebermarkenpositionierung. Im Nachfolgenden haben wir einmal kurz zusammengefasst, welche Punkte er durchleben durfte.

Best Case: Das schadet der Arbeitgebermarke – Was Sie nicht tun sollten!
Am Beispiel eines jungen Maschinenbaustudenten zeigen wir die Dont's im Zusammengang mit der Arbeitgebermarkenpositionierung während der Bewerbung.

Warten auf Rückmeldung
Teilweise musste er bis zu 8 Wochen auf Rückmeldung warten, die er lediglich deswegen erhielt, weil er sich gemeldet hatte. Sich als Arbeitgeber einfach gar nicht zu melden, kommt einer Todsünde gleich. Im Grunde kann man auch direkt seine Arbeitgebermarke beerdigen. Sollte dies mal vorkommen – einfach entschuldigen, niemand ist perfekt.

Einladung von Kandidaten, die eigentlich nicht in Frage kommen
Der Bewerber wurde auch zu Veranstaltungen eingeladen, die ihm letztlich eine Aussicht auf eine Anstellung suggerierten. Was er dann aber feststellen musste ist, dass beispielsweise Bewerber, die kein Praktikum in dem betreffenden Unternehmen vorweisen konnten, im Grunde aus der engeren Auswahl herausfielen. Wenn man solche Kriterien formuliert, warum lädt man dann Bewerber ein, die diese Kriterien nicht erfüllen? Um diese dann enttäuscht nach Hause ziehen zu lassen?

Der Ton macht die Musik
Der Bewerber durfte zudem mit der Service Wüste Deutschland Bekanntschaft schließen. »Patzige Personaler« wie er es formuliert, gaben ihm deutlich zu verstehen, dass Bewerber eher lästige Zusatzarbeit bedeuten, als zukünftigen Mehrwert für das Unternehmen. Wenn Worte aus dem Mund eines Personalers erklingen, die eine solche Interpretation auch nur im Entferntesten zuließen, muss man sich ernsthaft fragen, ob dieser Personaler nicht vielleicht von der Konkurrenz bezahlt wird.
(Quelle: www.robindroullah.de)

Die Reaktionen auf den Beitrag des Bewerbers im Netz lassen erahnen, dass es sich dabei leider um keinen Einzelfall handelt. Man könnte fast meinen, dass täglich Bewerber auf die gleiche Art und Weise in der Service-Wüste stecken bleiben.

Wenn man sich nun intensiver mit dem Thema Employer Branding und den Zielgruppen auseinandersetzt, wird man sehr schnell feststellen, dass es dabei eben nicht nur um bunte Bilder und einen Claim geht. Klar, das sogenannte »Look and Feel« hat eine entscheidende Rolle in der Markenpositionierung. Aber eine Konsistenz auch in der gesamten Kommunikation mit dem Bewerber zu schaffen, ist eine Herausforderung, der man sich Schritt für Schritt nähern kann und muss.

Tipp:
Manchmal sind es die kleinen Dinge, die den Unterschied machen. Vergleichen Sie etwa den Bewerber Ihre Unternehmens mit einem Kunden in einem Restaurant. Gibt es Papier- oder Stoffservietten? Was von beidem hat der Kunde wohl aufgrund der Werbung erwartet? Würde er enttäuscht oder bestätigt werden?

3.4 Die Vakanz (Schritt 1)

Das Thema Arbeitgebermarkenpositionierung berührte mehr oder weniger alle Bereiche des Recruitingprozesses. Mit der Vakanz blicken wir nun auf den ersten Schritt des Recruitingprozesses: Schritt 1.

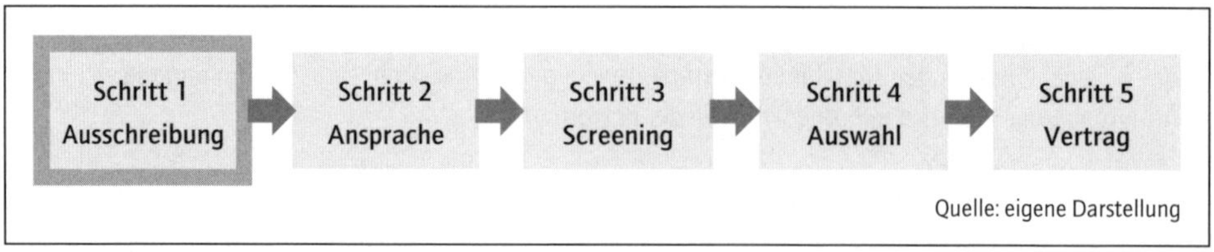

Abbildung 28: Der Recruitingprozess – Schritt 1

Nachdem die strategische Planung und die operative Umsetzung der Arbeitgebermarke durchgeführt wurden und die kreative Umsetzung der Arbeitgebermarke in Form des HR-Marketings (Kapitel 3.5 HR-Marketing) geplant werden kann, beginnen die weiteren Konkretisierungen in Bezug auf die Vakanz.

Die Vakanz, ungeachtet ihrer Entstehung und ihres Planungshorizontes, stellt die zentrale Einheit des operativen Recruitings dar. Sie gilt es, unter Berücksichtigung vielfältiger Aspekte zu besetzten. Um jedoch die abstrakte Gemengelage aus der Bedarfsplanung (Kapitel 3.2.1.) in operativ handlungsbezogene Instrumente umzusetzen, müssen weitere qualitative Schritte unternommen werden. Hierfür schlagen wir einen zweiteiligen Prozess vor:

Im ersten Schritt werden die aus der Personalbedarfsplanung erarbeiteten Stellenbeschreibungen oder Stellenbündel herangezogen und diese Inhalte in ein konkretes Anforderungsprofil operationalisiert. Die anschließende (arbeits-) marktgerechte Verarbeitung des erstellten Anforderungsprofils mündet in der Stellenausschreibung. Die Art und Weise, wie die ausgearbeitete Stellenausschreibung am Bewerbermarkt platziert wird, beschreibt Kapitel 3.6. »Recruiting Tools« ausführlich.

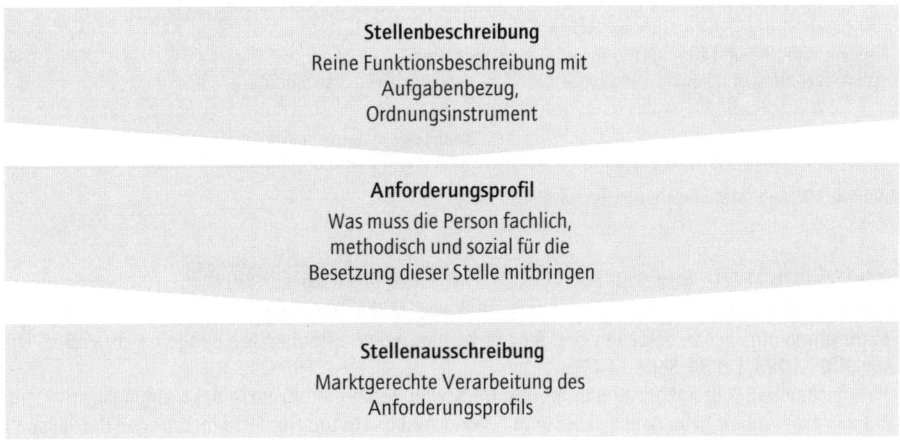

Quelle: eigene Darstellung

Abbildung 29: Von der Stellenbeschreibung zur Stellenausschreibung

Die Grundlage für die beiden letztgenannten Prozessschritte wird in der vorausgegangenen Personalplanung gelegt (Kapitel 3.2.). Wir greifen diese Planungsgrundlage hier auf und führen die beschriebene Bedarfsplanung fort. In dieser, fiktiv durchgeführten Personalbedarfsplanung wurde ein positiver Nettopersonalbedarf von 15 Stellen in »Stellebündel A« errechnet (vgl. Abbildung 23: Kalkulationsschema zur Personalbedarfsermittlung). Nehmen wir an, das Stellenbündel A enthält sogenannte indirekte Stellen, also Verwaltungsstellen. Wird dieses Bündel in konkrete Vakanzen verifiziert, unterstellen wir hier eine freie Stelle für einen oder eine Recruiter/in. Die in der Organisationsbeschreibung hinterlegte Stellenbeschreibung würde dann aussehen wie in Abbildung 30.

Da im Personalbeschaffungsprozess viele interne Parteien einbezogen werden müssen, wollen wir auch hier in einem kurzen Exkurs einen Verweis auf die Mitbestimmungsrechte bei der Erarbeitung von Stellenbeschreibungen geben.

Stellenbeschreibung

Stammdaten

Stellenbezeichnung: Recruiter	Tarif: AT
Department: Human Ressource	Vers. Nummer 02.01
Berichtslinie: Direktor Human Ressource	Org. Nummer 0.01.01

Ziele der Stelle

- Sicherstellung der anforderungsgerechten Personalbedarfsdeckung
- Entwicklung und Optimierung von internen Dienstleistungsprodukten
- Qualitätssicherung, Monitoring und Controlling

Aufgaben der Stelle

- Beratung von internen Kunden in allen relevanten Themen der Personalbeschaffung
- Planung, Gestaltung und Durchführung von Personalbeschaffungsaktivitäten
- Durchführung bzw. Veranlassung von administrativen Tätigkeiten
- Optimierung und Durchführung von Personalplanung
- Anwendung und Auswertung relevanter Personalcontrolling Instrumente

Quelle: eigene Darstellung in Anlehnung an: Rohrlack 2012, S. 27

Abbildung 30: Stellenbeschreibung »Recruiter«

Exkurs: Betriebsverfassungsgesetzt (BetrVG) bei Stellenbeschreibungen

Zitat eines Urteils des Bundesarbeitsgerichtes (BAG) zur Mitbestimmung bei Stellenbeschreibungen: »Mitbestimmungsrechte bestehen bei der Erarbeitung von Stellenbeschreibungen nicht.« (BAG-Urteil vom 31.01.1984, DB 84, Seite 1199).

Die Entscheidung fußt auf der Annahme, dass die Stellenbeschreibung ein reines Ordnungsinstrument ist und somit die Hoheit beim Arbeitgeber liegt. Dennoch ist es aus unserer Sicht ratsam, den Betriebsrat bei der Erarbeitung von Stelleanzeigen mit einzubeziehen, da darauf viele personalbezogenen Entscheidungen zurückgehen können.

3.4.1 Das Anforderungsprofil

Die vorangegangene Verifizierung des Stellenbündels und die Ausarbeitung einer spezifischen Stellenbeschreibung bilden den inhaltlich konzeptionellen Unterbau für die Erstellung des konkreten Anforderungsprofils. Das Anforderungsprofil gliedert die Stellenbeschreibung und benennt erfolgskritische Fähigkeiten, Kenntnisse und Anforderungen, die an den zukünftigen Stelleninhaber zu stellen sind. Die Stellenbeschreibung wird somit um die verhaltensorientierte personenbezogene Dimension erweitert.

Der konkrete Stellenbezug des Anforderungsprofils dient als Ausgangspunkt für die Planungen nachgelagerter Recruitingaktivitäten. Das ausgearbeitete Profil gibt die inhaltliche Richtung der Suche vor und hat zudem einen großen Einfluss auf die folgenden Prozessschritte. Diese beginnen mit der Bewertung der eingehenden Bewerbungsunterlagen und Profile und führen zur Vorbereitung von Interviews bis hin zur Gestaltung von Assessment Centern oder anderen Testungen. Daher ist es unumgänglich, eingehend und methodisch die Analyse und Ausarbeitung des Anforderungsprofils durchzuführen. Qualitative Fehler zu Beginn des Auswahlprozesses ziehen sich bis zur finalen Entscheidung und können in der falschen Besetzung der Vakanz enden.

Die Erstellung eines Anforderungsprofiles wird mittels der Verwendung unterschiedlicher Kriterien vorgenommen und dann stellenbezogen ausgearbeitet. Für diese Ausarbeitung existieren verschiedene Methoden, die zum großen Teil einen wissenschaftlich theoretischen Ansatz verfolgen und mit entsprechenden Verfahren und Anwendungen belegt sind. Daher haben wir aus der Vielzahl existierender Methoden eine herausgegriffen, die eine hohe Praktikabilität aufweist: den sogenannten Anforderungs-Ermittlungs-Dialog (AED) (Jetter 2008, S. 125 ff). Diese Methodik ist eine pragmatische verhaltensorientierte Herangehensweise und zeichnet sich durch intensiven Dialog zwischen Recruiter, bzw. rekrutierenden Personen und den jeweiligen Fachabteilungen, Meistern oder Vorgesetzten aus.

Für die Durchführung des Anforderungs-Ermittlungs-Dialogs empfiehlt es sich von Beginn an, in Rubriken zu arbeiten und diese Schritt für Schritt systematisch abzuarbeiten. Hierfür eignet sich eine Einteilung in (1) personenbezogene Anforderungen, dem sogenannten #Personal-Fit und (2) organisationsbezogene Anforderungen dem sogenannten #Cultural-Fit.

(1) #Personal-Fit, auch Hard-Skills genannt
Der #Personal-Fit vereint alle formalen Kriterien, die an den zukünftigen Stelleninhaber gestellt werden sollen. Vor allem werden hier Daten zur notwendigen Qualifikation, Ausbildung und Weiterbildungen benannt. Auch nachweisbare Berufserfahrung, Sprachkenntnisse und Auslandsaufenthalte werden dieser Rubrik zugeordnet.

(2) #Cultural-Fit, auch Soft-Skills oder Person-Organization-Fit genannt
Die Anforderungen des #Cultural-Fit lassen sich in persönliche Faktoren und persönliche Einstellungen untergliedern. Dabei werden Kernkompetenzen, Fähigkeiten, Fertigkeiten und Wissen den persönlichen Faktoren zugeschrieben und den persönlichen Einstellungen Anforderungen wie Werte, Ethik und Normen.

Für die weitere Ausarbeitung kommen die vier Prozessschritte des Anforderungs-Ermittlungs-Dialogs (AED) zum Einsatz, die die konkreten stellenbezogenen Anforderungen herausarbeiten.

Im ersten Schritt werden für die jeweiligen Anforderungsrubriken die erfolgskritischen tätigkeitsbezogenen Situationen erfragt und identifiziert. Durch einen intensiven Dialog mit zukünftigen Fachvorgesetzten, Vorarbeitern und Kollegen werden tatsächlich existente Situationen erhoben, kumuliert und in einer Stichwortliste zusammengeführt. Für die Tätigkeit

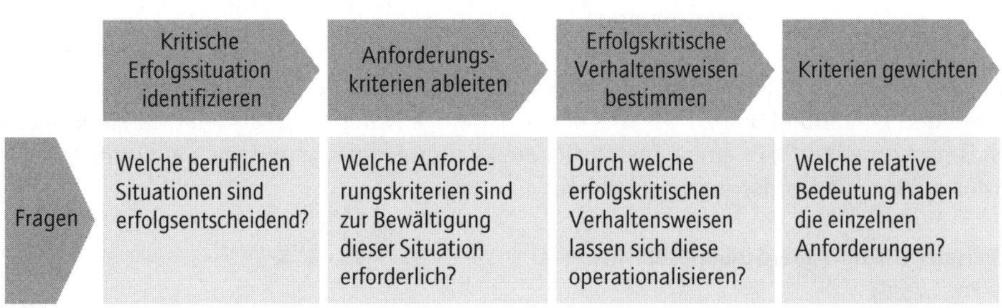

Quelle: eigene Darstellung in Anlehnung an Jetter (2008, S. 125).

Abbildung 31: Prozess Anforderungs-Ermittlungs-Dialog

eines Recruiters könnte hier beispielsweise »Kandidat kann den Arbeitgeber gut vorstellen und repräsentieren« als eine der erfolgskritischen Situation benannt werden.

Im zweiten Schritt werden die erfragten und als erfolgskritisch eingestuften Situationen konkretisiert. Hierzu werden zu jeder einzelnen Situation stellenbezogene Anforderungskriterien erarbeitet. Wolfgang Jetter (2008, S. 112) definiert stellenbezogene Anforderungen wie folgt: »Die Anforderungen einer Stelle definieren jene spezifische Eigenschaften, Kenntnisse, Fähigkeiten, Fertigkeiten und Verhaltensweisen, die ein Stelleninhaber aufweisen muss, um diese Stelle erfolgreich zu bewältigen.« Demnach ist es unerlässlich, ausführlich und detailliert die Kriterien zusammenzutragen und zu analysieren. Hierfür können entsprechende Fachpublikationen herangezogen werden, die umfangreiche Kriteriensammlungen vorhalten und sich hervorragend eignen, diesen Schritt zu unterstützen. Die Ergebnisse dieser methodischen Ausarbeitungen werden in einem vorläufigen Anforderungsprofil zusammengefasst. Für die erfolgskritische Tätigkeit »Arbeitgeber repräsentieren« ließen sich die Kriterien »Überzeugungskraft« und »Kommunikationsfähigkeit« ableiten.

Der Detailgrad im folgenden Schritt verdeutlicht die gewonnen Anforderungen exakter, da zu den jeweiligen Anforderungskriterien nun tatsächliche erfolgreiche Verhaltensweisen gesucht und benannt werden. Auch hier lassen sich in den publizierten Sammlungen passende Beispiele finden, die mitunter kleineren Anpassungen bedürfen. Es empfiehlt sich, nicht mehr als 2–3 Verhaltensweisen pro Kriterium zu definieren. Dies hat vor allem Gründe der Übersichtlichkeit. Im Hinblick auf die bevorstehende Suche sollte das finale Profil auch eine realistische und erfolgsversprechende Suche ermöglichen. Sind zu viel und zu detaillierte Verhaltensweisen erarbeitet, lässt sich ziemlich sicher kein geeigneter Kandidat finden. Daher gilt auch hier der bekannte Leitsatz »So viel wie nötig, so wenig wie möglich«. Je qualitativ hochwertiger die Kriterien sind, desto höher ist die folgende Prozessqualität. Unserem Beispiel folgend können dem Kriterium »Überzeugungskraft« die Verhaltensweisen »Argumentiert sachlich und schlüssig« und »Kann seine Begeisterung zeigen« zugeschrieben werden und dem Kriterium »Kommunikationsfähigkeit« die Verhaltensweisen »Kann sich der Situation entsprechend ausdrücken« und »beherrscht rhetorische Überleitungen«.

Im vierten und letzten Schritt des Anforderungs-Ermittlungs-Dialogs (AED) werden die zuvor ausgearbeiteten Verhaltensweisen gewichtet. Für die Gewichtung können unterschiedliche Skalierungen verwendet werden. Wir schlagen eine Skalierung von 4 oder 5 Auswahlmöglichkeiten von »hat eine Bedeutung« über »sehr hohe Bedeutung« bis hin zu »absolut unverzichtbar« vor. Anhand dieser Auswahlmöglichkeiten werden alle zuvor formulierten Verhaltensweisen bewertet. Damit werden zwei Intentionen verfolgt: Zum einem werden durch die vorgenommene Gewichtung die Anforderungen als Grundlage für die Suche klar definiert und zum anderen können hier auch nochmals Verhaltensweisen, die bei der Bewertung als nicht relevant erkannt wurden, aussortiert werden.

Zusammenfassend für die Stelle »Recruiter« würde dies das weiter unten beschriebene Anforderungsprofil ergeben. Um ein weiterhin praktikables Beispiel im Rahmen des Buches verwenden zu können, haben wir uns hier auf wenige Kriterien beschränkt. In einer operativen Umsetzung würde es einen ausführlicheren Kriterienkatalog und auch ein umfangreicher ausformuliertes Anforderungsprofil geben.

Beispiel: Auszug Anforderungsprofil: Recruiter

#Personal-Fit

- Studium Wirtschaftswissenschaften mit Vertiefung Personalmanagement
- Jahre Berufserfahrung im Bereich des operativen Recruiting

#Cultural-Fit
Überzeugungskraft
- Argumentiert sachlich und schlüssig
- Kann seine Begeisterung zeigen

Kommunikationsfähigkeit
- Kann sich der Situation entsprechend ausdrücken
- beherrscht rhetorische Überleitungen

Damit die erarbeiteten Anforderungen im weiteren operativen Prozessverlauf Anwendung finden können, empfehlen wir, die Ergebnisse des AED direkt in ein Diagrammschaubild zu übertragen. Dies hat vor allem den Vorteil, dass auf einen Blick ersichtlich ist, welches Profil gesucht wird. Zudem wird das Soll-Profil übersichtlich dargestellt. Des Weiteren lassen sich in dieses Diagramm die weiter folgenden Bewertungen in Form von Auswertungen der Unterlagen, Notizen aus Interviews und Testungen eintragen und ermöglichen es, das tatsächliche Profil des Bewerbers mit dem vorab definierten Soll-Profil zu vergleichen.

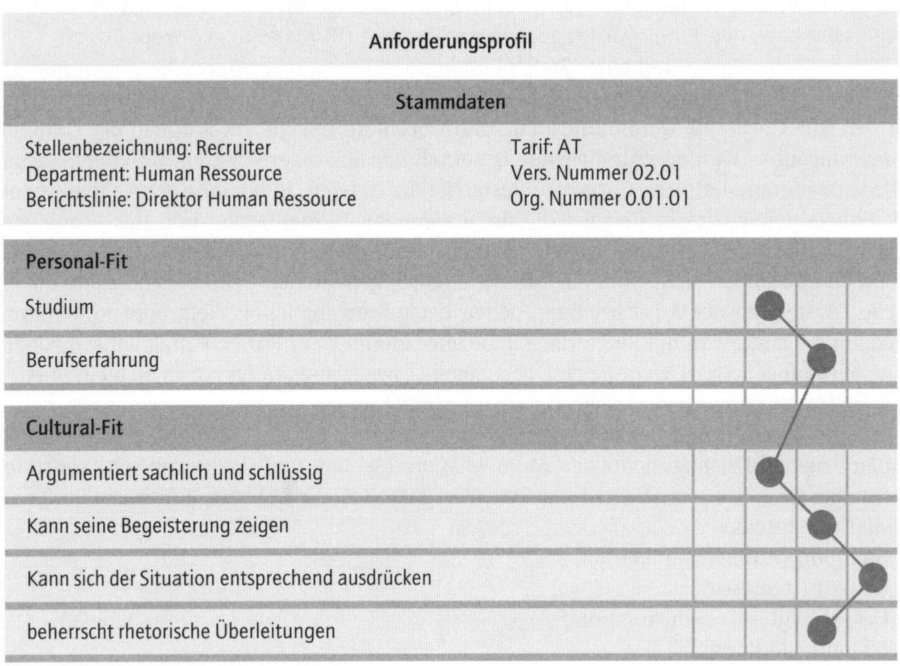

Quelle: eigene Darstellung

Abbildung 32: Anforderungsprofil »Recruiter«

3.4.2 Die Stellenausschreibung

Eine Stellenausschreibung stellt oftmals den ersten konstruktiven Kontaktpunkt (Touchpoint) zwischen Interessenten auf dem Bewerbermarkt und einem Unternehmen dar. Sie schlägt eine direkte Brücke von der Vakanz hin zum Leser. Daher geben die Art und Weise der grafischen Darstellung sowie der textlichen Ausgestaltungen und die Tonalität den initiativen Ausschlag, ob eine Stellenbeschreibung gelesen und wie sie interpretiert wird. Ihre Aufgabe ist es in erster Linie, den Leser über das Unternehmen und die angebotene Vakanz zu informieren und zielgerichtete geeignete Kandidaten anzusprechen und zur Bewerbung anzuregen. Man könnte sogar erweitern: ... und unpassende Kandidaten davon abzuhalten. Die Effektivität einer Stellenbeschreibung zeigt sich dann in der Qualität der eingehenden Bewerbungen. Dagegen ist der quantitative Aspekt keine Kenngröße, die Verwendung finden sollte.

Den Königsweg, sozusagen die goldene Regel für Stellenausschreibungen, gibt es nicht, aber es lassen sich einige aus der Praxis bekannte und bewährte Standards benennen. Es gibt verschiedene Arten und Einsatzgebiete von Stellenanzeigen, die je nach Verwendung einer spezifischen visuellen und funktionalen Ausgestaltung bedürfen. Wir wollen dementsprechend keine fertig ausformulierten Stellenanzeigen vorstellen. Wir wollen ein Grundverständnis und die grundlegenden Schemata und Funktionen einer Stellenausschreibung aufzeigen und für spezifische Kanäle ausarbeiten. Eine Stellenanzeige vereint zusammengefasst Recruiting-Know-how, den Employer Brand und das kreative HR-Marketingkonzept.

Die grafische Gestaltung einer Stellenbeschreibung wird in größeren Betrieben maßgeblich durch die sogenannte Corporate Identity (CI) beeinflusst. Die CI vereint unter anderem die Bereiche Corporate Communications und Corporate Design. Im Rahmen der Corporate Communications werden grundlegende Unternehmenstexte bereitgestellt und deren spezifische Verwendung definiert. Corporate Design ist der Bereich, in dem die grafischen Kommunikationsmittel, wie zum Beispiel die dominierenden Firmenfarben und das Firmenlogo, bestimmt und zur Verfügung gestellt werden. Beide Bereiche strahlen auf den Employer Brand ab und finden sich somit auch in Stellenanzeigen wieder. Grundlegend sollte die grafische Darstellung der Ausschreibung neben der unumgänglichen Zielgruppenorientierung auch auf die ausgewählten Recruitingkanäle abgestimmt sein. Für eine pragmatisch konzeptionelle Herangehensweise ohne eine bestehende Corporate Identity eignet sich ein praxiserprobtes Modell: das AIDA-Modell. Das ADIA-Modell wurde 1898 von Lewis entwickelt und ist eins der ältesten und bekanntesten Stufenmodelle für die Gestaltung von Werbemitteln. Mittlerweile wird es angesichts des Wandels in der Medien- und Werbewelt stark diskutiert, findet aber nach wie vor Anwendung. Das Wort AIDA soll die unterschiedlichen 4 Stufen des Modells beschreiben:

- Attention (Aufmerksamkeit),
- Interest (Interesse),
- Desire (Wunsch, Bedürfnis) und
- Action (Handlung).

Dabei steht Attention für die Auffälligkeit und die Originalität, mit der sich in unserem Fall die Stellenausschreibung gegenüber anderen absetzen muss. Dadurch soll das Interesse (Interest) beim Leser der Ausschreibung geweckt werden und weiterführend der Wunsch bzw. das Bedürfnis (Desire) mehr zu erfahren, um dann schlussendlich eine Reaktion (Action), die tatsächliche Bewerbung hervorzurufen (Dannenberg/Wildschütz/Merkel 2002, S. 10 nach Mayer 1990, S. 57).

Eine Stellenausschreibung besteht neben einem ansprechenden Grafikkonzept aus einer Fülle unterschiedlicher Textbausteine, die dem Leser unterschiedliche Informationen liefern und auch weiterführendes Interesse auslösen sollen. Der gesamte Text einer Stellenanzeige lässt sich in sechs verschiedene, aber aufeinander abgestimmte Textblöcke differenzieren:

- Imagetext/Arbeitgebervorstellung,
- Titel der Stelle,
- Aufgaben,
- Anforderungen,
- Angebot,
- Weitere Informationen.

Diese Textbausteine haben sich bei den meisten Verwendungsformen von Stellenausschreibungen eingebürgert. Bei allen stilistischen Fragen muss immer daran gedacht werden, die Zielrichtung der Ansprache ist immer der Interessent und der Kandidat und nicht der Fachbereich, der Vorarbeiter oder der Recruiter. Daher sind, unabhängig vom Textblock, unternehmensinterne Bezeichnungen, Formulierungen und Abkürzungen generell zu vermeiden. Für die einzelnen genannten Textbausteine können wie nachfolgend dargestellt weitergehende spezifische Standards formuliert werden.

3.4.2.1 Imagetext/Arbeitgebervorstellung

Die Vorstellung des Arbeitgebers ist in aller Regel der erste Bestandteil einer Stellenausschreibung. Hier stellt sich der potenzielle Arbeitgeber vor und soll Interesse am Unternehmen und einer möglichen Tätigkeit wecken. Vor allem sollten nach Kurt Stimmen (2012, S. 50) zu Beginn des Textes die Fragen nach der Branchenzugehörigkeit, den Produkten und den Kernkompetenzen beantwortet werden. Die anschließenden Fragestellungen sollen sehr spezifisch das Unternehmen als interessanten Arbeitgeber herausstellen: Was zeichnet es aus und warum ist es besonders, hier zu arbeiten? Wieso ist das Unternehmen ein attraktiver Arbeitgeber? (ebd.). Dieser Textteil zahlt unmittelbar auf den Employer Brand ein und muss das Arbeitgeberversprechen und auch die Employer Value Propostion klar herausstellen. Hier beginnt oft der Entscheidungsprozess eines Lesenden. Leider ist dieser Teil einer Stellenausschreibung der, der in der Gesamtschau aller Stellenausschreibungen auf dem Markt unternehmensübergreifend austauschbar ist. Wird hier ein Text formuliert der den Interessenten nicht anspricht und nicht zum Weiterlesen anregt, rückt das Unternehmen schon an diesem Punkt wieder aus dem jeweiligen Relevant-Set des Interessenten heraus und hat in aller Regel die Chance verpasst, der Employer of Choice, der Wunscharbeitergeber zu werden.

3.4.2.2 Titel der Stelle

Der Titel einer Stelleausschreibung ist einer der ersten neuralgischen Punkte. Dies hat unterschiedliche Gründe: Zum einen funktionieren die meisten Stellensuchmaschinen hauptsächlich titelbezogen, und zum anderen ist der Stellentitel der erste Text, den der Lesende bewusst wahrnimmt. Damit ist er der Ausgangspunkt für eine intensivere Auseinandersetzung mit dieser Ausschreibung. Beide dieser genannten Gründe bedürfen einer sorgfältigen Abwägung und einer durchdachten Vorgehensweise. Auswertungen verschiedener Onlinemedien legen offen, das es eine Diskrepanz gibt zwischen den Titeln, den die Unternehmen ihren Stellen geben, und den Suchbegriffen, die von Jobsuchenden in Onlinesuchmaschinen eingeben werden. Daraus ist zu schließen, dass die meisten Unternehmen nicht am Bewerbermarkt gängige Titel verwenden. Oftmals sind die verwendeten Stellentitel unternehmensintern und weisen keinerlei Bezüge auf tatsächlich am Markt existente Qualifikationen und Berufsprofile auf. Unser Tipp ist deshalb, die Perspektive zu wechseln und auf Jobplattformen und Suchmaschinen den gewählten Stellentitel zu suchen und zu überprüfen, ob die erwarteten Stellenausschreibungen zu finden sind. Ebenso raten wir, die Stellentitel nicht zu kryptisch, zu verschlüsselt zu formulierenoder mit unnötigen Anglizismen zu versehen. Diese Stellen werden in den meisten Fällen nicht ausgewählt, geschweige denn gefunden. Stattdessen ist es ratsam, die Stelle mit branchenüblicher Tonalität zu formulieren und keinerlei interne Kürzel oder Managementfloskeln in die Stellentitel zu schreiben. Der interessierte Leser muss in der Lage sein, den Stellentitel auf Anhieb zu erfassen.

3.4.2.3 Aufgaben

An dieser Stelle wird es nun konkret und die zu erfüllenden Aufgaben werden benannt. Ausgangspunkt sind die im Anforderungsprofil formulierten Kriterien. Für die schriftliche Ausarbeitung werden allgemein zwei unterschiedliche Stile gepflegt: Der erste Stilvariante beschreibt die Aufgaben in Form eine Fließtextes. Als Vorteil wird hier gesehen, dass im Rahmen von Fließtexten mehr Emotionalität und auch mehr Information transportiert werden können. Zudem besteht die Möglichkeit, die Lesenden direkt anzusprechen und in den Text »hinein zu ziehen« (Wolf 2013, S. 23 ff). Dagegen steht die Aufzählung als zweite Variante. Diese, am häufigsten verwendete Form, führt die einzelnen Aufgaben nacheinander auf und verwendet dabei keine Füllwörter oder Überleitungen. Bei beiden Varianten gilt, die Anforderungen aus dem Anforderungsprofil müssen so konkret wie möglich operationalisiert werden. Es sind, wie beim Stellentitel, Verklausulierungen, kryptische Beschreibungen, vage Aussagen zu vermeiden und die Aufgaben klar und verständlich darzustellen. Der Interessent muss erkennen können, ob die Aufgabeninhalte seinem Profil und Interessen entsprechen. Welche Stilvariante dazu verwendet wird, kommt neben dem CI auch auf Zielgruppe und Branche an. Ebenfalls spiegelt die Anrede »Sie« oder »Du« die Firmenkultur und auch die Zielgruppe wider. In der Regel werden zwischen 4–6 Aufgabenbereiche in Stellenanforderungen benannt und sind unserer Meinung nach auch ausreichend.

3.4.2.4 Anforderungen

Die Anforderungen, die an den zukünftigen Stelleninhaber gestellt werden, lassen sich ebenfalls dem Anforderungsprofil entnehmen. Analog zu dem Text der Aufgaben gilt es auch hier, die gewünschten Anforderungen konkret und verständlich zu benennen. Ist der Leser an diesem Punkt in der Stellenausschreibung anbekommen, prüft er, ob er die nötige Ausbildung, Berufserfahrung und Zusatzqualifikationen mitbringt. Aus Unternehmenssicht ist es daher wichtig, klar und deutlich die Wünsche auszuschreiben. An dieser Stelle schießen jedoch viele Unternehmen immer wieder über das Ziel hinaus und suchen Mitarbeiter, die es nicht geben kann. Ein im Vorfeld sorgfältig erarbeitetes Anforderungsprofil schafft hier Abhilfe. Die Art der Beschreibung, in Fließtext oder Aufzählung, gibt der vorangegangene Textblock vor. Ein Stilbruch empfiehlt sich nicht.

3.4.2.5 Angebot

Nachdem die Aufgaben und Anforderungen dargestellt sind und der Interessent sich im Aufgaben- und Anforderungsprofil wiedererkennt, interessiert er sich für das genaue Angebot, dass ihm das Unternehmen unterbreiten möchte. Hierbei ist zu beachten, dass es nicht förderlich ist, branchenübliche Benefits, wie z. B. ein Fahrzeug für einen Außendienstmitarbeiter zu nennen. Diese sogenannten Hygienefaktoren sind Dinge, die für entsprechende Stellen erwartet werden und bei Nennung eher negativ interpretiert werden könnten. Es empfiehlt sich, in diesem Textblock das Arbeitgeberversprechen zu konkretisieren und mit erkennbaren Maßnahmen zu belegen. Verspricht ein Unternehmen ein »familienfreundliches Klima«, so könnten Angebote wie »Tageshort im Firmengebäude« genannt werden. Zu utopisch wirkende Angebote schrecken eher ab.

Den Abschluss einer Stellenausschreibung bilden in der Regel weiterführende Informationen zum Bewerbungsverfahren, zur gewünschten Art und Weise der Bewerbung und auch die Ansprechpartner werden benannt. In diesem Abschnitt werden eher formale Aspekte der Bewerbung angeführt und zum Ausdruck gebracht, dass sich das Unternehmen auf die Bewerbung freut.

Exkurs: Das Allgemeine Gleichbehandlungsgesetz (AGG)

Zur Umsetzung der europäischen Richtlinien zur Verwirklichung des Grundsatzes der Gleichbehandlung trat in Deutschland zum 18.8.2006 das Allgemeine Gleichbehandlungsgesetz (AGG), welches unmittelbare Auswirkungen auf die Personalpraxis hat, in Kraft. Das Ziel des AGG ist nach § 1 « … Benachteiligungen aus Gründen der Rasse oder wegen der ethnischen Herkunft, des Geschlechts, der Religion oder Weltanschauung, einer Behinderung, des Alters oder der sexuellen Identität zu verhindern oder zu beseitigen«. Bei Verstößen drohen bereits gegenüber Bewerbern Entschädigungs- und Schadensersatzansprüche. Daher ist im gesamten Bewerbungsverfahren darauf zu achten, dass jedwede ungerechtfertigte Benachteiligung wegen der in § 1 AGG genannten Gründen unterbleibt und bereits keine Indizien durch den Arbeitgeber gesetzt werden, welche eine entsprechende Benachteiligung vermuten lassen. Aus diesem Grund empfehlen wir, alle Verfahren sauber und lückenlos zu dokumentieren um möglichen Anfragen und Klagen entgegentreten zu können. Bereits die Stellenausschreibung ist zur Vermeidung von ungerechtfertigten Benachteiligungen beziehungsweise entsprechender Indizien sehr sorgfältig zu formulieren. Aus dem Text der Stellenausschreibung dürfen keine ungerechtfertigten Benachteiligungen hervorgehen, d. h. alle Stellen müssen beispielsweise geschlechtsneutral ausgeschrieben werden und Hinweise auf Alter oder auch der Nationalität sind regelmäßig zu unterlassen. Natürlich lässt das Gesetz auch einige Ausnahmen zu. Insoweit verweisen wir auf weiterführende Fachpublikationen (z. B. Küttner, Personalbuch 2014, 14. Auflage, Diskriminierung).

Die aus der Eye-Tracking-Studie der Firma Jobware gewonnenen und in der Abbildung zusammengefassten Ergebnisse spiegeln die vorangegangenen Inhalte wider: Die Bilderwelt steht am Kopf der Anzeige. Hierbei ist zu beachten, dass nicht zu viel Information enthalten ist und eher emotionale Inhalte transportiert werden. Der Text, der das Unternehmen vorstellt, folgt der Bilderwelt. Der Stellentitel wird prominent im oberen Drittel der Stellenausschreibung platziert und wird in aller Regel durch Fettdruck oder durch eine unterschiedliche Farbwahl hervorgehoben. Das Firmenlogo kann rechts oder auch links platziert werden, sollte sich aber in den Blöcken der Bilderwelt oder der Arbeitgeberdarstellung wiederfinden. Die Gegenüberstellung der Aufgaben und Anforderungen trägt verschiedenen Erkenntnissen Rechnung: Den Lesern wird dadurch ermöglicht, die Inhalte schneller zu erfassen und ggf. auch diese quer zu lesen. Zudem können Aufgaben und Anforderungen direkt miteinander verglichen werden und schlussendlich erhöht sich die Verweildauer auf der Anzeige dadurch deutlich. Laut der Studie sollen die einzelnen Gliederungspunkte nach der Wichtigkeit abneh-

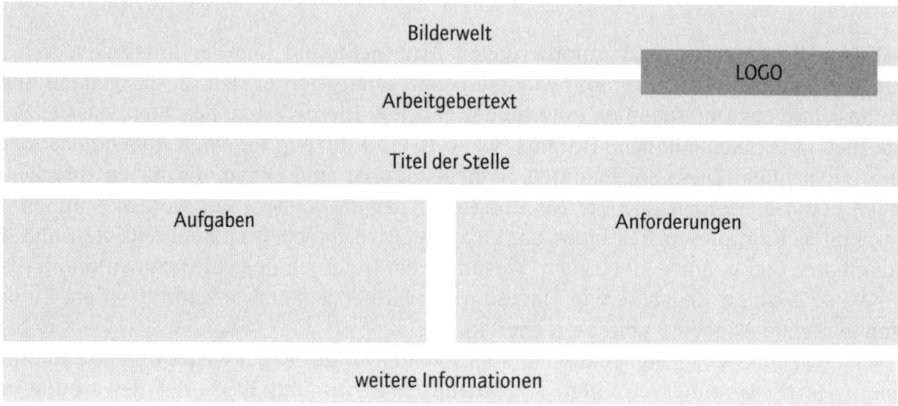

Quelle: eigene Darstellung in Anlehnung an Jobware Online-Service 2013

Abbildung 33: Idealtypische Stellenausschreibung

mend und in Form einer Aufzählung dargestellt werden. Die erhobenen Ergebnisse zeigen, dass nach dem dritten Punkt der Aufzählung die Konzentration und auch das Interesse abnehmen und die folgenden Punkte nur überflogen werden. Der abschließende Textblock einer Stellenausschreibung enthält die weiteren Informationen. Auch hier sind die wichtigsten Informationen an erster Stelle zu nennen (vgl. Eye-Tracking-Studie Jobware Online-Service 2013).

Exkurs: Eye-Tracking

»Unter Eye-Tracking wird ein Verfahren verstanden, bei dem der Blickverlauf einer Person beim Betrachten eines Bildes oder Textes registriert und festgehalten wird. Das heißt, die Bewegungen des Auges über die Fläche werden ebenso festgehalten, wie die Verweildauer an bestimmten Punkten. Somit kann festgestellt werden, ob beispielsweise Anzeigen von den Lesern betrachtet und wahrgenommen werden« (Nufer/Ambacher 2012, S. 8).

Die vorangegangenen Inhalte bilden eine solide Basis für die Erarbeitung einer Stellenausschreibung. Jedoch müssen ebenfalls die unterschiedlichen Kanäle und Einsatzgebiete der Stellausschreibung berücksichtigt werden. Den Ausschlag für die Wahl eines Kanals geben immer die Zielgruppe und deren Mediennutzungsverhalten. In Zielgruppenstudien lassen sich Hinweise finden, in welchen Medien die anvisierte Zielgruppe nach Stellen sucht (vgl. Kapitel 2.3.2 Zielgruppenbestimmung). Je nach Suchaktivtät der Gruppe müssen ggf. auch mehre Kanäle zu einem Portfoliomix zusammengefasst werden.

Bei der Erstellung einer Stellenausschreibung muss zwischen verschiedenen Kanälen unterschieden werden:

3.4.2.6 Print-Stellenausschreibungen

Stellenausschreibungen in Printmedien gehören zu den Klassikern im Recruiting. Grundsätzlich gilt es bei diesem Mediums herauszufinden, welche Formate von der Zielgruppe gelesen werden, denn die Streuverluste bei dieser Art der Ausschreibung sind sehr hoch. Bei der Wahl des Mediums spielen neben der Zielgruppe auch die Größe der Auflage sowie das Verbreitungsgebiet eine wichtige Rolle. Die Gestaltung der Stellenausschreibung entspricht dem vorangegangen Schema. Je nach Printmedium und Vakanz wird die Anzeige mit oder ohne Bild, schwarz-weiß oder farbig gedruckt. Die Abrechnung erfolgt anhand von Millimeterpreisen. Je größer die Anzeige, desto teurer. Darum ist zu überlegen, ob die Texte, vor allem die der Rubriken »Aufgaben« und »Anforderungen« auf jeweils 2–3 Punkte reduziert werden. Grafikagenturen, die sich auf Recruiting-Dienstleistungen spezialisiert haben, haben oft Sonderkonditionen mit Printanbietern und bieten in diesem Zusammenhang auch die Ausarbeitung von Stellenausschreibungen an. Eine weitere Möglichkeit, Texte und Inhalte zu reduzieren, ist die Verbindung der »Offline-Welt« mit der »Online-Welt«, sprich mit der Karriereseite des Unternehmens. Durch die Angabe der Webadresse der Homepage können Interessierte dort weitere Informationen erhalten. Bei bestimmten Zielgruppen hat sich der QR-Code eingebürgert. Eine Variante, die beide Welten auf einfache Weise verbindet. Aufgrund von unterschiedlichen Marktströmen sind in Printmedien publizierte Stellen deutlich rückläufig. Auch die Verlage und Zeitungen haben diesen Trend erkannt und bieten unterschiedliche Pakete an, bei denen Printausschreibungen mit Online-Stellenbörsen verknüpft werden.

Exkurs: QR-Code

QR-Codes sind zweidimensionale Barcodes, die von vielen Mobiltelefonen und Smartphones gelesen werden können. Die Codes, die aus kleinen Quadraten mit schwarzen und weißen Mustern bestehen, werden in verschiedenen Formaten eingesetzt. Durch Scannen des Codes werden Informationen bereitgestellt. Dies können beispielsweise die Unternehmenshomepage, ein Unternehmensfilm oder weiterführende Informationen zur Stelle sein. QR-Codes können durch spezielle QR-Code Reader gelesen werden. Um einen QR-Code zu lesen, benötigt das Handy eine Kamera und einen QR-Code-Reader. Diese Reader gibt es kostenlos in den verschiedenen App-Stores zum Download. Sobald der Code gescannt wurde, werden die Informationen, die im Vorfeld hinterlegt wurden, angezeigt.

3.4.2.7 Online-Stellenausschreibungen

Online-Stellenausschreibungen können auf der eigenen Homepage und auf Online-Stellenplattformen veröffentlicht werden. Die Online-Veröffentlichung einer Stellenanzeige bringt eine Reihe von Funktionalitäten mit sich, die der Web 2.0-Logik folgen: So können beispielsweise weiterführende Links in die Ausschreibung integriert werden, die dann direkt zum Bewerbungsformular führen oder weitere Inhalte bereitstellen. Zudem lassen sich Funktionen, wie die sogenannten Share-Buttons einbauen, die das »Teilen« der Stellenanzeige in den sozialen Medien unterstützen. Die aktuellen Entwicklungen in diesem Bereich zeigen, dass Stellenanzeigen von manchen Unternehmen schon fast zu kleinen Mirco-Sites, also kleinen Webseiten mit einer Reihe an Funktionen und Verweisen, ausgebaut werden. Jedoch wird die Vielzahl von Online-Stellenanzeigen nach dem bekannten Aufbau einer Printausschreibung veröffentlicht, ohne dass die im Web 2.0 gebotenen Möglichkeiten berücksichtigt werden. Die fortschreitende Technisierung des privaten Lebens hat auch Einfluss auf Online-Stellenanzeigen. Immer mehr Menschen greifen von unterwegs auf das Internet zu und suchen also mobil nach Stellenausschreibungen. Hierfür hat sich der Modebegriff »MOPS« etabliert, hinter dem sich die »Mobil optimierte Stellenanzeige« verbirgt. Inhaltlich wird dabei der Thematik der ansteigenden Zugriffe von mobilen Endgeräten ins Internet Rechnung getragen. Stellenanzeigen werden durch diese Optimierung in einer anderen – mobil optimierten – Form dargestellt: Der Text wird, genau wie bei Webseiten, in einzelne Menüpunkte zerlegt und integriert, sodass eine übersichtliche und einfache »Ein-Daumen-Navigation« innerhalb der Stellenausschreibung möglich ist. Wird eine Stellenausschreibung mobil optimiert, sollte der anschließende Bewerbungsprozess und die eigene Homepage bzw. Karriereseite ebenfalls mobil optimiert sein. Findet der Bewerber einen Bruch im mobilen Prozess, so besteht die Gefahr, dass er abspringt und sich einer anderen Anzeige zuwendet (vgl. Mobile Recruiting Studie von der wollmichsau GmbH 2013). Negativ anzumerken ist, dass diese Optimierungsmaßnahmen der aktuellen Entwicklung von Endgeräten und Displaygrößen nicht hinterher kommt, sodass sich eine neue Technologie namens #Responsive Design verbreitet. Mithilfe dieser Technologie erkennt die Stellenanzeige, bzw. die Homepage den Gerätetyp und die Displaygröße und passt sich diesem individuell an. #Responsive Design hat sich noch nicht flächendeckend etabliert, befindet sich aber auf dem Vormarsch. Ob dies tatsächlich Zukunft hat, wird sich noch zeigen, da mit dem #responsiven Design auch viele Einschränkungen einhergehen. Für die Umstellung auf diese internetbasierenden Anwendungen empfiehlt es sich, die Unterstützung von Spezialisten einzuholen.

Exkurs: #Responsive Design

#Responsive Design ist ein Ansatz zur Erstellung und Darstellung von Webseiten für die Verwendung von flexiblen Layouts, flexible Bildern und Medienabfragen. Das Ziel des sogenannten ansprechenden Designs ist es, dass Web-Seiten die Bildschirmgröße des Besuchers erkennen und das Layout entsprechend ändern.

3.4.2.8 Weitere Tools bei Stellenausschreibungen

Vor allem Online-Stellenausschreibungen bieten eine Vielzahl weiterer Möglichkeiten. Es werden zunehmend Kurzfilme in das Layout der Ausschreibung integriert, die unterschiedliche inhaltliche Stoßrichtungen verfolgen: Auf der einen Seite werden Imagefilme, die vornehmlich das Unternehmen vorstellen und den Employer Brand in den Fokus rücken, verwendet und auf der anderen Seite Mitarbeiterfilme, bei denen der Arbeitsplatz oder das Team vorgestellt wird. Ganz innovativ mit diesem Medium gehen beispielsweise die Verkehrsbetriebe Zürich (VBZ) um, die Filme in ihre Stellenausschreibungen integrieren, bei denen sich zukünftige Vorgesetzte beim Interessenten bewerben. Ein weiterer Ansatz, der verfolgt wird, ist die Einbindung verschiedener Online-Testverfahren. Vor allem werden hier Selbstassessmentverfahren oder sogenannte »Realistic-Jobpreviews« verwendet, sodass Personen, die an der Vakanz interessiert sind, auch direkt selbst ihre Eignung überprüfen können. Diese Anwendungen haben einen sehr spielerischen Charakter, der der Generation Y entgegenkommen soll. Auch die Integration von Social-Mediaplattformen wie zum Beispiel die Videoplattform »#VINE« oder die Fotosharing-Community »Instagram« in Stellenausschreibungen ist möglich und signalisiert eine hohe Innovationsbereitschaft beim ausschreibenden Unternehmen.

Best Case: Die Voith #Vine Stellenausschreibung

Die Voith GmbH mit ihrem Hauptsitz in Heidenheim hat in ihre Stellenausschreibungen Filme der Plattform »#Vine« eingebunden und als erste die Verbindung zwischen einer reinen netzbasierten Social-Media-Technologie und einer Ausschreibung hergestellt. Die Videoplattform »#Vine« wurde vom Kurznachrichtendienst »Twitter« gekauft. #Vine ist die Abkürzung für Video Network. Wie Twitter hat auch #Vine eine Begrenzung. Nur liegt diese hier in der Zeit. Jedes Video auf #Vine hat eine Gesamtlänge von 6 Sekunden und wird immer wieder von vorne, also im Loop abgespielt. Aufgenommen werden diese Videos mit einem Smartphone. Es wurde für die Aufnahme die sogenannte Stopp-Motion-Technik integriert, was bedeutet, dass durch Tippen auf den Screen die Aufnahme beginnt und auch beendet wird. Weitere Details zu dieser Ausschreibung erfahren Sie in Kapitel 4.

Die Ausarbeitung von Stellenausschreibungen kann angesichts der gebotenen Vielfalt schon fast als Kunstform oder auch als kleine Wissenschaft bezeichnet werden. Ungeachtet dieser Vielfalt darf die Zielsetzung einer Stellenanzeige nicht aus den Augen verloren werden: Sie soll aktiv oder passiv Suchenden helfen, das Unternehmen und die angebotene Arbeitsaufgabe kennenzulernen und sie dazu bewegen, sich bei Eignung zu bewerben. Aus unserer Sicht wäre eine Stellenausschreibung am effektivsten, wenn sich nur ein passender Kandidat bewirbt, der alle gewünschten Hard- und Soft Skills mit sich bringt. Solch eine Trefferquote wird kaum realisierbar sein, dennoch können mit den vielen kleinen Stellhebeln Stellenanzeigen zu einer Top-Performance gebracht und somit auf ein hohes Niveau gehoben werden.

3.5 HR-Marketing (Schritt 2)

Mit dem nun nachfolgenden Thema befinden wir uns innerhalb unseres Recruitingprozesses in Schritt 2. Es geht rund um die Ansprache von potenziellen Bewerbern. Nutzen wir nochmals unsere bekannte Prozessabbildung (zwischen Erstkontakt und Bewerbung) aus Kapitel 3.3, so wird eine der Hauptaufgaben des HR-Marketings klar. Ziel ist es, dass der eigene Arbeitgeber in das Relevant-Set möglichst vieler passender Bewerber rückt. Das Wort »passender« sei hierbei doppelt unterstrichen, denn es geht nicht länger mehr um Quantität.

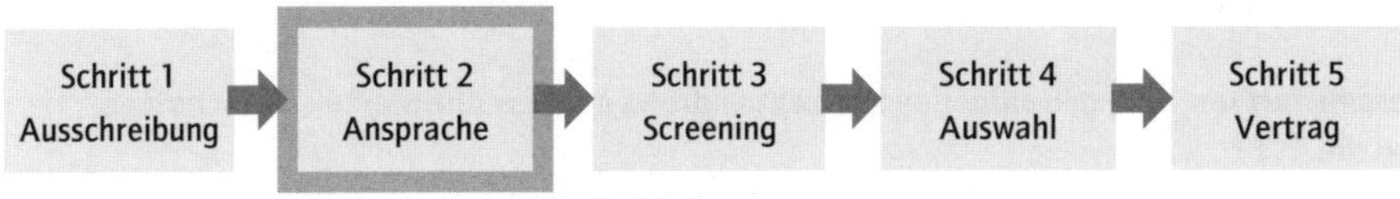

Quelle: eigene Darstellung

Abbildung 34: Der Recruitingprozess – Schritt 2

Die nachfolgende Betrachtung erfolgt mehr aus einer konzeptionellen Sicht, da das Thema Recruiting-Tools in Kapitel 3.6 ausführlich behandelt wird. Die Aufteilung der drei Bereiche Employer Branding, HR-Marketing und Recruiting wurde zu Beginn des Buches bereits ausführlich erörtert. Um nun aber nochmals genauer zu verstehen, was der Inhalt und die Aufgaben des Bereichs HR-Marketing sein können, sollen die nächsten Seiten konzeptionelle Ansätze und Beispiele aus der Praxis liefern. Behalten Sie bitte im Hinterkopf, dass wir einen aus unserer Sicht idealtypischen Ansatz und Aufbau skizzieren. In der Realität haben nur wenige Unternehmen auch die Ressourcen, um diesen so abzubilden. Nichtsdestotrotz halten wir es für wichtig, sich des Themas einmal etwas theoretischer zu nähern, bevor man blind aufgrund mangelnder Ressourcen irgendetwas implementiert.

Definition: HR-Marketing

»HR-Marketing umfasst die Erstellung zielgruppenspezifischer sowie unspezifischer Tools zur Ansprache der gewünschten Zielgruppen bzw. zur Erzielung des gewünschten Effektes auf Basis der aus dem Employer Branding erwachsenen Arbeitgebermarkenpositionierung bzw. den Kernbotschaften« (Ullah/Witt 2014, n.V.).

3.5.1 Das Grundsätzliche

HR-Marketing oder wie es in Deutschland häufig auch betitelt wird »Personalmarketing« bildet die Schnittstelle zwischen dem, was ein Unternehmen zu sagen hat, und dem wie verschiedene Zielgruppen Informationen aufnehmen. Viele Sprechen in diesem Zusammenhang von einem Kreativkonzept aufsetzend auf einem Employer-Branding-Prozess, welches die Botschaften an die Zielgruppe übermitteln soll. Ebenso wie bei der Erarbeitung der Employer Brand sollte eine Agentur zur Unterstützung herangezogen werden. Dabei sollte beachtet werden, dass viele dieser Agenturen sich als Employer-Brand-Agenturen bezeichnen, letztlich aber im Sinne dieses Buches HR-Marketing betreiben. Nur weil diese nicht konform mit unserer Definition der Begrifflichkeiten gehen, heißt das nicht, dass sie schlechte Konzepte und Ideen liefern. Worauf allerdings stets zu achten ist, ist die Anschlussfähigkeit an den Auftritt der Corporate Brand. Es ist daher ratsam, stets den Bereich Corporate Communications eng bei diesem Thema einzubinden. Bunte Bilder und flotte Sprüche allein werden Ihnen nicht unbedingt helfen, wenn es darum geht, verschiedene Zielgruppen anzusprechen. Stellen Sie sich folgende Fragen:

Ist das Konzept im Einklang mit dem Unternehmensauftritt (Corporate Brand)?
Es lassen sich etliche Synergieeffekte heben, wenn dies der Fall ist. Insbesondere bei B2B-Unternehmen (Business to Business) können die Bemühungen im Rahmen der Arbeitgebermarke sehr positive Auswirkungen auf die Corporate Brand haben, die in der Regel vermutlich eher unbekannt ist.

Übermittelt der Kerngedanke des Konzeptes die von Ihnen definierten Botschaften und die EVP?
Wie eben bereits erwähnt, flotte Sprüche nützen wenig, wenn sie lediglich eine Inkonsistenz in Ihrer Markenführung entlarven. Das Konzept muss auf Ihre Arbeitgeberpositionierung aufbauen.

Sind auch die Motiv- und Bildauswahlen konsistent und zweckdienlich?
Gern möchte man sich vom Markt abheben, aus der Masse hervorspringen. Am einfachsten geht dies mit unerwarteten oder gar absurden Bildmotiven. Aber Auffallen um jeden Preis muss nicht gut sein. Eine gern genutzte Ausrede für derlei Fauxpas ist der »Hauptsache die Bewerber reden über einen«-Trugschluss. Dies eventuell in der Welt der Kommunikation und des Personal Brandings richtig sein, aber für Arbeitgeber gilt dies nicht.

Ist das von der Agentur vorgeschlagene Konzept einzigartig?
Eine mehr als berechtigte Frage. Der Slogan mit dem beispielsweise die Firma Voith im Jahr 2013 geworben hat »Did you know …?«, wurde ebenfalls von anderen Firmen in der Produktwerbung und Arbeitgeberwerbung verwendet. Dies ist kein Einzelfall. Auch den Slogan »Kein Job wie jeder andere« konnte man schon bei mehreren Arbeitgebern lesen. Wenn Sie die Kampagne aber tatsächlich auf den Employer-Branding-Prozess fußen, ist es sehr wahrscheinlich, dass Ihre Kernbotschaften einzigartig werden. Dann sollten Sie lediglich noch den Rest – also das kreative Gesamtkonzept – googeln.

Lässt sich das Konzept auf die von Ihnen definierten Zielgruppen anwenden?
Der erste Ansatz wird sein, das Konzept so zu gestalten, dass man möglichst viele Zielgruppen erreicht. Da aber Unternehmen häufig vom Azubi bis zum berufserfahrenen Spezialisten alles suchen, kommt man als HR-Marketing-Verantwortlicher schnell in die Lage, zwischen

einem weich gespülten generischen Konzept, das auf alle passt, und einem spritzigen etwas spitzeren Konzept, welches meist nur eine oder zwei Zielgruppen anspricht, zu entscheiden. Es existieren Unternehmen, die beispielsweise die Zielgruppe Auszubildende als besonders wichtig erachten und eine Kampagne eigens für diese Zielgruppe entwickeln lassen. Bei anderen Unternehmen wiederum bleibt die Kampagne die gleiche, aber Schüler werden beispielsweise über Sportevents angesprochen und Professionals ggf. eher über Xing-Kampagnen. Die Kampagne an sich wird also nicht variiert, sondern die Tools, über die sie ausgespielt wird. Letzteres ist das günstigere Vorgehen und daher vermutlich häufiger zu beobachten.

Wie nachhaltig ist die Kampagne gestaltet?
Eine Frage, die eventuell etwas merkwürdig anmutet, aber durchaus berechtigt ist. Denn wenn wir mal ehrlich sind, dass Budget ist doch meist recht knapp bemessen. Bei dieser Frage geht es ins Detail. Konzepte sehen in einer Präsentation meist super aus, aber wenn Mitarbeiter in der Bildsprache involviert sind, muss man sich schon vorher über das Nachshooten Gedanken machen. Fluktuation gibt es in jedem Unternehmen. Bilder, die Mitarbeiter zeigen, müssen daher regelmäßig neu aufgenommen werden. Dies wiederum bedeutet, dass dafür Budget eingeplant werden muss. Ein weiterer Fallstrick ist die verwendete Schriftart. Lässt sich diese tatsächlich auf den meisten Jobbörsen darstellen, oder handelt es sich bei der Schriftart um eine Eigenkreation, die sonst keiner hat? Diese Detailfragen sollte man sich vorher stellen und sie bilden keine No Goes ab. Es ist einfach eine Frage des »Wollen Sie sich das leisten?«.

Wie anpassungsfähig ist das Konzept?
Im Recruiting stellen wir immer wieder fest, dass diejenigen, die die Kampagne erdacht haben, unter keinen Umständen mal auf einer Messe gewesen sein können. Aus dem Kreativkonzept werden später sämtliche Materialien abgeleitet, die dann eben auch im Recruiting Anwendung finden wie z. B. die Stellenanzeigen oder auch die Messewand. Schauen Sie sich einmal auf einer Hochschulmesse um und zählen Sie die Stände, bei denen Texte unterhalb der Gürtellinie auf der Messewand zu finden sind. Derlei Beispiele gibt es viele. Die goldene Runkelrübe (www.diegoldenerunkelruebe.de) ehrt einmal im Jahr HR-Marketing- und Recruiting-Aktivitäten, bei denen offenkundig nicht nachgedacht wurde. Schauen Sie ruhig einmal bei den Gewinnern der beiden vergangenen Jahre vorbei.

Anpassungsfähigkeit bedeutet aber auch, geeignete Spielräume zuzulassen oder vom grundsätzlichen Design in Einzelfällen abzuweichen. Ein Klassiker für ein solches Szenario ist die Postkarte. Es gibt Unternehmen, die zwanghaft versuchen, das Kampagnenkonzept wie vorgesehen auf der Karte zu verwenden, andere hingegen machen es klug. Die Karte wird als Akzent passend gestaltet, aber nicht exakt im ursprünglichen Design. Ein sehr positives Beispiel hierfür ist die Kampagnenübersetzung der Deutschen Bahn auf Postkarten. Ihre Karten greifen sehr farbenfroh einzelne Elemente der Gesamtkampagne wieder auf, ohne dabei aber das tatsächliche Design eins zu eins umzusetzen.

Die Basis eines guten HR-Marketing-Konzeptes ist eine gute Personalplanung. Aus ihr geht letztlich hervor, welche Zielgruppen tatsächlich angesprochen werden sollen. Nichts ist schlimmer, als eine erstklassige Kampagne mit Hauptfokus Studenten auf die Beine zu stellen, um dann festzustellen, dass der Schuh eigentlich bei den berufserfahrenen Facharbeitern drückt. Für solche Fehler wird man recht zügig durch die Fachbereiche abgestraft. Auch dann, wenn der Vorstand die Hochschulkampagne ganz toll fand. Selbst wenn also die Zielgruppe bekannt ist, kann man mittels einer Zielgruppenanalyse diese viel besser kennenlernen. Ja, Sie müssen diese quasi aus dem Schlaf kennen.

3.5.2 Zielgruppenanalyse

Die Analyse der für das Unternehmen relevanten Zielgruppen ist also das A und O bei der Erstellung des Kampagnenkonzeptes. Wenn eine Agentur mit der Konzepterstellung beauftragt wurde und Sie in dem Prozess begleitet, muss diese bezüglich der gesuchten Zielgruppen tiefgründig eingeführt werden. Dem Thema Zielgruppen hatten wir uns bereits im Kapitel 3.2 angenommen, wobei es dort eher um eine interne Betrachtung ging, aus der wir dann eine Organisationsstruktur abgeleitet haben. Was wir nun benötigen, sind Insights aus den jeweiligen Zielgruppen. Es geht nicht länger darum, Strukturen zu erschaffen, sondern darum Menschen zu verstehen.

Viele Informationen über verschiedene Zielgruppen erhalten Sie aus den Studien von Marktforschungsinstituten wie trendence oder universum, die sich auf das Thema Arbeitgeberdarstellung spezialisiert haben. Die dort bereitgestellte Tiefe ist allerdings bei Weitem nicht ausreichend. Auch der Versuch über Generationsbeschreibungen Rückschlüsse auf die Kampagne zu ziehen, ist eher stümperhaft. Wir alle kennen die Schlagzeilenbegriffe: Baby Boomer, Generation X, Generation Y, Generation Z.

Baby Boomer:
Das ist die Raider-Generation, die nicht nur Fernsehen mit 3 Programmen schätzen konnte, sondern vieles noch auf der Schreibmaschine erstellt hat. Eine Zielgruppe, der man nachsagt, sie sei idealistisch, revolutionär und kollektiv.

Generation X:
Sie bekommen die Entstehung der E-Mail und des Internets mit. Können sich dank Kabelfernsehen schon zwischen etlichen Kanälen entscheiden. Es soll die Null-Bock-Generation sein, die eher pessimistisch dem Leben gegenüber tritt und individualistisch denkt.

Generation Y:
ICQ und MSN sind Schlagworte dieser Gruppe. Sie haben das Aufkommen des Web 2.0 erlebt und könnten in diesem Sinne auch die Sandwich-Generation genannt werden, die zwischen den Welten groß wurde. Nicht ganz analog, aber auch noch nicht ganz Social Media. Sie sollen pragmatisch und kooperativ sein und fangen an, in Netzwerken zu denken.

Generation Z:
Die erste Generation, die mit Eltern aufwächst, die bereits einen Facebook Account besitzen. Social Media ist selbstverständlich und Lebensinhalt.

Bei einer Zielgruppendefinition bohren wir aber viel tiefer. Diese pauschalisiert zusammengefasste Generationenbeschreibung mag für eine erste Richtungsangabe ausreichen, aber nicht, wenn Sie eine Kampagne auf eine Zielgruppe zuschneiden wollen. Am einfachsten lässt sich dies anhand eines Beispiels erläutern: Sie haben ein internationales Traineeprogramm, welches Sie jährlich mit neuen Kandidaten füllen. Bestandteil des Programms sind zwei Auslandsaufenthalte à 4–6 Monate. Neben Englisch ist eine dritte Sprache sehr wünschenswert. Mit einer Kampagne nun zu versuchen, die Grundgesamtheit aller Studenten anzusprechen, ist weder effizient noch im Sinne der Arbeitgebermarkenpositionierung zielführend. Die Zielgruppe muss also enger eingegrenzt werden und idealerweise findet man einen gemeinsamen Teiler, der allen Zielgruppenmitgliedern gemein ist. Letzteres ist insbesondere bei Traineeprogrammen nicht trivial. Oftmals werden die unterschiedlichsten Studiengänge in solchen Traineeprogrammen eingestellt. Natürlich, die Mitglieder der Zielgruppe sind alle Studenten. Diese Gemeinsamkeit werden wir aber wie eben ausgeführt nicht verwenden. Sie alle sollen mehrsprachig sein. Um dies zu gewährleisten und zeitgleich nicht nur Sprachwissenschaftler einzustellen, könnte man im ersten Schritt auf bilinguale Studenten gehen. Sie alle sind zweisprachig groß geworden und haben in der Regel Englisch als Fremdsprache in der Schule gelernt. Unter Umständen hat diese Zielgruppe sogar noch eine weitere Sprache gelernt, was nicht sehr unwahrscheinlich ist. Bei einer Zielgruppenanalyse wären die oberen Zeilen ein erstes Briefing an ein Institut oder eine Agentur. Nun geht es darum, die Lebenswelten dieser Zielgruppe zu ergründen. Welche Printprodukte lesen Sie (wenn überhaupt noch)? Auf welchen Seiten surfen sie? Gibt es Netzwerke, die von ihnen bevorzugt genutzt werden? Welche Ausdrucksweise verwenden Sie? usw. Auf diese Weise wird eine komplette Analyse erstellt auf der Suche nach einer Gemeinsamkeit oder einer guten Möglichkeit, diese Zielgruppe zu adressieren. Hierbei können die Sinus-Milieu® aus Kapitel 2 unterstützend Informationen liefern. Je mehr Sie über Ihre favorisierte Zielgruppe erfahren, desto besser können Kampagnen erstellt oder auf diese Zielgruppe angepasst werden. Bei den Sinus-Milieu® sei aber nochmals darauf hingewiesen, dass ein und dieselbe Zielgruppe in verschiedenen Sinus-Milieu® anzutreffen sein kann. Bei einer standortbasierten Kampagnenausgestaltung kann dies dennoch sehr hilfreich sein.

Die meisten Unternehmen suchen diverse Zielgruppen, sodass häufig tatsächlich eine eigene Kampagne je Zielgruppe sich nicht rentieren würde, zumal der Auftritt am Markt eher sehr bunt und damit verwirrend wirken würde. Kampagnen derart spitz zu gestalten, dass nur die relevante Zielgruppe diese sehen, ist nicht unmöglich, aber eher unwahrscheinlich. Man muss wie so oft im Leben also priorisieren. Die Identifizierung eines Recruitingschwerpunktes kann ein erster Schritt sein. Hat man einen Schwerpunkt bestimmt, so lohnt es sich unter Umständen, für diese Zielgruppen eine eigene Zielgruppenanalyse durchzuführen und darauf aufbauend eine eigene Kampagne zu gestalten.

3.5.3 Das Konzept steht – und nun?

Das Konzept wird meist durch eine Agentur erstellt. Diese Vorgehensweise würden wir auch stets den Unternehmen raten. Aber Obacht bei der Agenturauswahl und überprüfen Sie genau die Ergebnisse. Eine Agentur ist meist doch »nur« eine Agentur und hat in Ihrem Unternehmen noch nie über einen längeren Zeitraum gearbeitet. Bei der Überprüfung des Konzeptes und des ausgelieferten Designs gehen Sie am besten nach den oben beschriebenen Fragen vor.

Nach der Agenturleistung ist das Konzept inklusive Guidelines/Style Guide fertig und kann vom Unternehmen angewendet werden. Die groben Bestandteile des Konzeptes sollten von Online (Karriereseite, Social-Media-Auftritt, Stellenanzeige, Banner, Wording etc.) bis zur offline Welt (Messeequipment, Poster, Give Aways, etc.) reichen. Sonderformate können auch noch im Nachgang angepasst werden. Der Markt ändert sich so schnell, dass quasi täglich neue Dinge entstehen. War gestern noch die Postkarte neu und aufregend, so sind es heute die Laptop- und iPad-Skins.

Wenn nun hier der Prozess des HR-Marketings endet, dann verpassen Sie die Chance, den tatsächlichen Unterschied zum Konkurrenten durch Kreativität zu verdeutlichen. Hier beginnt jetzt der spannende Teil, denn wir befinden uns bei der Anwendung des Konzeptes und der Umsetzung in Aktivitäten und Tools direkt an der Schnittstelle zum Recruiting. Sollten Sie in der glücklichen Lage sein, sowohl einen Verantwortlichen für das HR-Marketing zu haben als auch Vollzeit-Recruiter, dann sind wir hier am Punkt angelangt, wo die weitere Konzeption im Team erfolgen muss. Entgegengesetzt der landläufigen Meinung, Recruiter seien nur operativ unterwegs, vertreten wir die Ansicht, dass ein Recruiter gerade wegen seines operativen Know-hows mindestens zu 20 % strategisch und konzeptionell arbeiten sollte.

Letztlich haben Sie nun nach Erstellung des Konzeptes eine Menge Material, aber z. B. noch keine zielgruppenspezifischen Events. Gemeinsam mit dem Recruiting geht es dann an die Aufgabe, Eventformate zu entwickeln, die im Konzeptdesign dann letztlich die Brücke zur Zielgruppe schlagen. Hier paar Beispiele:

Karrieretage:
Dies ist ein sehr beliebtes Format, bei dem Firmen ihre Zielgruppen zu Besichtigungen ins Unternehmen einladen. An den Tagen gibt es häufig noch Vorträge, Trainings oder Casestudies. In der Zusammenarbeit von Recruiting und HR-Marketing übernehmen die Recruiter für die Karrieretage die inhaltliche Ausgestaltung und die Betreuung an den Tagen selbst und das HR-Marketing kümmert sich um die Vermarktung und die Platzierung des Events in der Zielgruppe.

Wettbewerbe:
Sehr beliebt ist auch das Ausschreiben von Wettbewerben, bei denen es Stipendien, Praktika oder Ähnliches zu gewinnen gibt. Auch hier braucht man der Kreativität keine Grenzen setzen.

Weitaus schwieriger ist es, wenn es darum geht, berufstätige Zielgruppen anzusprechen. Jeder von uns wird unheimlich kreativ und sprudelt vor Ideen, wenn das Schlagwort Nachwuchsgruppen auf den Tisch kommt. Aber was, wenn es um die Ansprache von Berufstätigen geht. Wie kann man hier vorgehen, ohne gleich auf Direktansprache zu setzen? Bei Letzterem haben gerade unbekannte Unternehmen die Herausforderung zu meistern, dass sie unbekannt sind. Auf das Thema Direktansprache kommen wir in Kapitel 4 noch mal gesondert zu sprechen. Werfen wir noch einen Blick auf HR-Marketing-Aktivitäten für die Zielgruppe der Berufstätigen.

Alumni Vereine:
Mitarbeiter mit akademischem Hintergrund sind sehr häufig Mitglied eines universitären Alumi-Vereins. Universitäten und Hochschulen versuchen über diese Netzwerke, langfristig zu ihren Absolventen Kontakt zu halten, und bieten daher regelmäßig Veranstaltungen bzw. Foren etc. an. Sich hier über einen Mitarbeiter an einem Forum zu beteiligen oder gar dieses komplett auszurichten, ist eine sehr einfache Möglichkeit, um an Akademiker zu kommen. Mit der Gestaltung des Forums entscheide ich sogar, welche Zielgruppe sich angesprochen fühlt. Darüber hinaus gibt es häufig Ortsgruppen in verschiedenen Städten. Denn was man nicht vergessen darf ist, dass Berufstätige unter Umständen nicht mehr ganz so ungebunden sind wie etwa Studenten.

Kaffeebecher mit Stellenanzeigen:
Um Facharbeiter pfiffig anzusprechen, muss man meist schon etwas tiefer in die Trickkiste greifen. Eine Aktion, die wir vor gut 2012 durchgeführt haben, war eine Gratis-Kaffee-Aktion. Wir haben an Knotenpunkten in München gratis Kaffee an Passanten verschenkt. Der Clou war, dass wir dies morgens gegen 5 Uhr noch vor Schichtbeginn getan haben und somit etlichen Facharbeitern auf dem Weg zur Arbeit eine kleine Freude bereitet haben. Die Pappbecher waren mit unseren wichtigsten Vakanzen bedruckt.

Street-Rrecruiting zu Weihnachten:
Mit der Geschenkaktion in der Stuttgarter Innenstadt konnten wir 2013 bei Facharbeitern punkten. Einen Tag lang haben wir indirekt Jobs verschenkt. 1.500 kleine Pralinen haben wir an dem Tag an Passanten verteilt, jeweils mit einer kleinen Karte. Auf ihr Stand geschrieben: »Noch kein passendes Geschenk zu Weihnachten gefunden? Schenken Sie ein Stück Zukunft«. Im Inneren der Karte war dann beschrieben, was zu tun ist und welche Vakanzen wir aktuell haben. Die Idee, die dahinter steckte, war, dass jeder mindestens einen Facharbeiter in seinem Freundeskreis hat, und diesem dann die Karte schenken könnte. Eine Art »Mitarbeiter werben Mitarbeiter«-Ansatz für Jedermann. Bereits die Gespräche, in die man unweigerlich im Verlauf des Tages verwickelt wurde, spiegelten wider, dass die Idee und die Aktion grandios waren.

Diese Beispiele zeigen, wie lokal man im Bereich HR-Marketing manchmal denken muss. Dies kann im Grunde lediglich durch einen Recruiter geleistet werden, der seine Zielgruppe kennt und deren Lebenswelten. Die Anschlussfähigkeit an das Kampagnenkonzept sichert das HR-Marketing.

HR-Marketing ist mehr, als nur Kampagnen und Materialien zur Verfügung zu stellen. HR-Marketing ist der Wegbereiter für die Rekrutierung und sollte sich tatsächlich in kreativen maßgeschneiderten Aktionen manifestieren. Es ist ein wichtiger Baustein für all diejenigen, die sich vom Post&Pray-Recruiting verabschieden wollen.

3.6 Recruiting Tools (Schritt 2)

Das vorhergehende Kapitel war eher konzeptionell und noch auf einer abstrakten Ebene unterwegs. Nun gehen wir in die handfesten operativen Beispiele und Anwendungen, mit denen wir versuchen, Ihnen tatsächliche Werkzeuge, die Tools und Schablonen an die Hand zu geben. Noch immer befinden wir uns in Schritt 2 unseres Recruitingprozesses. Weiterhin ist unser Ansatz, dass wir Ihnen näher bringen wollen, wie wir bei unseren Konzepten und Ideen vorgehen. Das Vermitteln des Wie und nicht des Was ist unser Ziel. Ansonsten entstände aus solch einem Buch lediglich ein Haufen geklonter Arbeitgeberauftritte. Gern wollen wir Ihnen alles zur Verfügung stellen, um selbst Formate zu entwickeln und Standard Tools zu personalisieren – in Ihrem Sinne.

Das Kapitel 3.6 beginnen wir mit dem Herzstück der Online-Strategie: der Karriereseite. Anschließend arbeiten wir uns Schritt für Schritt durch die gängigen Recruitingtools und geben salopp gesagt stets unseren Senf dazu. Wie gehen wir mit den Tools um? Wie gestalten wir diese in unserer täglichen Arbeit? Fragen, auf die Sie auf den nachfolgenden Seiten Antworten finden werden.

3.6.1 Karrierewebseite

Das Kapitel »Recruiting Tools« mit den Überlegungen um eine Karrierewebseite zu beginnen, ist nicht grundlos. Denn es gibt kaum ein Unternehmen, das nicht eine Onlinepräsenz betreibt, die sich jedoch vornehmlich mit den Produkten und Dienstleistungen der Unternehmung beschäftigt und daher als einer der hauptsächlichen Distributionswege gilt. Darum liegt es auf der Hand, die schon existente und im Markt bekannte sogenannte Corporate Site um das Themengebiet »Karriere« zu erweitern. Auch der bereits dargestellte und besprochene Zulauf an onlinebasierten Diensten und Anwendungen, die im täglichen Leben zum Einsatz kommen, bringt es mit sich, dass auch die Suche nach einem Beruf, einer Vakanz oder einem Unternehmen im Internet geschieht. Dies belegen auch verschiedenste Studien, die aus Bewerbersicht, aber auch aus Sicht der Unternehmen aufzeigen, welches die wichtigsten Quellen der Arbeitsplatzsuche sind. Die Karrierewebseite rangiert dabei nahezu ausnahmslos unter den ersten drei Nennungen. Dabei verstehen wir eine Karriereseite nicht als Plattform, auf der lediglich die Vakanzen eines Unternehmens in einer Liste aufgereiht sind und keine weiteren Informationen bereit stehen. Vielmehr sehen wir die Karriereseite als Informations- und Kommunikationsmedium mit verschiedenen Stoßrichtungen. Eine Karrierewebseite sollte die zentrale Anlaufstelle sein, wenn sich Besucher über Ihr Unternehmen und die berufsgezogenen Möglichkeiten und Perspektiven, die Sie anbieten, erkundigen wollen. Dabei sollten Sie immer daran denken, dass Sie Gastgeber auf Ihrer Seite sind! Versuchen Sie daher, ein guter Gastgeber zu sein. Das »weg-xen«, also das Wegklicken einer Seite, geht einfach und schnell und in aller Regel kommt ein Interessent nicht mehr auf eine weggeklickte Seite zurück.

Eine Karriereseite kann und sollte daher aus verschiedenen Gesichtspunkten betrachtet werden: Zum einen soll sie dem Interessenten ausreichend und auf höchsten Niveau Informationen zum Unternehmen und den Karriere-Möglichkeiten bereitstellen und zum anderen muss sie die angebotenen Vakanzen vorstellen und einen Bewerbungsprozess bereithalten. Ein weiterer Punkt ist die strategische Dimension, die eine Seite in Bezug auf das Recruitingportfolio einnimmt, sowie die Frage wie die Seite platziert und technisch aufgebaut wird.

Die Autoren Scholz et al. (2001) haben sich aus methodischen Gesichtspunkten mit der Aufarbeitung einer Stellenangebots-Webseite auseinandergesetzt und auf Basis ihrer Überlegungen die »CUBE-Formel« entwickelt. Dabei unterscheidet das Autorenteam zwischen einer »Personal-Website« und einer reiner Plattform, auf der die Stellenangebote eines Unternehmens dargeboten sind. Beide Seiten, so verstehen wir dies, sind aufeinander abgestimmt und interdependent. Bei der von den Autoren entwickelten CUBE-Formel steht das *C* für Content, also Inhalt, der in Form von Stellenangeboten bereitzustellen ist. Die Such- und Auffindbarkeit der Stellenangebote und ihre Aktualität haben hier oberste Priorität. *U*sability steht für den zweiten Buchstaben der Formel. Hierbei ist die Handhabbarkeit der Seite gemeint. Ein Seitenbesucher sollte sich problemlos auf der Seite zurechtfinden und finden, wonach er sucht. In diesem Zusammenhang wird oftmals auch die intuitive Menüführung postuliert. Besonders das Design und die hinterlegte Technik der Website tragen dazu bei. Der dritte Buchstabe steht für das *B*randing. Im Rahmen von Karriereseiten würden wir das Branding auf das beschriebene Employer Branding aufsetzen, welches mittels der Karriereseite transportiert werden muss. Corporate Identity und HR-Marketing sind hier als ergänzende Teilbereiche zu nennen. Der sicherlich schwierigste Punkt bei der Erstellung einer Karriereseite ist die Übermittlung von *E*motionen. Es ist der letzte Buchstabe der Formel. Schlicht gesagt, soll der Besucher Ihrer Seite sich gerne dort aufhalten und Spaß haben, durch die Seite zu surfen (Personalwirtschaft 3/2001, S. 14 ff).

Da aus unserer Sicht eine Karrierewebseite deutlich mehr bieten sollte als ein reines Stellenportal, wollen wir die CUBE-Formel als Ausgangspunkt unserer Überlegungen zur Gestaltung einer Karrierewebsite nehmen, die wir in drei Kategorien einteilen:

- inhaltliche Überlegungen,
- Layout und technische Anforderungen,
- strategische Dimension.

3.6.1.1 Inhaltliche Überlegungen

Zu Beginn aller Überlegungen steht die Ausarbeitung des Inhalts Ihrer Webseite respektive Karriereseite. Die technische, grafische und funktionale Aufarbeitung der Inhalte folgt in den nächsten Schritten. In Bezug auf den Inhalt sollten Sie die Frage nach dem Mehrwert, den die Seite Besuchern und Interessenten bieten soll, beantworten: Welche Informationen und Inhalte sollen transportiert werden, wie soll die Employer Value Propostion (EVP) beschrieben werden und welche Bereiche wollen Sie zusätzlich herausstellen? Hierfür ist ein Perspektivwechsel ratsam, bei dem – nun aus Besuchersicht – diese Fragen gestellt und beantwortet werden. Um diesen Überlegungen folgen zu können, wollen wir uns einer anfangs ein wenig abstrakteren Theorie bedienen: der Bedürfnispyramide von Maslow (1999), die wir für diese Belange neu definiert haben.

Die Maslowsche-Bedürfnispyramide beschreibt ein Stufenverfahren, wie Menschen ihre Bedürfnisse stillen. In der ersten Stufe werden demnach die grundlegenden physischen Bedürfnisse wie Hunger und Durst gestillt. Auf die Sicht der Bewerber übertragen, würden unserer Meinung nach die grundlegenden Bedürfnisse die Arbeit an sich und das Gehalt sein, das zum Lebensunterhalt benötigt wird. Wenn diese Bedürfnisse gesättigt wurden, wird die nächst höhere Stufe angestrebt. Hier gehören nach Maslow Stabilität, Geborgenheit und Schutz dazu (Sicherheitsbedürfnisse). Diese können so auch auf die Arbeitswelt übertragen werden: Jobsicherheit und ein stabiles ggf. wachsendes Unternehmen bieten diese Sicherheit. Analog lassen sich die nächst höher gelegenen Bedürfnisse interpretieren: Soziale Bedürfnisse werden durch die unternehmerischen Social Benefits und die Corporate Social Responsibility des Unternehmens (CSR) sichergestellt. Die Bedürfnisse nach Anerkennung, Ordnung und Struktur werden in der nächsten Ebene relevant, die in einem Unternehmen durch eine entsprechende Führungskultur, die auf fundierten Unternehmenswerten aufsetzt, realisiert wird. In der höchsten Stufe kann sich der Mensch selbst verwirklichen. In einem Unternehmen wird dies unserer Meinung nach durch das Vertrauen in das Können der Mitarbeiter gezeigt.

Sicherlich kann eine Webseite nicht allumfänglich für alle Besuchergruppen Antworten und Informationen auf allen diesen Stufen mit den entsprechenden Bedürfnissen bereithalten. Dennoch kann die Pyramide konkrete Anhaltspunkte über Inhalte aus Bewerbersicht

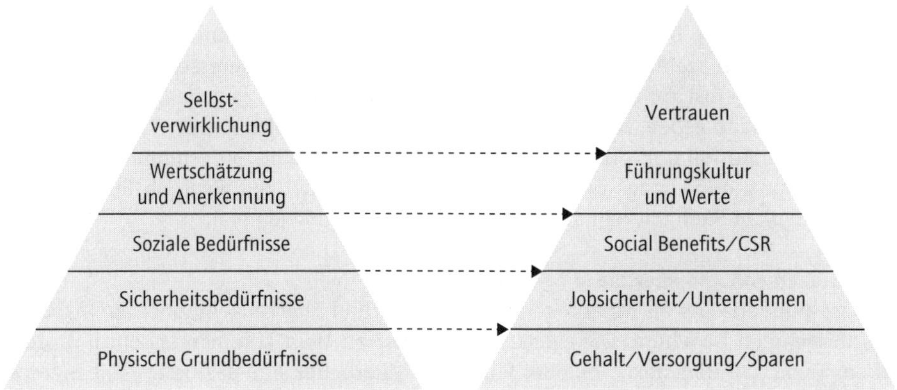

Quelle: eigene Darstellung

Abbildung 35: Bedürfnispyramide – nach Maslow (links) und aus Bewerbersicht (rechts)

geben. In einer tieferen Analyse lassen sich folgende Rubriken festhalten, die wir in drei weitere Bereiche unterteilen:
- Die Informationen, die über das Unternehmen bereitgestellt werden,
- die Informationen, die von und über die Mitarbeiter auf der Seite zu finden sein sollten, und den Kern der Seite,
- die Stellenbörse, in der alle Vakanzen des Unternehmens aufgeführt sind.

Grundsätzlich gilt für alle Inhalte, Texte und Bilder: Sie müssen klar, verständlich und transparent gestaltet sein! Sprechen Sie die Sprache ihrer Zielgruppe. Legen Sie dafür beispielsweise fest, wie sie Auszubildende ansprechen – mit »Sie« oder »Du«. Verwenden Sie bitte keine Floskeln, Lückenfüller und Worthülsen. Kommunizieren Sie klar und verständlich mit Ihren Adressaten und vor allem mit einem logischen Aufbau und einer logischen Abfolge. Denn eins sollten Sie nicht vergessen: Der nächste Arbeitgeber ist nur einen Klick weit entfernt!

Informationen zum Unternehmen

In diesem Bereich der Webseite stellen Sie Ihr Unternehmen vor und stellen heraus, warum es sich lohnt, bei Ihnen zu arbeiten. Dabei können und sollten zwei unterschiedliche Wahrnehmungsmuster verfolgt werden, die verschiedenen Präferenzen bedienen. Nach der Typologie von C. G. Jung gibt es hierbei jeweils eine dominante Präferenz, die sich mit der Informationsbearbeitung und Wahrnehmung beschäftigt. Dabei stehen auf der einen Seite die Menschen, die sich mehr Fakten und konkreten Inhalten zugewandt fühlen. Diese Menschen haben Interesse an harten Fakten wie Mitarbeiteranzahl, Umsatz und die F&E-Quote des Unternehmens. Sie entscheiden aus eher analytischen Gesichtspunkten. Die andere Ausprägung dieser Präferenz folgt einer wertorientierten Entscheidungsfindung, die auch sehr vom »Bauchgefühl« geprägt ist. Diesen Personen sind an Themengebieten wie beispielsweise Führungskultur, nachhaltiges Umweltengagement oder die Märkte und Branchen, in denen sich das Unternehmen engagiert (Bents/Blank 2004, S. 53 ff), interessiert. Demnach sollten Sie auf der einen Seite Ihr Unternehmen sehr sachlich, mit den sogenannten Fact Sheets, also Zahlen-Daten-Fakten, darstellen, aber auf der anderen Seite das Unternehmen auch erlebbar machen, die Werte und die Kultur beschreiben und ihre Employer Value Propostion aufzeigen. Aber übertreiben Sie nicht. Der Schuss kann auch nach hinten losgehen. Stellen Sie ehrlich Ihr Unternehmen vor und machen Sie es lebendig. Dies kann durch gut formulierte Texte und einer aussagekräftigen Bilderwelt geschehen. Derzeit liegen Videos und Unternehmensfilme, die sogenannten Imagefilme, hoch im Kurs und werden von Interessenten gern gesehen. Bevor Sie jedoch selbst zur Kamera greifen oder auf eine Agentur zu gehen, wollen wir Ihnen den Rat an die Hand geben, sich vorab auf den bekannten HR-Blogs zu den »Dos and Dont's« zu informieren. So toll und prima Filme auf der einen Seite sind, so verehrend können sich schlechte Filme auf Ihr Image und den Employer Brand auswirken. Egal, ob Text, Bilderwelt oder Film, denken Sie immer an die Zielgruppe, die Sie erreichen wollen.

Informationen von und über die Mitarbeiter

Nichts ist authentischer als Mitarbeiter, die begeistert und überzeugend über ihre Arbeit und das Unternehmen berichten. Die eigenen Mitarbeiter zu Wort kommen lassen, liegt derzeit stark im Trend. Ob Bild, Text, Ton oder Film, Ihre Mitarbeiter sind das beste Aushängeschild für Ihr Unternehmen. Beim Einsatz sogenannter Testimonials, der unternehmenseigenen Markenbotschafter heißt das Zauberwort Authentizität. Werden beispielsweise Texte vorgegeben, Aufnahmen komplett durchdesignt und Bilder zu sehr bearbeitet, fällt dies den aufmerksamen Betrachtern und Zuhören auf und Ihr Unternehmen kann in der Gunst der Interessenten fallen. Auch hier raten wir Ihnen, mit Anbietern zusammenzuarbeiten, die auf diesem

Bereich eine nachweisbare Expertise besitzen. Ebenso existieren Anbieter am Markt, Whatchado (vgl. hierzu Kapitel 3.6.8 Andere Ansätze: Whatchado), die Ihre Mitarbeiter interviewen und die erstellen Videos auf einer Plattform bereitstellen, um Jobsuchenden die Möglichkeit zu geben, sich mit Ihren Mitarbeitern zu »matchen«. Eine weitere erfolgreiche und von einigen Unternehmen praktizierte Möglichkeit, die Mitarbeiter zu Wort kommen zu lassen, ist der Unterhalt eines Blogs. Dabei unterscheiden wir zwei Arten von Blogs, die unterschiedliche Interessen verfolgen. Ein Unternehmensblog, auch Corporate Blog genannt, verfolgt vornehmlich das Ziel, die Produkte und Dienstleitungen eines Unternehmens dazustellen und transparent erlebbar zu machen. Die dort angebotenen Artikel beschreiben Inhalte wie beispielsweise Produkttests oder »Making of.«. Bei einem Karriereblog, der die Zielsetzung hat, Interessenten einen Einblick in das Unternehmen zu ermöglichen, kommen die eigenen Mitarbeiter zu Wort, die über ihre Arbeit, ihr Team und das Miteinander im Unternehmen berichten. Je nach anvisierter Zielgruppe sind beispielsweise auch Blogs, die von Auszubildenden betrieben werden, ein zielführendes Instrument. In Blogs können sich Kandidaten quasi aus erster Hand informieren und zu einem eigenen Eindruck gelangen. Aber auch bei der Erstellung von Artikeln für den Blog, den sogenannten »Blog-Posts«, ist Authentizität die wichtigste Regel, die beachtet werden sollte. Wurden die Texte durch die Unternehmenskommunikation rezensiert, so fällt das auf und der Blog wird unglaubwürdig. Auch wenn ein Blog unserer Meinung nach eine gute Möglichkeit ist, aus Mitarbeiterperspektive Ihr Unternehmen darzustellen, verbirgt sich ein nicht zu unterschätzender Zeitinvest dahinter, der berücksichtigt werden muss. In Kapitel 4.3.5 haben wir für Sie zwei Beispiele aufgeführt von vorbildlichen Azubi-Blogs.

Stellenbörse

Die Stellenbörse stellt den Kern einer Karrierewebseite dar und ist das zentrale Medium. Denn mit allen die Stellenbörse umgebenen Themen, Inhalten und Möglichkeiten wollen Sie mit der Karriereseite Interessenten dazu bewegen, sich auf die angebotenen Stellen zu bewerben. Dies ist Ziel und Zweck Ihres karrierebezogenen Internetauftritts. Eine zentrale Funktion der Stellenbörse nimmt die Suchfunktion ein. Diese sollte zentral auf der Seite und auf den gesamten Unterseiten zu finden sein. Anbieter von Webseiten und Bewerbersoftware bieten in diesem Zusammenhang funktionale Suchmaschinen an, die mit verschiedenen inhaltsbezogenen Kategorisierungen arbeiten. Neben dem Finden von passenden Vakanzen des Unternehmens spielt die Darstellung der Stellenausschreibungen eine wichtige Rolle. Wie Stellenausschreibungen im Idealfall dazustellen sind, haben wir im vorangegangenen Kapitel 3.4.2 dargestellt. Grundsätzlich sind neben ansprechendem Design und Anordnung der Text- und Bildblöcke auch auf die Formulierung der Aufgaben und Anforderungen zu achten. Die Angabe von Ansprechpartnern, die für die Stelle zuständig sind, empfinden wir als eine wichtige Serviceleistung für die Kandidaten, die vor ihrer Bewerbung noch weiterführende Informationen einholen möchten. Aus technischer Sicht sollten beispielsweise die einzelnen Stellenausschreibungen mit einer sogenannte »Speakab URL« oder auch Deep Links ausgestattet sein. Dies bedeutet, dass die Verlinkung auch den Stellentitel beinhalten sollte. Dies erhöht unter anderem auch die Trefferquote bei der Googlesuche. Da sich hinter einer funktionierenden Stellenbörse vor allem technische und gestalterische Anforderungen verbergen, gehen wir darauf in folgendem Unterpunkt vertiefender ein.

Exkurs: Online Assessment/Self Assessment

Ein weiteres und von Benutzerseite gut angenommenes Tool sind verschiedene Arten von Tests oder Spielen, die eine Selbsteinschätzung oder eine Vorschau auf den zukünftigen Arbeitsplatz ermöglichen. Dabei wir vornehmlich auf spielerische Elemente gesetzt, die mit fundierten psychologischen Verfahren hinterlegt sind. In diesem Kontext wird von »#Recrutainment« gesprochen.

3.6.1.2 Layout und technische Anforderungen einer Stellenbörse

Die Bereiche »Technik« und »Layout« erstrecken sich über eine ganze Reihe an verschiedenen Themenfeldern, die wiederum in sich vielfältige Lösungsmöglichkeiten bergen. Daher können wir hier nur eine Übersicht bieten, an Themen, die aus unserer Sicht als Standard bzw. Mindestanforderung formuliert werden sollten. Das Layout und die erforderliche technische Ausstattung und Gestaltung einer Karriereseite stehen in unabdingbarer Wechselbeziehung und sollten aufeinander abgestimmt sein. Kriterien für den Aufbau einer erfolgreichen und funktionierenden Homepage sind hinlänglich bekannt und vielfach publiziert. Hält man sich hieran, hat die so gestaltete Seite eine gute Ausgangsbasis. Doch müssen wir bei Karriereseiten ein paar Details im Vergleich zu einer Produktseite beachten, die anders sind. Beginnen wollen wir mit dem Layout, das das gesamte Erleben der Karrierewebseite beeinflusst. Anschließend wollen wir dann einzelne technische Aspekte aufgreifen, ohne uns in allzu technischen Ausführungen zu verlieren.

Layout von Karrierewebseiten

»Die Karriereseite ist das Zuhause des Personalmarketings«, postuliert Henner Knabenreich (2014, S. 127) in einer seiner Veröffentlichungen. Er fasst damit, die von uns vorangegangen Überlegung zur Marketingperspektive zusammen und unterstellt der Karriereseite ebenfalls die zentrale Bedeutung und Rolle unter den Recruiting Tools. Dabei unterscheiden wir bei der Gestaltung des Layouts zwei Bereiche: das Interaktionsdesign und die eigentliche Gestaltung.

Die Gestaltung der Seite, die Farbwahl und die Platzierung des Firmenlogos werden durch das HR-Marketing bestimmt und umgesetzt. Die Richtlinien und Vorgaben, die im Rahmen der Corporate Identity, der Markenkommunikation und dem HR-Marketing entwickelt und vorgegeben sind, finden allumfänglich Anwendung. Die Methodik der eingangs beschriebenen CUBE-Formel steht somit als ein fundiertes methodisches Set zur Verfügung. Dabei müssen Sie immer beachten, dass Ihre Karriereseite den Zielgruppe(-en) schmecken soll. Hat Ihr Unternehmen eher heterogene Zielgruppen, macht es durchaus Sinn, die Seite darauf auszurichten. Verwendete Texte, Bilder und Videos sowie die Tonalität müssen zum Unternehmen und der Zielgruppe passen.

Im Rahmen des Interaktionsdesigns werden unter anderem der Aufbau und die Navigation auf der Seite festgelegt. Dabei hat sich ein umgekehrtes L für die Hauptnavigation als beste Darstellung bestätigt. Neben einem logischen und durchdachten Aufbau der Unterpunkte sollten Sie unbedingt »Klickwüsten« vermeiden. Das bedeutet, dass die Informationen schnell und ohne viele Klicks auffindbar sein sollten. Geben Sie also Ihrer Seite nicht zu viel Tiefe, indem Sie Unterseite an Unterseite und Verlinkung an Verlinkung reihen und so der Besucher die Lust verliert, auf der Seite zu verweilen. Zudem sollte der »Bewerbungsbutton«, also der Absprung von der Seite ins Bewerbungsverfahren, immer sichtbar und prominent platziert werden. Selbiges gilt für die Stellenbörse. Der Zugang zu Ihren angebotenen Stellen sollte von jedem Menüpunkt Ihrer Seite ohne zusätzliche Klicks möglich sein. Sind die Inhalte logisch und gut auffindbar platziert, haben sie nachweislich längere Verweildauern der Besucher auf der Seite und dementsprechend höhere Erfolgsaussichten, passende Bewerbungen zu generieren.

Technische Anforderungen von Karrierewebseiten

Um die formulierten inhaltlichen Dimensionen und die Gestaltung der Homepage entsprechend umsetzten zu können, bedarf es verschiedener technischer Hintergrundinformationen. Wir wollen hier nicht explizit auf die Programmierung von Webseiten eingehen, da dies nicht unser Anliegen und Kern unserer Kompetenz ist. Vielmehr wollen wir aus Sicht der Usability, der Handhabbarkeit einer Webseite, einzelne technische Anforderungen herausstellen.

Zentrales Element der Karriereseite ist die Suchfunktion und vor allem der anschließende Bewerbungsprozess. Dieser Prozess lässt sich in zwei Bereiche aufteilen: das Frondend und das Backend. Als Frondend wird die Homepage an sich bezeichnet, also das, was der Besucher sieht. Im Rahmen des Bewerbungsprozesses müssen eine Reihe von berufsbezogenen relevanten Daten erfragt und auch Unterlagen eingereicht werden. Für diesen Prozessschritt kommt es dabei auf das Backend, also die dahinterliegende Bewerbersoftware an. Viele Anbieter stellen für die Bewerbungsmöglichkeiten eigene Tools zu Verfügung. Dabei lassen sich zwei Hauptvarianten unterscheiden: Im Rahmen der ersten Variante füllen die Bewerber aneinandergereihte Formularfelder aus, bei denen relevante Daten wie z. B. Name, Adresse und Berufsabschluss hinterlegt werden. Diese Erhebung endet in aller Regel mit der Möglichkeit, Unterlagen, also Lebenslauf, Arbeitszeugnisse und Referenzen hochzuladen. Der Bewerbungsprozess schließt mit dem Absenden der eingegeben und hochgeladenen Daten und Unterlagen. Hierbei ist zu beachten, dass die (Daten-) Sammelwut der Personaler oftmals keine Grenzen kennt und somit zu viele und für das Stellenbesetzungsverfahren irrelevante Daten erhoben werden. Halten Sie sich bei der Gestaltung dieses Prozesses an den Leitsatz »Short und Simple« – also kurz und einfach. Die zweite Variante bietet den Bewerbern die Möglichkeit, ein eigenes Profil anzulegen und mit entsprechenden Daten zu versehen. Mit dem angelegten Profil hat der Bewerber dann die Möglichkeit, sich immer wieder einzuloggen und sich dann auf verschiedene Stellen zu bewerben. Er kann aber auch zum Beispiel den Stand seiner Bewerbungen abfragen oder ergänzende Informationen hinterlegen. Aus Sicht eines Unternehmens bietet so eine »Community« erste Ansätze für Bindungsprogramme (vgl. hierzu Kapitel 3.9.2 Talent Management). Sollten Sie über keine Bewerbermanagementsoftware verfügen und auch nicht planen, eine solche Investition zu tätigen, so sollten Sie den Bewerbern zumindest die Möglichkeit bieten, sich via E-Mail zu bewerben. Die entsprechende E-Mail Adresse sollte in jeder Stellenausschreibung hinterlegt sein. In Anbetracht der Datenschutzdiskussionen in Deutschland und der Regularien ist allerdings die Anschaffung eines Bewerbermanagementsystems ratsam.

Auch im Rahmen von Karrierewebseiten haben Social Media und Social Networks Einzug erhalten. Um den im vorangegangenen Abschnitt dargestellten Bewerbungsprozess wieder aufzugreifen, bietet entsprechende Bewerbersoftware die Möglichkeit, sich beispielsweise mit seinem Facebook-Account oder seinem LinkedIn Profil auf der Karriereseite anzumelden. Diese technische Möglichkeit wird »Social Matcher« genannt, bei der neben der vereinfachten Anmeldung auch hinterlegte Daten in die Formularfelder des Bewerbungsverfahrens automatisiert übertragen werden. Da Social Media vornehmlich von der eigenen Viralität getragen werden, ist es sinnvoll, sich diese zunutze machen und alle Stelleangebote und weitere Bereiche der Karrierewebseite mit der Möglichkeit zu versehen, diese in die sozialen Netzwerke zu teilen. Dafür werden sogenannte »Share-Buttons« eingesetzt, die auf der Seite eingebunden werden. Social Media lässt sich aber auch selbst auf der Seite darstellen, in dem zum Beispiel der Karrierekanal auf Twitter mittels eines Twitter-Widget eingebunden wird (vgl. Kapitel 4). Auch die Verlinkung auf die unternehmenseigene Facebook-Seite oder das Einbinden der bereits erwähnten Whatchado-Stories sind Möglichkeiten, Ihre bestehenden Kanäle zentral zusammen zu führen.

Im Zusammenhang mit der internetgestützten Kommunikation werden meist zwei Themengebiete angesprochen, die einer weiteren Betrachtung bedürfen: die Platzierung und Auffindbarkeit von Webseiten und die mobileoptimierte Darstellung der Inhalte. Erstgenanntes Thema hat sich mittlerweile zu einer eigenen Disziplin entwickelt und eine Menge an spezialisierten Anbietern hervorgebracht. Es geht dabei um die Beeinflussung der Suchergebnisse von Internet-Suchmaschinen und die Platzierung in der Ergebnisdarstellung. Das angewandte Verfahren, das hier zum Einsatz kommt, wird Suchmaschinen-Optimierung kurz SEO genannt (vgl. Kapitel 4). Die Darstellung mobil optimierter Inhalte liegt vor allem im Nutzerverhalten begründet. Zunehmend mehr Bewerber finden ihren Weg über das mobile Endgerät ins Internet. Dies muss gar nicht mehr nur von unterwegs sein. Auch das heimische Sofa ist ein beliebter Ort zum Tablet-Surfen. Daher müssen Karriereseiten sich dieser Anforderung stellen und für diese Nutzergruppen gestaltet werden.

3.6.1.3 Strategische Dimension

Zum Schluss sei noch mal auf die Wichtigkeit einer gut gestalteten und richtig positionierten Karriereseite hingewiesen. Haben Sie keine eigene Homepage für Ihr Unternehmen, dann sind Sie im Zeitalter des immer und überall verfügbaren Internets als Arbeitgeber nicht existent! Somit gilt es, die Seite als Herzstück, als Heimathafen all Ihrer Werbemaßnahmen und Kampagnen zu sehen. Alle Bemühungen, sich als attraktiver Arbeitgeber auf dem Markt zu platzieren, sollten auf der Unternehmens-Karriereseite landen. Hier bündeln Sie Informationen und halten diese für alle Karriereinteressierten bereit.

Eine wohlüberlegte und getestete Homepage hat auch ihren Preis. Dennoch ist das eine sinnvolle und absolut ratsame Investition. Vor allem vor dem Hintergrund, dass in aller Regel Unternehmen bereits eigene Produktseiten haben, ist deren Erweiterung eine logische Konsequenz. Bei umfangreichen und sehr funktionalen Seiten ist es durchaus auch zu überlegen, ob nicht eine eigene URL, sprich eine eigene und selbststehende Internetadresse für die Karriereseite angelegt wird. Dies kann z. B. in Einklang mit der Kampagne erfolgen, wie wir es bei Lufthansa sehen mit der Karriereseite www.be-lufthansa.de. Diese URL steht entgegen der erwarteten URL www.lufthansa.com/career.

Der letzte Aspekt bei unseren Ausführungen über Karriereseiten gilt der Auswertung und dem Controlling Ihrer Karriereseite. Wir sind der Meinung, dass ein systematisch durchgeführtes Controlling der Karriereseite die Erfolge deutlich erhöht. Denkbar sind im ersten Schritt einfache sumerische Verfahren, die man bis hin zu ausgefeilten Klickanalysen, Klickpfade und Abbruchraten ausbauen kann. Um die gestalterische Effektivität der Seite zu messen, können Verfahren des Eye-Tracking eingesetzt werden, mittels dessen der Blickverlauf auf der Seite erfasst und ausgewertet wird. Fließen die so gewonnenen Ergebnisse in die (Um-) Gestaltung der Karriereseite ein, wird diese zu einem zunehmend effektiveren Instrument im Recruiting.

Zuletzt wollen wir noch auf das Marktforschungsinstitut Potenial Park hinweisen, das vor allem bezüglich der Usability einer Karriereseite interessante Studien und Analysen regelmäßig publizieren und dies jährlich an das Verhalten moderner Zielgruppen angepasst.

3.6.2 Jobbörsen/Jobsuchmaschinen

Jobbörsen und Jobsuchmaschinen sind aus einem modernen Recruiting-Portfolio nicht mehr wegzudenken. Sie sind, nach der Karrierewebseite, das am meisten verwendete Recruiting Tool und können als verlängerter Arm der Karrierewebseite gesehen werden. Ganz nebenbei handelt es sich um einen Industriezweig, in dem mehrere Milliarden Euro jährlich umgesetzt werden. Aus diesem Gesichtspunkt ist es absolut nachvollziehbar, dass sich die vor ca. 20 Jahren gegründeten Online-Jobbörsen mittlerweile zu Karriereplattformen mit einem dezidierten Dienstleistungsangebot gewandelt haben. Damit es gelingt, den richtigen Anbieter bzw. die richtige Plattform für Sie und Ihr Unternehmen zu finden, wollen wir uns in einem ersten Schritt mit der originären Klassifizierung der Portale und Plattformen auseinandersetzten, um anschließend einen Blick auf die Werkzeuge und Angebote der Anbieter zu werfen.

Die hier besprochenen Jobbörsen bzw. Karriereplattformen agieren nach unserem Verständnis ausschließlich online und stellen auf dieser Basis Arbeitgebern verschiedene, für die Stellenbesetzung relevante Dienstleistungen zur Verfügung.

Definition: Jobbörse

»Eine Jobbörse ist ein internetbasierter Online-Stellenmarkt, in welchem Betreiber Stellenangebote von Arbeitgebern und/oder Stellenangebote von Bewerbern mittels Informationsabfrage und -selektion zur Vermittlung bereitstellt.« Dossier Nr. 2, Crosswater Systems http://www.crosswater-systems.com/ej5003ap_m_3.htm.

Durch die angesprochene Erweiterung der Angebote und die Vertiefung der Dienstleistungsqualität sind Stellenbörsen zu vielseitigen Dienstleistern geworden. So bieten die Portale neben der Hauptintention, Vakanzen zu veröffentlichen, die komplette textbezogene und grafische Erstellung von Stellenausschreibungen an, sodass auch Kunden, die kein eigenes Fachpersonal hierfür vorhalten, einen professionellen Auftritt haben. Meist bieten die großen Plattformen eigene Bewerbermanagementsysteme an, die bei kleinen Volumina sicher eine gute Alternative zu einer eigenen Softwarelösung sind. Für größere Kunden werden softwarebasierte Schnittstellen angeboten, die automatisch neue Stellenanzeigen auf den Portalen veröffentlichen. Aber auch für Bewerber wurden Mehrwerte geschaffen, um sie an die Plattformen zu binden. Beispielsweise werden regelmäßige Tipps für die Bewerbung und Hilfestellungen für Bewerbungsgespräche veröffentlicht. Das Angebot reicht bis hin zu Online-Schulungen, sogenannten Webinaren. Ein Online-Check der Bewerbungsunterlagen ist mittlerweile bei den großen Anbietern Standard. Darüber hinaus führen die TOP 5 der deutschsprachigen Karriereportale Studien durch, die u. a. das Bewerberverhalten charakterisieren oder aktuelle und zukünftige Trends aufzeigen. Dieser Industriezweig hat sich zu einer vielschichtigen Dienstleistungsbranche entwickelt, die es in einer ersten Draufsicht zu klassifizieren gilt.

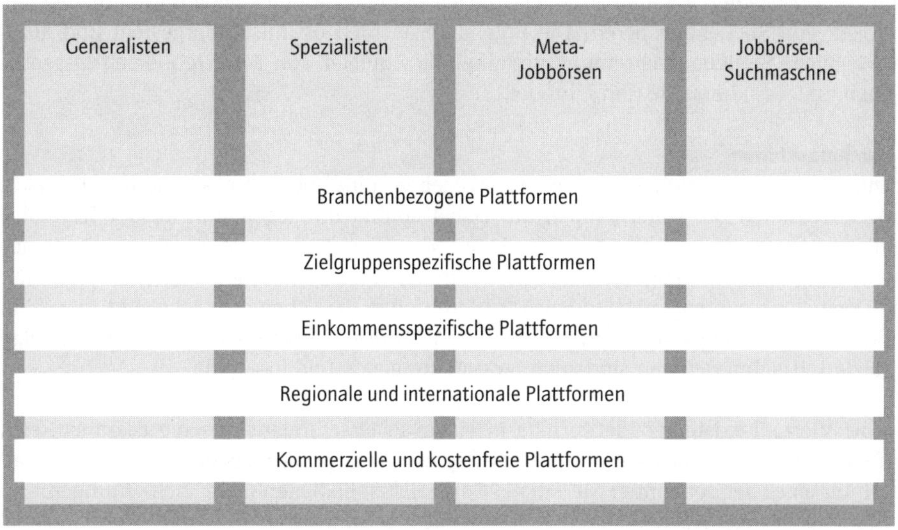

Quelle: eigene Darstellung

Abbildung 36: Klassifizierung von Online-Jobbörsen

Um Jobbörsen einzuteilen, empfiehlt es sich, den Fokus auf zwei Hauptmerkmale zu lenken: Als erstes dient eine Einteilung nach den grundlegenden funktionsbedingten Merkmalen und als zweites Kriterium die Zielrichtung der Plattformen. In Bezug auf die funktionsbedingten Merkmale können vier Arten unterschieden werden:

Generalisten

Die generalistischen Plattformen besitzen auf dem Markt die größten Reichweiten und halten dabei auch die größten Marktanteile. Diese Plattformen bieten neben der gemeinen Veröffentlichung von Stellenangeboten auch einen ganzen Strauß an ergänzenden und zusätzlichen Dienstleistungen für Arbeitgeber und Jobsuchende. Auf diesen Portalen gibt es keine Einschränkungen hinsichtlich der Herkunft der Stelle. Sie haben die Intention, alle Jobsuchenden mit passenden Stellenausschreibungen zu bedienen. Die auf den Portalen veröffentlichen Stellenausschreibungen werden für die Suche rubriziert und passend verschlüsselt. Zu den Generalisten zählen beispielsweise Portale wie stepstone, stellenanzeigen.de und jobware.

Spezialisten

Dagegen sind die spezialisierten Plattformen meist nur auf eine konkrete Zielgruppe oder auch Region zugeschnitten. Meist sind diese Plattformen an Foren, Zeitungen oder Fachprotale gebunden, um die Zielgruppen besser erreichen zu können. Spezialisten besitzen deutlich geringere Reichweiten als ihre großen Konkurrenten und halten auch in aller Regel ein nicht so ausgefeiltes Dienstleistungsangebot bereit. Dennoch bieten diese Portale bei sehr spezialisierten Vakanzen gute Möglichkeiten, die Zielgruppe zu erreichen. Die Streuverluste werden u. a. durch die spitze Ausrichtung der Plattformen und die zielgerichtete Ansprache der Gesuchten deutlich reduziert.

Meta-Jobbörsen

Meta-Jobbörsen bzw. auch Metajobsuchmaschinen besitzen in der ursprünglichen Ausgestaltung, keine Möglichkeit, direkt Stellenausschreibungen zu veröffentlichen. Diese Suchmaschinen durchsuchen automatisiert verschiedene Jobbörsen und stellen diese Ergebnisse bei Anfragen von Suchenden bereit. Die Ergebnisse werden organisch dargestellt und auf die ursprüngliche Stellenausschreibung verlinkt. Als Anbieter von Meta-Jobbörsen lassen sich nennen: indeed, kimeta.de und jobrobot.

Jobsuchmaschinen

Jobsuchmaschinen verfolgen ein anderes Vorgehen: Eine Jobsuchmaschine dockt direkt an Karrierewebseiten der Unternehmen an. Dabei kommt die sogenannte Spider-Technologie zum Einsatz, die neue Stelle auf den Seiten identifiziert und automatisch nach Branche, Tätigkeit und Postleitzahlgebiet rubriziert. Oftmals lässt sich keine trennscharfe Definition und Darstellung von entsprechenden Anbietern in den Bereichen der Meta- und Jobsuchmaschinen bewerkstelligen, da mittlerweile diese Plattformen beide Betriebsmodelle verfolgen. Aktuelle Jobsuchmaschinen sind auch indeed, kimeta.de und jobrapido.

Um die Vielzahl existenter Plattformen in einem zweiten Anlauf fassen zu können, eignet sich ein vertiefender Blick auf die Zielrichtung der Portale. Spezialisten haben dabei in aller Regel nur eines der genannten Merkmale, Generalisten bedienen mehr Zielrichtungen:
- Branchenbezogene Jobbörsen, z. B. Immobilien, Medizin, Bau
- Zielgruppenspezifische Plattformen, z. B. Studenten, Programmierer, Berufsrückkehrer
- Einkommensbezogene Plattformen bieten ab einem bestimmten Gehalt Stellen an
- Regionale und internationale Plattformen, z. B. Euress

- Kommerzielle und kostenfreie Plattformen, z. B. ist die Suche bei der: Agentur für Arbeit kostenfrei.

In den folgenden Ausführungen wollen wir den Fokus vornehmlich auf den generalistisch aufgestellten Plattformen belassen, da diese die größten Marktanteile besitzen und mit dem breitesten Angebot aufwarten. Wir wollen den Fragen nachgehen, welche Angeboten sie bereithalten und was dann bei der Veröffentlichung mit der eigentlichen Stellenausschreibung geschieht. Die Angebotsstruktur der großen Plattformen ist auf den ersten Blick nicht vollständig zu erfassen, daher wollen wir die drei wichtigsten Angebotsbündel kurz vorstellen:

Schaltung von Stellenausschreibungen
Die grundlegende Dienstleistung der Jobbörsen besteht darin, eine Stellenausschreibung zu einem festgesetzten Preis, für einen festgelegten Zeitraum zu veröffentlichen. Der festgesetzte Preis hängt in aller Regel von der gebuchten Laufzeit ab, wobei bei längeren Laufzeiten die Gebühr sinkt. Die angebotenen Laufzeiten variieren je Anbieter zwischen 30 und 90 Tagen, bis hin zu sogenannten Dauerläufern, die bis zu 12 Monate auf der Plattform online sind. Bei größeren Volumina bieten alle Dienstleister auch Paketangebote bzw. Flat Rates an. Ein weiteres Finanzierungsmodell, das hauptsächlich von Meta-Suchmaschinen praktiziert wird, ist die Berechnung der Klicks, die auf eine Stelle führen. Das sogenannte Cost-Per-Click (CPC) Verfahren berechnet nur tatsächliche Besucher der Anzeige und bietet eine interessante Variante zu den oben genannten Paketangeboten.

Employer Branding und HR-Marketing
Auch auf den Online-Jobbörsen hat das HR-Marketing und Employer Branding Einzug erhalten. So wird eine Vielzahl von meistens kostenpflichtigen Zusatzangeboten zur Verfügung gestellt. Diese beginnen bei einem Unternehmensprofil, auf dem Sie Ihr Unternehmen nochmals beschreiben und vorstellen können, über die Integration von Filmen direkt in die Stellenanzeige bis hin zur Darstellung von Social Benefits und anderen Gratifikationen, die das Unternehmen bietet. Zudem werden verschiedene zusätzliche Werbeformate angeboten, bei denen beispielsweise das Firmenlogo prominenter auf der Seite platziert oder ein Werbebanner für eine bestimmte Laufzeit auf der Startseite ausgestrahlt wird. Die Aspekte des Employer Branding werden derzeit von den Anbietern stark forciert, wobei das Verständnis von Employer Branding nicht dem dieses Buches entspricht. Nach unserer Terminologie entspricht dies dem klassischen HR-Marketing.

Lebenslaufdatenbanken
In den meisten Fällen bieten Plattformen den Bewerbern die Möglichkeit, auf der Seite ein geschütztes Profil anzulegen und dort berufsbezogene Daten und den Lebenslauf zu hinterlegen. Um mit diesen Bewerbern auf der Plattform in Kontakt treten zu können, müssen sich Arbeitgeber einen Zugang einkaufen, der nach Laufzeit oder Kontaktaufnahmen abgerechnet wird. Unsere Erfahrung zeigt aber, dass die (deutschen) Bewerber nicht Datenbank affin sind und somit die angebotenen Datenbanken keine kritischen Mengen an passenden Bewerbern vorhalten können.

Die meisten der vorangestellten Angebote sind von ihrem Ausgangspunkt technischer Natur. Bei Stellenbörsen geht es aus Sicht ihrer Kunden darum, eine ausreichende Anzahl an Interessenten mit passender Qualifikation zu generieren, die sich im besten Fall auf die angebotene Vakanz bewerben. Um dies zu bewerkstelligen, setzten Online-Jobbörsen verschiedene Methoden und Verfahren ein:

Suchfunktion auf der eigenen Seite

Durch eine gezielte Verschlagwortung der veröffentlichten Stellenausschreibungen und den Einsatz organischer und semantischer Suchalgorithmen sollen Stellen für die interessierten Besucher schneller und leichter auffindbar sein.

Suchmaschinen Optimierung

Durch die Platzierung der Stellenangebote bei den Suchergebnissen großer Internetsuchmaschinen werden Besucher auf die Webseite der Jobbörse »gelockt«. Dieser Besucherverkehr wird im Internet »Traffic« genannt. Je mehr Traffic ein Unternehmen auf die Stellenangebote bekommt, desto höher ist die Wahrscheinlichkeit, passende Kandidaten anzusprechen.

Partnernetzwerke

Um zum einen zusätzlichen Traffic auf die Stellenausschreibungen zu generieren und zum anderen die Stellenausschreibungen großflächiger im Internet zu verbreiten, unterhalten Stellenbörsen Beziehungen zu unterschiedlichen Partnernetzwerken. Diese Netzwerke lassen sich den Spezialisten zuordnen. So können beispielsweise Stellen in branchenspezifischen oder regionalen Börsen gezielt ausgespielt werden. Diese Verteilung wird mittels der Verschlagwortung Ihrer Stellenausschreibung vom Anbieter automatisiert durchgeführt.

Bannerschaltungen und JobAds

Zudem schalten Jobbörsen auf verschiedensten Internetseiten Online-Banner, die für die Seite passende Stellentitel anzeigen, um so Interessierte zum Anklicken zu bewegen. Zusätzlich werden sogenannte JobAds, also kleine Werbeanzeigen, in verschiedenen Social Networks wie beispielsweise Facebook geschaltet.

Aus den vielzählig durchgeführten Maßnahmen ist erkennbar, dass ein großer Anteil der Kosten einer Stellenausschreibung in der Generierung von Traffic, also von Seitenbesuchern geht. So ist nicht immer gesagt, dass Sie mit dem kostengünstigsten Angebot einer Jobbörse am besten fahren, da hier ggf. das eingesetzte Budget für den Traffic reduziert wird und nicht mehr ausreicht, eine kritische Masse an Besuchern für Ihre Anzeigen zu mobilisieren.

Um die richtige Entscheidung für oder gegen eine Plattform treffen zu können, müssen Sie zwischen den genannten Alternativen abwägen. Da in dieser sehr technisierten und Anglizismen durchdrungenen Branche aus unserer eigenen Erfahrung heraus die Verständlichkeit fehlt, wollen wir Ihnen mit dem folgenden kleinen Glossar auch eine Entscheidungshilfe an die Hand geben. Diese Aufstellung hat kein Anspruch auf Vollständigkeit, weist aber aus unserer Sicht die wichtigsten Merkmale aus, die bei einer Entscheidung eine Rolle spielen (können):

Ziel- und Besuchergruppen

Die Treffsicherheit Ihrer Zielgruppe ist entscheidend für die Auswahl der Plattform. Generalisten haben in aller Regel »von jedem etwas«, wogegen Spezialisten bei kleineren und besonderen Zielgruppen zielführender sein können. Welche Zielgruppen angesprochen werden, und in welchem Alter sich die Besuchergruppen befinden, weisen die Plattformen in ihren Mediadaten aus. Diese werden oftmals zum Download bereitgestellt.

Anzahl und Aktualität der Stellenausschreibungen

Generalisten haben naturgemäß auch deutlich mehr Stellenausschreibungen veröffentlicht als kleinere Plattformen. Auf der einen Seite bergen viele Ausschreibungen ein hohes Besucheraufkommen, auf der anderen Seite muss sich Ihr Angebot dann auch mit einer Vielzahl gleicher Angebote messen. Ist die Börse aber zu klein, raten wir von einer Veröffentlichung ab, da kein ausreichender Traffic generiert werden kann. Ähnlich verhält es sich bei der Prüfung der Aktualität. Sind Stellen über Wochen und Monate hinweg veröffentlicht ist dies ein Indiz für zu wenig Traffic. Hier ist es ratsam, von einer Veröffentlichung abzusehen.

Reichweite – #Page Impressions

Die Reichweite ist eine der wichtigsten Garanten für hohen Traffic auf der Seite. Neben der Bekanntheit der Plattform an sich sind die Anzahl der Partnernetzwerke und Partnerbörsen ein Hinweis, der geprüft werden sollte. Oft geben Anbieter für die Reichweite die sogenannten #Page Impressions an. Dieser Wert soll aufzeigen, wie oft Stellenausschreibungen und Werbebanner ausgespielt wurden. Wir bitten Sie aber im Hinterkopf zu behalten, dass durchaus auch weniger mehr sein kann!

Anzahl der Besucher – Traffic und Unique User

In den Mediadaten, die die Plattformen zur Verfügung stellen, wird immer der allgemeine Traffic, also die Anzahl der Besucher in einem ausgewiesenen Zeitraum angegeben. Zudem erfolgt eine Angabe der sogenannten Unique User. Bei dieser Berechnung werden alle Besucher nur einmalig gezählt. Eine hohe Anzahl an Unique User zeigt, dass die Plattform eine hohe Reichweite hat und durch die zusätzlichen Maßnahmen immer wieder neue Besucher mobilisieren kann.

Laufzeit und Refresh

Grundsätzlich sollte die Laufzeit nicht zu lange gewählt sein, da die angebotene Vakanz besetzt werden soll. Dabei ist zu beachten, wie oft die Stellenausschreibung neu und weiter oben in der Ergebnisliste positioniert wird, sprich nach vorne geschoben wird. Gute Anbieter vollziehen einen sogenannten Refresh alle 2 bzw. 4 Wochen.

Rankings

Zu guter Letzt gibt es Studien, Auswertungen und Erhebungen, die aus den unterschiedlichsten Gesichtspunkten Jobbörsen bewerten und auch prämieren. Es gibt verschiedenste Gütesiegel die beispielsweise für Benutzerfreundlichkeit, Reichweite oder beste Performance innerhalb einer Branchengruppe vergeben werden. Mithilfe dieser Rankings können Sie den Markt schnell und einfach sondieren und eine Reihe von guten Stellenbörsen finden.

Es lässt sich zusammenfassend festhalten, dass es sich beim Markt der Stellenbörsen um einen ernst zu nehmenden Wirtschaftszweig handelt. Sich hier zu Recht zu finden, bedarf eines umfangreichen Einblicks. Dennoch denken wir, dass Sie mit den aufgezeigten Inhalten das Rüstzeug erhalten, eine richtige Wahl für ihr Unternehmen zu treffen und so in der Lage sind, die passende Jobbörse auszuwählen, denn neben den Jobbörsen gibt es weitere, ernst zu nehmende Recruiting Tools die eine Online-Stellenausschreibung positiv unterstützen können.

Blicken wir ein wenig in die Zukunft, ist es zudem interessant, diesen Markt im Auge zu behalten. Denn obwohl er heute noch einen ernst zu nehmenden Zweig darstellt, bemerkt man den geringen Innovationsgedanken der Börsen. Geschickte GoogleAd-Kampagnen können Jobbörsen-Schaltungen in Zukunft vermutlich ersetzen. Hierzu finden Sie in Kapitel 4 weitere Informationen.

3.6.3 Print-Anzeigen

»Totgesagte leben länger!« Diese Aussage mit Printmedien zu assoziieren, ist nach dem derzeitigen Stand der Dinge völlig gerechtfertigt. Die mehrfach angesprochene Technisierung des privaten und beruflichen Lebens bringt einen merklichen Einfluss auf sämtliche Formate der Printmedien mit sich. Vornehmlich Zeitungen merken die durch das Internet gegebene Möglichkeit, Informationen jederzeit abrufen zu können. Mit Blick auf das Recruiting haben verschiedene Zeitungsformate schon seit längerem einen deutlichen Einbruch bei den Veröffentlichungen im Stellenmarkt zu verzeichnen: Die Samstagsausgaben der großen deutschen Tageszeitungen waren früher aufgrund der Vielzahl an Stellenanzeigen noch um ein Vielfaches dicker als die Ausgaben, die unter der Woche erschienen. So fallen die heutzutage veröffentlichen Stellenausschreibungen nicht mehr ins Gewicht. Und dennoch scheinen Printmedien eine unterschätzte Rolle bei der Wahl der eingesetzten Recruiting Tools zu haben. Eine aktuelle Studie des Instituts für Arbeitsmarktforschung (IAB) von 2014 (vgl. IAB Kurzbericht 19/2014) zeigt auf, dass die Verwendung von Printformaten im Recruiting durchaus gängige Praxis ist. Was hier besonders aufhorchen lässt, ist, dass in diesem Kurzbericht nachgewiesen werden kann, dass Print bei den befragten Betrieben im Vergleich zu anderen (online) Stellenveröffentlichungen deutlich erfolgreicher ist. Dies sogar bei Zielgruppen, denen eher Social-Media-Affinität und keine Print-Affinität nachgesagt wird.

Unserer Meinung nach ist die richtige und zielgerichtete Verwendung von Printformaten ein wichtiger Bestandteil im HR-Marketing-Mix und auch ein wichtiges Recruiting Tool. Jedoch muss der Einsatz wohlüberlegt und auf andere Kanäle und Formate abgestimmt sein, da sonst die erwünschten Effekte in diesem recht teuren Medium verpuffen. Nach der folgenden Definition von Printwerbung zeigen wir die grundsätzliche Verwendung auf und gehen nachfolgend auf verschiedene Formate ein.

Definition: Printwerbung

Printwerbung sind alle Werbebotschaften, die in gedruckter Form in entsprechenden Medien erscheinen. Die Übermittlung erfolgt rein visuell. (Springer Gabler Wirtschaftslexikon)

Diese sehr allgemein gehaltene Definition zeigt zwei der hauptsächlichen Kriterien dieses Werbeformates auf: die gedruckte Form und ein rein auf visuelle Gesichtspunkte ausgelegter Transport der Werbebotschaft. Im Recruiting lassen sich daraufhin zwei Einsatzbereiche für Printformate ableiten: Auf der einen Seite kann im Bereich des HR-Marketings die Arbeitgebermarke transportiert und positioniert werden. Auf der anderen Seite werden Vakanzen publiziert. Eine Kombination beider Ansätze ist ebenso denkbar.

Printmedien wird nachgesagt, dass sie in der Bevölkerung eine große Glaubwürdigkeit sowie Aufmerksamkeit genießen. Neben den in hoher Anzahl publizierten Formaten genießen vor allem Fachzeitschriften besondere Akzeptanz in der entsprechenden Leserschaft. Zudem wird unterstellt, dass je nach Format, die Leser in eher entspannten Situationen erreicht werden können und somit die Aufmerksamkeitsspannen deutlich höher sind. Es wird auch hier deutlich, dass die Zielgruppen zum einen den Ausschlag für die Wahl des Formates aber auch zum anderen den Impuls für die Ausgestaltung der Werbung geben.

Wird der Fokus auf die Publikation von Stellenangeboten gelegt, dann finden hier die Vorschläge zur Gestaltung von Stellenausschreibungen (vgl. Kapitel 3.4.2 Die Stellenausschreibung) ihre Anwendung. Vor allem die in der Corporate Identity festgelegten Bilderwelten haben hier einen besonderen Einfluss auf die Aufmerksamkeit der Leser. Gerne verwenden Unternehmen sogenannte Key Visuals, also immer wiederkehrende Bildelemente, um den Wiedererkennungseffekt zu erhöhen und dem Leser eine schnelle Assoziation mit dem Arbeitgeber zu ermöglichen. Besonders bei Werbung, die den Employer Brand ihres Unternehmens transportieren soll, spielen diese Designelemente eine herausragende Rolle. Imageanzeigen haben emotionalen Charakter und verfolgen das grundlegende Ziel, das Arbeitgeberversprechen greifbar und erlebbar zu machen. Durch eine schöne und ansprechende Anzeige, lassen sich die passiv suchenden Gruppen ansprechen und dazu bewegen, sich näher mit der Vakanz und/oder dem Unternehmern auseinanderzusetzen. Jedoch ist nicht jeder Werbeträger und jedes Medium für die ein oder andere Zielgruppe und Zielsetzung geeignet.

Zeitungen, Fachzeitschriften, Magazine

Diese Werbeträger sind wohl die bekanntesten und werden auch am häufigsten in die Planungen mit einbezogen. Mit (Tages-) Zeitungen wird vor allem eine große Anzahl von Lesern erreicht und somit eine breite Verteilung ermöglicht. Jedoch lassen sich Zielgruppen nur schwer einzelnen Blättern zuordnen, sodass in Zeitungen meistens die reine Publikation von Stellenausschreibungen umgesetzt wird. Dagegen ist die Zuordnung von Zielgruppen zu Fachzeitschriften simpler. Indem sie in aller Regel eine ganz bestimmte Leserschaft ansprechen, ist in diesen Medien das Publizieren von Stellenangeboten sowie von Imageanzeigen oder auch kombinierte Formate denkbar. Neben Fachzeitschriften existiert eine Vielzahl von Magazinen, die zum Beispiel Veranstaltungshinweise vorhalten und den Szene-Magazinen zugeschrieben werden können. Diese Magazine werden eher von einer jüngeren Zielgruppe gelesen und eigenen sich für Imageformate, die für diese Zielgruppe speziell zugeschnitten sind. Bei allen drei Varianten handelt es sich um sehr kostenintensive Werbeträger. Abgerechnet wird hier in Millimetereinheiten und nach dem Farbschema (schwarz/weiß oder 4C zum Beispiel). Es ist dennoch ratsam, für Ihre Anzeige eine angemessene Größe zu verwenden und diese auch mit passenden Bilderwelten auszustatten. Zu kleine und trostlos gestaltete Anzeigen erzielen keinerlei Wirkung. Entscheiden Sie sich für die Veröffentlichung in einem der genannten Medien, empfehlen wir Ihnen, immer nach einer Kombinationsmöglichkeit von Print- und Onlineformaten zu fragen. Die meisten Zeitungen und auch viele Fachmagazine betreiben eigene Online-Stellenbörsen und bieten hierzu verbilligte Kombiangebote an, sodass Ihre Anzeige nach der Printpublikation noch eine Weile in der Online-Stellenbörse veröffentlicht ist. Zudem sollten Sie auch stets im Hinterkopf behalten, dass Sie so viel von der Anzeige wie möglich auf Ihrer Karriereseite abbilden. Stellen Sie sich Printanzeige und Karriereseite immer als Duett vor, welches sich gegenseitig ergänzt. Denn es steht unumstößlich fest, auch der Bewerber, der Ihre Printanzeige gesehen hat, wird sich heutzutage über Ihre Karriereseite bewerben. Warum also nicht direkt in Kombinationen denken. Sie sparen damit Platz und generieren Raum für Ideen. Ein Beispiel können Sie in Kapitel 4 sehen.

Plakate, Werbeflächen

Auch diese Medien treffen auf eine Vielzahl von Betrachtern und sind noch unspezifischer als Zeitungen in der Zielgruppenansprache. Plakate und auch Großflächen werden vornehmlich dafür verwendet, um ein gutes Arbeitgeberimage zu transportieren. Beispielsweise können Plakate beim Recruiting von Auszubildenden zum Einsatz kommen und in zuvor bestimmten Schulen ausgehängt werden. Auch für die Bewerbung von Recruiting-Events oder Messen sind Plakate der richtige Werbeträger. Webeflächen gibt es in unterschiedlichen Formaten und Umgebungen. Diese Flächen sind vor allem an öffentlichen Plätzen wie Bahnhöfen, U-Bahnstationen, Litfaßsäulen oder auch Großflächen fest installiert und sind für einen bestimmten Zeitraum zu mieten. Die hier verwendeten Werbeformate sollten auf emotionale Elemente, ansprechende großformatige Bilder und klare, kurze Textaussagen reduziert werden. Hier steht die Arbeitgebermarke klar im Fokus der Werbebotschaft.

Heutzutage können Sie Plakatflächen sehr gezielt online buchen. Damit können Sie diese auch sehr ortsbezogen gestalten und gegebenenfalls sehr »aggressiv«. Ist das Plakat in die Umgebung eingebunden, in der es steht, sorgt es selbstverständlich für deutlich mehr Aufmerksamkeit. Beispielsweise können Sie berühmte Plätze in das Plakat einbeziehen oder es so gestalten, dass es Elemente aus der Umgebung aufnimmt. Sie können aber auch Plakate in der Nähe Ihrer Konkurrenten buchen und direkte Botschaften an deren Belegschaft senden. Dies ist vielleicht etwas sehr subtil, aber wir sind uns sicher, dass Sie da kreative Ideen entwickeln werden.

Handzettel, Postkarten, Beilagen

Diese Werbeträger lassen sich im Bereich des HR-Marketings unterschiedlich einsetzen. Auch hier steht die Arbeitgebermarke im Vordergrund und soll mithilfe dieser Werbeträger einer großen Anzahl von Adressaten zugänglich gemacht werden. Bei sogenannten Sampling Aktionen werden Handzettel oder Postkarten an Personen verteilt, die sich nicht kategorisch in Zielgruppen einordnen lassen. Diese Aktionen dienen dazu, die Werbebotschaft in einer breiten, unspezifischen Masse zu platzieren. Hohe Streuverluste und eine geringe Erfolgskontrolle bringt diese Form der Werbung mit sich. Mittels Beilagen in Zeitungen oder auch in Fachzeitschriften lassen sich Zielgruppen konkreter ansprechen. Dort können Beilagen durch ein besonderes Format oder eine außergewöhnliche grafische Gestaltung Wirkung erzielen. Mittlerweile versucht die Werbung, so tief wie möglich in unsere Lebenswelten einzudringen und bedient sich dafür sogenannter Ambient-Medien wie zum Beispiel Brieftaschen, Bierdeckeln, Zapfpistolen, Fußböden, Kanaldeckel, Kassenbons oder Einkaufswagen. Auch diese Medien eignen sich für den Transport der Arbeitgebermarke. Jedoch muss der Einsatz solcher Medien vielseitig durchdacht und wohl überlegt sein, denn eine falsch platzierte Botschaft oder ein falsch gewählter Werbeträger zahlt unter Umständen negativ auf Ihr Vorhaben ein.

Die vorgestellten Werbeformate können als sogenannte Push-Medien, oder auch Lean-Back-Medien charakterisiert werden. Dies bedeutet, dass die Werbebotschaft dem Leser passiv angetragen und von ihm passiv erlebt und aufgenommen wird. Aber auch beim Einsatz von Printwerbeformaten können Innovationen Einzug halten. So werden dann Printformate zu aktiven Lean-Forward-Formaten. Mit der Integration von QR-Codes in verschiedene Printformate kann eine Verbindung von der »offline-Welt« zur »online-Welt« geschaffen und so auch ein Mehrwert geboten werden. Eine weitere Möglichkeit ist die Integration von sogenannten #Augmented Reality Applicationen, bei denen durch das Scannen der Anzeigen mit einem Smartphone internetbasiert weitere Inhalte dargestellt werden. Diese technologischen Erweiterungen bieten die Möglichkeit, augenscheinlich veraltete und auch langweilige Medien zu neuem Leben zu erwecken und auch für nicht printaffine Zielgruppen interessant zu machen.

3.6.4 Messen

Bevor wir bei dem Thema Messen tiefer ins Detail einsteigen, sollte auch hier definiert werden, worüber wir konkret sprechen wollen. Messen gibt es wie Sand am Meer und nach Art der Messe richtet sich ebenfalls das Konzept. Wenn man im Zusammenhang mit dem Thema Recruiting von Messen spricht, meint man meist die klassischen Firmenkontaktmessen. Diese finden häufig direkt an Hochschulen statt. Weitere Firmenkontaktmessen werden von kommerziellen Anbietern angeboten, wie beispielsweise dem Absolventenkongress oder der Talents. Mittlerweile haben aber auch Fachmessen erkannt, dass Jobsuche auch bei ihnen ein

Thema ist, und bieten teilweise zusätzliche Karrierebereiche an. Als Beispiele kann man hier die InnoTrans oder die CeBiT anführen. Die letzte Form der Messe richtet sich eher an ein allgemeines Publikum und hat dadurch vermutlich die höchsten Streuverluste. Ein Beispiel für eine solche Messe ist die hannoveranische IdeenExpo. Wir unterscheiden also:

Definitionen Messen

Firmenkontaktmesse:
Diese Messen werden eigens für Arbeitgeber und Arbeitsuchende organisiert. Meist richten sich die Messen explizit an Nachwuchsgruppen, aber auch für berufserfahrenes Publikum gibt es Angebote. Bekannte Anbieter sind unter anderem die bonding Studenteninitiativen, der VDI oder die Vocatium.

Fachmessen:
In jeder Branche gibt es sie und sie sprechen in der Regel die Kunden der Aussteller an. Nichtsdestotrotz eignen sie sich für Recruitingmaßnahmen mittlerweile ebenso gut. Schließlich haben die Unternehmen meist ihre Arbeit anschaulich dargestellt dabei.

Messen im Allgemeinen:
Messen, die sich einem bestimmten Thema der Öffentlichkeit widmen, können auch als Recruitingplattform dienen. Die IdeenExpo ist sicherlich eine solche, aber man könnte sich auch ein Konzept für eine Hochzeitsmesse überlegen. Das dort anzutreffende Publikum ist recht zielgruppenscharf.

Im Nachfolgenden werden wir die Betrachtung der Firmenkontaktmessen und dort speziell den Hochschulmessen vertiefen. Hiervon lassen sich viele Dinge auf die anderen Messetypen ableiten, so das wir darauf nicht noch mal gesondert eingehen werden.

Bei jeder Messe muss grundsätzlich beachtet werden, dass man sich intensiv Gedanken zu der dort anwesenden Zielgruppe macht. Dies erwähnen wir derart hervorgehoben, da es schnell in Vergessenheit gerät, sobald die Frage kommt: Und was hat es gebracht? Halten Sie sich bitte stets vor Augen, dass das Besucher-Potenzial einer klassischen Hochschulmesse zu gut 80 % (wenn nicht sogar noch mehr) keinen Abschluss hat, sondern auf der Suche nach einem Praktikum ist. Eine solche Messe also ausschließlich an den Festeinstellungen zu messen, ist ein klassischer Denkfehler. Diese Messen füllen eher Ihre Kandidatenpipeline auf lange Sicht, als kurzfristige Rekrutierungsbedarfe. Letztlich muss dies allerdings dargestellt werden. Das Konzept einer Hochschulmesse besteht immer aus drei Teilen: der Vorbereitung, der Messe an sich und der Nachbereitung:

Vorbereitung
Die Vorbereitung einer Messe beinhaltet nicht nur den rein organisatorischen Teil, wie Messestand buchen, GiveAways bestellen und Transport des Standes sichern. Ein wesentlicher Bestandteil, der über den Erfolg der Messe entscheiden kann, muss ebenfalls organisiert werden: der teilnehmende Fachbereich. Auch wenn man immer wieder Messestände sieht, in denen sich Personaler regelrecht verkriechen, können wir nur davon abraten, ohne Fachbereich eine Messe zu besuchen. Zum einen kann der Fachbereich viel besser und authentischer vom eigenen Tagesgeschäft berichten und zum anderen sollten Sie stets die maximale Anzahl an zugelassenem Standpersonal mitbringen. Jede weitere Person ist eine zusätzliche Kontaktfläche. In der Vergangenheit waren wir teilweise mit zwölf Personen auf einer bonding Hochschulmesse; drei Personaler und neun Fachbereichsvertreter. Das waren oftmals unsere erfolgreichsten Messen und das in jeder Hinsicht. Hierzu aber später mehr. Um die geeigneten Fachbereich ansprechen zu können, braucht man allerdings ein gutes internes Netzwerk und letztlich auch eine professionelle Messeorganisation. Nicht jeder Fachbereichsvertreter eignet sich für den Messe-Job. Es ist Ihre Aufgabe als Recruiter zu entscheiden, wer mitdarf

und auch soll und wer besser am Arbeitsplatz bleibt. Ein Fachbereich, der sich hinter dem Tresen versteckt, hat auf einer Messe nichts verloren. Gleiches gilt natürlich auch für die Personaler. Um die Erwartungshaltung auf beiden Seiten zurecht zu rücken, sollte vor jeder Messe ein Messetraining durchgeführt werden. Dies kann telefonisch erfolgen, sollte aber durch ein Präsenztraining einmal im Halbjahr ergänzt werden. Durch einen Messeschein, den man durch Teilnahme an einem Präsenztrainingserhält, lassen sich die Messeteams qualitativ verbessern. Nur wer solch einen Schein hat, kann auch zur Messe mitkommen.

Es wirkt für Sie gegebenenfalls überzogen, aber Fakt ist, dass es sich um einen offiziellen Außenauftritt Ihrer Firma handelt, bei dem Sie potenzielle Mitarbeiter ansprechen wollen. Das sollte niemals den Eindruck einer »Larifari« HR-Messe bekommen. Sie und jeder, der Sie begleitet, wird an dem Tag das Image des gesamten Unternehmens prägen. Selbstverständlich wird sich jeder Fachbereich an den Kopf fassen und denken, dass der HR-Bereich nun völlig den Sinn für die Realität verloren hat. Aber letztlich taucht diese Frage nur auf, wenn der Rest der Messe gewohnt unprofessionell abläuft. Der Fachbereich kauft Ihnen den neuen Ton nur dann ab, wenn er durchgehend gespielt wird. Ein weiterer Punkt der Vorbereitung ist daher ein schriftliches Handout mit den wichtigsten Messeregeln, welches mit der ersten Einladungsmail versandt wird.

Beispiel: Messehandout für Kolleginnen und Kollegen

- Foto des Standes und des Standardmaterials, welches in der Regel vor Ort ist. D. h. welche Broschüren sind auf dem Stand verfügbar und was ist deren grober Inhalt in wenigen Stichpunkten.
- Kleiderordnung. Vor allem der Hinweis für Frauen, dass flache Schuhe getragen werden sollten, darf nicht fehlen.
- Standregeln. Hierzu gehören: Pausenvereinbarungen, dass am Stand nicht gegessen werden darf, dass man sich nur mit einem Bewerber auf der Standfläche aufhalten sollte und ansonsten im Gang vor dem Stand Passanten anspricht.
- Kurze schematische Darstellung des Bewerbungsprozesses.
- Organigramm des Unternehmens. Dies wird gern von Fachbereichen genutzt, um Bewerbern anhand des Bildes das Unternehmen zu erklären.
- Ein paar Zahlen, Daten und Fakten zum Unternehmen und vor allem zur Anzahl der offenen Positionen.
- Kurze schematische Darstellung der Einstiegswege (Praktikum, Abschlussarbeit, Traineeprogramm, etc.
- Liste mit wichtigen Vakanzen.

In der ersten E-Mail sollte der direkte Ansprechpartner für die Messe stehen, die wichtigsten Infos zur Messe selbst und dass weitere Informationen zur Anreise in einer zweiten E-Mail versandt werden ca. eine Woche vor Messebeginn. Der Termin für das Telefonbriefing und die Regeln zur Absage sollten ebenfalls in der ersten E-Mail enthalten sein. Das Telefonbriefing an sich sollte letztlich dem Messehandout folgen und nochmals erklären, was der Sinn der Messe ist, was einen dort erwartet und das Fachbereichsvertreter natürlich primär für den eigenen Bedarf suchen dürfen. Manche Messen bieten zudem eine Abendveranstaltung an, zu der z. B. im Fall der bonding Messen auch Studierende kommen; nämlich die Studenten, die die Messe organisiert haben. Sollte das der Fall sein, ist die Teilnahme der Recruiter an der Abendveranstaltung verpflichtend und den Fachbereichen sollte man sie nahelegen. Bei Abendveranstaltungen mit Studierenden haben Sie fast immer die Möglichkeit, noch eine Schippe oben drauf zu legen und in entspannter Atmosphäre zu rekrutieren. Nur wenige Firmen nehmen diese Chance wahr, was sie aus unseren Augen noch attraktiver macht.

Erwähnen Sie also bereits in der ersten Mail die Abendveranstaltung, damit sich alle den Termin blocken können.

Jede Messe ist ein bisschen anders. Sehen Sie sich stets genau den Standplan an und welche Firmen Ihre Nachbarn sind. Danach entscheiden Sie, was Sie zusätzlich als Attraktion bieten könnten. Wenn die Möglichkeit besteht, sollten Sie stets auch einen Firmenvortrag buchen oder einen Round Table etc. Je nach Messe werden unterschiedliche Formate angeboten. Damit heben Sie sich schon ein wenig von der Masse ab. Nichtsdestotrotz sollten Sie eine weitere Attraktion auf Ihrem Stand anbieten. Denkbar wäre ein Bewerbungsmappencheck oder eine Karriereberatung. Eigens für eine Messe hatten wir einen Firmenchecker drucken lassen. Ein kleines Büchlein, welches auf den Seiten vorgefertigte Fragen abgedruckt hatte. Fragen, die man einem potenziellen Arbeitgeber auf jeden Fall stellen sollte, auf die ein Berufseinsteiger aber meist nicht von selbst kommt. Für unsere Firma hatten wir diese Fragen selbstverständlich bereits beantwortet. Der Firmenchecker ging weg wie »warme Semmeln«. Solche Ideen sind gefragt und sollten auf die jeweilige Messe angepasst werden.

Messe-Veranstaltung

Haben Sie die Vorbereitungsphase abgeschlossen, so folgt der professionell organisierte Messetag, der ebenso professionell durchlaufen wird. Der Tag beginnt stets mit einem Messebriefing. Die gesamte Standcrew sollte spätestens eine Stunde vor Messebeginn vor Ort sein. Inhalt des Messebriefings ist in der Regel erneut das Handout, es werden aber auch Informationen zur Location und weiteren Dingen, die den Recruitern aufgefallen sind, die bereits zum Aufbau des Standes vor Ort waren, im Briefing am Morgen behandelt. Sollten Sie eine Sonderaktion geplant haben, ist diese nochmals zu erläutern. Ein Messebriefing ist stets auch zeitgleich eine Motivationsrede. Die Standcrew muss nach dem Briefing hungrig auf Gespräche sein. Zudem sind die Spielregeln des Tages festzulegen. Werden Bewerbungsunterlagen angenommen? Wenn es Messekontaktbögen gibt, welchen Bewerbern gibt man diese? usw. Den Abschluss des Messebriefings bildet die Übergabe des Firmen-Pins. Diesen können Sie einmal im Jahr in einer großen Stückzahl bestellen. Jeder am Stand muss den Pin am Anzug oder Kostüm neben dem obligatorischen Namensschild tragen. Für Frauen kann man meist eine Magnetvariante bestellen, da ihnen unter Umständen das Knopfloch fehlt, um ein solches Schmuckstück zu befestigen. Ganz häufig erleben wir es, dass Mitarbeiter schon immer so einen Pin haben wollten, aber nie wussten, wo sie einen solchen bekommen könnten. Mit der Übergabe des Pins lösen Sie also auch auf der emotionalen Seite ein Zusammengehörigkeitsgefühl aus, welches Ihren Messeauftritt enorm stärken wird.

Während des Messegeschehens ist einem Recruiter die Aufgabe als Coach oder Stand-Chef zugeteilt. Seine Aufgabe ist es, dafür Sorge zu tragen, dass Prospekte nachgefüllt werden, dass hier und da einem Fachbereichsvertreter doch noch mal unter die Arme gegriffen wird oder dass die Pausenabwicklung ordentlich erfolgt. Kurzum: die Standlogistik. Des Weiteren beinhaltet die Aufgabe zusätzlich noch die Aufbewahrung der Kontaktbögen oder auch der Bewerbungen, sofern diese überhaupt entgegengenommen werden.

Eine mittlerweile recht gut anwendbare Alternative zum Messekontaktbogen ist eine simple Online-Registrierung die via Smartphone erfolgen kann. Hierzu benötigen Sie lediglich eine sogenannte Talent Community (einige Bewerbermanagementsysteme haben dies häufig schon integriert) und eine mobile Registrierungsmöglichkeit. Für die Messe kreieren Sie einen QR-Code, der die Besucher zählt und bei der Registrierung die Information mitgibt, auf welcher Messe der Kandidat sich registriert hat. QR-Code Generatoren sind frei erhältlich im Internet. Standbesucher, die kein Smartphone besitzen oder den QR-Code nicht auslesen können, können sich über das Stand-iPad registrieren. Letzteres ist eine Messeausstattung, die mittlerweile zum Standard gehört. Die Erfolgsmessung wird dadurch erleichtert und ein enormer Zeitaufwand in der Nachbereitung entfällt. Zum Abschluss der Messe dürfen Sie eines nicht vergessen: das Stand Crew Foto.

Nachbereitung

Zur Nachbereitung der Messe gehört zunächst die Aufbereitung aller Kontakte, die man gesammelt hat. Das heißt, dass man eine erste Bilanz zieht, wie erfolgreich die Messe war. Besucher, deren Unterlagen Sie entgegengenommen haben, müssen benachrichtigt werden; ebenso die neuen Mitglieder der Talent Community bzw. diejenigen, die einen Kontaktbogen ausgefüllt haben. Falls Xing-Kontakte zustande gekommen sind, müssen diese direkt mit Schlagworten versehen werden. Dies wird am besten gemacht, solange die Erinnerungen noch frisch sind. Haben wir diese Aufgaben erledigt, verfassen wir eine Dankesmail an das Standpersonal, fügen das Gruppenfoto der Mail an, einen Feedbackbogen und geben zudem noch die erste Bilanz für die Messe bei. Letzteres natürlich mit dem Hinweis, das mit Effekten noch Monate nach der Messe zu rechnen ist. Den Abschluss der Nachbereitung bildet eine Bewertung der Messe:

Beispiel: Messenachbereitung
- Entsprachen die Besucher der gewünschten Zielgruppe?
- War die Messe durch den Veranstalter im Vorwege ausreichend beworben worden?
- Gab es Dinge, die wir besser machen können?

Für Fachmessen und die allgemeinen Messen kann derselbe Ablauf zugrunde gelegt werden. Vieles von dem Beschriebenen wird allerdings häufig durch den Fachbereich abgedeckt, der eigentliche Aussteller der Messe. Als HR ist man insbesondere auf Fachmassen eher Beiwerk. Sich hier frühzeitig mit dem Messemanagement abzusprechen, ist ein sehr hilfreicher Rat.

Checkliste: Messe

(1) Vorbereitung:
Logistische Planung der Messe (Stand, GiveAways, Transport, etc.)
Bestimmung der Teilnehmer
Einladungsmail
Organisation eines Messetrainings
E-Mail mit Anreiseinformationen und weiteren Details zur Messe

(2) Messe:
Messebriefing
Bestimmung des Stand Chefs
Abschlussfoto
Konsolidierung der Kontakte

(3) Nachbereitung:
Auswertung der Messe
Dankesmail mit Foto, Feedbackbogen und Auswertung
Bewertung der Messe

Jede Messe, die besucht wird, ist ein Aushängeschild des Unternehmens nach außen. Gleichzeitig ist jede Messe, auf die Fachbereiche mitgenommen werden, ein HR-Aushängeschild nach innen. Wie so oft gilt: Hat man nach innen professionell gearbeitet, wird sich dies auch nach außen zeigen.

Zum Abschluss des Messeteils sei nochmals darauf hingewiesen, dass jede Messe nur so gut ist, wie man sie selbst gestaltet. Klar, kann es sein, dass die Messe grundsätzlich schlecht besucht ist. Trotzdem, eine Messe stellt lediglich eine Plattform bzw. ein Gefäß dar. Wie Sie es füllen, liegt ganz bei Ihnen.

3.6.5 Events

Der Begriff #Recrutainment wurde vor einigen Jahren von Joachim Diercks von der Firma Cyquest geprägt. Er stellt eine Kombination aus Recruiting und Entertainment dar und zielt auf die Veränderungen in diesem Bereich ab. Der vertriebliche Charakter, der unserem Geschäft mehr und mehr anhaftet, zahlt ebenso auf das Thema Entertainment ein. Es geht aber nicht darum, die Massen platt zu belustigen. Es soll auch kein Schauspiel dargeboten werden, denn Authentizität steht nach wie vor an vorderster Front. Der Gedanke ist vielmehr, Informationen spielend zu vermitteln. Wer hat behauptet, dass das Kennenlernen eines Arbeitgebers nicht auch Spaß machen darf? In dem Buch mit dem Titel #Recrutainment (Diercks 2013) werden etliche sehr gute Fallbeispiele aufgeführt, anhand derer man schön sehen kann, dass Recruiting durchaus Spaß machen darf. Man sollte darüber hinaus auch nicht vergessen, dass Spaß als Träger einer Information deutlich effektiver sein kann, als jeder andere Träger. Erinnern wir uns an die Spiegelausgabe 10/2013 mit der Cover Story: Spielen macht klug. Der Titel war vielleicht etwas provokativ gewählt, aber die Studien und Beispiele in diesem Artikel zeigen sehr eindrucksvoll, welche Effekte Spiele bzw. Spaß beim Lernen haben kann.

Ausgehend von diesem Intro lässt sich die gedankliche Brücke zu Events wahrscheinlich leichter schlagen. Um dennoch die Vorstellungen in die richtige Richtung zu lenken, wollen wir uns noch von Mallorca Recruiting Reisen oder Recruiting Skifahrten distanzieren. Unterhaltung und Spaß ja, aber nicht um jeden Preis. Die Kunst bei einem #Recrutainment-Event liegt unserer Meinung nach nicht darin, ein unterhaltsames Programm auf die Beine zu stellen. Es ist viel schwieriger, den geeigneten Link zum Unternehmen herzustellen. Auch im Sinne der Differenzierung und des Employer Brandings macht eine Verbindung zum Arbeitgeber oder zu den Botschaften Sinn. Anders ausgedrückt: Ein paar Tickets nach Mallorca besorgen und ein Boot mieten, das kann jeder. Und was genau hat das eigentlich mit Arbeitgeber XY zu tun? Werde ich als Bewerber irgendetwas von dem im Berufsalltag wiederfinden? Diese und andere Fragen werden sich Bewerber zunehmend stellen. Sie hinterfragen heute schon Arbeitgeber stärker als noch vor wenigen Jahren, da ihnen ganz andere Tools an die Hand gegeben werden.

Wie bereits erwähnt: Sehr gute Beispiele für #Recrutainment-Events finden Sie im Buch von Jo Diercks. Auch auf seinem Blog findet mal zahlreiche Beispiele für eben solche Eventformate. Unsere Erfahrung hat gezeigt, dass gerade Mitarbeiter bezüglich solcher Dinge die besten Ideen haben. Trotzdem, ein paar Tipps wollen wir Ihnen gern an die Hand geben.

Tipps:

1. Der Entertainmentanteil an einem Event sollte nicht der Hauptbestandteil sein. Man sollte also nicht versuchen, beispielsweise krampfhaft um eine Raftingtour herum eine Firmenpräsentation zu legen oder andere Recruiting-Aktivitäten. Das lässt sich dann mit einem schlechten Kampfsportfilm vergleichen. Die Geschichte wird einfach um die coolen Kampfszenen drum herum gebaut, wie sie gerade so passt. Dabei entstehen zwar tolle Kampfszenen aber meist eine lausige Story. Blöd nur, dass der Bewerber doch eigentlich gerade die Geschichte hören will.

2. Wenn der Entertainmentanteil pfiffig ist, kann er auch lediglich wenige Minuten der Gesamtzeit beanspruchen. #Recrutainment, wenngleich der Begriff dazu verleitet, darauf zu schließen, ist keine Gleichberechtigung beider Disziplinen. Entertainment sollte eher als Gewürz betrachtet werden, welches dem Recruiting ein wenig Leben einhaucht.

Ein Beispiel für solch eine kleine Prise Gewürz ist eine Werbeaktion von Lego, die bereits etliche Jahre zurückliegt. Die Werbeaktion an sich ist kein Beispiel für einen #Recrutainment-Fall, aber das, was man daraus machen kann. Man muss das Rad nicht ständig neu erfinden, zumal es im World Wide Web Ideen wie Sand am Meer gibt. Dies soll natürlich kein Aufruf zum Ideenklau sein, aber lassen Sie sich inspirieren.

Wir wollen Ihnen eines unserer kleinen Gimmicks zeigen, mit dem wir bei Recruitingevents und auch in Vorträgen arbeiten. Wir haben hierfür eine Werbeaktion der Firma Lego adaptiert. Einen Teil dieser Lego-Werbeaktion können Sie in folgender Abbildung sehen.

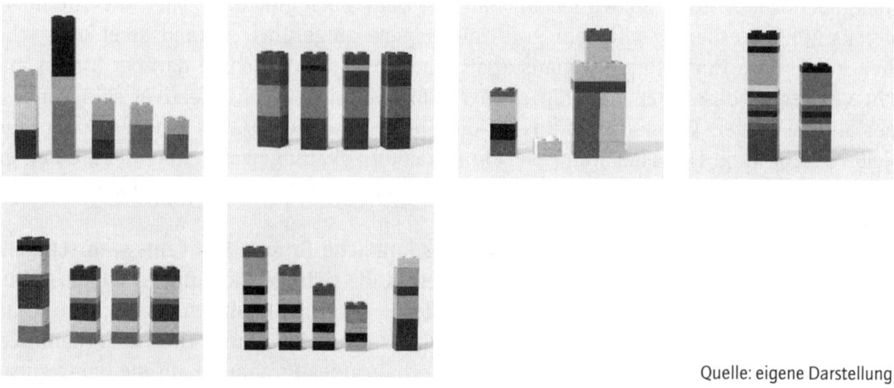

Quelle: eigene Darstellung

Abbildung 37: Lego Bausteine Gruppenspiel Teil 1

Diese und noch weitere Bildchen hatte Lego im Netz veröffentlicht, ohne großartig etwas dazu zu schreiben. Binnen Stunden wurden die Bilder beinahe weltweit geteilt. Unzählige Comic-Firguren wurden durch die Legobausteine dargestellt. Wir haben uns hier sechs berühmte Comic Serien herausgepickt, die von links nach rechts in der Abbildung wie folgt zu bennen sind: Simpsons, Turtles, Asterix und Obelix, Ernie und Bert, Tick Trick und Track und Lucky Luke. Betrachtet man die Abbildung einfach so, wird einem der Bezug zum Recruiting vermutlich nicht direkt klar. Nehmen wir also folgende Abbildung mit hinzu:

Dort sehen Sie sechs Buchstabentafeln. Jede dieser Tafeln ist genau einem Bild aus vorangegangener Abbildung zuzuordnen. Die Zuordnung ist eineindeutig und da Sie nun auch die Darstellungen der Bilder kennen, sollte Ihnen die Zuordnung sehr leicht fallen. Die Tafel mit dem »S« steht für die Simpsons und die Tafel mit dem »T« steht für Turtles. Ebenso gehören die anderen Tafeln zu genau einem Bild. Aufgrund der Art und Weise widerspricht dieses Beispiel zwar ein wenig unserem Grundsatz, dass #Recrutainment stets etwas mit dem Unternehmen zu tun haben sollte. Durch auf Grund der Kürze ist es tatsächlich nur die Prise Gewürz, die Ihr Event erstrahlen lässt. Dieses kleine Internetphänomen eignet sich insbesondere für Case Studies. In einem Event lässt sich dies wie folgt einbauen: Nehmen wir an, Sie hätten eine Case Study für 30 Studenten entwickelt, die diese in sechs 5er-Gruppen bearbei-

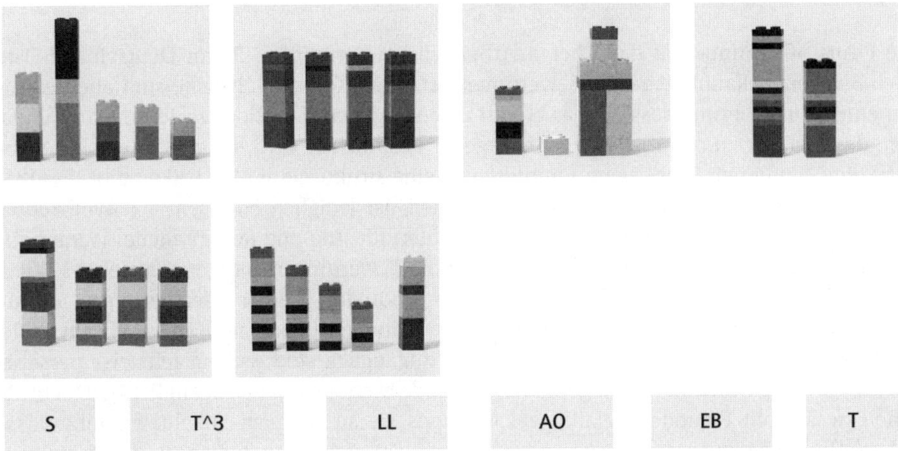

Quelle: eigene Darstellung

Abbildung 38: Lego Bausteine Gruppenspiel Teil 2

ten sollen. Normalerweise wird eine zufällige Gruppenzuteilung gewählt, oder man geht nach Nachnamen vor. In unserem Beispiel erstellen wir von den Bildern aus der ersten Abbildung, also den Legodarstellungen, jeweils fünf Spielkarten. Die Tafeln aus der zweiten Abbildung, auf denen die Buchstaben zu sehen sind, drucken Sie in DIN A4 aus und stellen diese auf die Gruppenarbeitstische. Wenn die Teilnehmer hereinkommen, bekommt jeder eine Spielkarte mit Lego-Bildchen in die Hand gedrückt, mit der Aufforderung sich an den richtigen Tisch zu setzen. Sobald jemand erkannt hat, zu welchem Tisch er/sie gehört, muss er still schweigen. Einfach nur setzen – das reicht völlig. Sie werden dabei beobachten, wie einige es direkt erkennen, andere wiederum 3–5 Minuten brauchen, um die Logik zu entschlüsseln. Allein nach diesen ersten 10 Minuten werden Sie als Arbeitgeber ganz anders wahrgenommen. Es ist eine kleine Innovationsspritze, die dem Event einen sehr positiven Start beschert.

Tipp:
Unser Tipp ist letztlich die Ermutigung, auch mal links und rechts des HR-Marketing/Recruiting-Weges zu schauen und gute Ideen zu adaptieren. Nicht alles lässt sich auf unseren Job übertragen, aber vieles. Die Ideen können gar nicht verrückt genug sein. Dies muss man allerdings in der Ideenfindungsphase auch zulassen. Die Frage, ob etwas zum Unternehmen passt oder nicht, kann gern in der ersten Phase der Konzeptionierung verdrängt werden. Aus Erfahrung können wir Ihnen sagen, dass die Anpassung ans Unternehmen dann schon während der konkreten Planungsphase erfolgen wird. Je nachdem was für ein Event es wird und wen Sie alles beteiligen müssen, wird der Schleifprozess schneller oder langsamer erfolgen. Sie selbst brauchen daher nicht schon in Ihrer kreativen Phase die innovativen Ecken und Kanten abschleifen. Geben Sie Ihrem #Frechmut ein wenig Raum.

3.6.6 Arbeitgeberbewertungsportale

Die Firma »#Kununu« hat das Thema Arbeitgeberbewertung im Raum Deutschland-Österreich-Schweiz bekannt gemacht. Bewertungsportale im Kontext Jobsuche sind aber letztlich nur eine Strukturierung dessen, was eh auf diversen Foren und Blogs zu lesen war. Zu glauben, dass im Netz *nicht* über einen Arbeitgeber gesprochen wird, ist heutzutage schon beinahe eine Dummheit. Dass es nun mittlerweile eine strukturierte Möglichkeit gibt, Feedback zu geben, um anderen die Wahl zu ermöglichen, ist lediglich eine sehr nachvollziehbare Konsequenz aus der Entwicklung der Konsumgüterindustrie und Reisebranche. Wann haben Sie das letzte Mal ein Hotel gebucht, ohne sich die Bewertungen anderer anzusehen? Wie oft lesen Sie die Amazon Kundenbewertung eines Produktes? Immer öfter verfolgen uns und verwenden wir im Alltag die Bewertungen von Mitmenschen. Das Social Web hat zudem dazu geführt, dass diese Bewertungen leichter zugänglich sind, zudem teilweise personalisiert. D. h. Tipps und Bewertungen Ihrer Freunde werden Ihnen zugänglich gemacht. Sie sehen, was Ihren Freunden gefällt, welche Tipps sie an welchen Lokalitäten hinterlassen haben. Die Vernetzung von Bewertungen ist gar nicht mehr aufzuhalten. Im Kontext Arbeitgeber bedeutet dies: Man muss lernen, damit umzugehen. Mehr im Grunde nicht. Unser Gedanke ist nicht, Ihnen an dieser Stelle das Produktportfolio von #Kununu, #Glasdoor oder einer beliebigen anderen Bewertungsplattform herunterzubeten. Dafür eignen sich die Produktblätter der Plattformen sicherlich besser. Uns geht es darum, eine Betrachtungsweise zu verdeutlichen, die einen gewissen Umgang mit den Bewertungen impliziert. Auch wenn die Frage gern gestellt wird, ob wir als Arbeitgeber so etwas zulassen sollen, sie ist völlig irrelevant: Ganz gleich wie die Antwort ausfällt, die Bewertungen werden nicht aufhören. Die Fragen, die wir uns stellen sollten sind:

- Wie wollen wir mit dem Feedback umgehen?
- Woran werden wir als Arbeitgeber gemessen?

Die erste Frage ist schnell beantwortet: offen. Die Einschränkung »sofern das Feedback konstruktiv erfolgte und objektiv gerechtfertigt ist«, sei gestattet. Haarspalter würden uns vermutlich nun auf »was genau ist objektiv gerechtfertigt« festnageln wollen. Genau darauf kommt es im Grunde aber nicht an. Ist das Feedback erst mal im Internet, dann wird es auch nicht so schnell wieder verschwinden. Ganz egal, ob es gerechtfertigt war oder nicht, Sie müssen damit umgehen. Beschreiten Sie den Weg offen, so wagen wir zu behaupten, dass dies für beide Szenarien (gerechtfertigt, ungerechtfertigt) eine sehr kluge Strategie ist. Besonders in heiklen Fällen ist ein offener Umgang mit einem ehrlichen Angebot des Dialogs insbesondere auch für Zuschauer ein gelungener Schachzug. Der Dialog sollte aber wenn möglich bilateral erfolgen und nicht auf der Plattform.

Betrachten wir die beiden Szenarien nochmals detaillierter, so nimmt im ungerechtfertigten Fall Ihr offenes Dialogangebot dem Klagenden den Wind aus den Segeln. Handelt es sich jedoch um einen gerechtfertigten validen Punkt, erlegen Sie sich mit dem Angebot zum Dialog auch die Verpflichtung auf, sich mit dem Kritikpunkt beschäftigen zu müssen. Letzteres sollte dann auch ernst genommen werden, andernfalls entpuppt sich das Angebot zum Dialog als Ente, was wiederum eher dem Image schadet als hilft. Das Beschäftigen und Arbeiten mit der Kritik birgt allerdings enormes Imagepotenzial. Damit wären wir bei Frage zwei: Woran werden wir gemessen? Wir werden daran gemessen, wie wir mit Feedback umgehen. Sind wir lernfähig? Können wir uns entwickeln? Ganz ähnliche Fragen, die uns auch beschäftigen, wenn wir einen Kandidaten einstellen wollen. Ist das überraschend? Wir denken nicht. Eine Firma, die nach außen nicht offen mit Feedback umgehen kann oder es gar ignoriert, wie wird die wohl nach innen agieren? Was für eine Kultur mag in solch einer Firma herrschen?

Wie wir tatsächlich mit Feedback umgehen, beeinflusst wahrscheinlich unser Image deutlich stärker, als eine gute oder schlechte Note auf #Kununu. Als Personaler haben wir es doch schon häufig in Seminaren und Trainings gehört: Begreifen Sie Feedback als Chance und machen Sie etwas daraus – und genau das machen Sie dann transparent. Bessere Werbung kann es kaum geben. Sie haben natürlich recht, wenn Sie sagen, dass es in der Realität nicht immer so schwarz/weiß zugeht. Unsere Aufforderung ist nicht so zu verstehen, dem Klagenden alles recht zu machen. Sehr häufig gibt es gute Gründe, warum bestimmte Verhältnisse bestehen oder Entscheidungen getroffen wurden. Sofern diese veröffentlichbar sind, tun Sie dies oder versuchen Sie, denjenigen ggf. noch mal bilateral abzuholen.

Fassen wir noch einmal zusammen: Ein Bewerber, ein ehemaliger oder gar ein aktueller Mitarbeiter macht uns über eine möglichst unabhängige strukturierte Plattform auf eine Schwäche aufmerksam. Das erste, was wir tun sollten, ist der Plattform zu danken, dass es ans Tageslicht befördert wurde. Als Nächstes sollte man dem Autor des Feedbacks danken, dass er/sie den Mut hatte, es offen anzusprechen, und dann, wenn man diese Schwachstelle ausgebessert hat oder auch aktiv daran arbeitet, sollte man diese Story publik machen.

3.6.7 Social Media

Social Media ist mittlerweile zu einem der beherrschenden Themen nicht nur im Bereich des Recruitings geworden. Es gibt keine Bereiche mehr, privat und beruflich, die nicht in irgendeiner Form mit diesem Medium in Verbindung gebracht werden. Da Social Media auch im Recruiting eine überaus wichtige Rolle spielen, werden wir uns diesem Thema in einem eigenen Kapitel (vgl. Kapitel 4 Social Media Recruiting) ausführlich annehmen und im vorliegenden Kapitel lediglich die Grundlagen dafür schaffen. Daher beginnen wir mit einigen grundlegenden Definitionen und einem kleinen geschichtlichen Abriss, um dann die Hauptindikationen zu benennen, die Social Media auf Recruiting hat.

Social-Media-Anwendungen finden nicht in einem luftleeren Raum statt, sondern sind in das Internet eingebettet. Der Vorgänger des Internets war das sogenannte USENET, ein militärisch genutztes Netzwerk, das auch für den Austausch von wissenschaftlichen Artikeln genutzt wurde. Das daraus entstandene, sogenannte Web 1.0 entwickelte sich fortan sehr schnell und diente vor allem dem Suchen und Finden von bereitgestellten Informationen. Hier wurden auch die ersten Ansätze des internetbasierten Marketings geboren.

Definition: Internet

Das Internet ist der weltweit größte Netzverbund, der jedem Teilnehmer eine nahezu grenzenlose Informations- und Kommunikationsinfrastruktur zur Verfügung stellt. Es handelt sich um ein dezentral organisiertes, globales Rechnernetz, das aus sehr vielen miteinander verbundenen lokalen und nationalen Netzen besteht. Der Informationsaustausch zwischen den einzelnen Rechnern erfolgt auf der Grundlage von verschiedenen Protokollen, von denen TCP/IP die am meisten benutzten Transportprotokolle sind. (IT Wissen – online: http://www.itwissen.info/definition/lexikon/Internet-Internet.html 14.11.2014)

Auf das Web 1.0 folgte das Web 2.0, das Internet, welches wir heute kennen. Der Begriff Web 2.0 tauchte das erste Mal im Jahr 2004 als Name einer Konferenzreihe auf. Eine Gruppe von Beratern um Dale Dougherty referierte auf diesen Konferenzen über den Wandel des bis dato bekannten Internets hin zu einem Netz, in dem mehr Interaktivität und Nutzerbeteiligung stattfinden soll. Hierfür identifizierten sie Kriterien, wie das alte Web 1.0 vom neuen Web 2.0 zu unterschieden wäre. Jedoch erfuhr die Begrifflichkeit des Web 2.0 erst ein Jahr später Bekanntheit, als einer der Referenten einen Artikel über den Wandel des Internets zum Web

2.0 publizierte. Er sprach von einer Revolution des Internets, das zukünftig eine wachsende Mitgestaltung und sogar Mitentwicklung durch den Nutzer selbst ermöglicht. Erst in jüngster Zeit entstand der Begriff Social Media, der vor allem die sozialen Komponenten im Internet beschreibt.

Definition: Social Media

Social Media (deutsch: soziale Medien) ist der Überbegriff für Medien, in denen Internetnutzer Meinungen, Eindrücke, Erfahrungen oder Informationen austauschen und Wissen sammeln (engl.: User Generated Content, UGC). (onlinemarketing Praxis – online: http://www.onlinemarketing-praxis.de/glossar/social-media-soziale-medien – 14.11.2014)

Die Begrifflichkeiten des Web 2.0 und Social Media sind unserer Recherche nach nicht klar voneinander abzugrenzen. Jedoch haben die von uns gesichteten Definitionen und Erklärungen gemeinsam, dass das Web 2.0 für den »User Generated Content«, also von Benutzern erzeugten Inhalt steht. Beispiele hierfür sind vor allem Blogs und Wikis. Dagegen steht Social Media für die Vernetzung und den aktiven Austausch mit Gleichgesinnten und Usern. Als bekannteste Vertreter von Social-Media-Plattformen lassen sich Facebook oder Twitter nennen. Bei der definitorischen Abgrenzung der Begriffe Web 2.0 sowie Social Media kann es aber auch zu Unschärfen kommen, da Dienste beide Intentionen auf ein und derselben Plattform verfolgen. Zum Beispiel können bei Facebook Statements und Beiträge in Gruppen diskutiert werden, aber man kann auch direkt soziale Kontakte knüpfen. Bei solchen Plattformen sind die unterschiedlichen Ansätze verschmolzen. Social Media und Web 2.0 haben das Internet innerhalb kürzester Zeit revolutioniert und es zu einem sozialen Netz entwickelt, das Menschen auf unterschiedlichen Plattformen miteinander verbindet. Dies gilt für den privaten aber auch für den beruflichen Bereich. Aus Sicht der Unternehmen ergeben sich durch das Web. 2.0 und Social Media neue Möglichkeiten und Herausforderungen für das HR-Marketing und auch Recruiting, denen Sie sich stellen müssen.

Es existiert neben den bereits genannten Social-Media-Kanälen ein ganzer Strauß an verschiedenen Diensten und Angeboten, die bei unterschiedlichen Benutzergruppen zum Einsatz kommen. Folgende Grafik weißt zusammengefasst die wichtigsten aus:

Foren	Weblogs	Microblogs
soziale Netzwerke	Wikis	Social-Bookmark-Portale
Bewertungsportale	Auskunftsportale	Photo-Sharing-Portale
Musik-Sharing-Portale	Videot-Sharing-Portale	Document-Sharing-Portale

Quelle: eigene Darstellung

Abbildung 39: Social Media – Ein Überblick

Bei jeder genannten Plattform oder jedem Portal können konkrete Anbieter und Dienste verortet werden. Die sozialen Netzwerke subsummieren Facebook und Xing. Den Mircoblogs kann Twitter zugeordnet werden und #Kununu lässt sich beispielsweise bei den Bewertungsportalen finden. In den letzten Jahren haben sich die Social-Media-Angebote in einer kaum zu erfassenden Vielfalt entwickelt. Für Unternehmen und im Speziellen für das Recruiting gibt es Dienste, deren Einsatz sich besonders eignet. Auf diese Dienste und Einsatzmöglichkeiten gehen wir im folgenden Kapitel 4 vertiefend ein.

Die anvisierten Zielgruppen Ihrer Recruitingbemühungen bestimmen die Social-Media-Plattform, die zum Einsatz kommen wird. Aber auch die Reichweite der Angebote, die Nutzerintention und Nutzerintensivität sind Kriterien, die einzeln beleuchtet werden müssen. Die aktuelle Studie »Soziale Netzwerke«, die von Bitkom e. V. aus Berlin im Jahr 2013 zum dritten Mal durchgeführt wurde, beschreibt plakativ, dass der Höhepunkt in der Nutzung von sozialen Netzwerken erreicht sei (Bitkom 2013, S. 2 ff). 78 % aller Internetnutzer sind in mindestens einem sozialen Netzwerk angemeldet und 68 % davon nutzen diese aktiv. Als Hauptmotivation für die Nutzung von Social Media wird die Vernetzung und das Kontakt halten mit Freunden und Bekannten genannt. Daher sind die Funktionen »Nachrichten verschicken« und »chatten« die am meisten verwendeten. Zudem geht daraus klar hervor, dass bis auf einige Ausnahmen die sozialen Netzwerke privat genutzt werden. Als Ausnahmen für die berufliche Nutzung werden XING und LinkedIn genannt. Bei der Nutzung scheinen die Altersgruppen unter 30 deutlich aktiver zu sein. Diese geben an, täglich in den Netzwerken aktiv zu sein (ebd.). Die Studie macht deutlich, dass eine intensive Auseinandersetzung mit verschiedenen Social-Media-Plattformen für das Recruiting unumgänglich ist. Wird Social Media als Recruiting Tool eingesetzt, sind hauptsächlich zwei Denkansätze möglich: Der erste Ansatz, der zum Einsatz kommen kann, ist die Verwendung von Social Media als Kanal für das HR-Marketing und für die Verbreitung der Arbeitgebermarke. Die zweite Stoßrichtung verfolgt das zielgerichtete Recruiting, bei dem ausgewählte Kanäle als operatives Recruiting Tool zum Einsatz kommen. Das Social-Media-Marketing ist mit Ansätzen des Online-Marketings zu vergleichen und hat nicht zwangsweise das unmittelbare Recruiting im Fokus. Das Bestreben liegt hierbei oft in der Pflege der Arbeitgebermarke, der Bindung von Interessenten und Kandidaten, der Steigerung der Reichweite, der Steigerung der Besucherzahlen für das eigene Onlineangebot sowie der #Suchmaschinenoptimierung. Diese vielfältigen Aufgaben lassen sich nur in einer abgestimmten und definierten Strategie umsetzen, die vorab entwickelt und geplant werden muss. Social-Media-Recruiting ist dagegen eine hoch professionalisierte Form des Recruiting, die ein hohes Maß an Recruitingkompetenz sowie Wissen über ausgewählte Social-Media-Plattformen verlangt. Beispielsweise werden mittels vakanzbezogener Suchstrings Businesswerke durchsucht oder die Beiträge von Fachforen analysiert und dann konkret interessante Kandidaten angesprochen.

Beiden Ansätzen und Anwendungsformen liegt der Grundgedanke des Austauschens, des Miteinander und der Partizipation zugrunde. Wenn Sie sich mit Ihren Unternehmen entscheiden, Social Media einzusetzen, dann werden Sie in den meisten Fällen zum Gast und sind nicht länger Gastgeber. Durch das Angebot, über Social Media mit Ihrem Unternehmen in Kontakt zu treten, laden sie User zudem dazu ein, sich mit Ihnen zu unterhalten und sich auf Augenhöhe auszutauschen.

3.6.8 Andere Ansätze: Whatchado

Ein etwas anderer Ansatz des Recruitings oder vielmehr des HR-Marketings ist WHATCHADO. Das 2011 in Wien gegründete Startup baute in den vergangenen Jahren eine Job-Video-Plattform auf. Nichts Besonderes mag man auf den ersten Blick denken, aber auf den zweiten Blick steckt eine kleine Revolution in der Idee. Auf WHATCHADO können Firmen Mitarbeitervideos einstellen, auf denen die Mitarbeiter von ihren Jobs berichten. Jedes Video, egal von welcher Firma es eingestellt wurde, folgt den gleichen sieben Fragen:
- Drei Ratschläge an dein 14-jähriges Ich
- Was steht auf deiner Visitenkarte?
- Was ist das Coolste an deinem Job?
- Welche Einschränkungen bringt dein Beruf mit sich?
- Worum geht es in deinem Job?
- Wie schaut dein Werdegang aus?
- Ginge es auch ohne deinen Werdegang?

Diese Standardisierung der Interviews ist allerdings noch nicht die Revolution. Der Knackpunkt der Idee kommt erst nach dem Interview. Jeder Mitarbeiter wird dann gebeten, online 19 Fragen zu seiner Persönlichkeit zu beantworten. Diese werden sozusagen unsichtbar dem Video angehängt. Wenn nun ein Besucher auf das Portal stößt, kann er oder sie als erstes ebenfalls die 19 Fragen beantworten. Anschließend werden ihm/ihr dann Videos anhand des Matchingfaktors angezeigt. Je mehr Übereinstimmungen ein Besucher mit einem Interviewten hat, desto höher wird das Video gerankt. Sie sehen dann als Besucher, dass das Video von Herrn Müller der Firma xx im Matching 90 % Übereinstimmung hat. Dem Bewerber wird auf einmal ermöglicht zu sehen, was Menschen arbeiten, die so ähnlich »ticken« wie er.

Gerade in der Berufsorientierung wird das Tool durch diesen Mechanismus sehr mächtig und für unbekannte Unternehmen sehr interessant. Auf einmal geht es nicht mehr um Marken und Produkte. Auf einmal zählt der Mensch. Interessanterweise ist bislang noch kein anderes Tool auf den Gedanken gekommen, Menschen zu matchen anstelle von Menschen und Jobs. Die Regel ist, dass man – wie bei Xing beispielsweise – aufgrund seines Profils eine Anzahl x an Stellen vorgeschlagen bekommt. Die Richtung, die von WHATCHADO eingeschlagen wird, zielt viel stärker auf den #Person-Organisation-Fit ab, und dem, was man eventuell als höhere Ziele betrachten würde: Was für ein Mensch bzw. Typ bin ich, und was haben andere aus diesen Interessen und Neigungen gemacht? Obwohl viele nur den großen Marken hinterherlaufen und um jeden Preis einen Job bei solch einer Super-Brand annehmen würden, stellt sich hier eher eine langfristige Frage und ein Ansatz, der auf uns nachhaltiger wirkt. Mit ein wenig Fantasie könnte man dies auch #Green-Recruiting nennen. Ich gehe in mich und betrachte meine Wünsche und Interessen. Anschließend werde ich auf Basis dieses Ergebnisses mit anderen Menschen verglichen und kann mir ansehen, was sie beruflich gesehen glücklich gemacht hat.

Kommen wir zurück zum eigentlichen Tool. Wie immer gilt, das Tool kann nur so viel, wie ich mit dem Tool auch mache. Im Fall von Whatchado kann ich als Unternehmen die Videos sehr flexibel einsetzen. Durch den zur Verfügung gestellten #embedded Code können diese in die Karriereseite, in Stellenanzeigen oder im Intranet einfach integriert werden. Sehr beliebt ist zudem die Verwendung in Präsentationen.

Solche neuartigen Ansätze, die vor allem den Bedürfnissen der neuen Generationen entsprechen, werden vom Markt gesucht. In einer Welt, in der es immer mehr Ausbildungsberufe gibt, die Bezeichnungen unverständlicher werden und vor allem von den Eltern und Lehrer nicht mehr zu erklären sind, weil es früher diese Berufe garnicht gab, ist ein solcher

Matching-Algorithmus genau das Richtige. Eingebettet in eine gesamthafte HR-Marketing- und Recruiting-Strategie können wir dieses Tool vor allem in der Nachwuchsrekrutierung empfehlen. Man könnte fast meinen, es ist HR-Marketing und Berufsorientierung in einem. Unsere Erfahrung zeigt zudem, dass Berufserfahrene ganz erpicht darauf sind zu wissen, wen das Tool ihnen vorschlägt. Auch auf diese Weise werden neue Firmen entdeckt und man bekommt spannende Einblicke in deren Geschäftsalltag.

3.6.9 Einsatz von Software und Tools

Recruiting hat zunehmend häufiger eine sehr technische Komponente. Recruiter müssen sich mit Schnittstellen befassen und Systemanforderungen schreiben. Ihr Alltag dreht sich um #HTML 5 und #Flash und diverse mobile Endgeräten, auf denen das eine oder andere sich darstellen lässt oder auch nicht. Im Grunde technisiert sich der gesamte Recruitingprozess zunehmend. In diesem Kapitel geht es weniger um die Technik an sich. Also die technischen Endgeräte und Gadgets, die man im Verlauf seiner Arbeit verwendet. Das Smartphone oder auch das Tablet seien hier als Beispiel genannt. Es geht viel mehr um die technische Seite der Prozessschritte 2, 3, 4 und 5. Damit meinen wir die softwareseitige Betrachtung dieser Prozessschritte.

Das starke Rückgrat eines Recruiting-Prozesses ist ein effektives Bewerber-Management-System (BMS). Idealerweise ist dieses Teil einer HR IT-Landschaft, die auch die Personalplanung, Stellenbeschreibungen, Jobfamilien und alle anderen HR-Prozesse mit abdeckt. Unser Anliegen ist es nicht, die gesamte HR-Strategie eines Unternehmens infrage zu stellen, aber ein Recruitingprozess, der in eine gesamthafte HR-Strategie eingebettet ist, lebt sich einfacher. Eine konkrete Empfehlung für ein bestimmtes BMS abzugeben, ist ebenfalls nicht Aufgabe dieses Buches. Die Anforderungen und Bedürfnisse können sich zu sehr von Unternehmen zu Unternehmen unterscheiden, als dass man ein bestimmtes BMS pauschal empfehlen könnte. Maßgeblich kann dies auch von Ihrem führenden HR-System abhängen. Es ist gut abzuwägen, sofern dieses nicht bereits mit einem für Sie optimalen BMS ausgestattet ist, ein anders (vermeintlich besseres) BMS einzukaufen, welches dann gegebenenfalls an Schnittstellenproblematiken krankt. Nichtsdestotrotz wollen wir ein paar Funktionen eines BMS und der damit verbundenen Tools hervorheben, die wir als sehr nützlich kennengelernt haben.

Die Betrachtung eines BMS erfolgt unserer Ansicht nach stets von zwei Perspektiven aus: einer inneren und einer äußeren. Die innere Perspektive geht den meisten leicht von der Hand, denn sie beschreibt die Unterstützung für den Recruiter. Hiermit ist beispielsweise die Usability gemeint. Nachfolgende Stichpunkte geben weitere Ansatzpunkte, auf die man im Sinne der inneren Sichtweise achten kann:

- Anlegen von Stellenanzeigen
- Klonen von bestehenden Anzeigen
- Integration von Fachbereichen in den Prozess
- Interviewmanagement
- Ratingsystem
- Anbindung Dritter an das System (z. B. Online Assessment Anbieter)
- Poolmanagement

Dies sind nur ein paar Schlagworte, an die man bei der Toolauswahl denken sollte. Es gibt etliche weitere. Die äußere Perspektive ist die der Kandidaten. Viel zu selten wird diese Perspektive aktiv eingenommen und optimiert. Recherchiert man nur ein wenig im Internet, wird man schnell fündig: Es finden sich unzählige Geschichten von Bewerbern, die am Online Recruiting Tool eines Unternehmens gescheitert sind. Es ist schon längst nicht mehr die Frage, ob man sich online bewerben kann, sondern wie komfortabel kann man sich online bewerben. Mit dem Aufkommen des Social Web haben viele Teile und Bereiche eines Unternehmens sich ganz ungewollt zu Aushängeschildern entwickelt: die Recruiter, die Führungskräfte, die Mitarbeiter und auch das Online Recruiting Tool. Menschen, Prozesse und IT, sie alle spiegeln ein gewisses Bild nach außen, welches durch den Bewerber wahrgenommen wird. Der Begriff Steinzeit wird gern in diesem Zusammenhang in den Mund genommen, selbst wenn ein Online Recruiting Tool existiert. Wer dies als übertrieben empfindet, muss die vergangenen 10 Jahre geschlafen haben. Es ist nicht weit hergeholt zu behaupten, dass Bewerber aus dem Online-Karriere-Auftritt eines Unternehmens Schlüsse auf das Unternehmen ziehen. Mal ganz im Ernst: Wer glaubt denn, bei einem Auto-Händler, der draußen nur verrostete Karosserien stehen hat, drinnen einen Ferrari vorzufinden? Blickt man also von außen auf das System, können nachfolgende Stichpunkte als Hilfsanker dienen.

- Nutzung von bereits bestehenden Profilen (z. B. Xing, LinkedIn) für die Bewerbung
- Mobile Optimierung des Prozesses (z. B. #Responsive, Visualisierung, Navigation)
- Unterstützung bei der Jobsuche auf Basis von bestehenden Profilen (z. B. Social Matcher)
- Möglichkeit des CV #Parsings
- Breadcrum Navigation
- Transparente Darstellung des Prozesses und automatisiertes Prozessfeedback

Die nun folgenden Absätze werden einzelne Stichpunkte sowohl der Innensicht als auch der Außensicht näher beleuchten. Ob tatsächlich all diese Funktionen immer so notwendig sind, hängt, wie bereits geschrieben, vom Einzelfall ab. Einen Überblick über die modernen Möglichkeiten sollte man dennoch haben, selbst wenn manche Funktionen in dem einen oder anderen Unternehmen nicht zum Einsatz kommen.

Jobaggregatoren

Beginnen wir mit dem Bereich der Jobaggregatoren. Jobaggregatoren sind Dienstleister, die Ihnen die lästige Schnittstellenarbeit zu den diversen Jobboards abnehmen. Das heißt, anstatt Jobbörse A, B und C einzeln anzubinden, binden Sie lediglich den Jobaggregator an Ihr BMS an und dieser kümmert sich dann um die Anbindung der für Sie relevanten Börsen an sein System. Eine wirklich sehr komfortable Lösung, wenn sie denn funktioniert. Die Anbieter, die es auf dem Markt gibt, wie Broadbean oder Prospective, unterscheiden sich im Wesentlichen durch die Liste der bereits angebunden Jobboards. Einige Anbieter haben sogar weitere Medien im Portfolio, was unter Umständen eine Bereicherung sein kann. Sehr charmant sind häufig die Reporting-Funktionen, die ein solcher Aggregator mit sich bringt. Bezogen auf die Auswertung der Performance einzelner Jobboards kann auch dies sehr komfortabel sein. Manche BMS bringen vordefinierte Kooperations-Jobaggregatoren mit, deren Anbindung im Vorwege oder bei anderen Kunden bereits erprobt wurde. Nach solchen Empfehlungen sollte man stets fragen, sofern der Anbieter nicht schon von sich aus, solche Vorschläge angebracht hat. Letztlich klingt es recht trivial und vorteilhaft, aber auch hier steckt der Teufel im Detail. Aus eigener Erfahrung können wir berichten, dass man sich für dieses Thema explizit Zeit nehmen muss, ja gegebenenfalls ein eigenes kleines Projekt aufsetzt.

Ob man tatsächlich ein solches Tool als Unternehmen benötigt, hängt sehr von der eigenen Recruitingstrategie ab. Zu einem professionellen BMS raten wir dringend. Den Jobaggregator muss man nicht unbedingt haben. Ohne unserem Ausblick auf die Trends inKapitel 8 zu viel vorwegzunehmen, so liegt es doch auf der Hand, dass Recruiting sich immer weiter spezialisiert. Die Ansprache von Kandidaten wird immer zielgerichteter und das Ende der Jobboards,

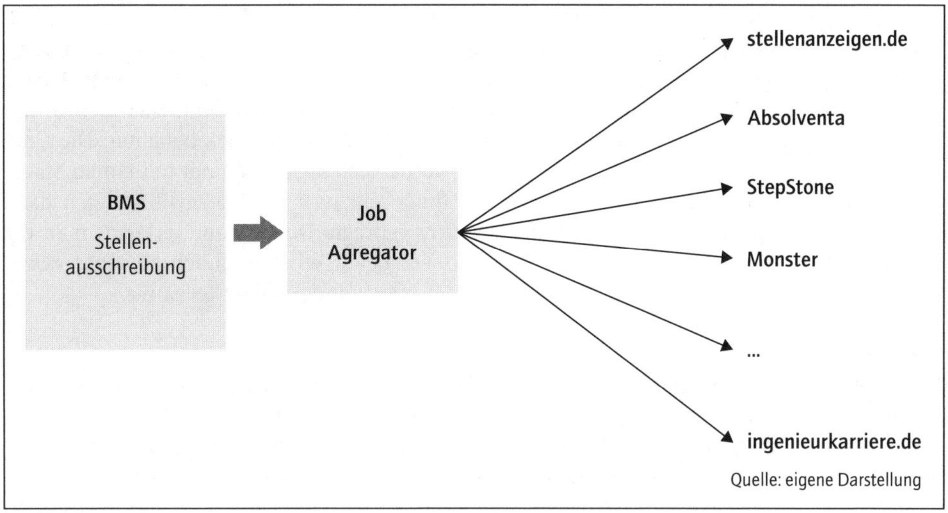

Abbildung 40: Job Aggregator BMS

so wie wir sie heute kennen, naht. Ein guter Mix aus #Sourcing und GoogleAd-Kampagnen kann die Jobboards von heute schon sehr in die Enge treiben. Die Möglichkeit, sehr effektiv potenzielle Kandidaten direkt auf seine eigen Karriereseite zu lenken durch Nutzung der Google Ads, führt zu Traffic auf der eigenen Seite und somit einer Verkürzung der Candidate Journey, was grundsätzlich als sehr positiv gewertet werden kann. Den Aggregator kann und sollte man daher in die Maßnahmen-Ableitung aus der Strategie einbeziehen und nicht losgelöst einkaufen.

Checkliste: Entscheidung für oder gegen Jobaggregatoren – auf was sollte man achten?

(1) Ist der Aggregator Teil einer überlegten Recruitingstrategie? Sollten Sie beispielsweise unternehmensweit den Hauptfokus und auch die Ressourcen in das #Sourcing investieren, brauchen Sie vielleicht nicht unbedingt einen Jobaggregator?

(2) Wie sieht das Portfolio des Aggregators aus? Deckt es sich mit meinen Bedarfen? Hierbei lohnt sich eine Langzeitbetrachtung und nicht nur eine kurze Analyse der aktuellen Lage. Wie werden sich die Bedarfe in den nächsten 2–3 Jahren entwicklen?

(3) Welche Unternehmen zählen bereits zu Kunden des Aggregators? Sind es Unternehmen, die dem Ihrigen recht ähnlich sind, so ist es sehr viel wahrscheinlicher, dass der Aggregator in Ihrem Sinne weiterentwickelt wird.

#Parsing

Der Begriff #Parsing oder auch #Parser kommt aus der Informatik und meint die Analyse einer Zeichenkette sowohl analog als auch digital. Im Zusammenhang mit einem BMS handelt es sich um die Fähigkeit eines Systems, den Lebenslauf eines Kandidaten aus einem angehängten Dokument auszulesen und in die entsprechenden Felder eines Online-Recruiting-Formulars zu übertragen. Gleiches gilt aber auch für online verfügbare Profile, wie etwa ein Xing-Profil, welches ebenfalls durch einen Parser ausgelesen werden kann. Auch dort werden dann die ausgelesenen Werte in das Online-Formular übertragen. Letztere Variante zeichnet sich häufig durch eine deutlich höhere Qualität aus. In nicht allzu ferner Zukunft wird sich ohnehin die Frage stellen, wofür man einen Parser für Dokumente benötigt. Ein ausgelesenes Xing-Profil wird bald den meisten Unternehmen für eine erste Auswahlentscheidung völlig ausreichen. Für den Komfort eines Bewerbers und damit der Candidate Experience ist das #Parsing eine enorme Verbesserung gegenüber der bisherigen händischen Eintragung der abgefragten Werte. Der nächste logische Schritt nach der Einführung eines Parsers ist die Etablierung der One-Click-Bewerbung. Damit geht man einen deutlichen Schritt auf den Bewerber zu, muss aber auch stets die Vor- und Nachteile im Blick behalten. Die One-Click-Bewerbung ist eine Variante, bei der der Bewerber sich tatsächlich mit nur einem Mausklick bewerben kann. In Kapitel 8 werden wir Ihnen ein paar nähere Ausführungen dazu bereitstellen. Schaut man auf das eher konservativ geprägte Deutschland, erkennt man die vielen Schritte, die noch gegangen werden müssen, bevor wir tatsächlich zu einer #One-Klick-Bewerbung gelangen. Bis dahin ist ein Parser eine wundervolle Alternative.

Social Matcher

Gehen wir einen Schritt weiter bzw. durchdenken die Fähigkeiten eines Parsers etwas strategischer, so ist der Weg zum sogenannten Social Matching nicht mehr weit. Bei diesem Matching vergleicht das BMS online Profile (z. B. Ein Xing- oder LinkedIn-Profil) mit den Anforderungen einer ausgeschriebenen Stelle. Auf Basis dieses Vergleichs werden den Kandidaten dann passende Anzeigen vorgeschlagen. Der Kandidat gibt also anstelle von Suchkriterien einfach ein Online-Profil in der Jobsuche des Unternehmens an. Das Programm liest die Daten des Profils aus und vergleicht diese mit den aktuell ausgeschriebenen Stellenangeboten. Sobald es einen Treffer gibt, wird dieser dem Kandidaten angezeigt. Gerade bei Unternehmen mit einer hohen Anzahl an ausgeschriebenen Angeboten ist das ein sehr nützliches Tool. Zudem wirkt es in der Außendarstellung sehr modern.

Die Welt ist mobile

Bereits im Abschnitt des BMS haben wir es erwähnt und auch im Verlauf des Buches spielt dies Thema immer wieder eine Rolle: die Mobilisierung des Recruitingprozesses. Im ersten Schritt gehört hier insbesondere die mobile Verfügbarkeit der Karriereseite und der Jobs dazu. Idealerweise gestaltet man die Karriereseite und auch die Stellenangebote #responsive. Dies bedeutet, dass die Seite erkennt, mit was für einer Art von mobilem Endgerät auf sie zugegriffen wird. Ist es ein Smartphone oder ein Tablet oder doch ein Netbook. Die Seite passt sich in der Darstellung dem jeweiligen Gerät an.

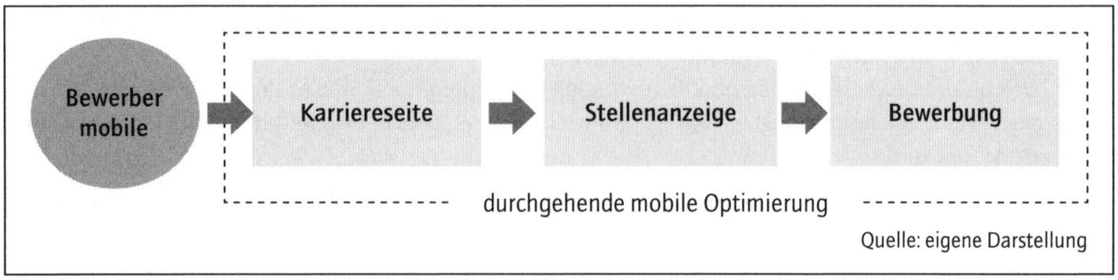

Abbildung 41: Mobile Optimierung Karriereseite Stellenausschreibung Bewerbung

In den meisten Fällen endet das BMS bei der eigenen Stellenbörse, das heißt, die Karriereseite läuft auf einem anderen System. Es ist daher darauf zu achten, dass beides mobil optimiert wird. Es macht nur wenig Sinn, mobil optimierte Stellenanzeigen zu haben, wenn der Karrierebereich nicht optimiert wurde. Der Bewerber würde noch bevor er zur Stelle gelangt, die Suche abbrechen. Hat man eine mobil optimierte Stellenbörse und damit auch entsprechende Stellenanzeigen, muss man auch noch die letzten Meter zu Ende denken: Wie soll sich der daran angeschlossene mobile Bewerbungsprozess gestalten?

Beispiel: Gestaltung eines mobilen Bewerbungsprozesses

(1) Eine einfache Variante ist die des Stellenmailings. Der Bewerber schickt sich die Stelle einfach selbst zu, um sich später vom Festrechner aus zu bewerben. Dieser Prozess ist nicht schön, aber ein Anfang.

(2) Die wesentlich komplexeren Varianten sind diejenigen, bei denen man sich direkt vom Tablet oder Handy aus bewerben kann. In diesen Fällen muss man sich in der Regel einen gesonderten Prozess überlegen. Eine Möglichkeit ist, die Nutzung eines Online-Profils, welches vom Bewerber angegeben wird. Eine andere Variante ist, Basisfragen zu stellen, aufgrund deren Antworten aus Sicht des Unternehmens eine erste Auswahlentscheidung erfolgen kann.

Unser Eindruck ist, dass aufgrund mangelnder Technisierung der heutigen Personaler ihnen die Vorstellungskraft fehlt, einen mobil optimierten Bewerbungsprozess zu gestalten. Learning by doing ist hier ein Weg aus dem Dilemma. Versuchen Sie einmal, sich bei der Deutschen Bahn oder bei der Allianz auf eine beliebige Stelle zu bewerben. Beide Unternehmen haben viel Zeit und Geld in das Thema Mobile investiert und sehr gute Varianten auf den Markt gebracht. Im Anschluss folgt der Vergleichstest. Bewerben Sie sich in Ihrem eigenen Unternehmen mobile auf eine beliebige Stelle. Sollten Sie einen Unterschied feststellen, können Sie daraus ableiten, dass bei Ihnen Handlungsbedarf besteht.

Der technische Anteil an dem Thema Recruiting ist immens gewachsen. Professionelles Recruiting basiert also nicht nur auf einer Einstellung. Es basiert auch auf einer Ausstattung. Dabei geht es allerdings nicht nur um die Ausstattung des Unternehmens, sondern es geht auch um die das Equipment der Recruiter. Stehen Ihre Recruiter auf einer Messe mit Papier und Stift oder mit einem Tablet, auf dem sie mit dem Bewerber direkt den Bewerbungsprozess durchsprechen können? Zücken Ihre Recruiter einen alten Knochen, wenn sie angerufen werden oder ein modernes SmartPhone? Eine rückständige Ausstattung führt nicht nur zu einer fragwürdigen Außendarstellung. Viel schlimmer noch, sie führt zu einem rückständigen Mindset Ihrer Recruiter (vgl. Kapitel 7).

3.6.10 #Crossmedial

#Crossmedial ist eines der wunderbaren #Buzzwords, welches vor nicht allzu langer Zeit in aller Munde war. Derlei Begriffe gibt es aber zu genüge: #Contentmarketing, #Storytelling und wie sie nicht alle heißen. Nichtsdestotrotz wollen wir uns diesem Begriff annehmen, da er aus unserer Sicht mit nachhaltiger Bedeutung bemessen ist. Begriffe kommen und gehen und gerade die Informationsquelle Internet lebt von den Säuen, die durchs Dorf getrieben werden. Hierunter diejenigen zu erkennen, die tatsächlich keine Eintagsfliegen sind, ist manchmal gar nicht so einfach. #Crossmedialität ist ein solcher heimlicher Dauerbrenner. Vielleicht ist es auch derart trivial, dass das Thema derzeit von keinem besonders wahrgenommen wird. Dennoch soll es mit einem Abschnitt in diesem Buch gewürdigt werden, denn es zählt definitiv zum Basis-Handwerkszeug eines Recruiters.

Wenn wir von #Crossmedialität sprechen, dann geht es vor allem um eine bestimmte Denkweise. Es ist die Art und Weise, wie wir Geschichten in Medienkanälen denken. Die klassische Denkweise ist vermutlich am einfachsten mit »eine Geschichte für einen Kanal« zu umschreiben. Sich hiervon zu lösen, ist nicht leicht. Die veränderte Denkweise erfasst ein Ereignis, eine Information oder eine Geschichte als ein Gut, welches bestmöglich zur Zielgruppe transportiert werden soll. Das Transportmittel ist der jeweilige Kanal und wie im echten Leben kann es von Vorteil sein, verschiedene Träger zu nutzen, um zum Ziel zu kommen. Blickt man zurück, beschränkten sich die Informationen der alten Welt meist auf Stellenanzeigen, die genau in einem Kanal platziert wurden. Gestern war dies der Printkanal; heute ist es die Online-Jobbörse. Bewerbern von heute genügt die Information der Stellenanzeige aber längst nicht mehr. Zusätzliche Informationen werden eingeholt, sei es über die Karriereseite, Arbeitgeberplattformen oder anderen Kanälen. Hier folgt jeder seinen Vorlieben und häufig werden auch einfach »nur« Freunde und Bekannte gefragt. Alles in allem: Der Wunsch mehr über den Arbeitgeber zu erfahren, mit dem man einen Teil seines Lebens verbringen will, besteht definitiv und man versucht diesen auf den verschiedensten Kanälen zu befriedigen. Nun kommt die andere Seite ins Spiel: das Unternehmen. Hat man sich das Verhalten der Bewerber bewusst gemacht und versteht zudem, dass unterschiedliche Kanäle unterschiedliche Stärken und Schwächen haben, führt dies unweigerlich zu einem Mix von Kanälen. Sind diese wohl geplant und ergänzen sich gegenseitig, kann man von #Crossmedialität sprechen.

Definition: #Crossmedialität

Unter #Crossmedialität verstehen wir den aufeinander abgestimmten optimalen Kanalmix, der zu einer bestmöglichen Verbreitung einer Information, eines Ereignisses oder einer Geschichte führt.

Wir spielen dies anhand eines fiktiven Beispiels durch, um Ihnen so praktisch wie möglich #crossmediales Denken näher zu bringen. Nehmen wir an, Sie suchen Nachwuchskräfte. In Ihrer Stadt wird jedes Jahr im Frühling der bekannte Stadtlauf durchgeführt, den Ihr Unternehmen unterstützt. Auch die Mitarbeiter werden ermutigt, an dem Ereignis teilzunehmen, indem Sie die Startgebühren der eigenen Mitarbeiter übernehmen. In Deutschland ist dies mittlerweile schon zu einer Art Tradition herangewachsen. Jogging als Charity Event. Traditionell läuft das Ganze dann mit einem T-Shirt-Sponsoring von der Personalabteilung ab oder Recruiter stehen mit am Firmenstand, um zufällig vorbeilaufende Bewerber einzusammeln. Ein Ereignis wird über einen Kanal ausgespielt und verpufft. Am Ende wundern sich alle, dass niemand eingestellt wurde, und man schiebt dann alles auf Imagebildung und »gut, dass wir dabei waren und Gesicht gezeigt haben«. Letzteres wollen wir gar nicht herunterspielen, denn auch »Gesicht zeigen« hat seinen Wert. Nichtsdestotrotz ist eine #crossmediale strategische Herangehensweise unter Umständen effektiver.

Kehren wir zurück zu unserem Ereignis: der Stadtlauf. Über den Veranstalter können Sie relativ schnell erfahren, ob es eine Jugendkategorie oder einen Bambinilauf gibt. Gegeben falls erfahren Sie auch, ob Hochschulen oder Sportvereine als Organisation teilnehmen. Wenn dies nicht der Fall ist, können Sie proaktiv auf Ihre Kern-Hochschule zugehen und anbieten, den jungen Nachwuchs bei dem Ereignis z. B. mit der Übernahme der Startgebühr zu unterstützen. Haben Sie damit erst mal 10–20 Studierende sozusagen unter Vertrag, kann der #crossmediale Spaß beginnen. Ohne relevanten Content oder irgendeine Geschichte müssen Sie nichts #crossmediales starten. Aber wie in diesem fiktiven Beispiel beschrieben, eine Gruppe von Jugendlichen an der Hand zu haben, bietet enormen Nährboden, um hier eine richtig große Geschichte auf die Beine zu stellen.

Beginnen wir also mit der Geschichte: Ein Sportereignis wie beispielsweise ein Lauf lässt den erfahrenen Recruiter sofort an GPS und Aktivitäten-Tracking denken. Derzeit ein kleiner Hype in Deutschland. Immer mehr Menschen tragen Armbänder, Schrittzähler und Pulsmesser. Das bedeutet für Sie, die Studenten ködern Sie nicht nur mit der Startgebühr, sondern am besten auch mit einem Aktivitäten-Tracking-Armband, welches sich leicht mit einem Smartphone koppeln lässt. Da dies aber nicht ganz günstig ist, entwickeln Sie eine Art Gewinnspiel, welches direkt an der Uni durchgeführt werden kann. Die Gewinner dürfen mit dem Aktivitäten-Armband und einer Laufausrüstung für Ihre Firma am Lauf teilnehmen. Soweit haben wir nun die Basisgeschichte entworfen. Die Studierenden Ihrer Basisgeschichte wählen Sie idealerweise mit Blick auf Ihre Bedarfe aus. Das Gewinnspiel können Sie mit bestimmten Lehrstühlen oder Studentenorganisationen durchführen, die zu Ihren Vakanzen passen. Der Inhalt des Gewinnspiels sollte zu Ihrer Firma passen. Nun folgen die #crossmedialen Ansätze. Beginnen wir mit der Vermarktung Ihrer Aktion, denn es sollen möglichst viele Studierende von Ihrem Vorhaben erfahren.

Vermarktung
Um die Zielgruppe für Ihr Event direkt anzusprechen und sich die Teilnehmer für das Gewinnspiel zu sichern, gehen Sie am besten den traditionellen Weg über Flyer, die Sie Professoren, Fachschaften und Studentenorganisationen mitgeben. Besonders effizient ist es, wenn Sie bereits vorweg eine Studenteninitiativen wie bonding eingebunden haben, die Ihnen beim Marketing behilflich ist. Darüber hinaus wollen Sie aber auch reichweitenstark die Aktion platzieren. Hierzu bieten sich stets soziale Netzwerke an. Unter Umständen findet das Gewinnspiel (den Regeln entsprechend) auf Facebook statt, was dann durchaus Reichweitenpotenzial hat. In der Regel empfehlen wir, ein Netzwerk wie Twitter oder Instagram für die Verbreitung der Aktion zu verwenden. Der sogenannte virale Effekt ist auf diesen Netzwerken freier, sodass sich Nachrichten einfacher verbreiten lassen.

Begleitung
Ist die Vermarktungsphase abgeschlossen und Sie haben Ihre Teilnehmer gefunden, wechseln wir das Medium, denn nun beginnt die Phase, in der Sie unheimlich viel Content produzieren können. Das können Interviews mit den Studierenden sein, Fotosessions, die Begleitung eines Teilnehmers über den Tag durch einen Videoblogger, der dann auch den Teilnehmer den Lauf über begleitet. Die verwendeten Medien sind also Video und Foto – und Sie produzieren erheblich mehr, als Sie in den Momenten verwenden. Diese Contentproduktion kann selbstverständlich schon früher beginnen; während der Auswahlphase. Da die Läufer mit Ihren Smartphones laufen, können Sie »Ihre« Studenten direkt orten lassen und z. B. den Fortschritt auf Ihrer Facebookfanpage oder Ihrer Karriereseite darstellen. Entsprechende Bilder können durch den Videoblogger bereitgestellt werden. Suchen Sie sich vorab bedeutende Meilensteine aus, die etwas mit der Fachrichtung zu tun haben, die Sie suchen, und gestalten Sie dort eine weitere kleine Aktion, ein Banner oder etwas anderes. Der Fantasie sind hier keine Grenzen gesetzt, aber denken Sie stets daran, alles in irgendeiner Form festzuhalten. Mit der Zeit werden Sie ein Gefühl für Momente entwickeln, in denen Sie dringend Ihre Kamera zücken sollten.

Nachlese
Ist das Event vorbei, wird sich zeigen, wie gut Ihre Recruiting Skills sind. Trotz all der Vermarktung und dem Rummel, den man um eine solche Aktion herum veranstaltet, darf man nicht vergessen, dass es letztlich um harte Einstellungen geht. Parallel zur Nachberichterstattung und der Verwendung des produzierten Contents müssen Sie daher an Ihren Kandidaten bleiben. Sei es ein Praktikum, ein Direkteinstieg oder ein Traineeprogramm – bleiben Sie dran und erzählen Sie bei erfolgter Einstellung die gesamte Geschichte; die Geschichte der Karriereläufer. Die Berichterstattung erfolgt dann auf Kanälen, die Raum bieten, ganze Geschichten zu erzählen. Dazu zählen Blogs. Dies können aber je nach Zielgruppe auch Zeitungen sein und vor allem Ihre eigene Karriereseite.

Unser aus dem Hut gezaubertes Beispiel ist überzogen dargestellt. Dessen sind wir uns bewusst. Es ist ein Case, der mit Varianten überhäuft ist und daher vermeintlich unnötig aufgeblasen erscheint. Uns geht es aber auch nicht darum, das Sie den Case nachbauen,

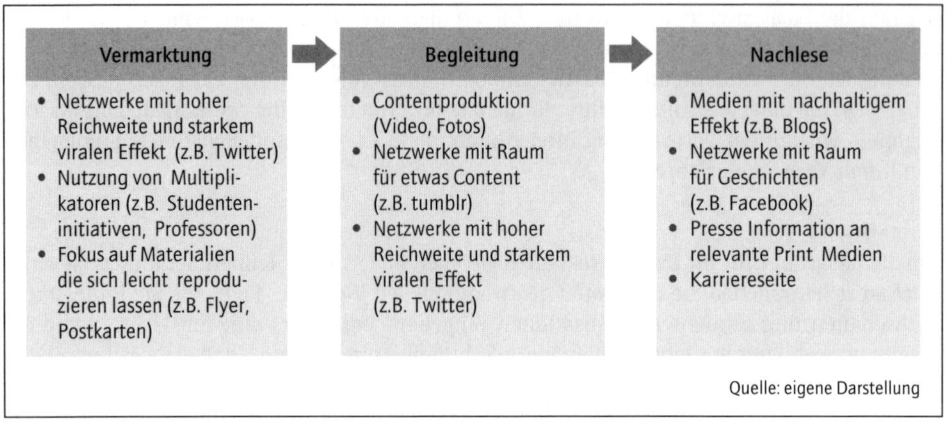

Abbildung 42: Crossmedial Vermarktung Begleitung Nachlese

sondern vielmehr darum, dass Sie die Mechanik des #Crossmedialen erkennen. Kanäle und Medien so einzusetzen, dass sie sich gegenseitig ergänzen und der Geschichte dienlich sind, das ist das Ziel. Je mehr Sie mit den verschiedenen Kanälen interagieren, desto leichter wird Ihnen dieser Ansatz von der anhand gehen.

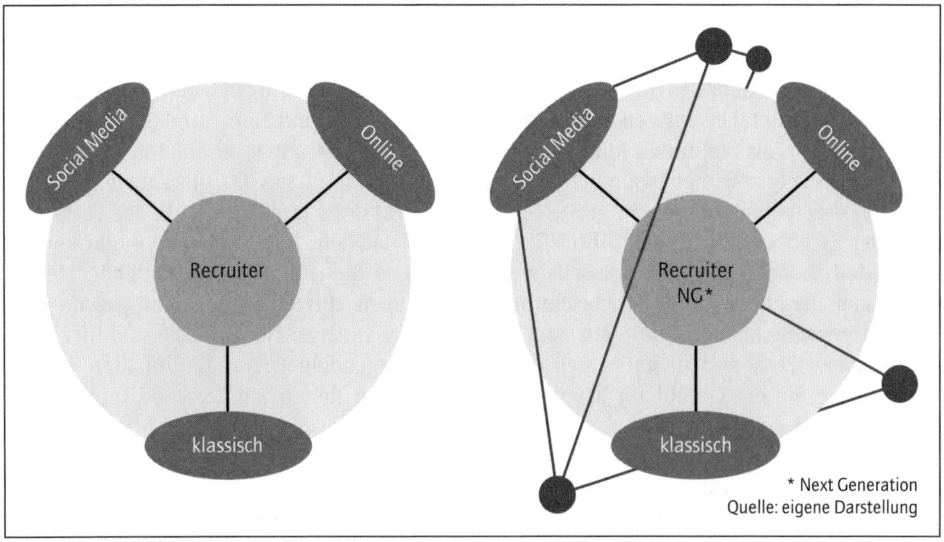

Abbildung 43: Crossmedial vorher nachher

3.7 Touchpoints im Bewerbungsprozess (Schritt 3)

Wir haben bereits in Kapitel 3.4 auf diverse Touchpoints aus dem Blickwinkel des Employer Brandings geschaut. Nun werden wir diesen Blick nochmals schärfen und uns auf die Touchpoints innerhalb des Bewerbungsprozesses fokussieren. Damit befinden wir uns in Schritt 3 unseres Recruitingprozesses.

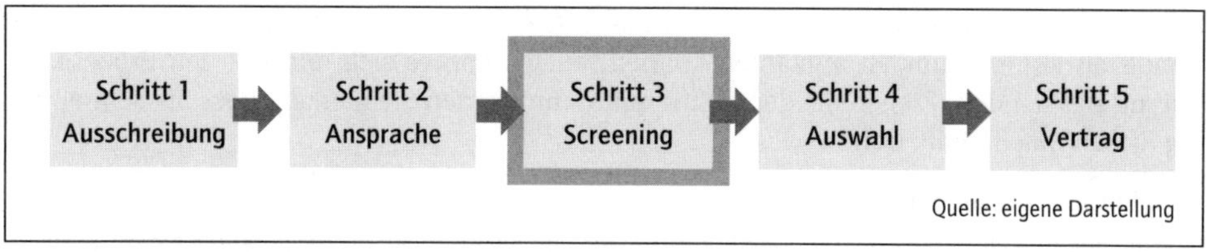

Abbildung 44: Der Recruitingprozess – Schritt 3

Die Basis aller Bemühungen, die sich mit der Besetzung von vakanten Positionen beschäftigen, liegt in der Kommunikation zwischen Unternehmen und Personen außerhalb des Unternehmens. Eine Analyse der im Bewerbungsprozess vorhandenen Kommunikationswege ist daher unserer Meinung nach ein weiterer Baustein für ein erfolgreiches Recruiting. Mithin lädt der Auftritt eines Unternehmens über das Arbeitgeberversprechen aktive und passive Gruppen von Jobsuchenden zu einer ersten Kontaktaufnahme mit ihrem Unternehmen ein. Getragen durch das HR-Marketing stellen Stellenausschreibungen einen direkten Gesprächseinstieg dar, da diese sehr konkret interessierte Kandidaten ansprechen. Auch dient Ihre Karrierewebseite einer zielgerichteten Kommunikation mit Interessierten. Und zu guter Jetzt sind Ihre eingesetzten Social-Media-Kanäle ein sehr direkter Gesprächseinstieg.

Neben diesem »unpersönlich« onlinebasierten Austausch finden natürlich auch persönliche Gespräche im Unternehmenskontext statt. Ein Paradebeispiel ist hier sicherlich die Jobmesse und das Karriereevent, da hier der unternehmens- und karrierebezogene Austausch Treiber dieser Art von Veranstaltungen sind.

Je »näher« sich Interessenten und Unternehmen kommen, desto intensiver und zielführender sollte die Kommunikation ausgerichtet und auf die jeweiligen Belange abgestimmt sein. Das Management der Touchpoints, also der Berührungspunkte von Interessenten, Kandidaten und Bewerbern mit einem Unternehmen, zeichnet ein gut geplantes und durchgeführtes Recruiting aus. Da die Ansätze des HR-Marketing zwar zielgruppengerecht zugeschnitten sind, sich jedoch keine spezifischen und direkt zähl- und nachvollziehbaren Kontakte nachweisen lassen, setzen wir in diesem Kapitel die Blickrichtung auf die »letzte Phase« im Recruitingprozess: den Bewerbungsprozess. Wir setzten uns daher konkret mit der Kommunikation zwischen Kandidaten und Bewerbern auseinander, da diese Gruppe sich bewusst entschieden, hat mit Ihren Unternehmen in Kontakt zu treten. Zudem wurde aus ökonomischen Gesichtspunkten in diese Personengruppe am meisten investiert. Eine besondere Rolle nimmt dabei die – meist schriftliche – Korrespondenz mit den Bewerbern ein. Hier sind viele Stolpersteine versteckt, die wir aufzeigen und beleuchten wollen (vgl. Kapitel 3.7.2 Bewerber-Korrespondenz). Darüber hinaus ist das subjektive Erleben jedes einzelnen Kandidaten und Bewerbers während des ganzen Bewerbungsprozesses eine Größe, die in einem modernen Recruitingansatz beachtet werden sollte (vgl. Kapitel 3.7.1 Kandidatenerleben – Candidate Experience).

Die Kommunikation findet, in einem ersten Schritt ungeachtet des Mediums und der Umgebung, an den bereits erwähnten und sogenannten Touchpoints, den Kontakt- und Berührungspunkten Ihres Unternehmens statt. Diese Touchpoints entstehen überall da, wo Menschen, Bewerber und Kandidaten direkt und indirekt mit Mitarbeitern, Produkten, Dienstleistungen oder der Marke Ihres Unternehmens in Berührung kommen. Dabei werden indirekte und direkte Formen der Kontaktaufnahme unterschieden: Eine direkte Form ist das Lesen einer Stellenausschreibung, der Karriereseite oder ein Gespräch an einem Messestand auf einer Jobmesse. Die indirekte Form zeigt sich beispielsweise in Arbeitgeberbewertungsplattformen, Presseartikeln oder auch in einem Tweet. Betrachten Sie Ihr Unternehmen einmal aus dieser Perspektive, dann werden Sie feststellen, dass Sie auf Anhieb einen ganzen Strauß an Kontaktpunkten aufzählen können, auch wenn es sich rein um den Prozess des Recruitings handelt. Ziehen Sie den Fokus auf, dann werden Sie merken, dass Sie schnell auf zig dieser Touchpoints treffen.

Definition: Touchpoint

»Touchpoint (..) ist ein Begriff des Marketings. Er steht für einen Ort, an der Schnittstelle eines Unternehmens, einer Marke, eines Wirtschaftsguts (z. B. Ware, Dienstleitung) zu möglichen, tatsächlichen oder ehemaligen Kunden, Lieferanten oder anderen Stakeholdern« (Winters 2014).

Die von uns aufgegriffene Definition zeigt zum einen, dass wir uns hier einer Begrifflichkeit aus dem Marketing bedienen und für die Belange des Recruiting einsetzen und zum anderen, dass es sich um einen konkreten Ort, bzw. eine Schnittstelle handelt, die aber sehr unterschiedlich in Erscheinung treten kann und auch auf eine Vielzahl von Adressaten trifft. Unser Anliegen ist, wie bereits erwähnt, die Betrachtung des Recruitingprozesses in der Phase, in der sich Interessenten entschlossen haben, mit dem Unternehmen direkt in Kontakt zu treten und somit zu konkreten Bewerbern werden. Diese schließt direkt an die in Kapitel 3.3 beschriebene Zwischenphase an. Die Touchpoints lassen sich im Bewerbungsprozess aus unterschiedlichen Blickwinkeln betrachten und einteilen: Sie können zum Beispiel nach der Intensität des Kontaktes, der sich in persönlicher Kommunikation und Massenkommunikation zeigt, eingeteilt werden. Eine andere Möglichkeit ist die Untergliederung anhand ihrer Reichweiten (Esch et al. 2014, S. 44). Die für uns interessantere Blickrichtung ist die, die sich tatsächlich mit dem Prozess beschäftigt: demnach mit den Phasen der Bewerbung und der Entscheidung. Eine vorangestellte Orientierungsphase ist aus der gewählten Betrachtung als abgeschlossen zu sehen. In Anlehnung an eine Studie, die die Techniker Krankenkasse 2013 durchgeführt hat, zeigt folgende Abbildung die genannten Prozessschritte in Verbindung mit den von Bewerbern genannten Touchpoints.

Mit Blick auf die Abbildung wird klar, dass es sich in der Bewerbungsphase, aber vor allem in der Phase der Entscheidung, um sehr viele Kontaktpunkte handelt, mittels derer Bewerber gezielt auf ein Unternehmen zugehen und in Berührung kommen. Werden in der Bewerbungsphase eher Medien benutzt, die vakanz- und unternehmensbezogene Informationen bereitstellen, so wird der Kontakt in der Entscheidungsphase umso intensiver. Hier stellt

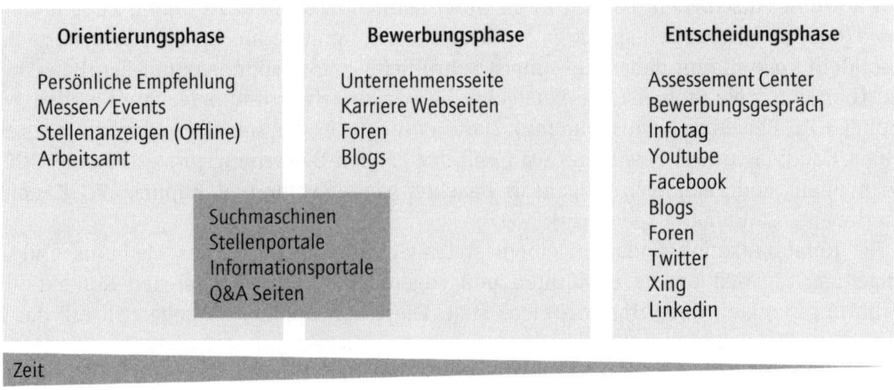

Quelle: in Anlehnung an Jürgen Sorg http://www.personalblogger.net/2013/04/19/context-is-king-ein-pladoyer-fur-das-gesprach-mit-der-zielgruppe/ – 27.11.2014

Abbildung 45: Touchpoints im Bewerbungsprozess

unserer Meinung nach das Bewerbungsgespräch und auch ein Assessment Center einer der stärksten und wichtigsten Berührungspunkte dar.

Das bewusste Managen dieser Kommunikations- und Kontaktpunkte ist aus unserer Sicht eine lohnende Investition in einen erfolgreichen Bewerbungs- aber auch Recruitingprozess. Denn schon ein einziges negatives Erlebnis an einem wichtigen Touchpoint kann einen Bewerber zum sofortigen Rückzug aus dem Bewerbungsprozess veranlassen. Ferner können misslungene Bewerbungsversuche schnell zu einer negativen Viralität führen, indem über diese Erlebnisse in Foren, Blogs oder Arbeitgeberbewertungsplattformen berichtet wird. Negative Erlebnisse werden bis zu 8mal im privaten Umfeld geteilt und erzählt (Gaedt 2014, S. 110). Damit dies nicht passiert, muss die Summe der positiven Erfahrungen und Erlebnisse im Bewerbungsprozess deutlich überwiegen. Dabei sind manche Kontaktpunkte als wichtiger und auch kritischer zu betrachten als andere. Auch hier nehmen die onlinebasierten Medien eine besondere Rolle ein. Findet sich eine schlechte Bewertung auf entsprechenden Plattformen, kann dies einen entscheiden Einfluss auf sich informierende Interessenten und Kandidaten haben. Diese Touchpoints werden »Earned Media« bezeichnet, weil sich die Arbeitgeber nicht einkaufen können, sondern sich die Bewertungen verdienen müssen. Dagegen stehen die sogenannten »Payed Media«. Hier können Meinungen, Bewertungen und Mitteilungen erworben werden. Wir sind der Meinung, dass vor allem die erstgenannten, die Earned Media, eine herausragende Rolle auf die Candiate Experience haben und daraus abgeleitet auch stark auf die Arbeitgebermarke einzahlen. Im Bereich des Produktmarketing wird mit Blick auf die Touchpoints auch von »Moments of Truth«, Momenten der Wahrheit gesprochen. »Hinter dem Ausdruck *Moments of Truth* steht die Philosophie, dass jede Begegnung einer Person mit einem Unternehmen eine Bewährungsprobe des Unternehmens um die Gunst der Person darstellt, um eine Kundenbeziehung zu beginnen, die bestehende Kundenbeziehung zu festigen und im besten Fall positive Mundpropaganda zu generieren« (Winters 2014). Diese Beschreibung finden wir absolut passend und wollen in den folgenden Ausführungen zwei Themengebiete in diesem Zusammenhang vertiefen: das Kandiatenerleben und die Korrespondenz mit den Bewerbern.

3.7.1 Kandidatenerleben – Candidate Experience

In der heutigen Zeit stellen die Kundenzufriedenheit, die Kundenbindung sowie die Wiederkaufrate bei der Produktion und beim Absatz von Gütern und Dienstleistungen die erfolgskritischen Größen dar. Der Unternehmenserfolg, der in nackten Profit-Zahlen und dem Total Output gemessen wird, scheint unmittelbar mit der Kundenzufriedenheit verwoben und hat maßgeblichen Einfluss auf den Absatz und die Distributionswege von Unternehmen. Je besser die Kunden »bei Laune« gehalten werden, desto besser ist das Ergebnis. Für das Zufriedenheitsmanagement und die Bindung von Kunden setzen Unternehmen auf das sogenannte Customer Experience Management (CEM). Das CEM verfolgt das Ziel, durch eine stringente Orientierung hin zum Kunden, an allen Kontakt- und Berührungspunkten positive Erlebnisse zu erzeugen. Die Ansätze, Konzepte und Modelle eines produktorientierten CEM können auch auf die Prozesse der Personalbeschaffung adaptiert werden. Kommen diese dann zum Einsatz, geht es dabei um die bewusste Gestaltung der Kontaktpunkte im Bewerbungsprozess und den konzeptionellen Einfluss auf das Erleben der Bewerber und Kandidaten.

Definition: #Candidate Experience

»Candidate Experience (..) beschreibt das individuelle Erleben von Rekrutierungsprozessen bei einem potenziellen Arbeitgeber durch den jeweiligen Bewerber. Sie bildet sich aus der Summe der in diesem Kontext gesammelten Erfahrungen mit diesem Arbeitgeber und seiner Vertreter. Diese Erfahrungen des Bewerbers werden potenziell an allen Berührungspunkten (Touchpoints) mit dem Arbeitgeber geprägt und können in personaler und non-personaler Form erlebt werden« (Athanas/Wald 2014, S. 3).

Auch aus dieser Definition geht hervor, dass das Erleben der Kandidaten von den Touchpoints, den Kontakt- und Berührungspunkten des Bewerbers mit dem Unternehmen, abhängig ist. Wollen Sie diese für den Bewerbungsprozess wichtigen Punkte aktiv steuern und managen, so bietet es sich an, einen Perspektivwechsel vorzunehmen und die Sichtweise von Ihren Bewerbern einzunehmen. Oftmals sind wir alle zu tief in unserer eigenen Sichtweise verfangen und haben einen Tunnelblick entwickelt, der es unmöglich macht, Dinge und Prozesse objektiv oder aus einer anderen Perspektive zu betrachten. Da aber der Recruitingprozess und die Touchpoints ausschließlich von Bewerbern erlebt werden, ist nach unserem Dafürhalten ein Perspektivwechsel unerlässlich. In der Gesamtschau auf die #Candidate Experience müssen wir hier ein gewisses subjektives bewerberbezogenes Erleben unterstellen und dass wir diesem im Einzelnen nicht durchgängig gerecht werden können. Wir können aus verschiedenen Gesichtspunkten auf das Gesamtgebilde Einfluss nehmen, aber die konsequente Personalisierung aller Schritte sehen wir als ein nicht endendes Unterfangen an. Besonders in größeren Unternehmen müssen bestimmte Phasen einer Standardisierung zugeführt werden, damit der sinnhafte Einsatz von Ressourcen gewährleistet ist. Während des gesamten Recruitingprozesses und im speziellen Bewerbungsprozess durchläuft ein Kandidat bzw. Bewerber meisten mehrere Kontaktpunkte und verschiedene Stadien im Auswahlprozess. Bei dieser »Reise« von Touchpoint zu Touchpoint wird auch von der Candidate Journey gesprochen. Die Reise gilt es für jeden Bewerber angenehm, transparent und respektvoll zu gestalten.

Im Rahmen einer Studie zur #Candidate Experience, die von dem Karriereportal stellenanzeigen.de GmbH &Co. KG und dem Beratungsunternehmen metaHR Unternehmensberatung GmbH im Herbst 2014 herausgegeben wurde, wurde der Perspektivwechsel vollzogen und Bewerber zu dieser Thematik befragt. Der Fokus der Befragung lag dabei auf der Nutzung verschiedener Touchpoints im Bewerbungsprozess. Auf Basis einer onlinebasierten Befragung lieferte die Studie Werte einzelner Touchpoints, die von Bewerbern im Zuge ihrer Bewerbung benutzt wurden. Diese Touchpoints wurden einem Phasenmodell zugeordnet, das den Bewerbungsprozess in die vier Teilschritte

(1) Orientierung & Jobrecherche,
(2) Abgabe der Bewerbung
(3) Auswahlverfahren und
(4) Ergebniskommunikation

unterteilt. Neben diesen, direkt greifbaren Ergebnissen, wurden Items erhoben, die mehr das subjektive Erleben bzw. die Bedürfnisse und Erwartungen von Bewerbern beschreiben. Die ganz zentrale Aussage dabei ist, dass Bewerber in den genannten 4 Phasen vor allem das Vertrauen und eine Beziehung zu Unternehmen, bei denen sie sich bewerben, aufbauen wollen und konkret suchen (Athanas/Wald 2014, S. 19 ff). Dies zeigt uns ganz eindeutig, dass die #Candidate Experience und besonders das subjektive Erleben eines Bewerbers einen wichtigen Einfluss auf den Ausgang von Bewerbungsprozessen haben können.

Aus diesen Gründen ist es unserer Meinung nach wichtig, dass Sie sich mit den Touchpoints Ihres Unternehmens identifizieren, diese analysieren und als strategisch wichtige Größe wahrnehmen. Dafür bedarf es einer ausführlichen Analyse Ihrer Touchpoints. Am einfachsten ist es, selbst den Bewerbungsprozess durchzuspielen und alle in Frage kommenden Berührungspunkte aufzulisten. Nachdem Sie die Analyse durchgeführt haben und alle im Bewerberprozess bekannten Touchpoints benannt sind, können Sie weiterführend entscheiden, welche dieser Touchpoints aus Sicht Ihrer Zielgruppe und Bewerber besonders relevant sind. Diese, in die engere Auswahl gelangten Kontakt- und Berührungspunkte, müssen in der Konsequenz bewertet und dann das weitere Vorgehen beschlossen werden.

Touchpoints können unterschiedlich bewertet und entsprechend dieser Bewertung auch unterschiedlich gestaltet werden. Um eine Einteilung vorzunehmen und für den jeweiligen Touchpoint passende Aktivitäten benennen zu können, kann die sogenannte Customer-IMPACT-Methode eingesetzt werden (Winters 2014, S. 44 ff). Das Acronym »IMPACT« steht dabei im Einzelnen für

- »Ignore«,
- »Monitor«,
- »Participate«,
- »Activate« und
- »ConTrol«.

»**Ignore**« – Besitzt der Touchpoint keine Relevanz in der Zielgruppe und bei Bewerbern, so empfiehlt es sich, bewusst die Entscheidung zu treffen, diesen Kontaktpunkt zu diesem Zeitpunkt nicht zu steuern. Ändern sich die Rahmenbedingungen, so werden ignorierte Touchpoints neu bewertet und in ein anderes Aktivitätsniveau transferiert.

»**Monitor**« – Jeder Touchpoint, den Ihre Zielgruppe als relevant erachtet, sollten Sie zumindest beobachten. Dies soll zum Verständnis über einzelne Berührungspunkte beitragen und helfen, den Einfluss dieser auf den Gesamtprozess verstehen zu können. Für das Monitoring stehen verschiedenste, meist elektronische, Instrumente zur Verfügung.

»**Participate**« – Hier werden Sie aktiv. An diesen Touchpoints sind Ihre Bewerber und Ihre Zielgruppe aktiv ins Geschehen involviert. Diese Touchpoints sind in aller Regel Kanäle wie Blogs, Twitter oder Foren. Hier können Sie in direkten Kontakt mit der Zielgruppe treten und sich mit ihr austauschen.

»**Activate**« – Haben Sie einen brachliegenden oder zuvor ignorierten Touchpoint neu als relevant eingestuft, gilt es, diesen zu aktivieren. Dabei soll für die Zielgruppe die Möglichkeit geschaffen werden, diesen Kontaktpunkt aktiv zu nutzen. Für die Aktivierung müssen ab und an neue Wege gegangen werden, die unter Umständen, neue und innovative Kontaktpunkte hervorbringen. Im Bereich des HR-Marketing bzw. Recruitings stellt beispielsweise ein Azubi-Blog solch eine Aktivierung dar.

»**ConTrol**« – Neben dem klassischen kontrollieren jedes Touchpoints und die Auswertung der Aktivitäten und Reichweiten bedeutet Control, dass Sie sich um Ihre Touchpoints aktiv kümmern sollten und diesen aktiv bewirtschaften.

Die Customer-IMPACT-Methode kann Sie dabei unterstützen, hinsichtlich Ihrer identifizierten Touchpoints strategische Entscheidungen zu treffen. Strategische Entscheidungen werden bei größeren Unternehmen in aller Regel in einem entsprechenden Center of Competence getroffen. Kleineren Unternehmen ist zu empfehlen, sich gemeinsam mit Kolleginnen und Kollegen die identifizierten Touchpoints anzuschauen und unter Bezugnahme der vorgestellten Customer-IMPACT-Methode zu bewerten. Jedoch scheint für uns eine wichtige Größe beim aktiven Management der Candidate Journey und #Candidate Experience hervorzustechen: Ihre eigenen Mitarbeiterinnen und Mitarbeiter. Sie sind Markenbotschafter und bewusst oder auch unbewusst in die Candidate Journey eingebunden. Um Ihren Mitarbeitern eine geeignete Grundlage und Handlungsalternativen an die Hand geben zu können, sollte unserer Meinung nach unter anderem über folgende Fragen nachgedacht werden:

- **Sind alle Prozessbeteiligen in die Guidelines eingewiesen?**
  Hier geht es neben den ggfs. existenten Unternehmenswerten und Compliance-Regeln vor allem um Prozessbeschreibungen für die Durchführung von Interviews oder auch Assessment Centern. Zudem werden verschiedene Guidelines für die externe Kommunikation eingesetzt wie z. B. eine Social-Media-Guideline, in der das allgemeingültige Verhalten im Internet oder eben in Social Media beschrieben wird. Des Weiteren können für die verschiedenen Phasen des Recruitingprozesses unterschiedliche Verantwortliche zum Einsatz kommen. Diese müssen allen bekannt sein. Bei der Einführung und dem Erhalt solcher allgemeingültigen Guidelines darf der Fokus nicht nur auf dem Personalbereich liegen. Vielmehr müssen auch hier die Fachbereichsvertreter ins Boot geholt und wenn nötig auch geschult werden (z. B. Interviewtraining).
- **Sind Recruiter in konkrete Guidelines eingewiesen?**
  Für Recruiter gibt es vertiefende Guidelines, die sich vor allem auf das operative Recruiting auswirken. Kommen Instrumente des Active #Sourcings zum Einsatz, so gibt es hier einige grundlegende, auch rechtliche Aspekte die Beachtung finden sollten. Auch bezüglich der Dauer einzelner Prozessschritte werden konkrete, auf das operative Recruiting zugeschnittene Guidelines benötigt. Des Weiteren kommen Recruiter auf Karriereevents, Jobmessen oder bei Telefoninterviews in der Vorselektionsphase in direkten Austausch mit Interessenten und Kandidaten. Auch hier macht es absolut Sinn, Grundlegendes vorzugeben und den Recruitern mit einer Handlungsmaxime auszustatten.
- **Sind für die relevanten Prozessschritte einheitliche Vorlagen vorhanden?**
  Für die unterschiedlichsten Phasen im gesamten Recruitingprozess werden unterschiedliche Medien eingesetzt. Angefangen im Employer Branding und im HR-Marketing, in denen der Arbeitgeberauftritt festgelegt wird, und sich beispielsweise in Stellenanzeigen widerspiegelt. Bis hin zu einer einheitlichen Bewerberkorrespondenz oder auch Streuartikel auf Messen müssen entsprechend der festgelegten Markenelemente zu finden sein. Meistens werden diese Vorgaben im Rahmen von einheitlichen Corporate-Identity-Richtlinien festgeschrieben und für das HR-Marketing verwendet.
- **Sind alle Vorlagen und Materialen für alle Prozessbeteiligen zugänglich?**
  Letztendlich nützten die besten Vorlagen nichts, wenn sie nicht zum Einsatz kommen können. Neben der bedarfsgerechten Schulung aller am Prozess beteiligten müssen Sie sicherstellen, dass diese Personen auch Zugang zu den relevanten und benötigten Medien haben. Hier können Cloud-Lösungen oder auch umfangreiche Bewerbermanagementsysteme diese Voraussetzung erfüllen.

Nach diesen Einblicken in die Methodik der #Candidate Experience und der Candidate Journey wird klar, dass es sich hierbei um eine strategisch wichtige Größe im Recruitingprozess handelt. Diese begleitenden Prozesse und die Wahrnehmung aus Bewerbersicht können den entscheidenden Impuls geben, der für oder gegen ein Unternehmen spricht. Aus diesem Grund sehen wir in einem konkreten Bewusstmachen des Kandidatenerlebens eine Möglichkeit, schon während des Bewerbungsprozesses für eine vertrauensvolle Beziehung zu sorgen und auch eine Bindung der Kandidaten und Bewerbern an ihr Unternehmen zu ermöglichen. Letztendlich sollte man sich klar machen, dass eine Bewerbung ein Vertrauensbeweis für Ihr Unternehmen ist (Buckmann 2014, S. 3 ff).

3.7.2 Bewerber-Korrespondenz

An jedem Touchpoint der Candidate Journey findet Kommunikation statt. Jedoch unterscheiden sich die Kommunikationsstile, die Kommunikationsarten und die Orte, an denen Kommunikation stattfindet sehr. Auch hier liegt unser Fokus auf den letzten Teilschritten im Recruitingprozess, der Auswahlphase, in der sehr viel mit den Bewerbern kommuniziert werden sollte. Dabei werden, je nach Unternehmensgröße, unterschiedlich festgeschriebene Formen verwendet, die auf Bewerberseite unterschiedlich wahrgenommen werden. Mit der Kommunikation in der Phase der Auswahlentscheidung legen Sie den Grundstein für eine erfolgreiche Einstellung und schaffen Vertrauen, dass sich bereits in der Einarbeitungsphase auszahlt.

Begibt man sich im Internet auf die Suche nach dem Stichwort »Bewerberkorrespondenz«, so lassen sich vor allem verschiedenste Musteranschreiben finden, die so direkt an die Kandidaten und Bewerber gesendet werden können. Jedoch sind wir der Meinung, dass, auch wenn es sich bei Ihrem Unternehmen um standardisierte Vorgänge handelt, die Arbeitgebermarke, das Image und der Spirit ihres Unternehmens hervorstechen sollten, wie wir bereits in Kapitel 3.3 herausgestellt hatten. Als erste Richtgröße soll der Auswahlprozess an sich stehen. Denn vor und nach jeder Selektionsphase müssen dem Bewerber entsprechende Resultate oder das weitere Vorgehen kommuniziert werden. Eine weiterer, und unserer Meinung nach unterschätzter, Wert ist der Zeitablauf und die Zeitpunkte, an dem mit Bewerbern kommuniziert wird. Abschließend müssen Sie entscheiden, mit welchen Medien Sie arbeiten und auf welchen Wegen Sie mit Bewerbern in Kontakt treten wollen.

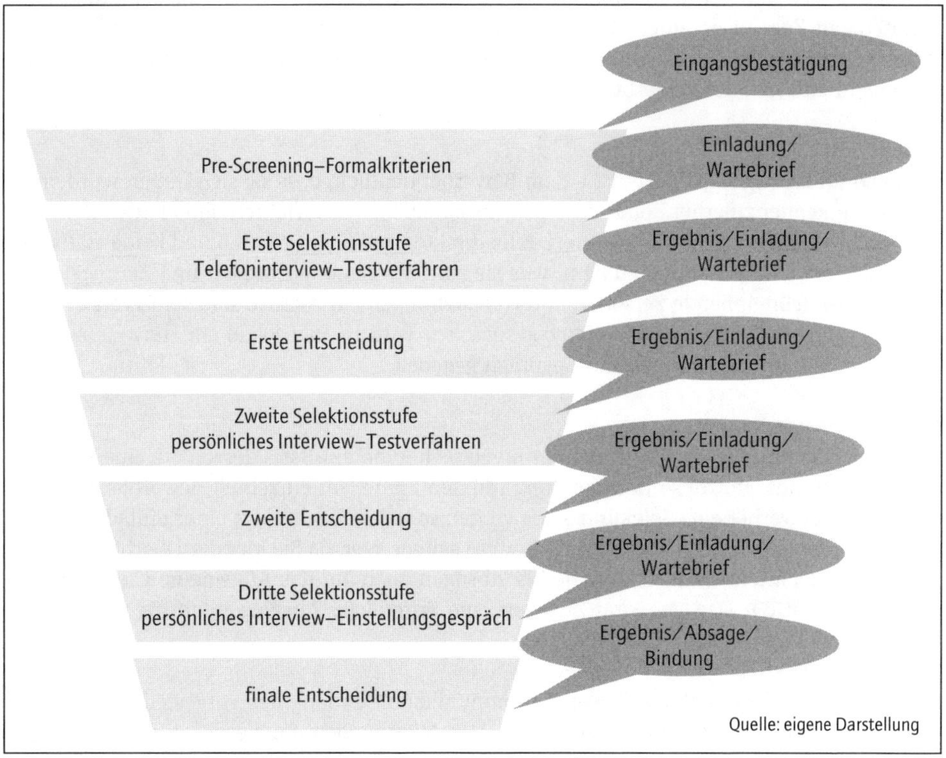

Abbildung 46: Auswahlprozess mit Bewerberkommunikation

Die einzelnen Phasen, die in der Abbildung beschreiben sind, stellen einen idealtypischen Ablauf dar, der mit der Vorauswahl beginnt und mit einer finalen Entscheidung endet. Besonders in dieser finalen Phase ist eine transparente und zeitnahe Kommunikation mit Bewerbern zu empfehlen, da Absprünge hier auch ökonomische Auswirkungen haben können. Daher sollten Sie die Bewerber an den aktuellen Geschehnissen teilhaben lassen und ausreichend Informationen bereitstellen. Die Informationen, die die Bewerber im Bewerbungsprozess erhalten sollten, können in verschiedene Cluster eingeteilt werden:

Eingangsbestätigung
Mit dieser Information teilen Sie den Bewerbern mit, dass Sie die Bewerbung erhalten haben und sich dafür bedanken. Jetzt läuft die Zeit gegen Sie. Bewerber erwarten neben dieser Information in aller Regel nach spätestens zwei Wochen eine qualitative Rückmeldung und auch Bewertung zu ihrer Interessensbekundung. Die Eingangsbestätigungen werden meist standardisiert ausgespielt. Jedoch ist zu empfehlen, nicht mit »Sehr geehrte/r Bewerber/in« das Schreiben zu beginnen, sondern von Beginn an die Personalisierung der Informationen ernst zu nehmen.

Warteschreiben
Diese Schreiben werden auch »Eisschreiben« genannt und sind nicht immer die beste Wahl. Verzögert sich das Verfahren und besteht aus Ihrer Sicht ernsthaftes Interesse, den Kandidaten kennenzulernen oder in eine Testphase aufzunehmen, ist es legitim, ein Warteschreiben zu senden und um etwas Geduld zu bitten. Oftmals wird diese Art von Schreiben dazu benutzt, um Zeit zu erkaufen. Die fehlende Zeit resultiert meist aus unsauberen internen Prozessen und Zeitüberschreitungen verschiedener Abteilungen. Dies sollte unserer Meinung nach nicht zulasten der Bewerber gehen.

Einladungsschreiben
Mit einer Einladung signalisieren Sie dem Bewerber deutlich, dass sie sich freuen würden ihn persönlich kennenzulernen, oder dass Sie ihn zu einem Testverfahren einladen wollen. Lassen Sie dies den Bewerber auch spüren. Eine direkte Anrede mit Namen und keine statischen Texte machen eine Einladung zu dem, was sie ist. Informationen wie Ort und Zeit (-rahmen) des Treffens, teilnehmende Personen und Hilfestellungen zur Anreise sind selbstverständlich. In Einladungsschreiben zu Vorstellungsgesprächen wird in aller Regel ein Hinweis zur Kostenübernahme für die Anreise zum Gespräch gegeben.

Ergebniskommunikation
Jedes Gespräch und jeder Test bringt ein Ergebnis hervor, auf Basis dessen Sie eine Entscheidung treffen müssen. Diese Entscheidung müssen Sie jedem einzelnen Bewerber mitteilen. Kommt der Bewerber eine Selektionsstufe weiter, so teilen Sie dies mit einer Einladung in die nächste Stufe mit. Absagen dagegen sind etwas schwieriger, da Sie hier der Überbringer einer schlechten Nachricht sind. Achten Sie bei Absagen auch auf das Allgemeine Gleichbehandlungsgesetz (AGG). Dagegen sind Zusagen eine erfreuliche Angelegenheit für Sie und den Bewerber als Ihren neuen Mitarbeiter.

Grundsätzlich erfolgt jegliche Bewerberkommunikation entlang des vorgestellten Prozesses und im Rahmen der unterschiedlichen Arten von Mitteilungen. Zu dieser inhaltlichen Ausgestaltung gesellt sich der Zeitrahmen, innerhalb dessen die einzelnen Phasen durchlaufen und im Gesamten das Verfahren abgeschlossen sein sollte. Einige Unternehmen informieren über das Verfahren der Vorauswahl und die Dauer auf der Karrierewebseite. So können sich Bewerber ein eigenes Bild machen. Ist dies nicht der Fall, sollten Sie sich unternehmensintern Gedanken zum Zeitablauf machen und einige Standards festlegen. Unserer Meinung nach sollten sie folgende Vorgaben intern diskutieren:

Eingangsbestätigung	sofort–innerhalb der ersten 24 Stunden nach Eingang
Wartebriefe	eine Woche nach Eingang/2-3 Tage nach Gespräch/Test
Ergebnisse	unmittelbar nach dem Text/maximal 1 Woche nach Ereignis
Gesamtdauer	erste qualitative Rückmeldung 2 Wochen/final 4 Wochen

Quelle: eigene Darstellung

Abbildung 47: Zeithorizonte in der Bewerberkommunikation

Diese Vorschläge werden durch verschiedenen Studie bestätigt, in denen Bewerber hinsichtlich der Dauer von Bewerbungsverfahren befragt wurden. Mit einer zeitnahen, offenen und transparenten Kommunikation, die auf Augenhöhe stattfindet, zeigen Sie Wertschätzung gegenüber ihren Bewerbern. Nach welcher Systematik oder mit welchen Medien Sie mit Ihren Bewerbern kommunizieren ist ein weiterer Aspekt, der bei der Konzipierung der Bewerberkorrespondenz berücksichtigt werden sollte.

Kommunikationswege

In der heutigen technisierten Arbeitswelt werden die meisten Bewerbungen via E-Mail oder über onlinegestützte Bewerbermanagement-Systeme eingereicht. Je nach Zielgruppe werden Sie noch die eine oder andere Bewerbungsmappe bekommen. Alle diese Bewerbungen werden im Normalfall elektronisch erfasst und die Kommunikation wird, meist mit E-Mail weitergeführt. Dies scheint auch laut Umfragen die beliebteste Art der Kommunikation aufseiten der Bewerber und auch der Unternehmen zu sein. Die Gründe dafür sind, dass es auf der einen Seite einfach, schnell und unkompliziert vonstatten geht und auf der anderen Seite auch keine größeren Kosten verursacht. Für Einladungen zu Testverfahren oder Gesprächen und für Jobzusagen oder Absagen schlagen wir das persönliche, auch fernmündliche Gespräch vor.

Kommunikationsform

Bereits vorhin ist angeklungen, dass es durch Bewerbermanagement-Systeme Möglichkeiten gibt, die Bewerberkorrespondenz per Knopfdruck auszulösen. In diesen Systemen sind standarisierte, auf die jeweilige Bewerbungsphase zugeschnittene Texte hinterlegt, die mit den zugehörigen Bewerberinformationen generiert und versendet werden. Eingangsbestätigungen werden zum Beispiel in diesen Systemen vollautomatisch ausgespielt. Neben diesen teil- oder vollstandardisierten Formen, kann auf Bewerbungen und die einzelnen Prozessschritte individuell eingegangen und sehr persönlich geantwortet werden. Dies bedeutet auf der einen Seite einen hohen zeitlichen Aufwand, auf der anderen Seite würde dies mit Sicherheit einen Gewinn darstellen, der positiv auf Ihre Arbeitgebermarke einzahlt. Individualisierung wird von verschiedenen Seiten gefordert, das zeigt sich daran, dass jüngst ein Award für das beste Absageschreiben verliehen wurde.

Im Sinne eines ganzheitlichen #Candidate Experience-Ansatzes sollten auch die Mitarbeiter in entsprechenden Guidelines hinterlegt sein, die im Auswahlprozess mit den Bewerbern kommunizieren. Der alte, aus dem Verkauf stammende Ratschlag »One face to the customer« – »Mit einem Gesicht zum Kunden« – scheint uns der richtige Ansatz zu sein. Hat der Bewerber durchgängig einen Ansprechpartner während des gesamten Verfahrens, gewinnen Sie an Qualität in Ihrem Prozess und der Bewerber hat einen Reisebegleiter während seiner eigenen Candidate Journey. Sollte dies nicht realisierbar sein, so muss zumindest die gleiche hohe Qualität gewährleistet werden!

3.8 Bewerber auswählen (Schritt 3 und 4)

Sind alle vorangegangenen konzeptionellen Überlegungen in die Praxis umgesetzt und die ausgewählten Methoden greifen auf dem Markt, können die ersten Bewerbungseingänge verzeichnet werden und das Kernstück des Recruitings beginnt: die Selektion der Bewerber. Die Identifikation der richtigen und passenden Bewerber ist die Königsdisziplin des Recruitings und bedarf daher eines durchdacht methodischen Vorgehens. Oft liegt der Schwerpunkt vieler Publikationen auf dem Interview und seinen entsprechenden Techniken. Da Unternehmen im gesamten Auswahlprozess nur wenig direkte Kontakte mit den Kandidaten und Bewerbern haben, um ihre Entscheidungsfindung zu untermauern, nimmt das Interview einen wichtigen und zentralen Stellenwert ein. Wir sehen jedoch die Prozessschritte vor und nach dem Interview als weiteren wichtigen integralen Bestandteil dieses gesamten Prozesses an und führen diese Schritte mit auf.

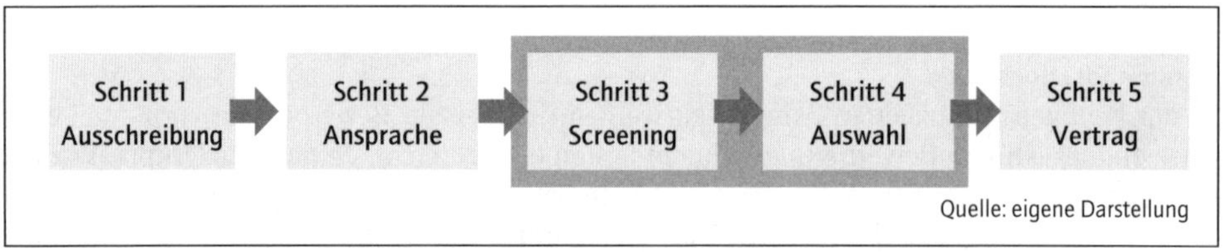

Abbildung 48: Der Recruitingprozess – Schritte 3 und 4

Grundsätzlich gilt: Fehlentscheidungen kosten Geld! Insbesondere bei der Personalauswahl trifft dies zu. Die Erstellung und Veröffentlichung der Stellenausschreibung, die Beauftragung eines externen Personalberaters, die internen Abstimmungsrunden mit den Fachbereichen und die investierte Zeit bei Vorauswahl, Interviews und Testverfahren. Darüber hinaus können Kosten hinzugerechnet werden, die eine vakante Stelle im gesamten Wertschöpfungsprozess kostet. All diese Kosten können dem Auswahlverfahren zugeschrieben werden. Jedoch sind die weitaus höheren Kosten die, die entstehen, wenn sich nach den ersten Wochen herausstellt, eine falsche Auswahl getroffen zu haben. Dies bedeutet in den meisten Fällen, dass die Stelle neu besetzt werden muss und der Auswahlprozess von vorne beginnt. In vielen publizierten Beispielen werden Kosten aufgeführt, die weit über das Jahresgehalt der zu besetzenden Stelle reichen. Um diese Kosten zu sparen und den Auswahlprozess so effizient wie möglich zu gestalten, können unterschiedliche Methoden und Konzepte eingesetzt werden.

Der auf den folgenden Seiten aufgezeigte und detailliert ausgearbeitete Auswahlprozess beschreibt ein mehrstufiges Verfahren, welches mehrere Qualitätssicherungsstufen berücksichtigt. Alle Schritte bauen aufeinander auf und bilden in der Gesamtschau einen stimmigen konzeptionellen Rahmen. Aus der kaum zu erfassenden Vielfalt unterschiedlicher Ansätze, Methoden und Techniken, haben wir die gewählt, von denen wir aus eigener Arbeitspraxis berichten können und selbst bereits erfolgreich einsetzen konnten. Neben unseren eigenen Erfahrungen stellen wir den Prozess unter die DIN Norm 33430, die für einen qualitativen Auswahlprozess seit dem Jahre 2002 als Standard gilt.

Exkurs: DIN Norm 33430

»Die DIN 33430 beschreit Anforderungen an Verfahren zur berufsbezogenen Eignungsbeurteilung. Diese werden vor allem zur Bewerberauswahl bei Stellenneubesetzungen eingesetzt. Sie ist die erste Norm, die einen Ablauf im Personalbereich zum Thema hat. Ziele: Standards/Vorgaben für die Durchführung von Eignungsbeurteilungen; Bewerber vor inadäquater Anwendung von Eignungsbeurteilungen schützen; Personalern gewisse »Standards« für die Auswahl von Dienstleistern an die Hand zu geben sowie die Qualitätssicherung von Personalentscheidungen zu gewährleisten und durch »Gütesiegel« eine Bewertungshilfe [zu schaffen]« (Klug o.J., S. 1).

3.8.1 Der Matchingprozess

Der Schritt 4 »Bewerberauswahl« im Recruitingprozess fasst mehrere aufeinanderfolgende Einzelschritte zusammen. Im Prozessverlauf werden einzelne Sektions-, Auswahl- und Entscheidungsprozesse angestoßen, die mit aufsteigender Qualität, die Anzahl der Bewerber verifizieren und verkleinern soll. Am Ende des Prozesses steht als Ergebnis im besten Falle der Idealkandidat, dem ein Vertragsangebot unterbreitet werden soll.

Der verwendete Begriff »Matching« wird in der Mathematik, in der Betriebswirtschaftslehre und auch an der Börse verwendet und beschreibt einen Ausgleich oder Abgleich von verschiedenen Zahlensträngen, Datenmengen oder Transaktionen. In der Wirtschaftspsychologie wird der Begriff für den Abgleich von Merkmalsausprägungen zwischen Objekten und Individuen verwendet. Allen diesern Beschreibungen liegt ein Abgleich oder eine Interessenabwägung zugrunde. Für die Verwendung des Begriffs »Matching« im Recruiting verstehen wir den Abgleich zwischen Anforderungen des Arbeitsplatzes und den Fähigkeiten eines Bewerbers. Dazu werden verschiedene auf den Auswahlprozess abgestimmte Instrumente eingesetzt, die diesen Abgleich auf qualitative Weise unterstützen sollen. Mit Blick auf die einzelnen Prozessschritte bezeichnen wir diese Abfolge an einzelnen Schritten gesamthaft als Matchingprozess.

Bevor der Prozess beginnt und die eingegangenen Bewerberprofile analysiert werden, muss eine grundsätzliche Entscheidung getroffen werden, wie das zuvor erstellte Anforderungsprofil zu interpretieren ist. Eine 100 %ige Treffergenauigkeit ist kaum herzustellen. Für diese Festlegung muss im Vorfeld eine Gap-Analyse in Bezug auf das erstellte Anforderungsprofil erfolgen. Dafür eignen sich verschiedene sogenannte »Cut-Off-Verfahren«. Bei diesen Verfahren werden für jedes im Vorfeld bewertete Anforderungskriterium Werte festgelegt, die bei Über- oder Unterschreitung den Ausschluss aus dem Verfahren für den Bewerber bedeuten (Kanning et al. 2008, S. 64 ff). Es sind verschiedene Modelltypen denkbar, die mit unterschiedlichen Maximal- und Minimalwerten operieren: Das Mindestanforderungsprofil, bei dem Minimalwerte festgelegt werden, das Idealprofil, das dem weiter oben beschriebenen Verfahren der Erstellung des Anforderungsprofils ähnelt, und zwei Verfahren, die positive und negative Toleranzbereiche mit Cut-Off-Werten festlegen, innerhalb denen sich der Bewerber bewegen muss (ebd.). Für eine pragmatische Herangehensweise ist die Verwendung eines Mindestanforderungsprofils, das vom Idealprofil abgeleitet wird, am einfachsten. Als Idealprofil wird das erstellte Anforderungsprofil für die Ableitung der Cut-Off Werte herangezogen.

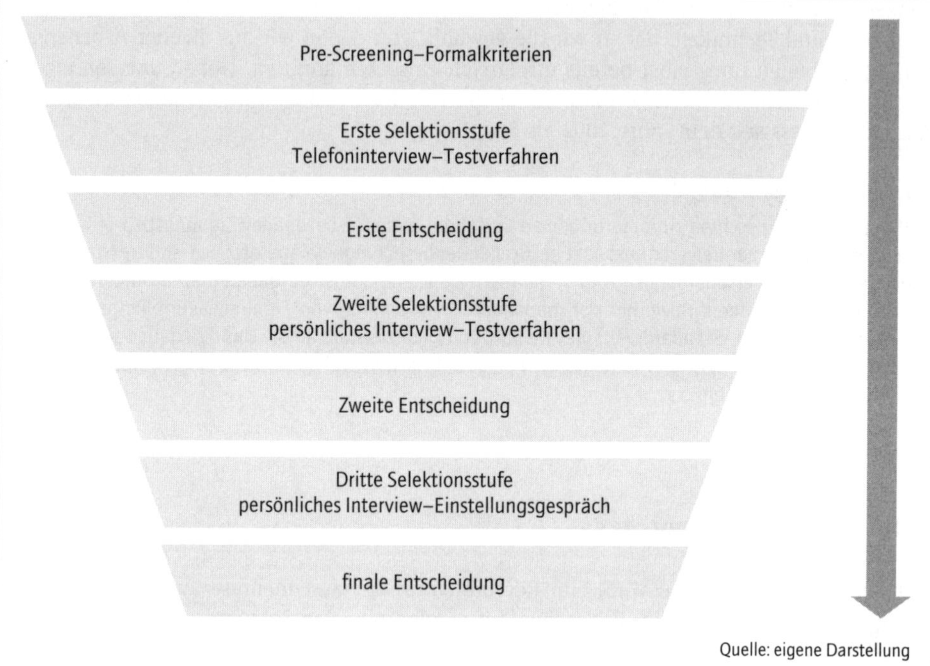

Abbildung 49: Der beispielhafte Matchingprozess bei Voith

Unterschreitet der Bewerber einen dieser Mindestwerte, wird er aus dem Verfahren ausgeschlossen.

Für die Bearbeitung und Verwaltung der Bewerberprofile und der Bewerbungsunterlagen wird in aller Regel eine Softwarelösung eingesetzt. Dies stellt neben der permanenten Verfügbarkeit und Vergleichbarkeit der Daten den Datenschutz der Bewerber sicher (vgl. Kapitel 3.6.9 Einsatz von Software und Tools). Selbstgestrickte Lösungen mit Tabellen- oder Schreibprogrammen eigenen sich unter diesem Gesichtspunkt kaum, um den gesamten Prozess transparent darzustellen.

Der Auswahlprozess gliedert sich in verschiedene einzelne Teilbereiche, die wir in einem ersten Schritt aufeinanderfolgend darstellen und miteinander in Bezug setzen. Hierbei gehen wir durch die Schritte 3 und 4 unseres Recruitingprozesses. In einem zweiten Schritt greifen wir dann die Prozessschritte heraus, die aus unserer Sicht eine besondere Wichtigkeit besitzen und einer tiefergehenden und ausführlicheren Betrachtung bedürfen.

(1) Pre-Screening der Formalkriterien

Die erste Auswahl, das sogenannte Pre-Screening, erfolgt anhand der Kriterien, die im Anforderungsprofil festgelegt wurden. Für diese Prüfung werden die eingereichten Unterlagen der Bewerber herangezogen und Schritt für Schritt analysiert (vgl. Kapitel 3.8.2 Die Vorauswahl). Durch die technologiebasierte Weiterentwicklung kann das Screening auch mit einer speziellen Matching-Software durchgeführt werden. Diese Software gleicht die festgelegten formalen Kriterien ab und entscheidet dann auf dieser Basis, welcher der Bewerber weiter im Prozess verbleibt. So eine Softwarelösung kann auf der einen Seite insbesondere bei Stellenbesetzungsverfahren mit einem hohen Bewerbungseingang helfen. Auf der anderen Seite stößt sie aber auch an Grenzen, da nur sehr schematisch und starr ausgesucht und automatisiert

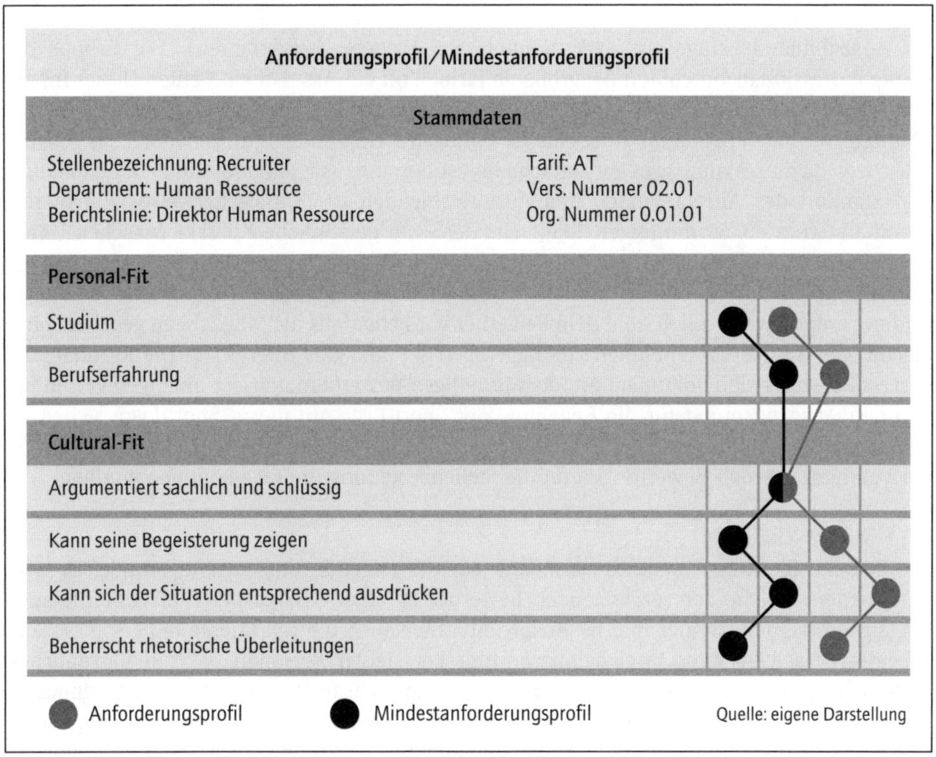

Abbildung 50: Das Mindestanforderungsprofil – Gegenüberstellung

abgesagt werden kann. Ein erfahrener Recruiter würde ggf. Kandidaten weiter im Verfahren belassen, denen die Softwarelösung abgesagt hätte. Zudem besteht hier natürlich eine gewisse Fehleranfälligkeit bei falscher Bedienung des Bewerbungstools durch den Bewerber – trägt dieser bspw. im Online-Tool seine Erfahrungen und Kompetenzen nicht vollständig oder am falschen Ort ein oder werden diese nur durch detaillierte Studien seiner Unterlagen ersichtlich, fällt er durch das Raster einer Matching-Software, obwohl er ggf. über die nötigen Qualifikationen verfügt. Bewerber, die im Pre-Screening aussortiert werden, wird in aller Regel abgesagt. Gegebenenfalls wird das Profil noch für andere Vakanzen geprüft und bei einem erfolglosen Cross-Check endgültig abgesagt. Ist das Bewerberprofil für das Unternehmen zukünftig von Interesse, kann der Bewerber für ein Talent-Management-Programm vorgeschlagen werden (vgl. Kapitel 3.9.2 Talent Management). Die Kandidaten, die im Verfahren verbleiben, werden in der Long-List zusammengeführt, um im folgenden Schritt weiter selektiert zu werden. Je nach Stelle und Verfahren können bis zu 25 Kandidaten auf der sogenannten Long-List, der »langen Liste«, stehen.

(2) Erste Selektionsstufe

In der ersten Selektionsstufe werden ausschließlich die Kandidaten getestet, die in der Long-List aufgeführt sind. Es können dabei verschiedene Methoden und Instrumente zum Einsatz kommen. Die jeweilige Zielgruppe und der Umfang der Long-List geben den Impuls für das angewandte Auswahlverfahren: Bei größeren Gruppen eignen sich beispielsweise online gestützte Testverfahren, die via E-Mail an die Bewerber versendet werden. Alternativ können die Bewerber gruppenweise ins Unternehmen eingeladen werden, um ein Testverfahren (bspw. ein Assessment Center) direkt vor Ort zu durchlaufen. Dieses Vorgehen wird oftmals für Auszubildende eingesetzt (vgl. Kapitel 3.8.5 Weitere Testverfahren). Die Gruppe der Young Professionals durchläuft bei größeren Firmen oft ein Assessment Center. Dieses Instrument eignet sich ebenfalls bei größeren Gruppen (vgl. Kapitel 3.8.4 Assessment Center). Die Methode, die in der Selektionsstufe eins am häufigsten eingesetzt wird, ist jedoch das Telefoninterview, da dieses ohne größere zeitliche Investition umzusetzen und räumlich unabhängig von Standort des Auswählenden und Auszuwählenden ist. Klassischerweise wird hierbei innerhalb eines 30–60 minütigen Telefonats der erste persönliche Kontakt zwischen Unternehmen und Bewerber hergestellt. Im Rahmen dieses Gespräches werden neben einer kurzen Vorstellung des Unternehmens zusätzliche Informationen eingeholt, die eine Entscheidungsfindung unterstützen sollen, und dem Bewerber wird ebenfalls die Möglichkeit gegeben, erste Nachfragen an das Unternehmen zu lancieren (vgl. 3.8.3 Das Interview). Die Resultate der Testverfahren werden dokumentiert, dem jeweiligen Bewerberdatensatz hinzugefügt und bilden den Ausgangspunkt für die Erstellung der Short-List. Auf dieser Short-Liste stehen im Gegensatz zur Long-List nur noch die fünf bis sieben besten Bewerber, die allesamt aufgrund der vorangegangenen Bewertungen für die Stellenbesetzung in Frage kommen würden.

(3) Erste Entscheidung

Die erstellte Short-List dient als Grundlage für die folgende Entscheidungsrunde. Es wird entschieden, welche der verbleibenden Bewerber zu einem Erstgespräch ins Unternehmen eingeladen werden. Ist der interne Ansprechpartner auch die rekrutierende Person, so entscheidet er selbstständig, welche dieser fünf bis sieben Personen er zum persönlichen Gespräch einladen möchte. Findet die Entscheidung nicht in Personalunion statt, nimmt an dieser Stelle der Recruiter eine beratende Haltung ein und erläutert die gewonnen Ergebnisse und hilft so seinem internen Kunden eine qualitativ bestmögliche Entscheidung zu treffen. Es sollte versucht werden, maximal zwei bis vier Bewerber in die zweite Selektionsstufe zu übernehmen und zu einem persönlichen Interview einzuladen Bewerber, die an dieser Stelle aus dem Prozess ausscheiden, können unterschiedlich bearbeitet werden: Als erste Möglichkeit steht die Absage. Eine bessere Möglichkeit wäre, das Qualifikationsprofil des Bewerbers ggf. für zukünftige Vakanzen zu prüfen und ihn dementsprechend eventuell in ein Talent-Management-Programm aufzunehmen. Erfahrene Recruiter wissen allerdings auch, dass im weiteren Prozessverlauf noch viel passieren kann, und nehmen ein bis zwei Kandidaten auf die »Warteliste« für die aktuell zu besetzende Vakanz, um bei erfolglosen Gesprächen schnell nachsteuern zu können. In diesem Fall wird an die entsprechenden Bewerber einen sogenannter »Wartebrief« versendet.

(4) Zweite Selektionsstufe

Nachdem die Entscheidungen getroffen sind, werden die ausgewählten Bewerber zu einem persönlichen Kennenlernen eingeladen. Das Interview bildet das zentrale Element des Auswahlverfahrens und muss gut vorbereitet sein und systematisch durchgeführt werden. Bei diesem Termin lernen sich Unternehmen und Bewerber das erste Mal persönlich kennen und nehmen sich in der Regel 60 bis 90 Minuten Zeit für ein gemeinsames Gespräch. Aus Sicht des Unternehmens werden neben dem persönlichen Kennenlernen und dem persönlichen Eindruck auch weitere inhaltliche und berufsbezogene Fragen gestellt und durch den Bewerber beantwortet. Es sollen die konkreten beruflichen Kompetenzen des Bewerbers in Erfahrung gebracht werden, berufsbezogene Verhaltensweisen erfragt und persönliche Motive des Bewerbers herausgearbeitet werden. Hierzu steht eine Fülle von Gesprächsmethoden und Instrumenten bereit, die wir im Kapitel 3.8.3. näher beleuchten.

(5) Zweite Entscheidung

Die Interviews tragen zu einer weiteren Entscheidungsfindung bei, bei der festgelegt wird, welcher der Bewerber ins finale Verfahren kommt. Wir haben für unsere Beschreibung ein Verfahren festgelegt, in dessen Rahmen zwei Gespräche durchgeführt werden sollen. Jedoch müssen nicht zwangsläufig zwei Interviews stattfinden. Dieses Vorgehen ist abhängig von der zu besetzenden Position und vom jeweiligen Unternehmen. Bei Führungspositionen dient unserer Meinung nach ein zweites Interview einem deutlichen Zuwachs an Qualität und ist bei der finalen Entscheidung absolut hilfreich. Es kommt immer wieder vor, dass sich aus dem Erstgespräch auf beiden Seiten weitere zu klärende Punkte ergeben, die erst in einem zweiten Gespräch geklärt werden können. Ebenfalls ist denkbar, nach dem ersten Interview ein anderes Testverfahren einzubauen und die Ergebnisse dieses Tests in einem zweiten Gespräch gemeinsam zu erörtern. Werden an diesem Punkt Bewerber aus dem Verfahren ausgeschlossen, bestehen die drei bereits angesprochenen Möglichkeiten: Absage, Aufnahme in ein Talent-Management-Programm oder »Warteschleife«. Zum zweiten Interview werden maximal zwei bis drei Bewerber eingeladen.

(6) Dritte Selektionsstufe

Die zweite persönliche Gesprächsrunde soll beiden Seiten nochmals ermöglichen, offene Punkte aus dem ersten Gespräch zu klären und weitere, hier meist zukunftsorientierte Themen zu besprechen. In größeren Unternehmen sitzt bei diesem zweiten Gespräch meist eine höhere Führungskraft mit am Tisch. Dies ist bei Führungspositionen ein übliches Vorgehen. Ein weiterer zentraler Punkt in diesem Gespräch ist die konkrete Verhandlung der Vertragsbedingungen. Die Gehaltswünsche, Variablen und die Benefits wurden im ersten Interview bereits erfragt, werden aber im Rahmen des zweiten Gesprächs konkretisiert und auf ein mögliches Vertragsniveau gehoben. Bekommt der Bewerber den Zuschlag, so muss er alle besprochenen und ausgehandelten Vertragsdetails vorfinden. Um einen positiven Impuls zu setzen, ist es denkbar, dem Gesprächspartner ein Vertragsmuster auszuhändigen, damit er in Ruhe nach dem Gespräch das Angebot prüfen kann.

(7) Finale Entscheidung

Nach der dritten Selektionsstufe werden auf Basis aller im Verfahren gesammelter Informationen und fixierten Eindrücke eine finale Entscheidung für einen Bewerber getroffen. Diesem Bewerber wird aufgrundlage des verhandelten Vertrags ein schriftliches unterschriebenes Vertragsexemplar zugesendet. Aus unserer Sicht sollte eine Rückmeldung zeitnah erfolgen und nicht auf die lange Bank geschoben werden. Sollten weitere Bewerber vorhanden sein, könnten diese direkt in ein Talent-Management-Programm aufgenommen werden, denn es sind Kandidaten, die bereits schon mehrfach geprüft und für gut befunden worden. Die sogenannten Second-Bests sind eine Gruppe von Bewerbern, die auf lange Sicht ans Unternehmen gebunden und für zukünftige vergleichbare Vakanzen berücksichtigt werden sollten. Wird der Vertrag vom ausgewählten Bewerber unterschrieben zurückgesendet, wird das Onboarding des neuen Mitarbeiters vom Recruiter angestoßen (vgl. Kapitel 3.9.1 Das Onboarding).

Nachdem die Auswahlentscheidung getroffen, das Onboarding angestoßen wurde und die verbleibenden guten Bewerber in einen Talent-Management-Programm aufgenommen sind, endet der vakanzbezogene Recruitingprozess. Aus Gründen des Allgemeinen Gleichbehandlungsgesetzt (AGG) ist es sinnvoll, die dokumentierten Testverfahren, Mitschriften und den Prozessverlauf zu archivieren und die gesetzlich vorgeschriebe Zeit aufzubewahren. Gängige Softwarelösungen bieten diese Möglichkeit automatisiert an.

Da im gesamten Prozess nur wenige direkte Kontakte mit dem Bewerber existieren, wollen wir nun folgend die wichtigsten Touchpoints ausführlicher besprechen. Die Möglichkeiten, die sich durch das Internet und Social Media ergeben, lassen mittlerweile eine erhöhte Anzahl von Kontaktpunkten zwischen Bewerbern und Unternehmen im Auswahlprozess zu, diese münden jedoch immer in den folgenden Schritten.

3.8.2 Die Vorauswahl

Der formale Auswahlprozess findet üblicherweise mit der Interessenbekundung eines Bewerbers seinen Anfang. Diese Interessensbekundung findet meist in Form einer Bewerbung statt, die sich auf eine aktuelle, ausgeschriebene Vakanz beruft. Initiativ eingereichte Unterlagen bekunden ebenfalls das Interesse am Unternehmen, beziehen sich dagegen auf keine konkrete ausgeschriebene Vakanz. Ungeachtet des Antriebs für eine Bewerbung müssen die eingereichten Unterlagen geprüft und bewertet werden.

Mittlerweile sind verschiedene Formate für eine Bewerbung möglich. Die bekannteste Variante, die der Papierform, wurde nahezu durch die E-Mail-Variante abgelöst. Karriereseiten innerhalb des Online-Unternehmensauftrittes bieten oftmals durch die Bewerbermanagementsoftware gestützte Formularfelder, in die der Bewerber die Daten eingibt und zusätzlich die Möglichkeit bekommt, Dateien seiner Wahl (wie bspw. einen Lebenslauf, ein Motivationsschreiben und Zeugnisse/Referenzen) hochzuladen. Eine weitere onlinebasierte Variante ist die Bewerbung mittels eines Web-Profils, das in einem Businessnetzwerk wie Xing oder LinkedIn gespeichert ist. Durch diese Vielfalt der Bewerbungswege und Möglichkeiten werden manche Bewertungskriterien hinsichtlich ihrer Aussagekraft verwässert. Wurde beispielsweise der Zustand der Bewerbungsmappen als erstes Indiz für die Sorgfalt und Ernsthaftigkeit der Bewerbungsabsicht gewertet, so ist dieses Kriterium mittlerweile gegenstandslos. Ebenfalls wird ein Lichtbild des Bewerbers aufgrund aktueller Entwicklungen nicht mehr als Bestandteil einer Bewerbung erwartet. Amerikanische Standards reduzieren Bewerbungen auf die reine Arbeitsbiografie und lassen Alter, Geschlecht, Familienstand, Nationalität und Lichtbild aus. So soll eine einzig auf der Arbeitsbiografie bestehende Entscheidung getroffen werden. Auch hierzulande wird dieses Vorgehen zunehmend aufgegriffen. Derzeit wird vornehmlich auf das Bewerbungsfoto verzichtet.

Unabhängig von der Darstellung des Inhalts und dem Umfang der eingereichten Unterlagen ist eine Bewerbung als erster Arbeitsnachweis für den potenziellen Arbeitgeber anzusehen. Es lassen sich aus diesem Grund erste Hinweise auf vornehmlich formale Kriterien entnehmen und diese dienen als Quelle für die erste, wenn auch häufig sehr oberflächliche Entscheidung. Um eine umfassende und ausreichende Bewertung der Formalkriterien vornehmen zu können, müssen unserer Meinung nach in Deutschland drei Bestandteile einer Bewerbung vorliegen: (1) Das Anschreiben (2) Der Lebenslauf (3) Die Zeugnisse/Referenzschreiben. Diese Quellen liefern aus unterschiedlichen Gesichtspunkten Informationen: Das Anschreiben zeigt, wie es der Bewerber selbst darstellt und was er in Bezug auf die Vakanz anbieten kann und lässt erste Rückschlüsse auf die Motivation des Bewerbers und das Motiv der Bewerbung zu. Der Lebenslauf dagegen ist eine statische Quelle der Berufsbiografie, in der der Werdegang des Bewerbers strukturiert dargestellt wird. Die beigefügten Zeugnisse oder Referenzschreiben sind eine Fremdbeurteilung des Bewerbers und runden das Bild durch eine objektivere Perspektive ehemaliger Arbeitgeber oder Ausbildungsstätten ab. Kirsten Rohrlack (2012, S. 104) fasst für eine erste Bestandsaufnahme die zu bewerteten Medien und die entsprechenden Kriterien übersichtlich zusammen:

Überblick Bewertungskriterien für Bewerbungsunterlagen	
Bestandteil	**Kriterien**
Mappe	• optische Gestaltung: Ausführung, Farbe, Gestaltung, Gliederung (...) • formale Aspekte: Vollständigkeit, (Anschreiben Lebenslauf, Zeugnisse)
Anschreiben	• optische Gestaltung: Gliederung, Schriftart, Markierungen (...) • formale Aspekte: Rechtschreibfehler, Satzbau, Ausdruck, Formulierungen • inhaltliche Gestaltung: konkrete Eingehen aus Anforderungen und Eignung (...)
Lebenslauf	• formale Aspekte: erkennbare, sinnvolle Gliederung, vollständig, chronologisch • inhaltliche Aspekte: persönliche Daten, Zeitfolgen, Positionen
Zeugnisse	• Ausbildungszeugnisse: Vollständigkeit, fachliche Neigung, Noten/Leistung • Arbeitszeugnisse: Unternehmen, Branche, Art und Dauer der Tätigkeit (...) • andere Nachweise: Weiterbildungen, Kruse (Art, Dauer, Anbieter)
Referenzen	• Qualität, Aussagekraft (Ansprechpartner, Position, Unternehmen)
	Quelle: Rohrlack 2012, S. 104

Abbildung 51: Überblick Bewertungskriterien für Bewerbungsunterlagen

Wir beschränken uns in den folgenden Ausführungen auf die drei genannten Hauptbestandteile einer Bewerbung. Anzumerken ist, dass in es in anderen Ländern sein kann, dass üblicherweise keine Zeugnisse mit eingereicht werden. In englischsprachigen Ländern werden beispielsweise zudem weitere persönliche Referenzen beigelegt und es ist auch üblich, dass Unternehmen diese persönlich kontaktieren. Ungeachtet dessen muss bei deren Bewertung von vornherein klar sein, dass die Unterlagen immer im direkten Bezug zur zu besetzenden Vakanz und den dort geforderten Qualifikationen beurteilt werden müssen. Das Anschreiben eines Mitarbeiters für die Kommunikationsabteilung muss demnach anderen Maßstäben genügen als das eines Logistikers. Zu guter Letzt sei noch darauf hingewiesen, dass mittlerweile die Anzahl der Ratgeber für das Verfassen von Bewerbungen eine undurchdringliche Vielfalt angenommen hat. Zudem werden in Seminaren zu dem Thema und auch auf unterschiedlichen Internetplattformen fertig formulierte und grafisch optimierte Vorlagen zur Verfügung gestellt, die aus Sicht des Bewertenden nicht erkennen lassen, ob die Unterlagen selbst erstellt oder mit fremder Hilfe entstanden sind. Ein gewisses Maß an Skepsis bei der Analyse ist daher ratsam.

(1) Das Anschreiben

Der zuletzt formulierte Rat gilt insbesondere für das Anschreiben. Es bleibt mitunter unklar, wer dieses Schreiben formuliert hat bzw. wie dieses Schreiben entstanden ist. Grundsätzlich sollte sich ein Anschreiben auf einem auf die Vakanz bezogenen Sprachniveau bewegen. Dennoch ist die Bewertung formaler Kriterien nur bedingt zielführend.

Ein Anschreiben sollte grundsätzlich folgende Fragen beantworten:

- Besitzt die Person fachliche und persönliche Qualifikationen im Hinblick auf die zu besetzende Stelle?
- Werden die Qualifikationen sachlich, kurz und prägnant dargestellt und mit der Stellenausschreibung in Bezug gesetzt?
- Hat der Bewerber ein Alleinstellungsmerkmal, das ihn gegenüber den anderen Bewerbern abhebt?
- Wird das Interesse an der zu besetzenden Stelle glaubhaft dargestellt und die Motivation sowie die Gründe für die Bewerbung deutlich?

- Überzeugt der Text in seinem Gesamteindruck im Hinblick auf Rechtschreibfehler, zur Vakanz passenden Formulierungen und im Aufbau?

Den Abschluss eines Anschreibens bilden üblicherweise Informationen zum frühestmöglichen Eintrittsdatum, den Gehaltsvorstellungen und dem Wunsch, sich persönlich vorstellen zu dürfen. Weitere Informationen sind in aller Regel im Bewerbungsanschreiben nicht zu entnehmen. Daher ist es ratsam, das Anschreiben als erste Informationsquelle zu verwenden, es aber nicht als ausschlaggebendes Medium in die Bewertung einfließen zu lassen.

(2) Der Lebenslauf

Der Lebenslauf dagegen ist die Informationsquelle Nummer eins, die bei der Bewertung von Bewerbungsunterlagen herangezogen wird. In einem Lebenslauf wird die berufliche Biografie des Bewerbers strukturiert und übersichtlich dargestellt. Auch hier gelten branchenübliche vielfältige Standards, die vakanzbezogen berücksichtigt werden müssen. Der Aufbau eines Lebenslaufes folgt ebenfalls unterschiedlichen Kriterien. Als in allen Branchen gängige Darstellung hat sich der sogenannte chronologisch abwärts strukturierte Lebenslauf durchgesetzt, bei dem die aktuelle oder letzte Arbeitserfahrung zuerst genannt wird und dann in absteigender Chronologie alle vorherigen Stationen aufgeführt werden. Im internationalen Recruiting hat sich der Europapass Lebenslauf etabliert, der neben einem einheitlichen Aufbau auch besonders die Sprachkenntnisse hervorhebt (vgl. Kapitel 5. Recruiting in Europa). Zunehmend werden auch Formate eingesetzt, die personenbezogene Daten nicht aufführen. Es werden dabei keine Angaben zum Alter, Geschlecht und der Nationalität gemacht. Auch ein Lichtbild wird nicht mitgesendet. Diese Lebensläufe sind in Deutschland noch nicht umfassend im Einsatz, werden aber in wachsender Anzahl verwendet.

Für die Auswertung der Daten, die in einem Lebenslauf enthalten sind, wird das Anforderungsprofil als Grundlage herangezogen. Daneben ist es denkbar und praktikabel, auch eine spezifische Checkliste zu verwenden, die neben den Qualifikationen, die im Anforderungsprofil stehen, zusätzlich formale Kriterien berücksichtigt. Die Auswertung eines Lebenslaufes findet nach Berthel/Becker (2010, S. 333) auf vier Analyseebenen statt, in denen jeweils entsprechende Fragen zu beantworten sind (siehe Abb. 52).

Ein ausführlich gestalteter und gut strukturierter Lebenslauf hält auf all diese Fragestellungen ausreichend ausführliche Antworten bereit. Jedoch ergeben sich durch die detaillierten Fragestellungen und eventuell nur unzureichenden Unterlagen auch erhebliche Interpretationsspielräume, die unter Umständen zu einem verfälschten Eindruck führen und den Ausschluss aus dem Verfahren zur Folge haben können. In der Literatur werden vornehmlich zwei Bereiche angesprochen, die oftmals zu falschen Einschätzungen führen können: Zum einen werden Lücken in der Berufsbiografie als negative Brüche im Verlauf gesehen (bspw. interpretiert als Kündigung und anschließende Episode der erfolglosen Arbeitssuche) und führen oftmals direkt zum Ausschluss. Dennoch sind zeitliche Unterbrechungen der Beschäftigung nicht per se als schlecht zu bewerten. Sie können in sehr unterschiedlichen Gegebenheiten begründet liegen (denkbare Gründe für mehrmonatige Lücken im Lebenslauf können beispielsweise auch bewusst genommene Sabbaticals, Auszeiten zur Pflege erkrankter Familienmitglieder oder nötige Neu- und Umorientierungen sein). Sofern die Gründe im Lebenslauf nicht eindeutig erkennbar sind, sollten diese in einem Interview hinterfragt werden. Zum anderen werden häufige Arbeitgeberwechsel als unsolide und unzuverlässig bewertet. Jedoch zeigen sich diese sogenannten Patchwork-Biografien vermehrt bei Angehörigen der Generation Y. Hier belegen Studien ganz klar, dass berufliche Wechsel als positiv und als Zugewinn zum beruflichen Erfahrungsschatz gezählt werden. Zudem kann es durchaus für einen Bewerber sprechen, wenn er in einem Job bereits nach wenigen Monaten erkennt, dass er

Zeitfolgeanalyse	Positionsanalyse	Kontinuitätsanalyse	Firmenanalyse
Sind Lücken erkennbar? Wie häufig wurde der Arbeitsplatz gewechselt? Wie lange war die Dauer der jeweiligen Beschäftigungen? Fehlen Nachweise der Tätigkeiten/Zeugnisse? Wie wurden die Arbeitsverhältnisse beendet?	Wie ist die Tendenz? Beruflicher Auf- oder Abstieg? Wieviel Wechsel in Ausbildung, Tätigkeit, Arbeitgeber? Gibt es Besonderheiten? Verfügt der Bewerber über die geforderten Spezialkenntnisse ?	Wie kann die Entwicklung insgesamt bewertet werden? Sind Wechselgründe erkennbar? Sind Gründe erkennbar warum der Bewerber die Stelle haben möchte?	Kommt der Bewerber von der Konkurrenz? Wie groß ist die Branchenerfahrung des Bewerbers? Welcher Art waren die bisherigen Unternehmen?

Quelle: In Anlehnung an Rohlack 2012, S. 107

Abbildung 52: Beurteilungskriterien Lebenslauf

den Anforderungen des Unternehmens nicht gerecht wird und sich lieber nach etwas anderem umsieht.

Beispiel: Online-Profile
Durch den zunehmenden Einfluss von Online-Businessnetzwerken wie zum Beispiel xing.de oder linkedin.com auf den beruflichen Alltag, müssen auch diese Formen der Kommunikation in die Bewerbungspraxis integriert werden. Moderne Bewerbungssoftwarelösungen bieten die Möglichkeit, sich mittels eines Online-Profils zu bewerben. Die Software liest die relevanten Daten aus dem jeweiligen Profil aus und schreibt sie automatisiert in die Bewerberdatenbank. Online-Profile bilden, vorausgesetzt die Daten sind aktuell gepflegt, zum Großteil dieselben Informationen ab wie ein Lebenslauf. Sind die Profile der Bewerber jedoch nur rudimentär gepflegt, sind sie nur bedingt zu bewerten und es müssen Unterlagen nachgefordert und nachgepflegt werden. Diese Möglichkeit der Bewerbung bietet für den Bewerber deutlich mehr Komfort, kann aber für denjenigen, der diese Daten analysieren soll, zu mehr Schwierigkeiten angesichts unvollständiger oder veralteter Datensätze führen.

(3) Die Zeugnisse

Die beigelegten Zeugnisse einer Bewerbung sind die einzigen Quellen, die nicht direkt vom Bewerber erstellt und beeinflusst wurden. Sie bieten eine Fremdeinschätzung und sollen die Arbeitsqualität der zurückliegenden Berufstätigkeiten aufzeigen. Zeugnisse können von unterschiedlichen beruflichen Stationen einer Laufbahn stammen und zeigen in einer Gesamtschau die Entwicklung des Bewerbers auf. Schul- und Hochschulzeugnisse verlieren mit ihrem Alter die Aussagekraft und treffen im Grunde nur eine Aussage über die Lernfähigkeit, den erlangten Bildungsgrad und gegebenenfalls über spezielle intellektuelle oder sprachliche Fähigkeiten. Aufgrund unterschiedlicher existenter Bewertungssysteme ist es allerdings kaum möglich, schulische Leistungen verschiedener Institutionen zu vergleichen. Bei Auszubildenden sind Schulzeugnisse eines der Hauptentscheidungskriterien, verlieren in der Praxis aber zunehmend an Relevanz. Einige Konzerne haben sich mittlerweile von der Bewertung der schulischen Leistungen gelöst und wenden bei der Suche nach Auszubildenden speziell zugeschnittene Testverfahren an (vgl. Kapitel 3.8.5. Weitere Testverfahren). Zeugnisse von diversen Praktika dienen bei Young Professionals als einziger Nachweis über praktische Tätigkeiten und sind für diese Gruppe ein wichtiges Medium. Die wichtigsten Nachweise bei der Rekrutierung von berufserfahrenen Mitarbeitern liefern jedoch die beigefügten Arbeitszeugnisse. Es wird hierbei zwischen zwei Arten unterschieden: das einfache Arbeitszeugnis, in dem der Stellentitel sowie die einzelnen Tätigkeiten genannt werden, und das qualifizierte Arbeitszeugnis, in dem die Bewertung der fachlichen und persönlichen Leistungsfähigkeit zusätzlich aufgenommen wird. Das qualifizierte Arbeitszeugnis sollte nach Möglichkeit für jede im Lebenslauf aufgeführte Tätigkeit zur Bewertung vorliegen. Ein Umstand, der zur Undurchsichtigkeit der wahren Arbeitsleistung beiträgt, ist, dass Zeugnisse grundsätzlich positiv und wohlwollend formuliert werden müssen. Diese Gründe führen dazu, dass sich eine regelrecht eigene Zeugnissprache etabliert hat und Anwendung findet, die es unerfahrenen Lesern und Schreibern schwer macht, Zeugnissen eine ausreichende Aussagekraft zu verleihen. Unklar ist zudem oftmals, ob dieser Geheimcode im Rahmen der Zeugniserstellung verwendet wurde oder nicht. Da sich aus Konflikten zu diesem Bereich die meisten Gerichtsprozesse ergeben, hat das Gericht Hamm für die Anwendung Richtwerte formuliert, die wir in folgender Tabelle aufzeigen:

Bewertungsskala Zeugnis	
Benotung	**Formulierung**
sehr gut	Wir waren mit der Leistung … außerordentlich zufrieden. … stets zu unserer vollsten Zufriedenheit … … stets unsere volle Anerkennung …
sehr gut bis gut	… zu unserer vollsten Zufriedenheit …
gut	… stets zu unserer vollen Zufriedenheit …
befriedigend	… zu unserer vollen Zufriedenheit …
Befriedigend bis ausreichend	… stets zu unserer Zufriedenheit … … stets zufriedenstellend … … stets zufrieden …
ausreichend	… zu unserer Zufriedenheit …
mangelhaft	… im Großen und Ganzen zu unserer Zufriedenheit …
unzureichend	… zu unserer Zufriedenheit zu erledigen versucht …
	Quelle: Kanning et al. 2008, S. 103

Abbildung 53: Bewertungsskala Zeugnis

Werden die unterschiedlichen Strömungen, die bei der Erstellung eines Arbeitszeugnisses wirken, berücksichtigt, so lässt sich unschwer erkennen, dass die wahre Aussagekraft eines Zeugnisses eher gering ist. Zeugnisse sollten also als weiterer Bestandteil, als zusätzliche Informationsquellen, in die Bewertung mit einfließen, jedoch nicht als Maßstab für Entscheidungen herangezogen werden.

Ein weiterer Kanal, der für die Informationsbeschaffung im Rahmen der Vorauswahl Anwendung findet und auch vielseitig diskutiert wird, ist das Internet. Nahezu jede Person besitzt in irgendeiner Form auf irgendeiner Online-Plattform ein Profil oder einen Account, hinterlässt in diversen Netzwerken Kommentare oder postet dort auch Privates. Bei der Überlegung diese Informationen in die Bewerberauswahl miteinzubeziehen, schwingt zunächst immer die Frage der Zulässigkeit mit. Das Lesen von öffentlich zugänglichen Daten, auch denen eines Bewerbers, ist unstrittig zulässig. Wiederum die Verwendung des Gelesenen oder Gesehenen ist strittig. Daher empfehlen wir, falls Sie zu den »Kandidaten-googelnden« Personalern gehören, das Internet als eine weitere Informationsquelle zu nutzen, die gewonnenen Kenntnisse aber nicht aktiv in die Bewertung einfließen zu lassen und auch nicht im folgenden Auswahlprozess zu verwenden oder anzusprechen. Sollte ein Bewerber jedoch selbst seine Präsenzen in sozialen Netzwerken oder ähnlichen Plattformen in seinen Bewerbungsunterlagen angeben, dann sollten Sie sich in jedem Fall die Zeit nehmen, dort nach weiteren zielführenden Informationen (z. B. bei LinkedIn aufgeführte Kenntnisse, die von Kontakten bestätigt werden können) zu schauen.

Alle bewerteten Unterlagen werden im Anforderungsprofil zusammengeführt und entsprechend der Bewertung für jedes Kriterium abgebildet. Anhand der entstanden Leistungskurve und den im Vorfeld definierten Cut-Off-Werten wird nun entschieden, welcher der Bewerber über die beste Performance verfügt und zu einem persönlichen Gespräch eingeladen werden wird.

3.8.3 Das Interview

Das Interview stellt für viele Unternehmen den wichtigsten Prozessschritt in einem Einstellungsprozess dar. Kaum eine Entscheidung wird ohne ein vorab geführtes persönliches Gespräch getroffen. Dabei ist die Durchführung von Interviews einer der komplexesten und vielschichtigsten Prozessschritte im gesamten Auswahlprozess. Es gibt kaum einen Teil des Recruitings, über den so viel publiziert und gesprochen wird wie das über das Vorstellungsgespräch. Hierbei verschaffen sich die unterschiedlichsten Disziplinen, vornehmlich die der Personaldiagnostik, Gehör. Zudem existiert ein ganzes Spektrum an unterschiedlichen Bezeichnungen für dieses Verfahren, die von »erstes Kennenlernen«, »persönliches Gespräch«, »Vorstellungsgespräch«, »Bewerbungsgespräch« und »Interview« reichen. Wir wollen hier vorrangig den Begriff des Interviews bzw. Vorstellungsgesprächs verwenden.

Grundsätzlich ist das Interview eine vergangenheitsbezogene Methode, bei der von vergangenem Verhalten auf zukünftiges geschlossen werden soll (Kannig et. al 2008; S. 3 ff). Die Gespräche zeichnen sich dabei durch unterschiedliche Herangehensweisen und Settings aus, die einhergehend differenzierbare Ergebnisse herausstellen. Die Zielsetzung unabhängig der methodischen Wahl ist aus Unternehmenssicht immer dieselbe: einen neuen, optimal passenden Mitarbeiter für die Vakanz zu finden und für das Unternehmen zu gewinnen. Auf der anderen Seite soll ein Interview dem Bewerber ermöglichen, das Unternehmen und die dort arbeitenden Menschen, vertreten durch den Recruiter und den zukünftigen Fachvorgesetzten, kennenzulernen und darüber hinaus mehr über die Aufgaben, die Möglichkeiten und die Perspektiven zu erfahren. Letztendlich entscheiden immer beide, sowohl der Bewerber als auch das Unternehmen, ob sie zueinander passen und sich eine gemeinsame Zusammenarbeit vorstellen können. Dabei liegt die alleinige Entscheidungshoheit mittlerweile schon lange nicht mehr beim Unternehmen. Viele Gespräche sind eher schon als Vorstellungsgespräche für Unternehmen zu sehen und entsprechend müssen diese vorbereitet und durchgeführt werden. Folgende Grafik 54 verdeutlicht die Funktionen und Ziele aus den unterschiedlichen Perspektiven. Es wird dabei klar, dass ein Interview mitunter eine diffizile Angelegenheit sein kann.

Die schon angesprochene Vielzahl unterschiedlicher Fachpublikationen und Strömungen bedingt es, vorab eine Methodenauswahl zu treffen. Dabei wurden die Auswahlentscheidungen, die wir folgend vorstellen, von unserer eigenen Praxiserfahrung geleitet.

Ziele und Funktionen eines Interviews aus der Sicht von		
Unternehmen	**Bewerber**	**beide**
• Qualifikationen und Leistungsprognosen erstellen • qualifizierte Bewerber gewinnen • Erwartungen der Bewerber kennenlernen • Bewerbungsmappe und Gesprächsinhalte abgleichen • Auswahlentscheidung vorbereiten • gelebte Unternehmenskultur vermitteln • späteres Commitment vorbreeiten • dem Bewerber Selbstselektion ermöglichen • Angebot ausarbeiten	• Einstellungsangebot erzielen • Arbeitsbedingungen und Unternehmensstil abschätzen • Auskunft über den weiteren Prozess der Personalauswahl erhalten • zwischen Arbeitgebern vergleichen können • Selbstbeurteilung ermöglichen • eigenen Marktwert abschätzen	• sich positiv darstellen, »gut verkaufen«, einen guten Eindruck hinterlassen • sich gegenseitig kennenlernen • Sympathie und Vertrauen aufbauen • Zusammenpassung abschätzen (»Nasenfaktor«) • Absprachen treffen, Bedingungen aushandeln

Quelle: eigene Darstellung

Abbildung 54: Ziele und Funktionen des Interviews

Um diese Ziele methodisch und konzeptionell umsetzen zu können, müssen Interviews unter verschiedenen Gesichtspunkten geplant und vorbereitet werden. Dabei sind vor allem die Grade der Interviewstruktur und die Art des Interviews ausschlaggebend. Es wird hauptsächlich zwischen drei Strukturierungsgraden und ebenfalls zwischen drei Arten von Interviews unterschieden: Das freie Interview, das halbstrukturierte Interview und das vollstrukturierte Interview sind die in der Praxis gängigsten Strukturierungsgrade. Darüber hinaus werden zwischen Telefoninterview, Vorstellungsgespräch und Einstellungsinterviews Gesprächsarten unterschieden und im nächsten Abschnitt beschrieben. Die unterschiedlichen Strukturierungsgrade definieren sich wie folgt:

Freies Interview

Das freie Interview folgt keinem vorab festgelegten Ablauf und keinem konzeptionellen Aufbau. Darum ist sie wohl die in der Praxis am meisten verwendete und beliebte Interviewart. Da diese Interviewform keinen festgelegten Ablauf und keine vorformulierten Fragen besitzt, sind die Verläufe sehr offen und unterschiedlich. Dies mindert die Vergleichbarkeit der Interviewten und macht eine Auswertung kaum möglich. Aus Sicht der Bewerber weist diese Form des Interviews die höchste soziale Validität auf, da sie selbst stark auf den Verlauf und den Inhalt einwirken können (Kanning et al. 2008, S. 123).

Vollstrukturiertes Interview

Das vollstrukturierte Interview folgt einem dezidiert vorbereiteten Ablauf. Die dort eingesetzten Fragen werden von dem vakanzbezogenen Anforderungsprofil operationalisiert und sind oftmals unter dem Fokus personaldiagnostischer Gesichtspunkte formuliert. Ebenfalls sind im Rahmen dieser Interviewform die Antwortmöglichkeiten standardisiert vorgegeben. Dieser Strukturierungsgrad bietet die höchstmögliche Vergleichbarkeit der Interviews. Jedoch wird durch die starre Durchführung die Möglichkeit der individuellen Einflussnahme entzogen.

Halbstrukturiertes Interview

Eine Mischung aus beiden vorangegangenen Interviewformen bildet das halbstrukturierte Interview. Maßgeblich bei dieser Interviewform ist, dass durch einen vorab festgelegten Ablauf und vorab ausformulierte Fragen eine Vergleichbarkeit gegeben ist. Jedoch sind die Abfolge der Fragen und die Antwortmöglichkeiten nicht vorgegeben und bieten dem Interviewten Raum für individuelle Aussagen. Die Fragen werden, wie bei dem vollstrukturiertes Interview, aus dem Anforderungsprofil und den Bewerbungsunterlagen operationalisiert. Dem Bewerber wird im Rahmen des halbstrukturiertes Interviews ausreichend Platz eingeräumt, in dem er selbstständig und frei beispielsweise seinen Werdegang schildern und zusätzliche aus seiner Sicht wichtige Informationen einbringen kann. Diese Mischung führt zu einer sehr hohen Akzeptanz auf beiden Seiten und hat daher in der Praxis eine hohe Relevanz.

Nachgewiesen ist, dass die Validität der Interviews mit dem Grad der Strukturierung steigt. Dabei hat das freie Interview eine Validität von $r = 0{,}20$ und strukturierte Einstellungsinterviews eine Validität von $r = 0{,}63$ (Jetter 2008, S. 88). Das halbstrukturierte Interview liegt etwas unter der letztgenannten Validität und besitzt damit die höchste Praxis-Relevanz und bildet die Grundlage unserer weiteren Ausführungen. Neben den Strukturierungsgraden ist die Art des durchzuführenden Interviews ein weiterer Bestandteil einer methodischen Interviewplanung:

Telefoninterview

Das Telefoninterview wird meist im Rahmen einer Vorselektion eingesetzt. Es sollen dabei erste Eindrücke und Informationen gewonnen werden. Des Weiteren werden in diesem Rahmen auch Unklarheiten in Bezug auf die Bewerbungsunterlagen besprochen und das weitere Vorgehen abgestimmt. Das Telefoninterview hat in der Regel eine Dauer von 30–45 Minuten und soll die weiteren Auswahlschritte und die folgenden Entscheidungsfindungen unterstützen. Das Telefoninterview kann nicht als Ersatz für das persönliche Interview gesehen werden. Ob und für welche Vakanzen Telefoninterviews eingesetzt werden, hängt oftmals vom unternehmensinternen Gesamtprozess und den vorhandenen Kapazitäten ab. Um die Interviews vergleichbar zu machen, ist es ratsam, einen Fragenkatalog vorab zu erstellen und sich auch während des Interviews Notizen zu machen.

Vorstellungsgespräch

Das zentrale Element des Auswahlprozesses ist das Interview, das oft auch Vorstellungsgespräch genannt wird. Hier treffen sich Unternehmen und Bewerber zum ersten Mal persönlich, um sich im Rahmen dieses Gesprächs kennenzulernen und die gegenseitige Passung zu klären. Hierbei kommen viele methodische Ansätze zum Einsatz und bedürfen einer genaueren Betrachtung, welcher wir im weiteren Text noch ausführlicher nachkommen werden. Vakanzabhängig werden bis zu drei Gespräche angesetzt. Wir sind jedoch der Meinung, dass ein gut vorbereitetes und durchgeführtes Vorstellungsgespräch/Interview ausreicht, dem ein zweites Gespräch, das Einstellungsgespräch, folgt.

Einstellungsgespräch

Das Einstellungsgespräch wird dafür genutzt, die Stelleninhalte nochmals zu konkretisieren, und die Bewerber werden hierfür gebeten, die ersten Schritte in Ausübung der neuen Stelle zu erläutern. Wurden im Anschluss an das erste Interview weitere Testverfahren durchgeführt, werden die Ergebnisse dieser Tests nun dem Bewerber aufgezeigt und mit ihm besprochen. Ein weiterer wesentlicher Bestandteil des Gesprächs ist die Konkretisierung des Angebots und die konkrete Verhandlung der Rahmenbedingungen und genauen Konditionen, auf dessen Basis dann der Arbeitsvertrag erstellt werden kann. Meistens nimmt als zweiter Gesprächspartner vonseiten des Unternehmens eine höhere Führungskraft an diesem Gespräch teil. Dies soll dem Bewerber die Ernsthaftigkeit des Interesses an seiner Person zeigen. Zu Einstellungsgesprächen werden in aller Regel ein bis zwei, höchstens drei Bewerber eingeladen. Nach Beendigung aller Gespräche erfolgt die Auswahlentscheidung, und ein Bewerber erhält ein konkretes Jobangebot.

Für den Erfolg und die zielgerichtete Ausführung von Interviews müssen vielfältige konzeptionelle Überlegungen angestellt und unterschiedliche Phasen vorbereitet werden. Eine Interviewplanung lässt sich in 3 Phasen gliedern: (1) Vorbereitung, (2) Durchführung und (3) Nachbereitung. Diese Phasen werden im Anschluss ausführlich dargestellt und besprochen:

3.8.3.1 Vorbereitung

Ein Gespräch, ungeachtet seines Strukturierungsgrades muss gewissenhaft vorbereitet werden. Neben der bekannten Zielsetzung, den Bewerber kennenzulernen und für das Unternehmen zu gewinnen, stellt sich das Unternehmen auch dem Bewerber vor. Daher sind nicht geplante, chaotische und unstrukturierte Interviews ein schlechtes Aushängeschild für ein Unternehmen. Wir unterscheiden in der Gesprächsvorbereitung drei Teilbereiche, die Beachtung finden sollten: organisatorische, personelle und konzeptionelle Planungsschritte.

Im Bereich der organisatorischen Planungsinhalte sind vor allem die Rahmenbedingungen eines Gespräches angesprochen:

- Lesen und Auswertung der Bewerbungsunterlagen von allen Gesprächsteilnehmern
- Reservierung eines Gesprächsraumes und Bereitstellen von Getränken
- Bereitlegen von Firmenbroschüren, Organigrammen oder anderem Informationsmaterial
- Hinweis am Empfang, ggf. Reservierung eines Parkplatzes oder sonstige Unterstützung beider Organisation der Anreise des Bewerbers,
- schriftliche oder fernmündliche Einladung des Bewerbers und der anderen Teilnehmer.

Auch wenn diese Hinweise auf einen ersten Blick als banal abgetan werden könnten, werden aber genau diese in der Praxis oftmals vernachlässigt. Oft kommt es vor, dass ein gestresster Fachbereichsvertreter gerade noch rechtzeitig zum Gespräch auftaucht und dann beginnt die Unterlagen des bereits vor ihm sitzenden Bewerbers zu lesen. Zudem kommt es immer wieder vor, dass währen eines Gesprächs Telefonanrufe angenommen werden, Teilnehmer den Raum verlassen oder dass an einem aufgeklappten Laptop gearbeitet wird. Hier können wir nur den Hinweis geben: Lassen Sie es! Nichts ist für ein Gespräch schlimmer als Störungen und Unterbrechungen. Schaffen Sie eine störungsfreie Gesprächsumgebung. Gehen Sie immer davon aus, dass die eingeladenen Gesprächsteilnehmer bestens vorbereitet sind und dies auch von Ihnen erwarten.

Im nächsten Schritt werden die Unternehmensvertreter, die am Interview teilnehmen sollen benannt. Dabei gibt es unterschiedliche Vorgehensweisen und auch unternehmensspezifische

Philosophien, ob beispielsweise immer ein Kollege der Personalabteilung mit am Gespräch teilnehmen sollte oder nicht. Grundsätzlich ist zu befürworten, dass alle Gesprächsteilnehmer vorab ein ausführliches Briefing zum Ablauf des Gesprächs und der Rollenverteilung erhalten. In vielen Unternehmen dürfen nur Mitarbeiter Interviews führen, die vorab eine entsprechende Fortbildungsmaßnahme durchlaufen haben. Auswertungen weisen nach, dass dadurch die Gesprächsqualität und einhergehend auch die Auswahlqualität deutlich steigen. In Bezug auf die Anzahl der Gesprächsteilnehmer empfiehlt Jordan et al. (2013, S. 105 f) ein sogenanntes Tandemgespräch, bei dem der zukünftige direkte Vorgesetzte und der Recruiter bzw. ein Kollege aus dem Personalbereich teilnehmen. In einem möglichen zweiten Interview kommt in aller Regel ein Vertreter der nächst höheren Managementebene hinzu und der Personaler nimmt nicht mehr am Gespräch teil. Grundsätzlich führen zu große Gruppen zu einem Ungleichgewicht und auch eventuell zu Spannungen, da sich der Bewerber von Anfang an in einer schwächeren Ausgangsposition sieht und sich eventuell unter Druck gesetzt fühlt (ebd.). Höflich und auch Standard ist es, die Gesprächspartner bereits in der Einladung zu benennen, damit der Bewerber sich auf die Gesprächssituation einstellen kann.

Die konzeptionellen Planungsschritte im Rahmen der Gesprächsvorbereitung legen den Grundstein für einen qualitativ hochwertigen Interviewablauf. Maßgeblich für die konzeptionelle Planung eines Interviews sind das im Vorfeld erarbeitete Anforderungsprofil und die methodische Analyse der Bewerbungsunterlagen. Aus dem Anforderungsprofil werden die dort benannten kritischen Erfolgskriterien in spezifische Fragen operationalisiert und in den Leitfaden aufgenommen. Die so erhobenen Kenntnisse dienen vor allem der Erhebung von persönlichen Voraussetzungen des Bewerbers. Die Bewerbungsunterlagen dienen dagegen vor allem, um berufsbezogene Kenntnisse zu verifizieren und Unklarheiten und eventuelle Lücken zu erkennen und abzuklären. Ausgehend von einem halbstrukturierten Interview werden für inhaltliche Teilbereiche des Interviews vorab formulierte Fragen miteingebracht. Dem Bewerber wird aber auch Raum für eigene Ausführungen gegeben, auf die mit Fragen situativ eingegangen wird. Daher haben wir die tiefergehende Besprechung unterschiedlicher Fragetechniken in den Gliederungspunkt »Durchführung« weiter unten im Kapitel verortet.

Für die Erarbeitung des dazugehörigen Leitfadens wird das vakanzbezogene Anforderungsprofil verwendet. Die dort genannten Punkte werden als Gliederung für den Interviewleitfaden herangezogen und die zugehörigen Fragen mit der bestehenden Bewertungsskala versehen. Dies soll die abschließende Auswertung des Interviews vereinfachen und mit anderen vergleichbar machen. Konnten erfolgskritische Kriterien durch die Auswertung der Unterlagen oder eines vorangestellten Telefoninterviews final geklärt werden, werden diese nicht mehr in den Fragenkatalog mit aufgenommen. Für die im Verlauf ausgearbeitete Stelle des Recruiters würde ein Interviewleitfaden auszugsweise wie in Abbildung 55 aussehen.

Es empfiehlt sich, vor dem Gespräch festzulegen, wer das Gespräch führt und moderiert und wer sich mehr auf die Beobachtung und die Mitschrift konzentriert. Jedoch gilt es, im Rahmen der Durchführung von Interviews eine Reihe weiterer Punkte zu beachten, die im folgenden Absatz genauer beschrieben werden.

3.8.3.2 Durchführung

Sind die Vorplanungen soweit abgeschlossen, der Termin festgesetzt und der Bewerber steht vor der Türe, beginnt das eigentliche Interview, in dem sich Unternehmensvertreter und Bewerber zu einem Kennenlernen und stellenbezogenen Austausch treffen. Auch hier gilt es, grundlegenden methodisch-konzeptionellen Überlegungen zu folgen. Neben allgemeinen

Interviewleitfaden

Stammdaten

Stellenbezeichnung: Recruiter Department: Human Ressource Berichtslinie: Direktor Human Ressource	Tarif: AT Vers. Nummer 02.01 Org. Nummer 0.01.01
Bewerber:	**Datum / Uhrzeit:**
Gesprächsteilnehmer:	

Personal-Fit

Geben Sie bitte einen kurzen Überblick zu Ihren beruflichen Stationen.

Welche Fähigkeiten und Kompetenzen haben Sie im Bezug auf die Stelle erworben?

Cultural-Fit

Wie bereiten Sie sich auf einen Messeauftritt vor?

Wie gehen Sie mit Einwänden von Interessenten um?

Quelle: eigene Darstellung

Abbildung 55: Interviewleitfaden »Recruiter«

Überlegungen sollen hier die Themengebiete der Fragetechnik sowie die des Aufbaus und der Struktur von Interviews besonders herausgestellt werden.

Für ein Interview wird in der Praxis eine Dauer von 60–90 Minuten als gängige Länge gesehen. Abstufen ließe sich die Dauer ggf. für Auszubildende oder auch Praktikanten. Ebenfalls werden Gespräche im Bereich der Niedrigqualifizierten kürzer ausfallen. Nehmen Sie sich dennoch genügend Zeit und geben Sie auch diese Ihrem Gesprächspartner. Eine Gesprächsdauer von 10 Minuten und das Bauchgefühl bilden keine solide Grundlage für eine Personalentscheidung. Auch Gespräche mit vermeintlich »schwächeren« Qualifikationen können methodisch gestaltet und durchgeführt werden.

Ein Interview durchläuft aus unserer Sicht 5 Stufen. Dabei ist immer daran zu denken, dass die »Bühne« dem Bewerber gehört. Somit ist darauf zu achten, dass der Bewerber in einer Gesamtschau 75–85 % der Redezeit während eines Interviews beanspruchen kann. Halten Sie sich daher kurz und geben präzise Auskünfte. Die vorangestellten fünf Phasen dienen unterschiedlichen Aspekten eines Interviews und verfolgen demnach unterschiedliche Ziele:

(1) Gesprächsbeginn

Oftmals beginnt das Gespräch beim Abholen des Bewerbers am Eingang des Unternehmens. Bei diesem ersten Aufeinandertreffen entsteht der bekannte und viel zitierte erste Eindruck. Auf dem Weg in den Besprechungsraum werden Fragen nach der Anreise oder nach der Park-

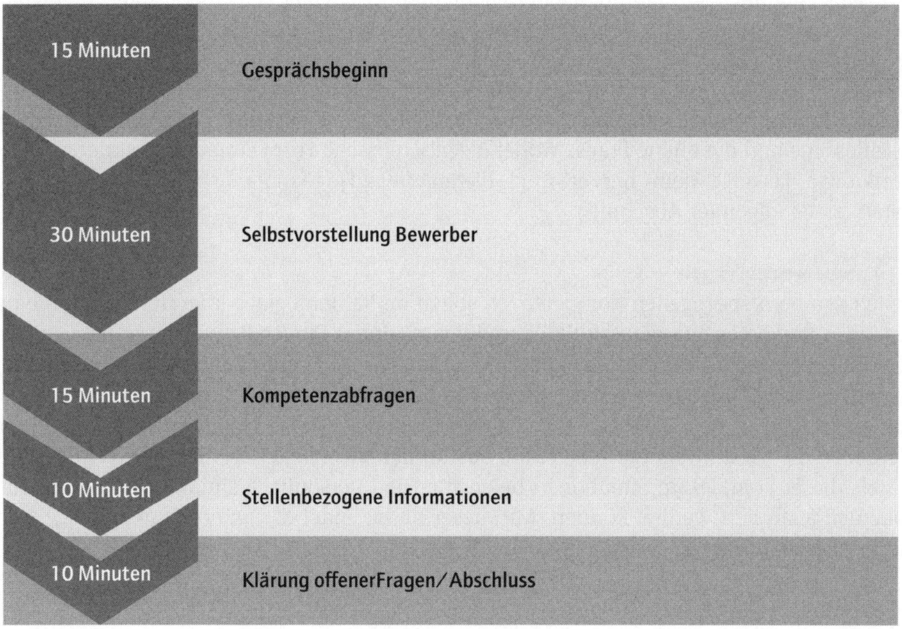

Quelle: eigene Darstellung

Abbildung 56: Aufbau und Struktur von Interviews

platzsuche im Rahmen des sogenannten »Elevator Pitch« am häufigsten gestellt. Es soll in diesem Gesprächsstadium das »Eis« gebrochen werden. Das eigentliche Interview beginnt, nachdem alle teilnehmenden Personen sich im Raum eingefunden haben, mit der offiziellen Begrüßung des Bewerbers. Im Anschluss daran sollten sich alle Unternehmensvertreter mit Namen und Funktion vorstellen. Der für die Moderation vorgesehene Kollege übernimmt dann die Gesprächsführung und stellt dem Bewerber in groben Zügen die vier bevorstehenden Schritte und den anvisierten Zeitrahmen vor. In aller Regel schließt sich daran die Vorstellung des Unternehmens und der Abteilung, in der die Vakanz besteht, an. Manche Interviewabläufe verlagern diese Unternehmenspräsentation eher an das Ende des Interviews. Wir haben die Erfahrung gemacht, dass sich mit der Vorstellung des Unternehmens zu Beginn eines Interviews ein guter Bezug zum Bewerber und eine gute Gesprächsatmosphäre aufbauen lassen. Nach den einleitenden Worten und wird dann die 2. Phase des Gesprächs, die Selbstvorstellung des Bewerbers, eingesteuert.

(2) Selbstvorstellung Bewerber

Mit der Aufforderung, seinen beruflichen Werdegang zu schildern und die wichtigsten beruflichen Stationen zu benennen, beginnt der zweite Gesprächsabschnitt. Der Bewerber bekommt hierbei die Möglichkeit, frei und in einer von ihm gewählten Reihenfolge und Intensität seinen Werdegang aufzuzeigen und besondere Abschnitte hervorzuheben. Dabei wird vor allem auf die Art und Weise seines Vortrages geachtet und auf die Auswahl der vorgestellten berufsbezogenen Ereignisse. In diesem Gesprächsabschnitt findet der intensivste Austausch zwischen den Gesprächsteilnehmern statt. Die Interviewer stellen in dieser Phase vor allem Fragen, die sich direkt und situativ auf die vom Bewerber vorgestellten Inhalte beziehen. Dabei kommen sogenannte nachfassende und vertiefende Fragen zum Einsatz, die zum weiteren Erkenntnisgewinn beitragen sollen. Dieser vornehmlich auf beruflichen Kompetenzen basierende Austausch wird durchgehend dokumentiert und mit dem vorbereiteten Fragenkatalog abgeglichen. Wurden Aspekte nicht angesprochen, werden diese ebenfalls in dieser Gesprächseinheit eingebracht. Hierfür eignen sich besonders zwei Fragearten: die geschlossene und die offene Frage. Wobei die geschlossene Form einfache selektierende Antworten wie »ja« oder »nein« hervorbringt, bieten offene Frage umfangreiche Antwortmöglichkeiten (siehe folgender Abschnitt).

(3) Kompetenzabfragen

Neben den berufsbezogenen Kompetenzen sollen im Rahmen eines Interviews auch die persönlichen Kompetenzen, die Soft-Skills und der #Cultural-Fit des Bewerbers untersucht werden. Da ein Bewerber von sich aus eher die »harten Fakten« seines Lebenslaufes benennt und die persönlichen Fähigkeiten nicht, werden für diesen Block in aller Regel die meisten Fragen vorbereitet und in den Gesprächskatalog aufgenommen. Dabei eignet sich am besten eine Methodik, die wir im weiteren Textverlauf ausführlicher vorstellen werden: die SVE-Methode, mittels dieser komplexere Situationen beleuchtet und persönliche situationsbezogene Komponenten analysiert werden können. Mit dieser Phase endet die unternehmensseitige Informationsbeschaffung.

(4) Stellenbezogene Informationen

Nachdem die Analysephase des Interviews abgeschlossen ist, wird dem Bewerber ausführlich die Vakanz erläutert und die Arbeitsinhalte, Berichtswege und der Kollegenkreis konkret vorgestellt. Der Bewerber hat hier die Möglichkeit nachzufassen, um tiefere Einblicke zu erlangen, aber auch um sein eigenes Interesse an der Vakanz zu festigen und seine eigene Passung abzuschätzen. Es wird oftmals diskutiert, ob die Vorstellung der Vakanz nicht als Einstieg in ein Interview verwendet werden sollte und man die stellenbezogenen Informationen an den Anfang des Interviews rückt. Aus unserer Sicht ist beides möglich. Dennoch hat es sich gezeigt, dass gewiefte Bewerber nach einer Vorstellung der Vakanz zu Beginn des Gesprächs ihre folgenden Ausführungen voll und ganz auf das Vorgestellte abstimmen und so kein umfängliches Bild vom Bewerber gewonnen werden kann.

(5) Gesprächsabschluss

Zum Abschluss des Gesprächs werden eher formale Sachverhalte wie Kündigungsfrist und Gehaltswunsch erfragt oder ein Hinweis auf die Fahrkostenerstattung gegeben. Dem Bewerber wird hier abschließend die Möglichkeit eingeräumt, offene Fragen zu stellen oder weitere Informationen seinen Ausführungen hinzuzufügen. Sind alle Informationen ausgetauscht, endet das Interview an dieser Stelle. Wir finden es jedoch immens wichtig, dem Bewerber einen Ausblick über die bevorstehenden Schritte zu geben und einen konkreten Zeitrahmen dafür zu nennen. Dieser muss dann auch eingehalten werden, Sie stehen im Wort. Diese Vorausschau beendet das Interview und der Bewerber wird wieder an den Eingang gebracht. Für die unternehmensseitigen Gesprächsteilnehmer endet hier jedoch das Gespräch noch nicht, da es sich empfiehlt, direkt nach dem Gespräch die ersten Eindrücke und Ergebnisse auszutauschen und eine erste Gesamtbewertung vorzunehmen.

Um die Ziele der einzelnen Gesprächsphasen und die angesprochenen Aspekte umsetzen zu können, bedarf es der Anwendung verschiedener Fragearten und Fragetechniken. Alle Fragen, unabhängig der eingesetzten technischen Raffinesse, sollen dazu dienen, die Stärken, Kompetenzen, die Persönlichkeit, die Werte und Einstellungen des Kandidaten zu erfassen und nicht die Neugier des Fragenden zu stillen. Auch alle situativen Nachfragen müssen immer das Anforderungsprofil und die zu erfassenden Items im Fokus haben. Bringen Aussagen und Schilderungen des Kandidaten diesbezüglich kein Ergebnis, muss die moderierende Person eingreifen und das Gespräch entsprechend lenken. Die Fragen sollten sich grundsätzlich auf das Sprachniveau des Gegenübers einstellen. Wird dies nicht getroffen, kann das Gespräch verzerrt werden. Vermeiden Sie abgedroschene Standardfragen, die unserer Meinung nach nicht aussagekräftig und vor allem nicht mehr zeitgemäß sind. Zudem kennen die Bewerber alle diese Fragen und sind in aller Regel bestens darauf vorbereitet. Gemeint sind hier Fragen wie: Warum haben Sie sich bei uns beworben? Was sind Ihre Stärken und Schwächen? Wieso sollten wir gerade Sie einstellen? Bewerbungsratgeber enthalten für diese Arten von Fragen ausgearbeitete Musterantworten, die Sie hier mit Sicherheit zu hören bekommen. Zum anderen müssen wir immer im Hinterkopf haben, dass sich oftmals das Unternehmen bewirbt und sich daher eher der Bewerber die Frage stellt: Wieso bewirbt sich denn das Unternehmen bei mir?

Wir wollen im folgenden Verlauf drei ausgesuchte Fragearten vorstellen, die aus unserer Sicht die besten Ergebnisse liefern. Im Anschluss daran sollen zwei Fragearten aufgezeigt werden, deren Einsatz nicht empfehlenswert erscheint. Grundsätzlich gilt: Alle Fragen sollten für den Bewerber klar und verständlich formuliert sein.

Geschlossene Fragen

Geschlossene Fragen lassen nur eine geringe Auswahl an Antwortmöglichkeiten zu. Es gibt in aller Regel nur die Antwort »Ja« und die Antwort »Nein«. Diese Frageart dient vor allem einer kurzen und präzisen Abfrage von einfachen Informationen, zu denen keine weiteren Informationen benötigt werden: *Haben Sie einen Hochschulabschluss? Haben Sie schon einmal in Ausland gearbeitet?* Mithilfe dieser Frageart können schnell und gezielt Basisinformationen abgefragt und erfasst werden. Eine Aneinanderreihung dieser Fragen führt zur Unterbrechung des Rede- und Gesprächsflusses. Daher sind diese Fragen nur gezielt und in einer geringen Anzahl einzusetzen.

Offene Fragen

Die offene Frage dient als Sammelbegriff für eine Vielzahl an Fragen mit unterschiedlicher Intention. Im Grunde verfolgt diese Art der Frage das Ziel, dem Bewerber die Möglichkeit zu geben, ausführlich Antwort zu geben. Auf der anderen Seite sollen so auch Bewerber dazu animiert werden, offen und frei zu sprechen. Diese Fragen werden zum einen gerne für einen vernünftigen Gesprächsaufbau verwendet, dienen aber auch zum anderen zum Nachfassen und Vertiefen von Inhalten: *Wie bereiten Sie sich auf einen Messeauftritt vor? Welche Kompetenzen sind für Sie im Rahmen einer Recruiting Veranstaltung am wichtigsten? Sie haben erwähnt, dass Sie ein Jahr im Ausland gearbeitet haben. Was waren dabei die schwierigsten Entscheidungen die Sie treffen mussten?* Eingesetzt werden diese Fragen vornehmlich im Bereich der Selbstvorstellung des Bewerbers und auch im Bereich der Kompetenzabfrage.

SVE-Methode

Die SVE-Methode dient vor allem dazu, das mögliche Verhalten eines Bewerbers in Bezug auf eine konkrete Situation in Gänze zu erfassen. Dabei wird aus einer konkreten berufsbezogenen Gegebenheit (Situation – S), das darauf folgende Vorgehen (Verhalten – V) des Bewerbers erfragt und abschließend das Resultat dieses Handels (Ergebnis – E) analysiert. Diese Methodik findet unter verschiedenen Labeln und Namensgebungen eine breite Anwendung in der Praxis. Unabhängig der Namensgebung wird durch eine situative Annahme eine konkrete Situation erfragt, um die in der Antwort enthaltene Reaktion des Bewerbers mit dem Anforderungsprofil zu vergleichen. Dabei werden vor allem die Kompetenzbereiche, also die Soft-

Skills, in den Fokus gerückt. Nach Jetter geht es bei einem Interview vor allem darum, eine vollständige Verhaltensstichprobe des Bewerbers zu erlangen (Jetter nach Rohrlack 2012, S. 126f). Durch dieses Vorgehen werden situationsbedingte Verhaltensweisen des Bewerbers und seine Kompetenzen offengelegt wie folgendes Beispiel zeigt:

(1) **Situation:** Haben Sie schon einmal eine Jobmesse durchgeführt? Antwort: Ja, ich habe bereits mehrere Jobmessen geplant und durchgeführt.

(2) **Verhalten:** Prima! Wie sind Sie dabei vorgegangen, wie sahen Ihre Planungsschritte dabei aus? Antwort: Ich habe vor der ersten Messe eine umfangreiche Checkliste erstellt, anhand der ich nun die Messen plane und organisiere.

(3) **Ergebnis:** Welche Ergebnisse konnten Sie dadurch erreichen? Antwort: Ich konnte durch die Anwendung der Checkliste die benötige Zeit für die Planung halbieren.

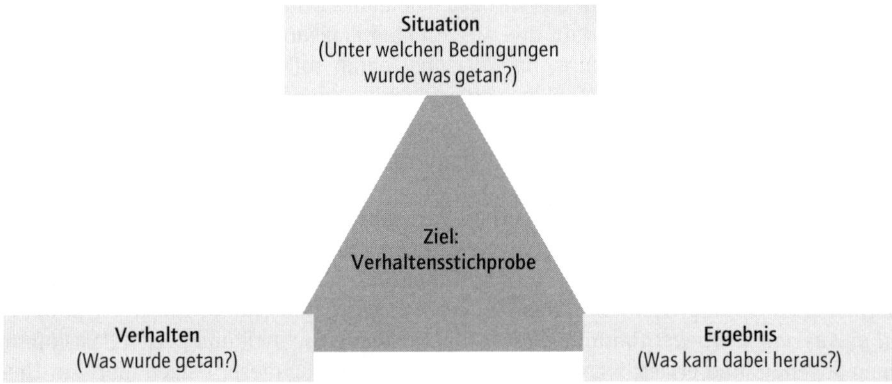

Quelle: Jetter: 2008, S. 162

Abbildung 57: Die SVE-Methode

Neben diesen als praxisrelevant und für gut befundenen Fragearten werden gibt es immer auch Fragenarten, die sich weniger eignen. Wir wollen hier explizit auf zwei Fragearten eingehen, die gerne Anwendung finden, aber unserer Meinung nach in einem Interview nicht eingesetzt werden sollten: die suggestiven Fragen und die verschachtelten Fragen.

Suggestive Fragen

Sind Sie nicht auch der Meinung, dass Sie hier ein wunderbares Praxishandbuch lesen? So, oder so ähnlich werden suggestiv Fragen formuliert und eingesetzt. Bei dieser Frageart spaltet sich die Fachdiskussion in zwei Lager: Die eine Seite vertritt die Meinung, dass dadurch eine unzulässige Einflussnahme auf den Bewerber ausgeübt wird und somit keine aussagekräftigen Antworten generiert werden können. Die andere Seite hält dagegen, dass durch einen gezielten und wohl überlegten Einsatz dieser Fragen, der Bewerber bewusst provoziert und aus der Reserve gelockt wird. Es soll dadurch das Verhalten des Bewerbers in kritischen Situationen analysiert werden.

Verschachtelte Fragen

Verschachtelte Fragen, auch Kettenfragen genannt, verbergen in einem Satz mehrere Fragen die teilweise aufeinander aufbauen. So hat der Bewerber zum einen die Möglichkeit, die für ihn passenden Fragestücke herauszupicken und nur diese in seine Antwort einzubeziehen, zum andren können diese Fragen auch in die Irre führen und durch ihren komplizierten Aufbau und Aneinanderreihung von mehreren Fragen den Bewerber verwirren. Diese Fragen bringen keine verwertbaren Ergebnisse hervor.

Das Allgemeine Gleichbehandlungsgesetz (AGG)

Auch im Bereich der Interviews greift das AGG und nimmt insbesondere Einfluss auf zulässige und unzulässige Fragestellungen. Um im Rahmen unseres Buches Rechtssicherheit zu gewährleisten, wollen wir an dieser Stelle auf bestehende Fachliteratur zur weiteren Vertiefung verweisen (z. B. Küttner, Personalbuch 2014, 14. Auflage, Diskriminierung).

zulässige Fragen	unzulässige Fragen
• Bisheriger beruflicher Werdegang, ohne Angabe zur Wehrpflicht oder Ersatzdienst • Schwerbehinderteneigenschaft, weil aus dem Behindertenstatus mehrere Rechtsfolgen wie z.B. ein besonderer Kündigungsschutz folgt • Ein bestehendes Wettbewerbsverbot, da der frühere Arbeitgeber sonst Schadenersatzansprüche gegen den Bewerber erheben könnte	• Familienstand; dies kann ggf. die Leistungsfähigkeit des Bewerbers beeinflussen (...) • Früheres Gehalt (...) • Gewerkschaftszugehörigkeit, wegen des Grundrechts auf Koalitionsfreiheit • Krankheiten, es sei denn, die Krankheit kann sich auf die vorgesehene Tätigkeit auswirken • Religionszugehörigkeit, wegen des Rechts auf Religionsfreiheit, es sei denn es wird eine Tätigkeit bei einer Religionsgemeinschaft angestrebt • Schwangerschaft, weil hier Frauen diskriminiert würden. Zwischenzeitlich werden hier keine Ausnahmen mehr zugelassen • Vermögensverhältnisse (..) • Vorstrafen, es sei denn es wird eine Stelle im sicherheitsrelevanten Bereich angestrebt (...)

Quelle: Kramer/Peter 2012, S. 21

Abbildung 58: Zulässige und unzulässige Fragen im Interview

3.8.3.3 Nachbereitung

Im Rahmen der Nachbereitung werden die Ergebnisse der Unterlagenanalyse, möglicher Testungen und der zwei Interviews zusammengeführt und für eine finale Entscheidung vorbereitet. Für die Visualisierung der einzelnen Ergebnisse werden die durchgängig geführten Diagramme verwendet und die einzelnen Graphen in ein Diagramm übertragen. Da es sich im Normallfall am Ende des Verfahrens um 2–3 Bewerber handelt, stellt dies keinen größeren Aufwand dar. Für die Unterstützung der finalen Entscheidung werden die vorab definierten Cut-Off-Werte verwendet und auf deren Basis entschieden. Das Interview kann im gesamten Auswahlverfahren als eines der wichtigsten Instrumente gesehen werden, birgt aber auch aufgrund von möglichen Beobachtungsfehlern die größten Fehlerquellen. Im Interview ist deshalb der Interviewer selbst die größte Fehlerquelle, da er sich oftmals von falschen Wahrnehmungen, Annahmen oder Aussagen lenken lässt. Aus diesem Grund wollen wir den Fokus auf die bekanntesten Beobachtungsfehler legen, um daran anschließend die finale Auswahlentscheidung aufzuzeigen.

Der erste Eindruck

Dieser Effekt ist uns wohl allen bekannt. Das erste Treffen mit fremden Personen, der erste Eindruck prägt oftmals den weiteren Verlauf eines Gespräches oder auch einer Zusammenarbeit. Meist sind es nur kleine Dinge, eine Bewegung, die Kleidung oder der Geruch eines Gegenübers, um diesen Eindruck entstehen zu lassen. Bei Interviews wird oft unterstellt, dass die Entscheidung für oder gegen einen Kandidaten in den ersten Sekunden des Zusammentreffens getroffen wird. Da sich dieser erste Eindruck manifestiert und sich kaum noch verrücken lässt, ist es wichtig, diesen Umstand zu kennen. Um eine objektive Auswahlentscheidung treffen zu können, muss man versuchen, sich konsequent vom ersten Eindruck zu lösen.

Tendenz zur Mitte

Die Tendenz zur Mitte ist vor allem aus der Fragebogenforschung bekannt und benennt einen Umstand, bei dem keine externen, das heißt keine Bewertungen vorgenommen werden, die den maximalen Ausschlag in einer Richtung ausdrücken. Bei einer Interviewauswertung würden demnach alle Bewertungen im mittleren Bereich liegen und keine absolut passenden oder nicht passenden Items hervorbringen. Da diese Bewertungen im Rahmen dieses Effektes fehlen, ist eine finale Auswahlentscheidung schwer zu treffen, weil sich die Ergebnisse relativieren.

Stereotype

Bei Stereotypen handelt es sich um vorgeprägte Meinungen oder Bilder, die implizit vorhanden sind. So besitzen Menschen unterschiedliche solcher Annahmen, die in aller Regel auf einen in der Vergangenheit liegenden Erfahrungsschatz aufbauen. Beispielsweise wird Maschinenbauern unterstellt, immer karierte Hemden zu tragen, Informatikern wird mangelnde Extrovertiertheit zugeschrieben oder alle Buchhalter haben Brillen. Durch diese wahrgenommen Merkmale werden Menschen subjektiv empfundenen Stereotypen zugeordnet und alle entsprechenden Handlungen des Gegenübers als Bestätigung gesehen.

Cloneffekt

Der Cloneffekt tritt oftmals bei Nach- oder Nachfolgebesetzungen auf. Hierbei wird das Profil der zu ersetzenden Person mit dem Profil des Bewerbers verglichen. Das verfolgte Ziel ist dabei, eine identische Person zu finden, die den Stelleninhaber 1 zu 1 ersetzt. Eine andere Ausprägung dieses Effektes spricht drauf an, dass die einstellende Person seine eigene Person als Vergleichsmaßstab heranzieht und sich dabei selbst clont. Dieser Effekt fällt meistens in sehr homogenen Teams oder Abteilungen auf.

Nachdem das Interview ausgewertet ist und die Resultate in die Auswertungsdiagramme eingetragen sind, wird unter Bezugnahme der Cutt-Off-Werte eine finale Entscheidung getroffen. Diese Entscheidung wird dem ausgewählten Bewerber persönlich mitgeteilt und der Arbeitsvertrag erstellt. An dieser Stelle ist zu überlegen, ob die sogenannten »Second-Bests«, also die Zweitplatzierten, in ein entsprechendes Bindungsprogramm überführt werden, um diese Personen für zukünftige Einstellungen zu platzieren (vgl. Kapitel 3.9.2 Talent Management).

Um die Auswahlentscheidung zu unterstützen, können weitere unterschiedliche Verfahren und Instrumente eingesetzt werden. Ein weit verbreitetes Verfahren ist dabei das Assessment Center. Sollen bestimmte, vakanzbezogene oder allgemeingültige Erkenntnisse gewonnen werden, kommen unterschiedliche Testverfahren zum Einsatz.

3.8.4 Assessment Center

Ein AC lässt sich als eine gegenwartsbezogene verhaltensorientierte Methodik bezeichnen, um Bewerber direkt und situationsbezogen zu bewerten. AC's werden vornehmlich in der Personalauswahl für ganz dezidierte Zielgruppen eingesetzt, da neben der hohen Aussagegüte, die dieses Verfahren mit sich bringt, auch die Umsetzungskosten im Vergleich zu anderen Methoden enorm hoch sind. Vornehmlich wird ein Assessment-Center-Verfahren bei Trainees oder auch Young Professionals in Form eines ein- bis dreitägigen Gruppen AC eingesetzt. Hierbei treffen die Probanden direkt aufeinander und führen auch gemeinsame Übungseinheiten durch. Mehrtägige Einzel-Assessments sind Führungskräften im mittleren und oberen Management vorbehalten. Ebenfalls finden AC's im Bereich der Personalentwicklung statt, deren Einsatz sich in diesem Gebiet auf die Führungskräfteentwicklung fokussiert.

Ein Assessment Center verläuft in der Regel nach einem starren Ablaufschema, innerhalb dessen den Teilnehmern verschiedene Aufgaben gestellt werden. Für die Durchführung eines AC's kann die Planung und Durchführung analog des Interviews in drei Zyklen zerlegt werden.

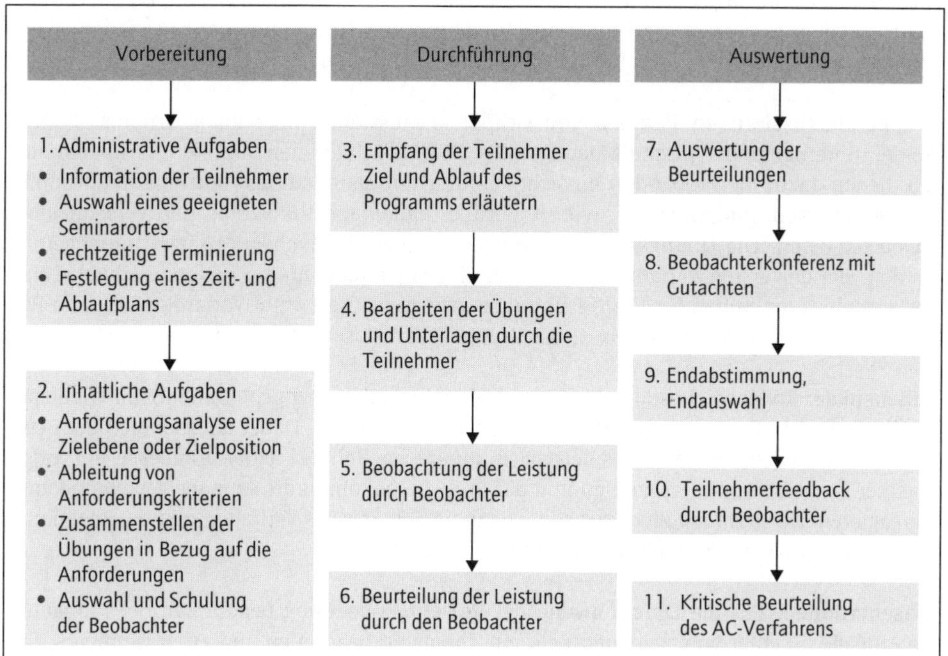

Quelle: Becker (2010, S. 110)

Abbildung 59: Der Ablauf eines Assessment Centers

(1) Vorbereitung

Neben der Planung der örtlichen Gegebenheiten, der Dauer und des Ablaufs sind vor allem zwei Bereiche hervorzuheben, die sich mitunter als schwierig erweisen können: Die Entwicklung und Feststellung der einzusetzenden Methoden und Aufgaben stellt die erste Hürde einer AC-Planung dar. Die zum Einsatz kommenden Aufgaben werden vom Vakanz bezogenen Anforderungsprofil abgeleitet und entsprechend entwickelt. Da diese Entwicklung neben dem Inhalt des Anforderungsprofils auch Kenntnisse aus der Personaldiagnostik voraussetzt, greifen viele Unternehmen auf bestehende Übungen zurück oder geben die Durchführung direkt einem externen Anbieter in Auftrag. Hinzu kommt, dass die meist aus dem Unternehmen stammenden Beobachter umfangreich geschult werden müssen, um den Informationsgehalt der Übungen erfassen und dokumentieren zu können.

(2) Durchführung

Zu einem Gruppen-AC werden 12–15 Teilnehmerinnen und Teilnehmer eingeladen, die in Kleingruppen und selbstständig die vorbereiteten Übungseinheiten durchführen. Die Aufgaben, die den Probanden in Rahmen eines Assessment Centers gestellt werden können, lassen sich in 4 Gruppen zusammenführen (1) Einzelaufgabe, (2) Gruppendiskussion, (3) Rollenspiele und (4) Präsentationen (Rohrlack 2012, S. 112). Die für das AC geschulten Mitarbeiter bekommen für jede Übung und jeden zugewiesenen Probanden ein Beobachtungsbogen, auf dem die Ergebnisse festgehalten werden.

Einzelaufgabe: Die bekannteste Einzelaufgabe, die bei AC zum Einsatz kommt, ist die Postkorbübung. Jeder einzelne AC-Teilnehmer bekommt die Aufgabe, unter Zeitdruck, den Posteingang einer Führungskraft zu sortieren, strukturieren und priorisieren. Es soll dabei beobachtet werden, inwieweit die Probanden Wichtiges und Unwichtigen trennen können und dementsprechend in der Lage sind Entscheidungen zu treffen.

Gruppendiskussion: Im Rahmen von Gruppendiskussionen oder auch Gruppenübungen werden unternehmenstypische Meetings oder Gruppensituationen simuliert. Gruppenübungen dienen dazu, die Probanden hinsichtlich ihrer Kommunikations- und Interaktionsfähigkeit zu bewerten, und zu sehen, wie sie darüber hinaus mit Problemen und verschiedenen Rollen umgehen. Die Übungen können mit zwei unterschiedlichen Ansätzen durchgeführt werden. Bei der ersten Variante werden den einzelnen Teilnehmern widersprüchliche Ziele und verschiedene Rollen für die Ausübung zugewiesen. Die zweite Variante weißt den Probanden keinerlei Rollen zu und lässt die Gruppe »führerlos« diskutieren.

Rollenspiele: Rollenspiele sollen konkrete reale arbeitsplatzbezogene Situationen widerspiegeln, denen sich die einzelnen AC-Teilnehmer stellen müssen. Dabei übernehmen die Beobachter verschiedene Rollen. Beispielsweise könnte im Rahmen einer Jobmesse ein aufgebrachter Besucher simuliert werden und der Proband bekommt die Aufgabe gestellt, adäquat zu reagieren. Diese Übung dient vor allem dazu, in Echtzeit das Verhalten und die Reaktionen der Probanden zu erleben und zu erfassen.

Präsentationen: Für die Durchführung der Präsentationsübung bekommen die Probanden die Aufgabe, in einer vorgegebenen Zeit, ein Thema zu bearbeiten und zu präsentieren. Das Augenmerk der Bewertung liegt auf der Fähigkeit, in der Kürze der Zeit unbekannte Sachverhalte zu analysieren, zu strukturieren und plausibel und überzeigend zu präsentieren.

Für ein mehrtägiges AC werden verschiedene Übungen zu jeder genannten Kategorie den Probanden zur Lösung gegeben. Um bei einem eintägigen AC ein dennoch aussagekräftiges und realitätsnahes Gutachten über jeden einzelnen Probanden anfertigen zu können, sollte aus jeder Kategorie eine Übung angesetzt werden.

(3) Auswertung und Feedback
Ein letzter und überaus wichtiger Bestandteil eines AC ist die Rückmeldung der Leistung an die Teilnehmer. Dabei wird im Normalfall im Anschluss an jede Übung den Teilnehmern aufgezeigt, was erreicht wurde und was verbessert werden könnte. Aus methodischen Gesichtspunkten ist im Rahmen der Auswertung zu beachten, dass die Beobachtung und die Bewertung getrennt werden. Dies bedeutet, dass während der Durchführung einer Übung lediglich einzelne Stichpunkte aufgeschrieben werden, die abschließende Bewertung jeder Übung im Rahmen der Beobachterkonferenz stattfindet. So können die Beobachter sich ausschließlich auf die Beobachtung der Probanden konzentrieren. Die Ergebnisse eines Probanden werden in der abschließenden Konferenz zu einem Gutachten zusammengefasst, dass die gesamte Leistung des Probanden im AC widerspiegelt. Dieses Gutachten wird mit jedem AC-Teilnehmer besprochen.

Da auf der einen Seite ACs für die genannten Zielgruppen eine mittlerweile übliche Vorgehensweise darstellen und diesbezüglich eine hohe Validität besitzen, zeigt sich auf der anderen Seite der hohe Ressourceneinsatz als Hemmschwelle. Aus diesen Gründen werden ACs meistens in größeren Unternehmen und Konzernen durchgeführt, die die benötigte Fachexpertise vorhalten und auch über eine kritische Masse an Bewerbern verfügen. Für kleine Unternehmen empfiehlt es sich, auf externe spezialisierte Dienstleister zurückzugreifen.

Exkurs: Self Assessment

Mit der zunehmenden Transparenz und dem wachsenden Maß an Employer Branding im Recruitingprozess stellen einige Unternehmen Interessenten ein onlinebasiertes Self-Assessment (S-AC) auf der Karrierehomepage zu Verfügung. So können sich die Besucher der Seite durch ein vorgegebenes S-AC durcharbeiten und bekommen im Anschluss daran ein realistisches Ergebnis präsentiert. Auf der Basis dieses Berichtes können die Interessenten entscheiden, ob sie sich um die Stellen bewerben sollen oder nicht. S-ACs werden auch zunehmend im Rahmen der Berufsorientierung eingesetzt und unterstützen so die Berufswahlentscheidung.

3.8.5 Weitere Testverfahren

Testverfahren eignen sich für eine vertiefende Informationsbeschaffung im Rahmen eines Personalauswahlprozesses. In Deutschland kommen diese Verfahren eher verhalten zum Einsatz, da die Akzeptanz, vornehmlich aufseiten der Bewerber, nicht ausdrücklich vorhanden ist. Zudem entstehen durch die Entwicklung und den Einsatz von Testungen hohe Kosten, die sich auf der Ergebnisseite nicht immer rechtfertigen lassen. Durch den Einsatz dieser standardisierten Verfahren sollen zum einen Bewerber vergleichbar gemacht werden und zum anderen soll auf Basis der erhobenen Testergebnisse auf zukünftiges erfolgreiches Handeln geschlossen werden und dahingehend die Auswahlentscheidung unterstützt werden. Beim professionellen Einsatz von Testverfahren liegt der Schüssel in der Standardisierung und Validität der einzelnen Instrumente.

Neben den Interviews, die sich im oberen Drittel der prognostischen Validität befinden, werden auch unterschiedliche Testverfahren, die in der Personaldiagnostik zum Einsatz kommen gelistet. Dabei schneiden die allgemeinen kognitiven Fähigkeitstests am besten ab. Grundlegend können die in der Personaldiagnostik eingesetzten Verfahren in drei Gruppen unterteilt werden: Leistungstests, Intelligenztests und Persönlichkeitstests:

Validität von Auswahlverfahren	
Verfahren	**Prognostische Validität**
Allgemeine kognitive Fähigkeitstests	.51–.62
Arbeitsproben	.33–.54
Strukturiertes Einstellungsgespräch	.51
Unstrukturiertes Einstellungsgespräch	.38
Fachkenntnistests	.48
Persönlichkeitstests	.15–31
Biografische Daten	.35
Assessment Center	.36–.37
Grafologie	.02
	Quelle: Becker 2010, S. 115

Abbildung 60: Validität von Auswahlverfahren

(1) Leistungstests

Leistungstest, auch Fähigkeitstests genannt, finden in der Praxis die meiste Akzeptanz aufseiten der Bewerber. Abgeleitet vom Anforderungsprofil messen diese Testverfahren direkt die zur Vakanz passende Fähigkeiten und machen diese für die Testkandidaten transparent. Diese Transparenz führt dazu, dass die Testpersonen einen direkten Bezug zur Arbeitsstelle herstellen können. Die Tests lassen sich in allgemeine und spezielle Leistungstests unterscheiden. Bei den allgemeinen Leistungstests werden Merkmale wie Aufmerksamkeit, Konzentrationsfähigkeit, Stressresistenz und Ausdauer erhoben und geprüft. Spezielle Leistungstests werden dagegen explizit auf einige vakanzbezogene Fähigkeiten zugeschnitten und ermitteln nur segmentielle Ergebnisse. Eine weitere Einteilung der Leistungstest in Speed- und Powertests ist möglich: Wird durch eine begrenzte Zeitvorgabe neben der Qualität der Leistung auch die Geschwindigkeit erhoben, handelt es sich um einen Speed-Test. Bei Power-Tests kommt es nur auf die Richtigkeit der Lösung an.

(2) Intelligenztests

Intelligenztest, auch unter der Namensgebung kognitive Leistungstests bekannt, sind Instrumente, die die intellektuelle Leistungsfähigkeit einer Person messen. Dabei messen diese Testverfahren entweder die allgemeine Intelligenz (Fähigkeit zum abstrakten Denken) oder spezifische Faktoren wie z. B. Denkvermögen oder Sprachfähigkeiten. Problematisch ist an diesen Testungen, dass in der Fachwelt keine einvernehmliche Definition von Intelligenz existiert. Dies macht diese Tests für unterschiedliche und zum Teil gegensätzliche Auslegungen anfällig. Im Kern messen aber alle Intelligenzkonzepte die Qualität und Geschwindigkeit bei der Lösung neuartiger Aufgaben. Dabei erheben Intelligenztests vornehmlich sprachliches Verständnis, Merkfähigkeit, logisches Denken, räumliches Denken und das Beherrschen von Rechenoperationen. Allgemein wird das Ergebnis eines Intelligenztests in Form des Intelligenzquotienten (IQ) angegeben. Der IQ gibt aber keine Information über die Intelligenzstruktur eines Probanden, die für eine stellenbezogene Interpretation aufschlussreich wäre.

(3) Persönlichkeitstests

Persönlichkeitstest stammen ursprünglich aus der klinischen Medizin und werden dazu eingesetzt, Aussagen über krankhafte physische Veränderungen am Persönlichkeitsbild zu ermitteln. Diese Testungen greifen tief in das Wesen und die Persönlichkeit der Kandidaten ein und werden daher oft mit der sozialen Erwünschtheit in Verbindung gebracht. Im Rahmen von Auswahlprozessen sollen Persönlichkeitstests Unternehmen Aufschluss über bestimmte Persönlichkeitseigenschafen eines Bewerbers geben. Die dabei gemessenen Persönlichkeitseigenschaften geben die Möglichkeit Vorhersagen über erfolgskritische Verhaltensweisen in Bezug auf konkrete Arbeitssituationen zu erstellen. Dabei werden spezifische Verhaltensweisen, Einstellungen sowie Stärken, Schwächen und Charaktereigenschaften der Testperson ermittelt und untersucht.

Jeder dieser Gruppen können unterschiedliche Testverfahren zugeordnet werden. Eine Übersicht über die in der Praxis gängigen Tests zeigt abschließend die Tabelle in Abb. 61.

Welches Testverfahren zum Einsatz kommt, hängt stark vom Anforderungsprofil der Stelle sowie vom allgemeinen unternehmensinternen Recruitingprozess ab. Für den Einsatz und die Auswahl von Testungen müssen jedoch vorab einige weitere methodisch-konzeptionelle Überlegungen hinsichtlich der Zielgruppe, des Zeitpunktes, der Form und der eingesetzten Mitarbeiter durchgeführt werden.

Zielgruppe: Grundlegend muss ein Test auf der einen Seite dem Anforderungsprofil entsprechen und dementsprechend relevante Daten erheben. Auf der anderen Seite muss ein Test zielgruppenadäquat designt sein, sprich Aufbau und Formulierung muss für die Zielgruppe verständlich und der Test in sich logisch sein. Für unterschiedliche Testverfahren kommen eigentlich alle Zielgruppen des Recruitings in Frage. Jedoch ist festzustellen, dass mit zunehmender hierarchischer Verankerung der Stelle, die Akzeptanz und der Einsatz von Testungen abnehmen.

Zeitpunkt: Aus prozessualer Sicht können Testverfahren an unterschiedlichen Zeitpunkten des Auswahlprozesses eingesetzt werden. Bereits vor der Bewerbung dienen Testverfahren den Interessenten dazu, sich für eine Bewerbung bei einem bestimmten Unternehmen zu entscheiden. Diese Testform ist in aller Regel einem Self-Assessment gleichzusetzen. Im Rahmen der Vorselektion der Bewerbungen im Recruiting können Testungen die weiteren Schritte des Auswahlprozesses beeinflussen, in dem die Testergebnisse als Entscheidungsgrundlage für die Einladungen zu Interviews herangezogen werden. Nach dem ersten Interview werden Testungen in aller Regel dazu eingesetzt, die Interviewergebnisse zu verifizieren und auch hier die Auswahlentscheidung voranzutreiben und die verbleibenden Bewerber für die zweite Interviewrunde zu selektieren. Eine weitere Option ist der Einsatz von Tests im Rahmen des ersten Interviews. Darüber sollten die Bewerber aber schon im Einladungsschreiben einen Hinweis bekommen.

Form: Die klassische Form ist die Testung auf Papier. Da auch in diesem Bereich der technische Fortschritt Einzug gehalten hat, können Testungen auch PC-gestützt durchgeführt werden. Auch onlinebasierte Testplattformen kommen zunehmend zum Einsatz. Dabei wird den Probanden ein Link zur Verfügung gestellt, der zum Online-Testverfahren führt. Die PC- und onlinebasierten Verfahren haben den Vorteil, dass mittels eines Knopfdrucks die Auswertung vorliegt und diesbezüglich keinerlei Zeitinvestition mehr notwendig ist.

Intelligenztests	
Leistungsprüfsystem (LPS) erfasst intellektuelle Leistungsfähigkeit und allgemeine Intelligenz	Verschiedene Aufgaben wie z.B. Wortschatz oder Rechenfähigkeit sind zu lösen
Standard Progressive Matrices (SPM) sprachfreier Intelligenztest	Eine Reihe von geometrischen Figuren ist durch eine von sechs Antwortalternativen zu ergänzen
Leistungstests	
d2-Test Aufmerksamkeits-und Belastungstests, misst Tempo und Konzentration	Ein Reiz muss in einer Vielzahl von visuell ähnlichen Reizen wieder erkannt und durchgestrichen werden
Drahtbiegeprobe: Verfahren zur manu-motorischen Funktionsprüfungs- und Eignungsdiagnositk	Eine Reihe von geometrischen Figuren ist durch eine von sechs Antwortalternativen zu ergänzen
Persönlichkeitstests	
Rorschach-Test: will gesamte Persönlichkeitsstruktur erfassen	Zehn Tafeln mit Klecksbildern, teils schwarz-weiß, teils farbig sind zu deuten
Thematic Apperception Test (TAT): will die Gesamtpersönlichkeit, insbesondere Umweltbeziehungen erfassen	Mehrdeutige Bilder von Alltagssituationen; zu jedem ist eine »spannende« Geschichte zu erzählen
Satzergänzungstest: breites variables Anwendungsfeld, besonders Neurotizismus und soziale Anpassung	Einzelne Worte oder Satzanfänge sind zu ganzen Sätzen zu ergänzen
Minnesota Multiphasic Personality Inventory (MMPI): misst 10 pathologische Kategorien, zusätzliche Lügenskala	Fragebogen mit 560 Fragestellungen, die mit »stimmt« oder »stimmt nicht« zu beantworten sind
Freiburger Persönlichkeitsinventar (FPI): misst zwölf Eigenschaften zu Belastung und Beanspruchung	Fragebogen mit 212 Thesen, die mit »stimmt« oder »stimmt nicht« zu beantworten sind
Sixteen Personality Factors (16-PF-Test): misst Gesamtpersönlichkeit mit 16 Faktoren, wie zum Beispiel »Besonnenheit« im Gegensatz zu »Begeisterungsfähigkeit«	Fragebogen mit 184 Fragen, die mit »ja« oder »nein« zu beantworten sind

Quelle: Becker 2010, S. 108

Abbildung 61: Testverfahren im Überblick

Mitarbeiter: Da sich die im Recruiting eingesetzten Testverfahren auf der Basis psychologischer Testverfahren bewegen und der Einsatz der Testungen auch oft infrage gestellt wird, ist es unabdingbar, geschultes Personal bei der Durchführung von Testverfahren einzusetzen. Sollte kein unternehmensinterner Mitarbeiter über diese notwendigen Qualifikationen verfügen, ist dringend zu raten, einen externen Dienstleister mit der Durchführung und Auswertung zu beauftragen.

Testungen bieten, richtig eingesetzt, eine weitere Informationsquelle, um Auswahlentscheidungen voranzutreiben und zu untermauern. Jedoch erfordern Testungen eine hohe Fachkompetenz und bündeln verhältnismäßig viel interne Ressourcen, sodass der Einsatz von Testungen gezielt und gründlich durchdacht sein sollte. Paschen (2008, S. 24 zit. nach Rohrlack 2012, S. 117) führt unterschiedliche Vor- und Nachteile auf, die eine grundlegenden Entscheidung für oder gegen ein Testverfahren unterstützen können. Dabei werden als Vorteile die bereits genannten Standardisierungen und die dadurch gegebene Vergleichbarkeit der Bewerber ins Feld geführt. Auch Chancengleichheit und die positive Auswirkung bei der Auswahlentscheidung werden als positiver Faktor genannt. Auf der negativen Seite wird vor allem auf die Grenzen der einzelnen Testungen Bezug genommen, da diese nur Ausschnitte analysieren und ein Gesamtbild nicht ergeben können. Zudem wird abschließend auf die unterschiedliche und teils geringe Validität und den hohen Einsatz von Ressourcen hingewiesen (ebd.).

Betrachten wir nun den gesamten bisher beschriebenen Auswahlprozess, so fällt auf, dass es sich hierbei um eine äußerst komplexe Prozesskette handelt, die viel Spielraum für Entscheidungen aber auch Fehler lässt. Zudem fällt auf, dass es nicht die eine, oder die andere richtige Methode gibt. Vielmehr ist der gesamte Prozess auf das jeweilige Unternehmen und die zu besetzende Vakanz mit der ihrer zugehörigen Zielgruppe abzustimmen und zu planen. Ausschlaggebend dabei ist, dass die einzelnen Schritte sorgfältig analysiert und durchgeführt werden. So gelingt für beide Seiten ein wertschätzender Prozess, der am Ende zur Besetzung einer offenen Stelle führt. Ist die Auswahlentscheidung final getroffen, werden aus dem Recruitingprozess heraus weitere Schritte angestoßen und Maßnahmen eingeleitet.

3.9 Bewerber einstellen (Schritt 5)

Nachdem ein neuer potenzieller Mitarbeiter von Seiten des Unternehmens gefunden wurde und dieser das Angebot angenommen hat und bereit ist, in das Unternehmen einzutreten, beginnt eine weitere und wichtige Phase, die wir ebenfalls noch im Recruitingprozess verorten: das Onboarding des neuen Mitarbeiters. Hierfür stehen verschiedene Denk- und Handlungsansätze zur Verfügung, die wir im ersten Teil dieses Kapitels beleuchten wollen. Anschließend wollen wir einen ganzheitlichen Personalmanagement-Ansatz skizzieren, in dessen Verständnis die Mitarbeiter, deren Talente, eine entscheidende Rolle spielen und dabei auch wichtige Impulse für das Recruiting liefern: der Personalmanagementansatz des Talent Managements. Innerhalb unseres Recruitingprozesses befinden wir uns nun in Schritt 5.

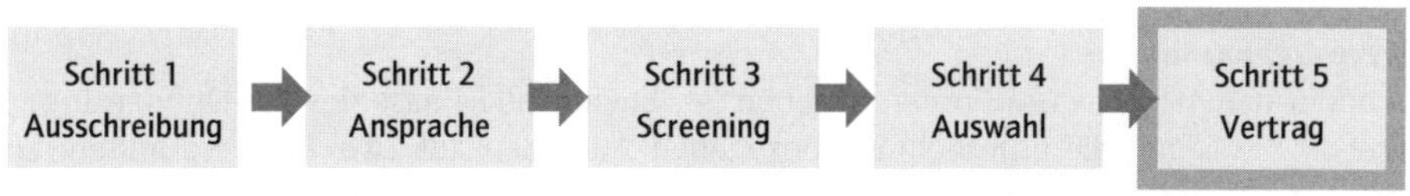

Quelle: eigene Darstellung

Abbildung 62: Der Recruitingprozess – Schritt 5

3.9.1 Das Onboarding

Die Einführung und Integration neuer Mitarbeiter ist nach den passgenauen Recruitingbemühungen der nächste, wichtige Schritt auf der Candidate Journey und der erste Schritt im sogenannten Employee-Life-Cycle, dem Lebenszyklus eines Mitarbeiters. Streng genommen endet der Recruitingprozess mit der Unterschrift auf dem Arbeitsvertrag. Wir sehen dennoch die Einarbeitung bzw. das Onboarding neuer Mitarbeiter als eine wichtige Aufgabe, die den Endpunkt setzt auf dem gesamten Weg des Zusammenfindens von Bewerber und Unternehmen. Sobald jemand innerhalb der Probezeit abspringt, müssen wir den Recruiting-Prozess ebenfalls von vorne starten. Die Einarbeitung sollte demnach durchdacht, auf das Unternehmen und den neuen Mitarbeiter abgestimmt und auf einem hohen Niveau durchgeführt werden. Denn je besser die neue Kollegin oder der neue Kollege eingearbeitet wird, desto schneller können sie im neuen Aufgabengebiet Fuß fassen und auch aktiv zur Wertschöpfung beitragen. Innerhalb der ersten Monate ist die Absprungrate am höchsten, was uns ebenfalls dazu bringt, hierauf ein besonderes Augemerk zu richten. Jeder, der innerhalb der Probezeit abspringt, hat uns richtig viel Geld gekostet (Berthel/Becker 2013, S. 375). Daran hat nach Berthel/Becker (ebd.) nicht nur die fehlerhafte Auswahl Schuld. Auch die Einarbeitung gibt Anstoß für den schnellen Abbruch. Eigentlich ist für die Einarbeitungsphase der HR-Businesspartner, der Personalreferent und oder der fachliche Vorgesetzte zuständig. Wir sehen aber den Beginn des Prozesses bzw. den Anstoß dazu in den Händen des Recruiters. Er übergibt an dieser Stelle sozusagen den Staffelstab und begleitet gegebenenfalls den Kandidaten noch beratend.

Versucht man, eine einheitliche Begrifflichkeit für die Einführung neuer Mitarbeiter zu finden, so wird man enttäuscht. Für den von uns favorisierten Begriff »Onboarding« existieren jede Menge synonym verwendete Namensgebungen: »Einarbeitung oder Einführung«, »Eingliederung«, »Implacement« oder auch »Integration«.

Definition: Onboarding

»Unter Onboarding versteht man im Personalwesen die Maßnahmen, die die Integration eines neuen Mitarbeiters in ein Unternehmen fördern. In der Regel durchläuft der Mitarbeiter in der Zeit zwischen Vertragsunterschrift und finaler Einarbeitung verschiedene Phasen, die es durch Onboarding-Maßnahmen abzudämpfen gilt. Hierbei geht es darum, die Diskrepanzen zwischen den Erwartungen des Bewerbers und des Unternehmens zu überbrücken« (Habermann 2012 – http://www.intraworlds.de/talentblog/2012/07/ready-to-take-off-wie-unternehmen-mit-onboarding-plattformen-abheben-koennen/ – 29.11.2014).

Aus dieser Definition geht hervor, dass es sich beim Onboarding um mehrere Aufgaben handelt, die sich wiederum in verschiedene Teilschritte bzw. Phasen einteilen lassen. Wir schlagen eine 3-teilige Prozessbetrachtung und -einteilung vor:

(1) Pre-Onboarding

Nachdem der Arbeitsvertrag unterschrieben ist, beginnt die Phase des Pre-Onboardings. In dieser Phase liegen die unternehmensbezogenen Aufgaben auf zwei Schwerpunkten: zum einen auf der »Information« und zum anderen in der »Organisation«. Oftmals vergehen, aufgrund unterschiedlicher Gegebenheiten Wochen oder gar Monate bis der neue Mitarbeiter in seinem Unternehmen beginnt. Richten wir unseren Blick auf Auszubildende, so kann es hier auch schon einmal bis zu einem Jahr dauern. Sie werden dieses Beispiel in Kapitel 4 wieder treffen. Daher ist die Phase der Pre-Onboarding nicht zu unterschätzen. Bei dem Aufgabenbereich »Information« handelt es sich um ein Aufgabenfeld, das auf den neuen Mitarbeiter ausgerichtet ist. Dabei liegen die Schwerpunkte vor allem in der Bereitstellung erster Informationen über das Unternehmen, das Zusenden der ersten Formulare, die ausgefüllt werden müssen, auch Absprachen bezüglich der technischen Ausstattung oder des Firmenwagens stehen an. Zudem können in dieser Phase dem Mitarbeiter die ersten Informationen über die Einarbeitung und den ersten Arbeitstag an die Hand gegeben werden. Der Bereich »Organisation« ist ein nach innen, also in das Unternehmen gerichtetes, Aufgabenpaket, bei dem der Eintritt des neuen Mitarbeiters vorbereitet wird. Hierfür empfiehlt es sich, eine Checkliste zu erarbeiten, in der alle relevanten Aspekte und Arbeitsschritte aufgelistet sind, die vor Eintritt des neuen Mitarbeiters zu erledigen sind. Beispielweise: Organisation erster Arbeitstag, Bestellen der Arbeitsmittel, Einrichten eines vollständigen Arbeitsplatzes, Bestellen des Firmenwagens. Ebenfalls gehören hierzu die Information an den Kollegenkreis über den neuen Mitarbeiter und ggfs. die Benennung von Paten oder Mentoren und die Erarbeitung eines detaillierten Einarbeitungsplanes.

(2) Erster Arbeitstag

Der erste Arbeitstag ist der offizielle Eintritt des neuen Mitarbeiters ins Unternehmen. Da auch aufseiten des neuen Kollegen Aufregung, Angst aber auch Vorfreude vorhanden sein können, ist ein freundlicher und offener Empfang die Grundlage für einen erfolgreichen Start. Am geeignetsten dafür erscheint ein Einführungsgespräch mit dem Vorgesetzten und/oder dem Zuständigen aus der Personalabteilung. Bei diesem Gespräch werden die ersten Informationen geteilt, der Einarbeitungsplan besprochen und auch die ersten direkten Ansprechpartner genannt. Ein Rundgang durch die Abteilungen, der am Arbeitsplatz endet hat sich aus unserer Erfahrung als förderlich erwiesen. Haben Sie sich für ein Paten- oder Mentorenkonzept (s. u.) entschieden, dann werden diese Personen nun einander vorgestellt.

(3) Onboarding

Das eigentliche Onboarding ist nach unserem Verständnis ein länger währender Prozess. Während der ersten Woche steht dabei die Vermittlung von relevanten Informationen und die generelle Orientierung im Vordergrund. Im Laufe des ersten Monates verlagert sich der Schwerpunkt auf die Kommunikation. Dies bedeutet, dass mittels Feedbackgesprächen die Einarbeitungserfolge besprochen werden und auch Bedarfe herausgestellt werden. Sollten beispielsweise Qualifikationen, Fortbildungen oder Einführungsveranstaltungen anstehen, so werden diese in dieser Zeit angestoßen. Das Ziel sollte sein, den neuen Kollegen so zu integrieren, dass er schon die ersten Arbeitserfolge nachweisen kann. Im Rahmen der längeren Onboarding Phase wird zwischen beruflicher, sozialer und wertorientierter Einarbeitung unterschieden (Becker 2010, S. 228 f):

Die *fachliche* Einarbeitung soll dazu beitragen, dass der neue Mitarbeiter sein Aufgabengebiet kennenlernt und damit verbunden sich Unternehmenswissen aneignet. Dadurch soll der neue Kollege die Möglichkeit erhalten, die neuen Informationen und Erkenntnisse mit eigenen Wissensständen zu verknüpfen, um diese dann zielgerichtet ins Unternehmen einzubringen. Dieser Teil der Einarbeitung findet in aller Regel am Arbeitsplatz (Training-on-the-job) oder auch im Rahmen unterschiedlicher Schulungssettings (Training-off-the-job) statt.

Die *soziale* Einarbeitung ist vor allem durch die informelle Kommunikation geprägt. Über soziale Kontakte kann sich der neue Mitarbeiter mit seiner neuen Arbeitsumgebung vertraut machen. Ziel ist, dass durch die soziale Interaktion mit den neue Kolleginnen und Kollegen ein Wir-Gefühl entsteht und somit auch die Bindung ans Unternehmen vorangetrieben wird. Informelle Netzwerke helfen zudem dabei, später schneller und effektiver produktiv zu werden. Je besser Sie einen neuen Mitarbeiter mit informellen Netzwerken ausstatten können, desto bessere Arbeit wird er leisten.

Im Rahmen der *wertorientierten* Einarbeitung sollen die Unternehmensgrundsätze, die Leitlinien des Unternehmens weitergegeben werden. Diese liegen oftmals in schriftlicher

Fachlich
• Kenntnisse über das Unternehmen, das Arbeitsgebiet • Einarbeitung in bestimmte Aufgabenstellungen • Aneignung von Faktenwissen • Umsetzung seiner Kenntnisse und Fähigkeiten im Sinner der Unternehmensziele
Sozial
• Kennenlernen des Arbeitsumfeldes • Umgang mit Vorgesetzten, Kollegen, Kunden • Teamarbeit, Projektarbeit • Erarbeitung einer eigenen Position • Entwickeln eines Wir-Gefühls
Wertorientiert
• Vertraut machen mit Zielen, Werten, Unternehmensgrundsätzen • Corporate Identitiy • Mittel- bis langfristige Prozesse • Wird über gelebte Werte und Leitbilder vermittelt

Quelle: Becker 2010, S. 229

Abbildung 63: Onboarding neuer Mitarbeiter

Form vor und können so dem neuen Kollegen vermittelt werden. Vor allem in Bezug auf die Außenwirkung des Unternehmens spielt die wertorientierte Einarbeitung eine große Rolle, zumal in der heutigen Zeit die sogenannten Compliance-Regeln eine überaus große Bedeutung für Unternehmen besitzen.

Die strategische Gestaltung der Onboarding-Programme kann verschiedene Richtungen aufweisen. Bei der »Schonstrategie« genießt der Neuling einen gewissen Schutz bezüglich der Arbeitsergebnisse. Er läuft anfangs »mit« und kann sich langsam an das operative Geschehen herantasten. Die »Kaltes Wasser«-Strategie beschreibt hingegen den direkten Einstieg in den Arbeitsalltag, ohne ein umfangreiches Einarbeitungsprogramm. Dabei soll geprüft werden, wie schnell sich der neue Mitarbeiter im Aufgabengebiet zurechtfindet. Der Fokus liegt hier auf messbaren Ergebnissen. Diese Form kann noch verschärft werden, indem der neue Kollege bewusst vor unlösbare Aufgaben gestellt wird (Berthel/Becker 2013, S. 377). Die von uns favorisierte strategische Einarbeitungsform ist die »Systematisch, individuelle Strategie«:

Definition: Systematisch individuelle Einarbeitungsstrategie

»Diese Strategie berücksichtigt die Bedürfnisse des neuen Mitarbeiters und die des Unternehmens. Ziel ist es, den Mitarbeiter möglichst schnell fachlich und sozial zu integrieren« (Rohrlack 2012, S. 149).

Jede der genannten Strategien können Sie für die Einarbeitung Ihres neuen Mitarbeiters anwenden. Neben dieser grundlegenden Entscheidung sollten Sie sich überlegen mit welchem Medieneinsatz Sie die einzelnen Integrationsphasen ausgestalten und wie Sie dem neuen Kollegen notwendige Informationen an die Hand geben. Auch die Wahl der richtigen Formate kann sich positiv auf eine erfolgreiche Einarbeitung ausschlagen. Dabei können folgende Instrumente unterschieden werden:

1. **Informationsmaterialen:** Dem neuen Kollegen verschiedenste Informationen in Form eines »Welcome Package«, also eines Willkommenspakets, zur Verfügung zu stellen, ist die gängigste Form der eingesetzten Medien. Dabei sollten Sie aber beachten, den neuen Kollegen nicht mit – unnötigen – Informationen zu überfluten. Weiterführende Informationen über das Unternehmen oder die Abteilung, die neuen Kollegen, Parkmöglichkeiten oder auch der aktuelle Speiseplan in der Kantine sind Informationen, die einen neuen Mitarbeiter interessieren. Die Informationen können zum Teil auch schon in der Pre-Onboarding-Phase ausgehändigt werden. Hierzu haben sich als Form gedruckte Medien oder auch beispielsweise ein USB-Stick, auf dem alle notwendigen Informationen enthalten sind, eingebürgert.
2. **Mitarbeitergespräche:** Das Führen regelmäßiger Gespräche mit dem neuen Kollegen ist unserer Meinung nach das wichtigste Instrument bei der Mitarbeitereinführung. Es können spontane oder auch geplante Gespräche sein, die im Einarbeitungsplan enthalten sind. Größere Unternehmen haben dazu eigene Modelle entwickelt. Beispielsweise wird bei der Voith GmbH ein Einarbeitungsprogramm namens »8x8x8« durchgeführt. Dabei werden nach den ersten 8 Stunden, den ersten 8 Tagen und auch den ersten 8 Wochen nach einer standardisierten Vorgabe Feedbackgespräche durchgeführt. Für Praktikanten wird dieses Programm in der Form »3x3x3« eingesetzt.
3. **Orientierungsveranstaltungen/Einführungsseminare:** Treten mehrere Mitarbeiter in ein Unternehmen ein, so können größere Orientierungsveranstaltungen organisiert werden. Dabei werden den neuen Kollegen unterschiedlichste Themen des Unternehmens vorgestellt, Platz gegeben sich mit anderen, neuen Kollegen zu vernetzten und ausreichend Zeit eingeräumt, offene Punkte und Fragen zu klären. Einführungsseminare können thematisch auf bestimmte Zielgruppen eingegrenzt werden. Beispielsweise können im Rahmen eines Einführungsseminars die Einkaufsrichtlinien oder spezielle IT-Systeme für eine bestimmte Gruppe von Mitarbeitern geschult werden.
4. **Paten/Mentoren Modelle:** Paten oder auch Mentoren werden den neuen Kolleginnen und Kollegen ab dem ersten Arbeitstag für einen bestimmten Zeitraum zur Seite gestellt. Paten sind dabei in aller Regel gleichgestellte Mitarbeiter, die vor allem die berufliche und soziale Integration des neuen Mitarbeiters fördern und begleiten sollen. Sie dienen dabei als Ansprechpartner und machen die oder den Neuen auch mit den informellen Strukturen des Unternehmens und der Abteilung bekannt. Mentoren sind dagegen hierarchisch höher gestellte Persönlichkeiten aus dem Unternehmen und erfüllen eher die Funktion als Lehrer oder Coach. Sie sollen vor allem die fachliche Einarbeitung unterstützen.

Natürlich gilt auch beim Onboarding das Bestreben, die neuen Mitarbeiter schnellstmöglich und bestmöglich in das Unternehmen und das Arbeitsfeld zu integrieren und leistungsfähig zu machen. Dafür können auch neuere Medien zum Einsatz kommen, die auch vorab, in der Pre-Onboarding-Phase dem neuen Mitarbeiter zur Verfügung gestellt werden können:

5. **Homepage:** Eine eigens für die Einarbeitungszeit eingerichtete Homepage kann der vorangestellten Intention dienen, dem Mitarbeiter vorab unterschiedlichste Informationen bereit zu stellen. Auf einer Homepage können neben Informationen zum Unternehmen auch abteilungsbezogene Inhalte zu finden sein. So können sich beispielsweise die neuen Kollegen mit einer kurzen Videobotschaft vorstellen und den neuen Mitarbeiter willkommen heißen. Zudem kann eine Liste mit allen relevanten Kolleginnen und Kollegen auch aus anderen Abteilungen eingepflegt sein. Eine Onboarding-Homepage bietet viel Platz und räumt viele Möglichkeiten ein. Wobei wir hier raten: »Keep it short and simple!«

6. **Schulungsvideos/Webinare/eLearning** Im Rahmen von Schulungsvideos, Webinaren oder eLearning Tools, kann die Einarbeitung vor und nach Arbeitseintritt thematisch unterfüttert und begleitet werden. So können ganz einfach und von neuen Mitarbeitern allgemeines und auch vertiefendes organisationsspezifisches Wissen selbstgesteuert angeeignet werden. Der hier verfolgte Ansatz kann auch als »Training into the Job« bezeichnet werden.

So unterschiedlich und auch vielfältig die Möglichkeiten der Einarbeitung von neuen Mitarbeitern auch sind, müssen Sie dafür Sorge tragen, dass Absprünge und Abbrüche in den ersten Tagen und Wochen vermieden werden. Ein gut durchdachtes und sauber durchgeführtes On-Boarding- Programm zahlt von Anfang an in die Mitarbeiterbindung ein und generiert für Sie leistungsfähige und loyale Mitarbeiter.

3.9.2 Talent Management

Die aktuellen Herausforderungen auf dem Arbeits- und Bewerbermarkt erfordern auch im Personalmanagement ein »Neu-Denken« oder »Um-Denken«. Dieses Einstellen auf neue Situationen, auf neue Gegebenheiten bringt neue Denkansätze und im Fall des Talent Managements neue Methoden des Human Resource Managements hervor. Talent Management kann allgemein als ein umfangreicher strategischer Ansatz gesehen werden, der einen neuen Zugang zu Talenten auf dem Markt, aber auch den unternehmensinternen Umgang und deren Weiterentwicklung im Auge hat.

Definition: Talent Management

»Talent Management bezeichnet jene Organisationskonzepte und -maßnahmen, die sich gezielt mit Gewinnung, Erhaltung und Entwicklung von gegenwärtigen oder zukünftigen Mitarbeitenden auseinandersetzen, die aufgrund ihrer vergleichbaren knappen, stark nachgefragten und für die Organisation zentralen Schlüsselkompetenzen als Talente bezeichnet werden« (Ritz 2011, S. 10).

Talent Management kann somit als Dreiklang zwischen Gewinnung, Erhaltung und Entwicklung gesehen werden. Aus Sicht des Recruitings ist vor allem der Teilbereich der Gewinnung von Bedeutung. Jedoch können auch Maßnahmen aus dem Bereich der Bindung in ein Recruitingkonzept Einzug erhalten. Es geht dabei aber um eine Bindung externer Kandidaten. Hier wird dann von Talent Relationship Management (TRM) gesprochen (Trost 2011, S. 2f).

An dieser Stellen müssen wir konstatieren, dass Talent Management oder auch das Talent Relationship Management umgesetzt eine höchst anspruchsvolle Personalmanagement-Disziplin sind, welche wir im Rahmen des vorliegenden Kapitels nicht voll umfänglich erfassen können. Wir wollen umreißen, welche konzeptionellen Denkansätze sich hinter TM und TRM verbergen und einen Einblick geben, in welcher Form TRM umgesetzt werden könnte.

Das Talent Relationship Management (TRM) wurde aus dem Customer Relationship Management heraus entwickelt, welches das Ziel verfolgt, die Kundenbeziehung und die Kundenbindung systematisch zu gestalten (Helmke et al. 2013 S. 7f). Für eine strategische Ausrichtung des Recruiting ist dieser Ansatz ein zukunftsweisendes Instrument, welches Ihnen beim richtigen und nachhaltigen Einsatz entscheidende Vorteile auf dem Bewerbermarkt ermöglichen kann.

Definition: Talent Relationship Management

»Das Talent Relationship Management (TRM) beschreibt die aktive und frühzeitige Kontaktaufnahme zu potenziellen Kandidaten mit dem Ziel, eine Beziehung aufzubauen und diese nachfolgend systematisch zu pflegen. Durch den damit zusammenhängenden Aufbau eines Talentpools erfolgt die Besetzung einer Funktion in kurzer Zeit, sowie mit einer von Anfang an hohen Qualität« (Bender 2014, S. 4).

Bevor wir uns eingehender mit dem Konzept des Talent Relationship Management (TRM) beschäftigen, wollen wir noch ein paar wenige Grundannahmen aufzeigen, die Sie für Ihr Unternehmen festlegen sollten: Als ersten sollten Sie sich klar machen, was »Talent« für Sie und Ihr Unternehmen bedeutet. Hierzu kann ein Ansatz herangezogen werden, der Talent von drei Faktoren abhängig macht: Performance, Potenzial und Kompetenz. Performance beschreibt dabei die Leistung des Talents zu einer bestimmten Zeit oder in einer bestimmten Situation. Um die Kompetenz eines Mitarbeiters zu erfassen, werden Fähigkeiten, Kenntnisse und Erfahrungen subsumiert. Das Potenzial ist eine in die Zukunft gerichtete Größe und zeigt die Entwicklungsmöglichkeiten eines bestimmten Mitarbeiters auf.

Eine weitere definitorische Grundlage liegt in den Vakanzen begründet: Im Talent Relationship Management (TRM) wird eine Vakanz als Bündel von Qualifikationen gesehen. Daher spricht man im TRM von Schlüssel- und Engpassqualifikationen. Beide Qualifikationsarten werden aus der Unternehmensstrategie abgeleitet, in der die zukünftigen Personalbedarfe gespiegelt werden. Schlüsselqualifikationen sind Qualifikationen, welche dem Unternehmen eine große Wertschöpfung ermöglichen. Engpassqualifikationen werden vom Unternehmen in der Zukunft in einer großen Anzahl benötigt und sind am Bewerbermarkt schwer zu finden (Trost 2011, S. 29 ff). Davon ausgehend können Sie die für Ihr Unternehmen wichtigen Schlüssel- und Engpassqualifikationen bestimmen, die Sie in das TRM-Programm aufnehmen wollen.

Haben Sie ihre Zielgruppen bestimmt, können anschließend die konzeptionelle Ausgestaltung und die Zugänge in das Talent-Relationship-Programm definiert werden. Aus unserem Recruitingverständnis sind zwei Ansätze denkbar, die beide zusammen oder jeweils einzeln und unabhängig voneinander praktiziert werden können: Der Ansatz der »Second Bests« und der Ansatz der »Talentpipeline«.

Der Ansatz der »Second Bests«

Dieser Ansatz verfolgt das Ziel, Bewerber aus abgeschlossenen Besetzungsverfahren in das Bindungsprogramm aufzunehmen. Dabei liegt, wie vorab erwähnt, der Fokus auf den Schlüssel- und Engpassqualifikationen. Es werden aus diesen Verfahren gezielt die Bewerber angesprochen, die die »Silbermedaille«, also den zweiten Platz belegt haben. Oftmals sind es nur Nuancen, die Befindlichkeit des Fachbereichs oder eine Kleinigkeit im Werdegang, die den Ausschlag für den ein oder den anderen Kandidaten herbeiführt. Jedoch haben diese Zweitplatzierten den kompletten Bewerbungsprozess durchlaufen und sich somit auch bewiesen. Aus einem anderen Standpunkt heraus könnte auch argumentiert werden, dass das Unternehmen auch schon umfangreich in den Bewerber investiert hat. Er hat neben den durchgeführten Interviews vielleicht auch Assessment Center oder andere Testverfahren mit Erfolg absolviert und wurde deshalb in die finale Auswahl genommen. Aus diesen Gründen ist es absolut denkbar, diesen Bewerbern anzubieten, im Rahmen eines Talent Relationship Management Programms mit Ihnen in Kontakt zu bleiben, damit er für zukünftige Besetzungsverfahren berücksichtigt werden kann.

Der Ansatz der »Talentpipeline«

Die Talentpipeline ist ein moderner Begriff, der immer wieder in einem Atemzug mit Talent Management genannt wird. Darunter kann ein externer Talent-Pool von Kandidaten verstanden werden, in den die für Ihr Unternehmen erfolgskritischen Zielgruppen aufgenommen worden sind. Zum einen können in diese Pipeline die vorab vorgestellten Second Bests aufgenommen werden. Zum anderen liegt das Bemühen in diesem Rahmen darin, Kandidaten aus der Suche auf dem Bewerbermarkt zu »hamstern«. Durch verschiedenste Recruitingmaßnahmen soll die Pipeline mit den definierten Zielgruppen gefüllt werden. Die Poolkandidaten erhalten während ihrer »Wartezeit« unterschiedliche Angebote, die von persönlichen Treffen, Betriebsbesichtigungen bis hin zu groß angelegten Events reichen.

Vornehmlich der Ansatz der Talentpipeline, aber auch der der Second Bests, verfolgen die grundlegende Annahme, dass das Talent und nicht die Vakanz im Mittelpunkt des Handelns stehen sollte. Die Abkehr von der vakanzorientierten hin zur talentorientierten Vorgehensweise nimmt daher im TRM einen zentralen Stellenwert ein. Bei der vakanzorientierten Vorgehensweise stößt das Vorhandensein einer Vakanz den nachgelagerten Recruitingprozess an, der mit der Stellenbesetzung endet. Im Gegensatz dazu wird nach dem Prinzip des TRMs das Talent mit seinen Qualifikationen als Basis des Handelns betrachtet, unabhängig davon, ob zu diesem Zeitpunkt eine offene Vakanz besteht oder nicht. Es wird das Ziel verfolgt, für den Kandidaten im Unternehmen eine passende Stelle zu finden, und zwischenzeitlich mit dem Talent eine Beziehung aufzubauen und es an das Unternehmen zu binden.

Ein zentraler Bestandteil des Talent Relationship Managements ist der Aufbau und die Pflege einer auf den vorangegangenen Ausführungen basierenden Talent-Pipeline. Die Mitglieder dieser Pipelines werden mittels verschiedenem Recruitingaktivitäten gewonnen und einen Pool nach einer festgelegten Systematik aufgenommen. Bei der Bindung der Kandidaten im Pool kommt es darauf besonders an, dass die geplanten und durchgeführten Maßnahmen einen erkennbaren Nutzen für den Kandidaten liefern und seine Präferenzen und Interessen berücksichtigen. Das heißt, die Aktivitäten sollten auf die zuvor definierten Zielgruppen abgestimmt sein. Hinter dem Maßnahmenmanagement muss eine zielgerichtete Systematik stehen, die den Talenten im Pool weitere interessante Inhalte und Themenbereiche in Bezug auf das Unternehmen und mögliche Vakanzen bereitstellt. Dies hat den Hintergrund, die möglichen neuen Mitarbeiter bereits für einen Eintritt ins Unternehmen vorzubereiten und zu begeistern.

Eine konsequente Umsetzung eines Talent Relationship Managements muss unserem Verständnis nach eine grundsätzliche Managemententscheidung vorausgehen, da hier neben ausreichenden Ressourcen und Mitteln auch ein grundlegendes Verständnis in der gesamten Organisation vorhanden sein muss. Aus der Recruitingperspektive müssen die Prozesse und die Haltung der Recruiter ebenfalls neu ausgerichtet oder nachjustiert werden.

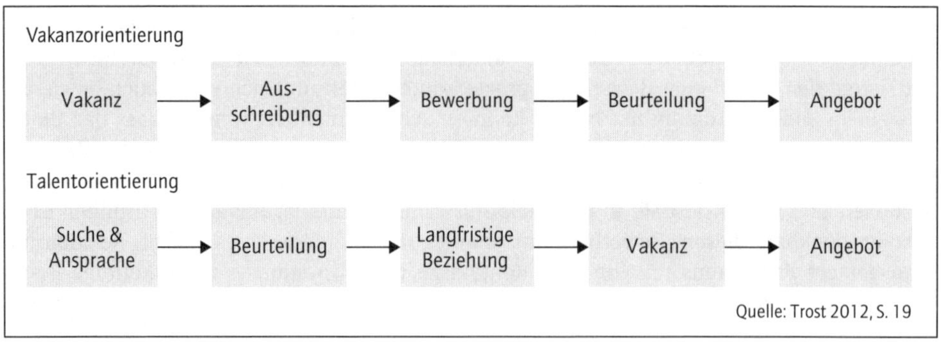

Abbildung 64: Vakanz- und talentorientierte Vorgehensweise

4 Social Media Recruiting

Mit Kapitel 4 befinden wir uns nicht nur in der Welt der Social Media, sondern erneut im zweiten Schritt des Recruitingprozesses. Dieser lässt sich tatsächlich heutzutage unabhängig von der Zielgruppe nicht mehr ohne Social Media darstellen. Dabei ist Social Media eben nicht mit Facebook und Twitter gleichzusetzen. Es bedeutet sehr viel mehr – sehr sehr viel mehr. Es ist eine ganze Welt für sich, in die wir nun im Nachfolgenden eintauchen werden. Um Ihre Erwartungen gleich von Beginn an etwas zu dämpfen, sei diese Metapher gestattet: Auf den nun folgenden Seiten werden wir gemeinsam den Kopf in das Meer der Social Media eintauchen und uns mit einer Taucherbrille einmal umsehen. Wir werden aber nicht gemeinsam hineinspringen und umherschwimmen. In diesem Meer schwimmen zu lernen, das braucht Zeit und eine intensivere Auseinandersetzung als das Lesen eines Buches leisten kann. Sie lernen in der Regel auch keine Sprache durch das Studium eines Buches. Sie brauchen Training und regelmäßige Praxis. Lassen Sie uns also nun gemeinsam den Kopf unter Wasser halten.

»Revolution doesn't happen when society adopts new technologies.
It happens when society adopts new behaviors«
Clay Shirky 2008

Dieses Zitat stammt aus dem Buch »Here comes everybody«. Eindrucksvoll schildert Clay Shirky die aktuelle Situation. Die Verschiebung von Machtverhältnissen zugunsten der Individuen. D. h. nicht, weil es plötzlich Social Media gibt, hätte sich eine Revolution angebahnt. Nein, es liegt an den veränderten Gewohnheiten der Gesellschaft und der Art, damit umzugehen. Letzteres ist ein schleichender Prozess, der schnell aber unscheinbar unser Leben verändert. Es ist so als hätte jemand ein Naturgesetz verändert. Individuen haben plötzlich die Chance, mehr Reichweite und damit Einfluss zu generieren, als unsere klassischen Massenmedien es bisher erlaubt haben. Es ist eine veränderte Art der Kommunikation, die sich auf alle Bereiche des Lebens auswirkt. Für uns als Recruiter ist aber auch die Erkenntnis wichtig, dass sich diese Veränderung auf alle Zielgruppen auswirkt – nicht nur auf die Nachwuchsgruppen. In Deutschland hört man hier und da voreilig die Aussage, dass dieses Social Web und die damit verbundenen Veränderungen zwar real seien, aber nur in den Generationen GenY und GenZ. Diese Fehleinschätzung ist die Folge der Gleichsetzung von Social Media und Facebook & Co. Social Media hat aber auch eine enorme Transparenz in die Welt des Recruitings gebracht, die es zuvor so nicht gab und für alle Zielgruppen von Interesse ist.

Als Arbeitgeber haben Sie eine neue Außendarstellung bekommen, ohne aktiv daran beteiligt gewesen zu sein. Das ehemals sehr klare Bild einer Arbeitgebermarke, herausgegeben meist durch den Bereich Unternehmenskommunikation, wurde verwässert. Um genauer zu sein: Es wurde angereichert. Kandidaten, die heute auf der Suche nach einem neuen Arbeitgeber sind, haben neben der Karriereseite eines Unternehmens einen bunten Blumenstrauß an weiteren Informationsquellen, gefüttert unter anderem durch aktuelle und ehemalige Arbeitnehmer. Ein Mosaik des Arbeitgebers ist klammheimlich entstanden, leider oftmals ohne, dass der Personalbereich geschweige denn die Unternehmenskommunikation davon Wind bekommen hätten. Nun geht es darum, mit diesem Facettenreichtum umzugehen und diesen zu managen.

Ist Social Media ein Recruiting-Instrument? Die klare Antwort lautet: »Jein«. Social Media reduziert leider eine der vielfältigsten Kommunikationsbereiche unserer Gesellschaft auf einen einzigen Begriff. Laien, die sich mit der Materie nicht intensiver auseinandergesetzt haben, reduzieren daher leichtsinnig auch die Implikationen, die sie aus diesem Begriff ziehen. Es gibt Social Networks, die sich für den Bereich Employer Branding eignen. Andere wiederum eignen sich für das HR-Marketing oder das Recruiting. Eine Pauschalisierung ist nicht möglich. Aus diesem Grunde werden Sie es auch kaum schaffen, sich lediglich mit einem Aspekt oder einem Social Network separat zu beschäftigen. Das soll nicht heißen, dass Sie als Vertreter Ihres Unternehmens sich nun mit allen Netzwerken auseinandersetzen müssen, und am Besten direkt überall ein Unternehmensprofil anlegen sollten. Es bedeutet, dass Sie sich mit dem Thema im Allgemeinen beschäftigen sollten, um dann die für Ihr Unternehmen optimale Kombination aus Maßnahmen und Netzwerken zu wählen.

Das Kapitel 4 wird Ihnen anhand verschiedener Netzwerke Einblicke in die Welt der Social Networks gewähren. Wir haben uns auf die derzeit wichtigsten Netzwerke fokussiert und werden im Einzelnen die Vor- und Nachteile sowie deren Anwendungsfälle beschreiben. Der Variantenreichtum ist natürlich bei Weitem größer. Mittels der vorgestellten Netzwerke werden Sie aber ein Gespür für dieses Medium entwickeln und anschließend selbstständig Netzwerke einzuschätzen wissen. Sie werden kein Spezialist für dieses oder jenes Netzwerk werden, aber die Grundkenntnisse erlangen.

Blicken wir aus der Perspektive des Recruitingprozesses auf Kapitel 4, so befinden wir uns operativ in Schritt 2. Die Auswahl der Kanäle bei einer Stellenbesetzung beinhaltet heutzutage eigentlich immer mindestens auch einen Social-Media-Aspekt. Aber auch im Schritt 5, der Bindung von Kandidaten, können die neuen Medien helfen. Beide Bereiche werden wir beleuchten und im ersten Fall nochmals in aktive und passive Suche unterscheiden.

4.1 Web 2.0 und Social Media

Für die Themen der nun folgenden etwas längeren Reise hatten wir bereits in Kapitel 3.6 die Basis-Definitionen und Begriffe eingeführt. Wir wollen aber nun noch einmal etwas weiter ausholen. Das Zitat am Anfang des Kapitels macht es deutlich. Social Media ist weniger ein Tool als eine Einstellung. Es verbirgt sich eine bestimmte Art der Kommunikation hinter diesem Begriff. Unabhängig davon, ob man es Web 2.0 oder Social Media nennt, der Grundgedanke der offenen Kommunikation bleibt der gleiche. Das klingt nun noch nicht so richtig nach Recruiting, womit wir Ihnen recht geben müssen. Das bitten wir Sie auch stets im Hinterkopf zu behalten: Das Social Web wurde nicht für das Rekrutieren erfunden. Eben so wenig wurden die Netzwerke für HR-Marketing entworfen. Warum erwähnen wir das so explizit? Es verbirgt sich eine der wohl wichtigsten Verhaltensregeln hinter diesen Aussagen, denn im Social Web sind Sie als Unternehmen nur *Gast*.

> **Tipp**
> Im Social Web sind Unternehmen nur zu Gast und sollten ihr Verhalten dieser Rolle anpassen.

Das Kommunizieren auf Augenhöhe scheint hierbei die größte Herausforderung für die Unternehmen darzustellen. In den vergangenen Jahren haben wir bereits etliche Worst Practices gesehen, denen meist allen eine Sache gemein war: die Missachtung des vorangegangenen Tipps.

Gehen wir zurück zum Wesentlichen, dem Social Web. Man könnte fast meinen, man spräche von einem Fabelwesen, denn das Social Web kann Ihnen überall und zu jederzeit begegnen. Es nimmt vielfältigste Gestalten an und bleibt daher oft unerkannt. Selbstverständlich ist die Frage erlaubt, ob es ein Internet auch noch ohne Social Media gibt, und unsere vorsichtige Antwort wäre: nein. Man muss es ja nicht immer gleich so nennen. Die Begriffsvielfalt ist in diesem Zusammenhang sowieso eher eine Farce. 1.000 Begriffe und dreimal so viele Interpretationen – da blickt doch keiner mehr durch.

Erlauben Sie uns, ein kleines Beispiel anzuführen: Bei Vorträgen fragen wir in Deutschland gern die Nutzungsdichte von #Location Based Services ab. Da kaum einer weiß, worum es sich dabei handelt, folgt dann zunächst die Definition.

Definition: #Location Based Services (LBS)

#Location Based Services (LBS) sind Dienste, die zur Erbringung eines Services oder Bereitstellung einer Information Ihren aktuellen Standort verwenden.

Danach gehen in den seltensten Fällen mehr als 5 % der Hände hoch, wenn wir die Frage wiederholen, wer denn solche Dienstleistungen in Anspruch nehme. »Da werden wir zum gläsernen Menschen – ein solches Teufelszeug verwenden wir nicht«, so tönt es aus der letzten Reihe. Wir schieben ein paar erklärende Sätze hinterher und tarnen die LBS als Spielzeug der neuen Generation. Dann folgt die obligatorische Frage, wer denn im Raum ein Smart Phone besäße. Alle Hände gehen hoch. Noch besser wird es dann bei der anschließenden Frage, wessen Smart Phone sich denn jetzt gerade weiter weg als eine Armlänge befände. Zwei Arme gehen hoch und beide Damen meinen, ihre Handtaschen wären doch definitiv anderthalb Armlängen entfernt – na gut. Dann folgt die Gretchen-Frage: Wer verwendet denn Google Maps auf dem Telefon? Alle Arme schießen nach oben – welch tolle Dienstleistung, und es sei ja besser als ein Navi, kann man es in den Reihen murmeln hören. Auch in der letzten Reihe waren alle Arme oben.

Wir sind uns oft nicht bewusst, was wir im täglichen Leben bereits gestern alles an Social-Media-Anwendungen benutzt haben. Google Maps als klassischer LBS-Dienst ist da nur eines von vielen Beispielen. Hotel-Bewertungsportale, Restaurantführer und viele weitere Anwendungen leben heute von den Social-Media-Komponenten ihrer Dienstleistung. Kommentarfunktionen, Bewertungen, Teilen, Sharen, Liken und so weiter – die Liste der Elemente, die etwas »social« machen, scheint unerschöpflich.

Folgend stellen wir Ihnen eine Liste von Basis Social-Media-Funktionen vor und wollen jeweils mit kurzer Erklärung auf die Funktionen eingehen.

- **Likes** – Dies ist wohl eine der bekanntesten Funktionen aus dem Social Web, die durch Facebook extrem geprägt wurde. Sie wurde mittlerweile von nahezu allen Netzwerken kopiert und drückt letztlich das Gefallen eines Updates aus. Je nach Netzwerk wurde sie unterschiedlich benannt und z. B. auf YouTube auch durch einen Dislike (das Nicht-Gefallen eines Updates) ergänzt, führt aber bei allen zum selben Ergebnis: Die Quelle des Updates wird über meine Zustimmung/mein Gefallen informiert und – für uns wichtiger – meine Freunde werden ebenfalls darüber informiert, dass mir etwas gefällt.
- **Kommentar** – Obwohl das Liken bereits eine einfache Form des Dialogs darstellt, bringt die Kommentarfunktion das Rad erst richtig zum Rollen. Auch sie ist eine Funktion, die man mittlerweile überall findet. Teilweise gibt es die Möglichkeit, Kommentare nicht zuzulassen bzw. diese Funktion ganz abzuschalten, aber dann bringt man sich um einen der wesentlichen Vorteile des Social Web. Einen Kommentar kann man aus Unternehmenssicht als wertiger ansehen als einen Like. Wenn man also im Social Web interagiert, dann mit dem Ziel, Kommentare zu ernten.

- **ReTweet/Teilen** – Wenn man es genau nimmt, ausgehend vom Ergebnis, dann ist ReTweeten und Teilen (Sharen) dasselbe. Beide Funktionen haben eine Verbreitung des Updates zur Folge. Selbstverständlich habe ich bereits eine gewisse erhöhte Sichtbarkeit eines Updates durch Likes und Kommentare (ich kann sehen, was meine Freunde geliked oder kommentiert haben), aber ein Weitergeben eines Updates über den eigenen Account steigert die Wertigkeit nochmals enorm. Wie gesagt, die Bezeichnung ist nicht ganz so entscheidend. Von ReTweeten angefangen über ReVinen, ReBloggen oder Sharen und Teilen ist die Bezeichnungsvielfalt groß. Gemein ist allen, dass man ein Update in seinem Namen erneut veröffentlicht. Auch wenn es eine Basisfunktionalität von Social Networks darstellt, so gibt es einige wenige Netzwerke (überwiegend Messenger), die dies nicht anbieten.
- **Following** – Das Following kann man am leichtesten mit Abonnieren beschreiben. Es steht unabhängig davon, ob man virtuell befreundet ist oder nicht. Es wurde durch Twitter bekannt und ist nun weit verbreitet in der Social-Media-Welt. Selbst Netzwerke wie Facebook, die eigentlich Freunde-basiert aufgebaut sind (Beziehungstyp 2), bieten ebenfalls das Abonnieren an (Beziehungstyp 1). Die Beziehungstypen werden wir Ihnen in wenigen Absätzen erläutern.
- **Kudos** – Die sogenannten Kudos sind nicht sonderlich verbreitet und stellen eine Form von Kommentar dar. Bei dieser Kommentarform geht es aber mehr darum, einen Beitrag wertschätzend hervorzuheben, als ihn zu kritisieren oder abzuwerten.
- **Hashtags** – Hashtags sind eine durch das Netzwerk Twitter entstandene Variante der Verschlagwortung. Der Begriff setzt sich aus dem Wort Hash (das Rautezeichen #) und dem Wort Tag (englisch für Schlagwort) zusammen. In diesem Buch verwenden wir, wie in der Einleitung bereits beschrieben, diese Möglichkeit Begriffe zu markieren ebenfalls. Mit Hashtags lassen sich Schlagworte innerhalb von Sätzen definieren und müssen nicht, wie sonst üblich, in einem separaten Schlagwortfeld eingegeben werden. Um ein Wort zum Hashtag zu machen, muss man lediglich eine Raute (#) dem Wort voranstellen. Dies funktioniert natürlich nur auf Netzwerken, die diese Funktion anbieten. Allerdings haben in den letzten Jahren viele Netzwerke den großen Mehrwert von Hashtags erkannt, sodass z. B. auf Facebook oder Instagram diese Verschlagwortung sehr gut funktioniert und angenommen wurde.
- **Bewertung** – Bewertungen mit und ohne Kommentar sind eine beliebte Geschichte im Social Web. Produkte und Dienstleistungen in allen Formen und Farben werden bewertet. Seit einigen Jahren kann man auch Arbeitgeber bewerten, worauf wir bereits in Kapitel 3.6 hingewiesen haben. Die Kurzbewertung über Sterne ist sehr populär geworden, nicht zuletzt durch iTunes, was sich beispielsweise ebenfalls bei Blogbeiträgen realisieren lässt, um ein kurzes Stimmungsbild der Leser abzufragen.
- **Swipen** – Das Swipen ist eine neuere Funktion, die durch die Dating App Tinder auf dem Markt kam. Mit Swipen, was so viel wie Wischen bedeutet, kann man eine Person oder in unserem Kontext z. B. einen Job links oder rechts aus dem Bildschirm heraus wischen, und je nachdem in welche Richtung man swipet, signalisiert dies eine Zustimmung oder ein Ablehnen.
- **Gruppen** – Die Bildung von Gruppen hat in sozialen Netzwerken die Möglichkeit eröffnet, dass reale »Bilden von Cliquen« digital nachzuempfinden. Es gibt verschiedene Varianten von Gruppen. Die offene Gruppe erlaubt es jedem, sich dieser anzuschließen. Solche Gruppen findet man zum Beispiel auf Facebook im Kontext »Städte«. Zu vielen Städten gibt es Gruppen, die sich unter anderem zu verschiedenen kulturellen Ereignissen austauschen, denen sich Interessenten jederzeit anschließen können. Der Gegenpart ist die geschlossene Gruppe. Hier kann man lediglich nach Freischaltung durch den Gruppenadministrator Mitglied werden. Beide Gruppenarten lassen sich in der Regel über die Suche

aufspüren. Das heißt, dass man innerhalb des Netzwerkes auch die geschlossenen Gruppen finden kann, um an diese eine Beitrittsanfrage zu stellen. Zuletzt gibt es noch die geheimen Gruppen. Dabei handelt es sich um Gruppen, die nicht nur geschlossen sind, sondern durch die Suche auch nicht auffindbar. Das bedeutet, dass man lediglich durch Einladung Mitglied dieser Gruppe werden kann.

Nahezu tagtäglich werden neue Elemente erfunden oder alte angepasst, sodass wir bei dieser Liste von keiner Vollständigkeit ausgehen können. Die Variantenvielfalt ergibt sich zudem daraus, dass diese Funktionalitäten wild kombiniert werden und dies obendrein in sehr unterschiedlichen Ausprägungen. Im Nachfolgenden werden wir vier Sachverhalte genauer unter die Lupe nehmen und ein paar Kernfragen stellen, die Ihnen dabei helfen sollen, Netzwerke schneller einschätzen zu können. Dieses Wissen kann Sie dabei unterstützen, beurteilen zu können, ob das jeweilige Netzwerk Ihrem Ziel dienlich ist oder nicht. Steht also ein Netzwerk zur Diskussion, sollten wir uns einmal folgende Fragen stellen:

1. Was für eine Netzwerkart betrachten wir?
Bei dieser Frage geht es darum, zu entscheiden, ob es ein Netzwerk im klassischen Sinne ist, ein Messenger oder aber ein Hybrid. Die Kategorie Hybrid mag dem einen oder anderen überflüssig vorkommen, da er zu Recht anmerken wird, dass klassische Netzwerke fast immer einen Messenger an Bord haben. Es gibt mittlerweile aber auch Netzwerke, die auf einer Messenger-Logik basieren und Elemente von klassischen Netzwerken an Bord haben. Ein Beispiel für solch ein Netzwerk ist WeChat, welches im asiatischen Raum sehr viele Nutzer hat. Es ähnelt vom Aufbau sehr WhatsApp, stellt seinen Nutzern aber im Gegensatz zu diesem Messenger eine Pinnwand zur Verfügung. Mit der Messenger/Netzwerk-Einstufung und der daraus abzuleitenden Strategie kann man Abende füllen. Diese Kategorisierung birgt bereits sehr viele Informationen in sich, die über die Anwendungsfälle entscheiden können. So ist eine 1:n Kommunikation meist nicht möglich, nehmen wir die Gruppen mal aus der Betrachtung heraus. Das bedeutet, dass es viel schwieriger ist, große Reichweiten zu generieren. Des Weiteren legen diese zwei Grundarten von Netzwerken verschiedene Beziehungen zugrunde, denen wir uns mit der nächsten Frage nähern wollen.

2. Wie sind Beziehungen auf dem Netzwerk definiert?
Die Frage, wie Beziehungen auf einem sozialen Netzwerk definiert sind, ist gerade im Zusammenhang mit Karriere-Accounts sehr entscheidend. Wir können diese grob in drei Typen unterscheiden:

Typ 1: Einseitige Beziehung (following)
Typ 2: Zweiseitige Beziehung (Friends)
Typ 3: Zweiseitige Beziehung auf Messenger Basis

Typ 1: Einseitige Beziehung (following) – Den einseitigen Beziehungstypen findet man mittlerweile in vielen Netzwerken. Bei Twitter ist dieser Typ sozusagen die Grundeinstellung und Beziehungen werden eben bereits aufgrund von einseitiger Anfrage erzeugt. Übersetzt bedeutet dies, zwischen zwei Teilnehmern des Netzwerkes entsteht bereits eine Form der Beziehung, wenn nur einer Interesse daran zeigt. Man bezeichnet dies als Following. Auch auf anderen Netzwerken finden Sie diese Form der Beziehung. So ist die klassische Fanpage von Facebook ebenfalls durch einseitige Beziehungen geprägt. Die sogenannten Fans entscheiden unabhängig vom Unternehmen, ob sie die Unternehmensupdates sehen wollen oder nicht. Eine Bestätigung der Beziehung erfolgt nicht. Auch bei Privatpersonen ist diese Form der Beziehung auf Facebook realisierbar durch die Funktion des Abonnements. Wenn ein Nutzer dies freigeschaltet hat, können andere seinen Updates folgen, ohne direkt mit ihm befreundet zu sein. Hier merkt man bereits, dass es sich um keine sonderlich intensive Beziehung handelt. Oftmals kennen die Follower die Person, deren Updates sie abonniert haben, gar nicht. Die Beziehung wird häufig aufgrund von interessantem Content aufgebaut und nicht aufgrund einer persönlichen Beziehung.

Typ 2: Zweiseitige Beziehung (Friends) – Bei der zweiseitigen Beziehung sieht dies etwas anders aus. Diese zeichnet sich dadurch aus, dass die angefragte Person die Beziehung bestätigen muss. Man entscheidet sich also hierbei beiderseitig bewusst für die Beziehung. Dieser Beziehungstyp stellt beispielsweise den Standard-Typen auf Facebook zwischen zwei Privatpersonen dar. Man kann meist davon ausgehen, dass es sich um eine persönlichere Beziehung handelt als beim vorherigen Typ. Unternehmen bleibt dieser Beziehungstyp meist verschlossen. Zumindest in der direkten Interaktion. So kann eine Fanpage nur Fans haben aber keine Freunde. Die Wertigkeit der Beziehung ist im Fall des Unternehmens also eine andere, was durchaus Relevanz hat, da beispielsweise Facebook die Wertigkeit einer Beziehung bei der Anzeige einer Nachricht berücksichtigt. Hierauf werden wir aber beim Abschnitt »Facebook« nochmals zu sprechen kommen.

Typ 3: Zweiseitige Beziehung auf Messenger Basis – Den letzten Typ von Beziehung führen wir lediglich auf, da die Popularität von Messengern seit Erfindung von WhatsApp enorm gestiegen ist. Letztlich unterscheidet er sich nicht großartig vom Typ 2. Nichtsdestotrotz sollte man diese Feinheiten kennen, wenn es darum geht, eine gesamthafte Social-Recruiting-Strategie aufzusetzen. Typ 3 zeichnet sich dadurch aus, dass er in einem 1:1-Netzwerk vorkommt. Die primäre Kommunikation auf Messengern ist entweder direkt zu einer Person, also 1 : 1, oder innerhalb von kleinen Gruppen. In beiden Fällen können die Nachrichten nicht von Unbeteiligten eingesehen werden, selbst wenn diese auch mit der schreibenden Person in einer Typ-3-Beziehung stehen. Dies bedeutet, dass die Konversation eine deutlich höhere Privatsphäre genießt, als es in der Regel Typ-2-Beziehungen haben. Der virale Effekt einer Nachricht ist völlig unterbunden. In Facebook wechseln Freunde sozusagen in den Typ-3-Beziehung sobald sie den Messenger verwenden.

Eine Social-Media-Strategie nur auf Typ-1-Beziehungen aufzubauen, wird keinen so großen Effekt haben, wie ein Konzept, welches auch Typ 2 und 3 miteinbezieht. Da man als Unternehmen nicht unmittelbar im Social Web Typ-2- und Typ-3-Beziehungen aufbauen kann, empfiehlt es sich an dieser Stelle, Mitarbeiter mit ins Boot zu holen – selbstverständlich auf freiwilliger Basis. Mitarbeiter sind Ihr Schlüssel zu einer effektiven Social-Media-Präsenz.

3. Gibt es Viralitätshürden?

Der Begriff Informationsflut hat seit dem Aufkommen von sozialen Netzwerken eine ganz neue Qualität bekommen. Verstärkt wird dies durch die fortschreitende Mobilisierung der Informationen. Man kann jederzeit alles lesen, mitbekommen und teilen. Um den normalen Nutzer vor dieser Flut von Informationen zu schützen, hat sich Facebook beispielsweise eine Hürde überlegt, die die Sichtbarkeit von Post reduziert. Übersetzt bedeutet dies, dass ich nicht immer alle Updates meiner Freunde automatisch sehen kann. Auf diese Hürden werden wir in den jeweiligen Kapiteln nochmals näher eingehen. Andere Netzwerke haben »natürliche« Viralitätshürden wie beispielsweise WhatsApp, denen Viralitäts-begünstigende Funktionen wie Liken oder Teilen fehlen. Was Sie mit dem jeweiligen Netzwerk erreichen können, hängt also ganz entscheidend davon ab, wie viral es ist. Gewarnt sei hier vor dem Trugschluss, dass viele Nutzer gleichbedeutend sind mit großem Potenzial. Das Potenzial kann sich erst entfalten, wenn Sie die ganzen Nutzer auch erreichen können. Abschließend für diese Frage müssen wir den weniger viralen Netzwerken zugestehen, dass gerade Themen wie Bindung oder Beziehungsintensivierung sich über diese meist einfacher darstellt, da sie oft ausschließlich den Beziehungstyp 3 anbieten.

4. Ist das Netzwerk desktop-fähig?
Diese Frage umgekehrt zu stellen, macht heute keinen Sinn mehr. Jedes Netzwerk, das nicht mobil verfügbar ist, braucht sich gar nicht mehr auf den Markt trauen. Mobil ist Standard. Dies ist leider bei vielen Personalern noch nicht angekommen, sodass die Frage, ob es eine Desktop-Version des Netzwerkes gibt, sinnvoll ist. Denn sollte es tatsächlich noch so sein, dass Ihre Karriereseite nicht mobil optimiert ist, raten wir dringend davon ab, Ihre Karriereseite auf Netzwerken zu verlinken, die es ausschließlich mobil gibt. Beispiele für ausschließlich mobile verfügbare Netzwerke sind #SnapChat und #Vine. Es gibt aber auch Netzwerke, die entweder überwiegend mobil verwendet werden, oder aber deren Verwendung nur mobil Sinn macht. Die meisten Twitter Nutzer tweeten mobile, obwohl es verschiedenste Desktop-Lösungen gibt. Swarm ist wiederum ein sogenannter #Location Based Network (LBN), dessen Nutzung stationär völlig unsinnig wäre. LBN zeichnen sich dadurch aus, dass sie explizit mit dem Standort eines Nutzers spielen. Ein Vertreter dieser Netzwerkart ist der genannte Dienst »Swarm« (ehemals #Foursquare). Es ist also der Kontext der Nutzung, der mit dieser Frage geklärt werden soll. Hieraus ziehen Sie Informationen für verschiedene Services, die Sie gegebenfalls anbieten wollen. Gerade im Zusammenhang mit LBN und Messen lassen sich verschiedene Marketing-Aktivitäten gestalten. Sie müssen sich vorstellen, dass Sie durch die LBN wissen, wo sich der Bewerber befindet, Sie können ihm dadurch Informationen zukommen lassen, die ihm nur an diesem einen Ort helfen und an einem anderen Ort nutzlos wären. Ein ganz simples Beispiel wäre der Standort Ihres Standes auf der Messe. Diesen könnten Sie auf Swarm promoten. Eine Information, die vor allem für Besucher der Messe interessant ist, und über Swarm nur diejenigen erreichen würde, die auch tatsächlich auf der Messe sind.

Best Case: Deutsche Bahn
2009 hat die Deutsche Bahn ein Recruiting Event über #Foursquare (heute Swarm) gesteuert. Menschen, die im Berliner Hauptbahnhof auf #Foursquare eingecheckt haben, wurden darauf hingewiesen, dass sich in den Kellerräumen des Hauptbahnhofs ein Azubi Lehrpfad befindet. Dieser Pfad stellte damals alle Berufe dar, die den Hauptbahnhof technisch am Leben erhalten. Über den Twitteraccount @DBKarriere könnte man sich direkt unkompliziert für eine Führung anmelden. Da es sich damals um die erste #Location Based Recruiting-Aktion handelte, zog sie sehr viel Aufmerksamkeit auf sich.

Haben Sie diese vier Fragen für Ihr Zielnetzwerk beantwortet, haben Sie sich bereits einen sehr guten Überblick über das Netzwerk verschafft und können dessen Nutzen für Ihr Vorhaben sicherlich besser einschätzen.

4.2 Die Verwendung von Social Media im Recruiting

Nach wie vor gibt es Stimmen, die meinen, über das Social Web ließe sich nicht rekrutieren. Facebook & Co. eigneten sich überwiegend für HR-Marketing-Zwecke. Diesen Personalern müssen wir teils recht geben und im selben Moment leider auch bescheinigen, dass es sich doch auch anders verhält. Man muss dies Thema deutlich differenzierter sehen und darf das

Social Web auf gar keinen Fall auf Facebook & Co. reduzieren. Die Medienpräsenz dieser großen populären Netzwerke begünstigt den Scheuklappenblick einiger Kollegen, aber nehmen Sie dieses Buch als Anlass, sich dem Thema weiter zu öffnen.

Betrachten wir den Recruitingprozess in Gänze, so gibt es mindestens zwei Ansatzpunkte für das Thema Social Media. Zum einen haben wir die Rekrutierungsanbahnung oder den Erstkontakt, der einen wesentlichen Bestandteil des Gesamtprozesses ausmacht, und zum anderen haben wir noch die Möglichkeit des Sourcens – die Suche geeigneter Kandidaten im Social Web – und die darauf folgende proaktive Ansprache.

Der Einsatz von Social Media im Erstkontakt wird oft lapidar mit »das sei ja nur HR-Marketing« abgetan. Kapitel 3.5 macht es sicherlich schon deutlich, welche Professionalität bereits im HR-Marketing stecken muss, damit eine ordentliche Einbettung in den Recruitingprozess erfolgen kann. Gleiches gilt natürlich auch für den Social-Media-Personalmarketing-Ansatz. Auch dieser muss, wenn er professionell gedacht wurde, auf das Recruiting einzahlen.

Das #Sourcing von Kandidaten im Social Web ist eine Aktivität, die unmittelbar auf das Recruiting einzahlt, und losgelöst vom Social-Media-Personalmarketing betrachtet werden sollte. Andere Kenntnisse werden hier benötigt und der Gesamtansatz ist ein anderer, wenngleich er auch Teil des Recruitingprozesses sein kann. Wir schreiben »kann«, da nicht direkt jede Stelle gesourct werden muss. Das Thema des Employer Brandings lassen wir zunächst außen vor, da es nicht direkt in den in diesem Kapitel betrachteten Schritten verankert ist. Im Abschnitt über »Blogs« (Kapitel 4.3.5) werden wir aber nochmals darauf zu sprechen kommen.

4.2.1 Die Zielgruppe

Die Einleitung des Kapitels 4 hat es bereits in Worte gefasst: Das Kommunikationsverhalten der Gesellschaft hat sich geändert. Es mag sein, dass dies nicht für alle Gesellschaftsgruppen gleichermaßen zutrifft, aber diese grundsätzliche Entwicklung werden Sie bei einer Vertiefung des Themas Sinus-Milieu® aus Kapitel 2 entdecken. Lösen wir uns erneut bewusst von der Prägung der Massenmedien und wenden uns ab von der Gleichsetzung von Facebook & Co. und Social Media. Die Vielfalt, die wir ansonsten ausschließen, umfasst Netzwerke für jede Lebenssituation. Reisenetzwerke, Businessnetzwerke, Videonetzwerke, #Podcast und Social #Bookmarking-Dienste und und und – die Liste lässt sich nahezu beliebig weiterführen. Bedenken wir nun noch die Welt der Foren, die sich durch fachlichen Austausch kennzeichnen. Diese Welt ist mindestens so groß wie die der Netzwerke.

Übersicht Netzwerke

Betrachtet man diese Vielfalt, kann man da noch glauben, dass sich irgendeine Zielgruppe *nicht* im Social Web aufhält? Nein, kann man wohl nicht. Dennoch regelmäßig widerfährt es uns, dass diese Diskussionen vom Zaun gebrochen werden. Social Media sei nur was für die jungen Nachwuchsgruppen und dies wir mit Aussagen wieder dieser untermauert: »Lassen Sie uns an diese Position lieber etwas seriöser herangehen und schalten eine Zeitungsannonce«. Sie können heutzutage davon ausgehen, dass man fast jede Zielgruppe im Social Web findet. Es sind nicht Zielgruppen, die sich dem Social Web verschließen, sondern einzelne Personen. Diese findet jeder in seinem Freundeskreis und von denen gibt es Exemplare in jeder Altersgruppe und auch in jedem Sinus-Milieu®. Aber selbst diejenigen, die von sich behaupten, dass sie dem Social Web nichts abgewinnen können, und auch nicht wüssten, wer den Kram ständig liest, werden Sie dabei ertappen, wie sie doch die eine oder andere

Social-Media-Anwendung verwenden. Erinnern Sie sich an das eingangs erwähnte Google Maps-Beispiel. Die einzige Frage, die sich stellt, ist, lässt sich jede Zielgruppe über das Social Web auch ansprechen? Dies erfahren Sie zum Beispiel aus Ihrer Zielgruppenanalyse. Beim Thema Zielgruppenansprache im Social Web ist also eine differenzierte Betrachtungsweise sehr hilfreich:

- Es gibt ausreichend Studien im Internet, die Ihnen die Nutzergruppen zu verschiedenen Netzwerken aufschlüsseln. Hieraus können Sie zunächst ableiten, ob Ihre anvisierte Zielgruppe überhaupt auf dem Netzwerk aktiv ist.
- Studien von Instituten wie trendence oder universum oder aber Ihre eigenen Zielgruppenanalysen geben Ihnen dann Aufschluss darüber, ob die Netzwerke auf denen sie sich aufhalten, auch die Kanäle sind, über die sie Arbeitgeberwerbung und Stellenangebote erwarten würden.
- Zuletzt analysiert man die Art der Ansprache, die je Netzwerk und Zielgruppe angemessen wäre.

Am besten ist, wir erläutern diese Zeilen nochmals anhand eines Beispiels: Facebook ist eines der wenigen Netzwerke, die mittlerweile von sich behaupten können, dass im Grunde alle Zielgruppen dort aktiv sind. Aufgrund der guten Auswertbarkeit von Facebook kann man sogar sehr exakt sagen, welche Altersgruppen aus welchen Ländern aktiv sind. Legen Sie hier aber eine Studie wie etwa die trendence Professional Studie zum Vergleich daneben, ist Facebook vermutlich nicht das Medium, welches Berufserfahrene als Jobnetzwerk Nummer eins bezeichnen würden. Endet die Analyse an dieser Stelle, wäre das Ergebnis, keine Aktivitäten für die Zielgruppe der Berufserfahrenen auf Facebook zu lancieren. Nun stellt sich aber noch die Frage, ob ein Berufserfahrener, der in seiner #Timeline einen Post eines Unternehmens entdeckt, der von einem seiner Freunde empfohlen wurde, nicht doch angesprochen wird. Es ist also dann letztlich noch die Frage der Strategie, die Sie auf dem jeweiligen Netzwerk verfolgen. Gerade bei letzterem kommen die Mitarbeiter wieder ins Spiel, die für eine authentische Verbreitung der Arbeitgeberbotschaften sorgen können.

Bei den im Nachfolgenden vorgestellten Netzwerken werden wir Ihnen auch stets Zielgruppenempfehlungen mitgeben. Letztlich lohnt es sich aber stets, aktuelle Studien aus dem Internet zur Hilfe heranzuziehen. Der Wandel im Social Web vollzieht sich sehr schnell und Netzwerke können kommen und gehen.

4.2.2 Zwei Ansätze – Werben und Suchen

Es war bereits angeklungen, dass man bei Aktivitäten im Social Web zwischen suchenden Aktivitäten und werbenden Aktivitäten unterscheiden muss. Die Marketingaktivitäten sind meist bekannt und beziehen sich häufig auf Facebook-Fanpages oder andere Firmen-Accounts, die vor allem Aufmerksamkeit erregen wollen und Zielgruppen den Dialog anbieten sollen. Es sind die Aktivitäten, denen wir zuvor die Erstkontaktanbahnung zugeschrieben haben. Mit indirekter Rekrutierung könnte man diesen Ansatz auch bezeichnen. Gern wird vergessen, welchem ursprünglichen Zweck die Marketingaktivitäten dienen sollen. Nicht selten werden diese nicht auf Recruiting-Bedarfe abgestimmt. In den einzelnen Kapiteln, in denen wir separat auf Netzwerke eingehen, werden wir uns den Ansätzen von Social Media im HR-Marketing nochmals widmen.

Der suchende Ansatz ist der des #Sourcings. Dabei geht es darum, Profile im Internet zu identifizieren und gezielt für vakante Position anzusprechen. Im Kapitel 4.3.1 werden wir im

Zusammenhang mit Xing und LinkedIn das Thema #Sourcing vertiefen. Es sei aber bereits an dieser Stelle angemerkt, dass #Sourcing weitaus mehr ist, als eine Talent-Manager-Lizenz. Das #Sourcing muss nicht immer für jede Position der richtige Weg sein. Zum Teil kann es einen enormen Aufwand bedeuten, der sich nicht bei jeder Stellenbesetzung rentieren muss. Es gilt beim #Sourcing allerdings die Regel, dass der Aufwand mit steigender Erfahrung und Netzwerkgröße abnimmt. Je mehr potenzielle Kandidaten Ihre Recruiter in ihren Netzwerken gebunden haben, desto einfacher kann die Suche sein. Zu diesen »Goldfischteichen« zählen selbstverständlich auch Talentpools, die sich Unternehmen z. B. über ehemalige Praktikanten aufgebaut haben. Wir betrachten zwar in diesem Kapitel das Thema #Sourcing eher aus dem Social-Media-Blickwinkel, aber der erste Schritt wäre, Kandidaten in eigenen Pools zu identifizieren, bevor man ins Netz wechselt. Bei Pool-Kandidaten hat man den sehr entscheidenden Vorteil, dass es keine Kalt-Akquise ist, sondern das Unternehmen bereits bekannt ist.

Definition: Social Media Personalmarketing (SMP)

Unter Social-Media-Personalmarketing verstehen wir Aktivitäten, die primär darauf abzielen das Unternehmen als Arbeitgeber darzustellen. Erst im zweiten Schritt führen diese auf Stellenausschreibungen oder zu Recruitingevents. Beispiele für klassische SMP Maßnahmen sind Facebook Fanpages, Twitter Accounts, Google+ Accounts etc.

Definition: Social Media Recruiting (SMR)

Unter Social Media Recruiting verstehen wir die Suche und direkte Ansprache von Kandidaten über das Internet bzw. Social Web. Beispiele hierfür sind Direktansprachen über Businessnetzwerke wie Xing oder LinkedIn.

4.2.3 #Sourcing besteht nicht nur aus der Suche

Der Begriff #Sourcing oder auch das Social Media Recruiting, so wie wir es soeben definiert haben, ist schon seit Längerem im Umlauf. Diskutieren Personaler darüber, so geht es meist um die Anwendung der Google-Suche, der besten Browser und passender Plugins, die die Suche unterstützen. Des Weiteren wird die Ansprache diskutiert, bei der jeder Recruiter seine Geheimrezepte hat. Die Ansprache ist einer der kritischen Momente, bei denen sich letztlich die Spreu vom Weizen trennt. Die Suche zu erlernen, ist verhältnismäßig einfach. Eine gute Ansprache durchzuführen, hat dagegen viel mit Erfahrung zu tun – Erfahrung des Einzelnen oder aber Erfahrung der Organisation. Der dritte Part wird oft außer Acht gelassen. Da das Thema in Deutschland noch nicht so tief in Unternehmen verankert ist, fehlt das Verständnis dafür, dass #Sourcing einen veränderten Recruitingprozess benötigt. Die Prozessklammer bleibt dieselbe, aber die Kultur des Prozesses ändert sich.

Die Suche

Mit der Suche wollen wir uns im Detail in diesem Buch nicht aufhalten. Hier verweisen wir gern auf Experten wie das Beratungsunternehmen intercessio. Nur wenige verstehen das Handwerk des #Sourcing so gut und die Schulungen, die sie anbieten, bilden jeden Recruiter in diesem Feld erstklassig aus. Dabei geht es nicht nur darum, #Boolsche Operatoren zu pauken. Hinter einer Suche verbirgt sich eine ganze Suchstrategie. Sie müssen sich vorstellen, dass Sie die Nadel im Heuhaufen suchen, aber nur begrenzt Zeit für diese Aufgabe haben. Die Suche muss also so angelegt sein, dass diese möglichst schnell zum Ziel führt, oder aber sehr schnell ergibt, dass es in die Richtung nicht weiter geht. Das heißt, allein zu wissen, wie eine Suche programmiert wird, reicht nicht aus. Man muss das Vorgehen auch gut planen. Das

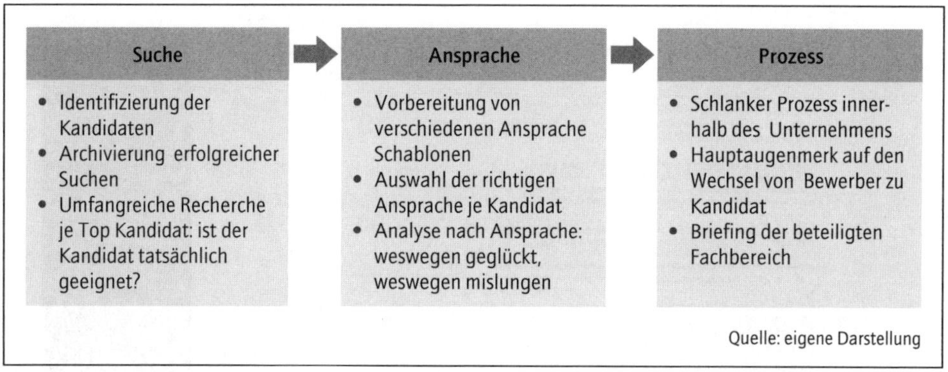

Abbildung 65: Der Sourcing Prozess

klingt nach einer längeren Ausbildung und genauso ist es. Aus Ihnen wird leider nicht über Nacht ein Sourcer. Hier steckt viel Üben und Anwenden drin, denn jede Zielgruppe tickt anders. Wir wissen, dass dies nicht die Antwort ist, die Leser hören wollen. Aber es kann vermutlich nicht häufig genug erwähnt werden: Recruiting hat sich zu einem Spezialistengebiet entwickelt, weswegen heutige Recruiter auch entsprechend ausgebildet werden müssen. Um Sie aber nicht völlig allein zu lassen mit diesem Thema wollen wir, nachfolgend einmal die Themen auflisten, die Teil einer #Sourcing Schulung sein sollten:

- **Zielgruppenverständnis** – Was muss ich über meine Zielgruppe alles wissen, um sie überhaupt im Internet finden zu können. Eine der großen Herausforderungen sind regionale Mundarten. Suchen Sie beispielsweise einen IT Experten im Raum München, sollte Ihnen bekannt sein, dass München von vielen »Minga« genannt wird.
- **Browserverständnis** – Mit Browsern hatte man in der Regel als Personaler erstmalig etwas zu tun, wenn man verantwortlich für die Karriereseite war und das eRecruiting-Modul des Bewerbermanagement-Systems. Im #Sourcing ist der Browser ebenfalls entscheidend, denn unterschiedliche Browser bieten zum Beispiel unterschiedliche Plugins an, die Sie beim Sourcen unterstützen können. Unser derzeitiges Lieblings-Plugin ist 360Social auf dem Google Chrome. Ein Plugin, welches das Social Live eines Kandidaten komplett durchleuchtet, sobald Sie diesen identifiziert haben. Wenn Sie also einen Kandidaten gefunden haben, der auf Ihre Vakanz passen könnte, sucht Ihnen 360Social alle weiteren Social-Media-Profile und Internetpräsenzen heraus, die Ihnen zusätzliche hilfreiche Informationen bereitstellen könnten. Bitte beachten Sie die gesetzlichen Rahmenbedingungen und dass Sie nicht jede Information in der Auswahl verwenden dürfen.
- **#Boolsche Operatoren** – Die Welt der #Boolschen Operatoren (OR, AND, etc.) ist nicht groß aber komplex. Wer in der Mathematik aufgepasst hat, als der Lehrer von der Mengenlehre berichtet hat, wird es sicherlich einfacher haben. Letztlich geht es darum, diese auswendig zu lernen und sich zu merken, welche Suchmaschinen welche Eigenarten besitzen. Kann man beliebig viele Operatoren aneinanderreihen oder gibt es eine Längenrestriktion? Haben die Operatoren tatsächlich stets die gleiche Bedeutung oder gibt es bei unterschiedlichen Suchen (Xing, LinkedIn, Google) feine Unterschiede? Dies sind Fragen, die Ihnen in einer #Sourcing-Schulung beantwortet werden. Unser Tipp: aufschreiben und griffbereit beim #Sourcing auf dem Schreibtisch liegen haben.
- **String Programmierung** – Als String werden die fertigen Suchketten bezeichnet, die Sie sich aus den Operatoren zusammenbauen. Es ist hilfreich, sich hierfür eine Art Archiv aufzubauen, um Strings, die man bereits einmal erfolgreich eingesetzt hat, logisch aufzu-

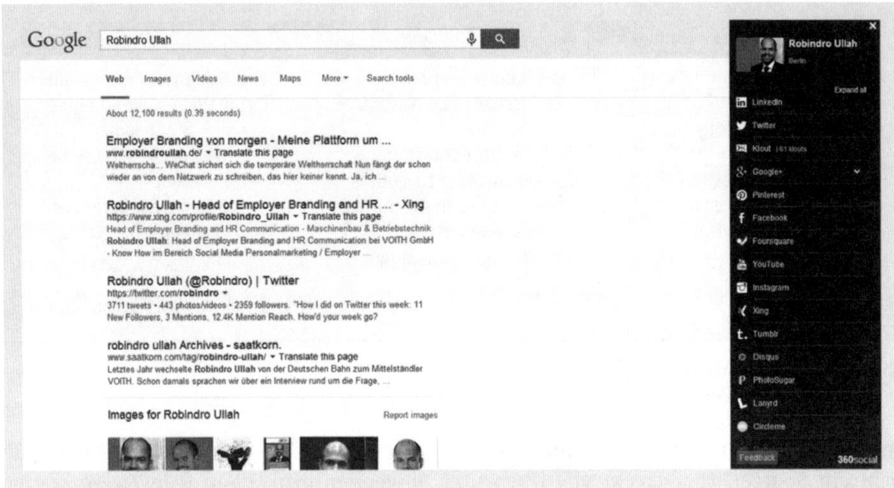

Quelle: eigene Darstellung

Abbildung 66: 360 Social von Robindro Ullah

bewahren. Warum das Rad ständig neu erfinden? Ein Baukasten ähnliches System kann Ihnen beim Zusammensetzen neuer Strings viel Zeit ersparen.

- **Suchmaschinen** – Google ist nicht die einzige Suchmaschine der Welt und hat selbst je Land leicht unterschiedliche Suchalgorithmen. Zum Wissen des Recruiters gehört also auch Suchmaschinen Know-how im Sinne von, welche Suchmaschine setze ich für was ein. Kann mir #Bing weiterhelfen, wenn ich über Google nichts finde? Folgt #Baidu den gleichen Regeln wie auch Google? Zudem sollte man die Befehle kennen, mit denen man Xing oder LinkedIn mit der Hilfe von Google durchsuchen kann.

Die Ansprache

Hat man einen Kandidaten identifiziert, steht man vor der ersten großen Hürde: die richtige Ansprache. Zunächst muss man sich vor Augen führen, dass im #Sourcing schon längst gilt, was allgemeinhin erst seit Aufkommen des demografischen Wandels gepredigt wird: Der Arbeitgebermarkt ist zu einem Bewerbermarkt transformiert. Beim #Sourcing sprechen wir sehr bewusst nur noch von Kandidaten, denn im Unterschied zum Bewerber hat sich der Kandidat nicht beworben. Das mag trivial anmuten und logisch klingen, hat aber gravierende Auswirkungen im nachgelagerten Recruitingprozess. Wie bereits geschrieben, bleiben die Prozessschritte dieselben, aber die Kultur des Prozesses muss sich wandeln. Letztlich kommt es der Erfolgsquote zu Gute, wenn alle Bewerber wie Kandidaten behandelt werden würden, aber wir wollen die Unternehmen auch nicht überfordern. Die Ansprache muss daher diesem Sachverhalt angepasst sein. Unter Umständen kennt der Kandidat Ihr Unternehmen überhaupt nicht und ist generell nicht an einem Wechsel interessiert. Die Ansprachestrategien können sehr unterschiedlich ausfallen. Erfahrene Recruiter, die wir erlebt haben, haben diese auch teilweise ihren Naturellen angepasst. Am Ende des Tages sollte eine Ansprache individuell wirken und nicht direkt nach Massenmail klingen. Eine gute Ansprache lebt von einer guten Recherche. Immer wieder bekommen wir Anfragen von Headhuntern, die ganz offensichtlich unsere Profile nicht gelesen haben. Da werden Hunderte angeschrieben, mit der

Hoffnung das schon ein zwei passende dabei sein: das nennen wir Schrotflinten #Sourcing. Dabei kann es gar nicht so schwer sein, einmal das gesamte Profil kurz zu scannen, um zumindest die wichtigsten Anker abzuprüfen. Des Weiteren stellt sich dann die Frage, will der Kandidat über das Netzwerk angesprochen werden, über das Sie ihn gefunden haben? Sie erinnern sich, nicht jede Zielgruppe will auch über jedes Netzwerk angesprochen werden. Hier kommt einem ein Tool wie 360Social natürlich sehr entgegen. Zudem wird Ihnen bald Ihre Erfahrung sagen, dass es Zielgruppen gibt, die täglich durch Headhunter angesprochen werden. Hier muss man auch ein Stück weit aus der Masse hervorstechen und gegebenfalls andere Wege der Ansprache finden. Standard kommt hier auf gar keinen Fall gut an.

Da wir in einer Welt leben, in der Zeit Geld kostet, sollten wir uns Schablonen erarbeiten, die wir auf verschiedene Ansprache-Szenarien anwenden können. So standardisiert wie möglich und so individuell wie nötig ist die Devise. Bewusst sprechen wir von Schablonen im Plural, denn das #Sourcing-Geschäft ist ein individuelles. Inhaltlich können folgende Bausteine Bestandteil einer Ansprache sein:

- Grund der Ansprache mit einem offenen Umgang der anfragenden Firma – Gegenüber Headhuntern hat man den Vorteil, mit offenen Karten spielen zu können, und sollte diesen auch nutzen. Wie bei vielen Dingen im Recruiting kann man dies aber so oder so sehen. Unsere Argumentation basiert auf dem Social-Media-Trend, der Transparenz zur Folge hat, und der speziellen Situation Kandidat zu Unternehmen, die eigentlich eine Kommunikation auf Augenhöhe verlangt. Wir wissen einiges vom Kandidaten, warum sollte er dann nicht auch wissen, wer wir sind.
- Woran machen wir fest, dass er ein geeigneter Kandidat sein könnte? Mit diesem Punkt haben wir die erste Möglichkeit, die Ansprache wirklich individuell zu gestalten. Heben Sie den Punkt hervor, den Sie für den ausschlaggebenden halten. Schreiben Sie, wonach Sie gesucht haben, und dass Sie dies in seinem Profil wiedergefunden haben.
- Wahres Interesse zeigen – Das Profil im Internet verrät Ihnen natürlich nicht alles, was Sie wissen müssen. Vor allem gibt es nur wenig Auskunft zum Person – Organization – Fit (POF). Sie wollen also mehr über diesen Menschen wissen! Bringen Sie dies in der Ansprache zum Ausdruck.
- Kontaktdaten – Das Dümmste, was Ihnen widerfahren kann, ist, dass ein Kandidat Interesse hat, aber nicht weiß, wie er Sie kontaktieren kann. Stellen Sie Ihm daher alle denkbaren Möglichkeiten zur Verfügung. Sollte er Interesse haben, befindet er sich in einer prekären Situation. In der Regel haben die Kandidaten eine feste Positionen inne und eine Kontaktaufnahme mit einem Personaler eines anderen Unternehmens mag bei dem einen oder anderen ein unangenehmes Gefühl verursachen. Geben Sie daher den Kandidaten die Möglichkeit, sich den Weg der Kontaktaufnahme auszusuchen, der ihnen ein gutes Gefühl gibt.

Finden werden Sie immer Kandidaten, aber das ist leider noch nicht einmal die halbe Miete. Diese davon zu überzeugen, den Job zu wechseln, das ist wahrlich die erste große Hürde, die einen guten Recruiter von einem schlechten unterscheidet. Die Schrotflinten-Taktik mag hin und wieder auch zum Ziel führen, ist allerdings kein qualitativer Prozess, und wenn Sie dies nicht als Dienstleister tun, sondern als Unternehmen, kann das durchaus Ihrem Image schaden.

Zuletzt beachten Sie die geltende Gesetzgebung bei der Ansprache – natürlich auch bereits bei der Suche. Eine Empfehlung diesbezüglich ist, sich den Social-Media-Recht-Blog durchzulesen und bei Detailfragen direkt auf die Autorin Nina Diercks zuzugehen (www.socialmediarecht.de/).

Der Prozess

Den #Sourcing-Prozess muss man gesamthaft ins Unternehmen bzw. in den Recruitingprozess einbetten. Zum einen ist es wichtig, dass ein Kandidat nicht dazu aufgefordert wird, sich zu bewerben. Natürlich muss er gewisse Unterlagen einreichen, aber er sollte sich auf gar keinen Fall durch Ihr eRecruiting-System quälen – egal wie komfortabel es sein mag. Die Gefahr, dass er sich dann fragt »wer genau will denn hier was haben?«, ist viel zu groß. Zudem sollten nur der Recruiter und der Fachbereich an diesem Prozess beteiligt sein. Es geht um Schnelligkeit und zielgerichtetes Recruiting. Ein Briefing vom Fachbereich an einen HR-Businesspartner, der wiederum den Recruiter brieft, kommt dem Kinderspiel Flaschenpost gleich, bei dem ein Kind dem nächsten etwas zuflüstert und am Ende etwas völlig anderes dabei heraus kommt. Das detaillierte Briefing wird Ihnen die Suche erleichtern und Zeit sparen. Darüber hinaus ist es wichtig, dass der Recruiter in die Lage versetzt wird, mit dem Kandidaten ein wenig zu fachsimpeln – einfach ausgedrückt. Handelt es sich bei der Position um einen ITler, dann sollte der Recruiter die wesentlichen Programmiersprachen benennen können und auch deren Vor- oder Nachteile kennen.

Das Schlankheitsprinzip gilt natürlich auch für den Abschluss. Nehmen Sie alle nicht Mehrwert stiftenden Personen aus dem Prozess heraus. Dabei wird Mehrwert aus dem Blickwinkel des Kandidaten definiert. Ein weiterer Personaler neben dem Recruiter kann nicht zielführend sein. Bedenken Sie, dass sich der Kandidat in einer prekären Situation befindet und der Recruiter bereits sein Vertrauen gewonnen hat. Je mehr Personen am Prozess beteiligt werden, desto indiskreter wird dieser. Idealerweise führt der Recruiter alle Gespräche bis zum letzten Interview, in dem dann der Fachbereich dabei ist und die finale Entscheidung aus drei Kandidaten fällt. Verzögerungen sind hier nicht erlaubt. Die gesamte Geschichte basiert auf dem Fakt, das Sie jemanden suchen und brauchen, der noch von nichts weiß. Sie sind also in der Bittsteller-Position und können diese nirgends im Prozess umkehren, nur weil Sie es aus Ihrem Standard-Prozess so gewohnt sind. Hierzu zählt auch, dass Sie einen Kandidaten noch viel weniger warten lassen sollten als einen Bewerber.

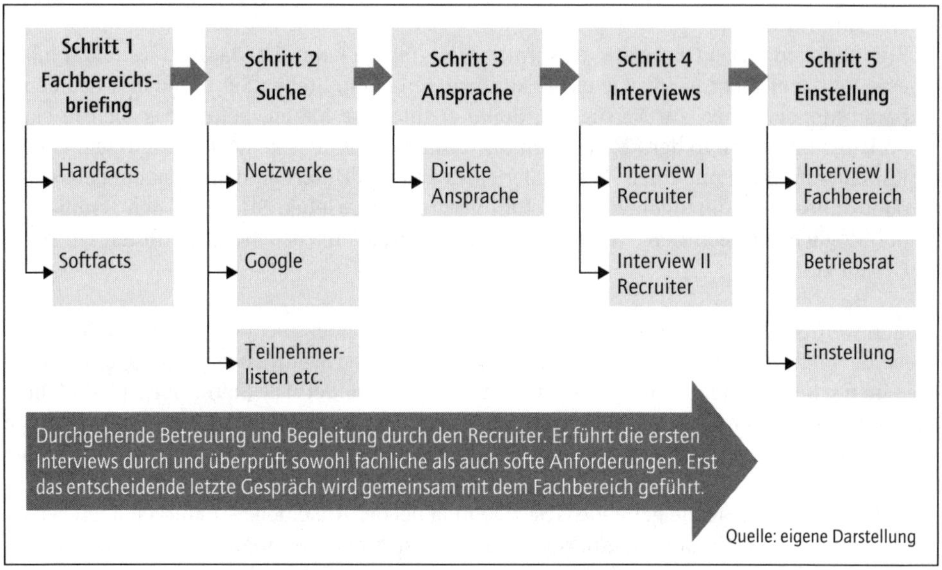

Abbildung 67: Der Sourcing Prozess im Detail

4.2.4 Wer sind eigentlich Sem und Seo?

Eine Frage, die hoffentlich nicht mehr gestellt wird, aber glauben Sie uns - auch das kann heute noch geschehen. Seit dem wir einst gefragt wurden, warum der Herr Noreply ständig E-Mails schreibt, man kenne diesen Herren gar nicht, halten wir nichts mehr für unmöglich.

Kapitel 4.2.3 hat die Macht der Suchmaschinen wie Google bereits aus Sicht eines Recruiters beschrieben, der diese Tools verwendet, um Kandidaten im Web zu identifizieren und aufzuspüren. Man muss nur wissen, wie man die Frage formuliert, um die richtige Antwort zu bekommen. Übertrieben gesagt, findet Google vermutlich fast alles, aber eben auch nur, wenn man die richtige Frage gestellt hat. Aber genau darum geht es, wenn man verschiedene Suchtechniken erlernt. Außer den Recruitern gibt es aber noch eine ganz andere Gruppe von Suchmaschinen-Nutzern: die Bewerber. Auch dies ist Teil einer Social-Media-Strategie: die Sichtbarkeit des Unternehmens im Social Web bzw. im Internet sicherzustellen.

Definition: #Search Engine Optimization (SEO)

SEO wird im Deutschen Suchmaschinen-Optimierung gennant. »Unter Suchmaschinen-Optimierung versteht man alle Maßnahmen, die dazu geeignet sind, eine bessere Platzierung in den redaktionellen Ergebnisseiten von Suchmaschinen zu erreichen« (Lammenett 2009, S. 155).

Definition: #Search Engine Marketing (SEM)

SEM wird im Deutschen Suchmaschinen-Marketing genannt. »Suchmaschinen-Marketing umfasst alle Maßnahmen zur Gewinnung von qualifizierten Besuchern über Suchergebnisseiten in Suchmaschinen« (Bundesverband Digitale Wirtschaft (BVDW) e.V. http://www.bvdw-sem.de/glossar/suchmaschinen-marketing.html).

Sowohl SEO als auch SEM sind nicht ganz triviale Disziplinen und für beides empfehlen wir eine Beratung hinzuzuziehen. Im Fall der SEO ist vermutlich eine tiefergehende initiale Schulung ausreichend, vor allem in Bezug auf Stellenanzeigen.

Beginnen wir aber nun, SEM etwas genauer anzusehen: Suchmaschinen Marketing ist etwas, das im HR-Marketing leider noch nicht so sehr verbreitet ist. Wenn größere Arbeitgeber ihre Kampagnen fahren, so scheint SEM stets inkludiert zu sein. Meist handelt es sich um ein Gesamtpaket, welches das Unternehmen bei irgendeiner Agentur einkauft. Kampagnen sind weniger zielgerichtet und es geht um allgemeinere Themen wie zum Beispiel »Wir suchen Ingenieure«. Von einem stellenbezogenen zielgerichteten Einsatz hört man selten, aber genau dieses Feld birgt enormes Potenzial. Ausgehend von der Zielgruppenanalyse, die Sie im Verlauf des Buches nun kennengelernt haben, können Sie das Suchverhalten Ihrer potenziellen Bewerber erahnen. Bei solch spezialisierten Themen wie dem zielgerichteten Suchmaschinen-Marketing zahlt es sich aus, wenn man seine Zielgruppen perfekt beherrscht. Denn die Aufgabe ist, zu wissen, welche Begriffe die jeweilige Zielgruppe in Google eingibt. Was geben die potenziellen Bewerber ein, wenn sie einen Job suchen, und ebenso interessant ist, was geben Zielgruppen in Google ein, um sich über Fachthemen zu informieren. Mit klugem SEM haben Sie auch gute Chancen, latent Suchende zu erreichen, auf dem Weg in ein Forum oder den neuesten Neuigkeiten über Fachthemen.

SEM ist so effektiv, wie Sie es gestalten. Wer zur Fußball-WM den Begriff WM kauft und ein Banner platziert, erreicht vermutlich Hunderttausende. Das kann ein erwünschtes Ziel sein, wie man es sich bei groß angelegten Arbeitgeberkampagnen setzt. Verschieben wir den Blickwinkel in Richtung Recruiting, so besteht die Kunst darin, möglichst wenige zu erreichen - dafür aber die richtigen. Es liegt also mehr oder weniger in Ihrer Hand, was Sie aus SEM herausholen. Unter Umständen ist es effektiver, Kandidaten auf diese Weise auf Ihre

Stellen aufmerksam zu machen, als über manch eine Stellenbörse. Über diese erreichen Sie in der Regel nämlich nur die Suchenden. Das Potenzial der latent Suchenden in Deutschland ist laut der aktuellen #Gallup Studie aber riesig. Diese besagt nämlich, dass 84 % der Arbeitnehmer nur eine geringe oder keine emotionale Bindung zu ihrem Arbeitgeber verspüren. Ein beachtliches Potenzial, wenn man es schafft, diese Zielgruppe zu erreichen und emotional abzuholen.

Tipp:
Für das Thema Suchmaschinen Marketing empfehlen wir Firmen wie beispielsweise »Suchdialog«, die sich auf Google Ad-Kampagnen spezialisiert haben, auch im Thema Personalgewinnung, wo es um spitze, zielgerichtete Kampagnen geht.

Wenden wir uns nun dem Thema SEO und damit der Optimierung Ihrer Auffindbarkeit zu: Zu wissen, wie Zielgruppen zu suchen sind, um dann gezielt Jobs zu platzieren, hat natürlich auch den Effekt, dass man parallel das Wissen aufbauen kann, wie man bestmöglich gefunden wird. Die richtige Verschlagwortung zu verwenden ist überlebenswichtig, wenn es um das Schreiben von Stellenanzeigen geht. Gleiches gilt auch für die Karriereseite. Auch für sie gilt: Gefunden werden ist alles. Es wird schnell unterschätzt, wie bedeutend die Auffindbarkeit ist. Viele haben Google oder eine andere Suchmaschine als Startseite in Ihrem Browser definiert. Bevor man die URL einer Seite in die Adresszeile eingibt, hat man die Schlüsselbegriffe kurz in die Suchmaske eingegeben und die gewünschte Seite erscheint. Schließen Sie nicht von sich auf andere. Klar haben wir die Karriereseiten der wichtigsten Unternehmen in unseren Lesezeichen, aber wir beschäftigen uns auch tagtäglich damit. Ein Bewerber wird in den seltensten Fällen genau Ihren Unternehmensnamen in die Suche eingeben – es sei denn, Sie sind Autohersteller oder aber ein DAX 30 Konzern. Meist wird er einen Suchbegriff plus »Stellen« eingeben und sich dann die Trefferliste der ersten Seite ansehen. In den Google Ads werden Sie sehen, wenn Sie es mal ausprobieren, dass sich dort überall Stellenbörsen eingenistet haben. Auch die versuchen selbstverständlich, den Traffic, der über Google erzeugt wird, abzugreifen.

Um Ihnen das Thema nochmals greifbarer darzustellen, nehmen wir ein Beispiel: Sie wollen eine Praktikantenstelle im Bereich Supply Chain Management besetzen. Zur Vermarktung der Stelle suchen Sie sich eine auf Praktikanten spezialisierte Plattform aus wie zum Beispiel praktikum.info. Der Titel Ihrer Anzeige lautet »Praktikant für den Bereich Supply Chain Management (m/w)«. Immer wieder kommen uns solche Anzeigen unter und wenn Sie einmal auf den einschlägigen Plattformen suchen, werden auch Sie solche Anzeigen entdecken. Sollte Ihnen an dem Titel noch nichts merkwürdig vorkommen, dann lassen Sie uns das Beispiel auflösen. Der Titel wurde ganz offensichtlich von einem Personaler oder Fachbereich gewählt. Im Titel steht leider, was das Unternehmen sucht: nämlich Praktikanten. Wenn man den Titel aber für Suchmaschinen optimieren möchte, sollte man das eintragen, was von der Zielgruppe gesucht wird. In diesem Fall wäre der durchaus passendere Titel »Praktikum im Bereich Supply Chain Management (m/w)«. Studenten kommen in der Regel nicht auf die Idee, einen Praktikanten zu suchen.

Diese Dinge scheinen Kleinigkeiten zu sein, aber in unserem Beispiel entscheiden drei Buchstaben darüber, ob eine Anzeige gefunden wird oder nicht. Schauen Sie sich Ihre Stellenanzeigentitel genau an. Welches Potenzial sich bereits hier verbirgt, glaubt so manch einer nicht. Den jeweiligen Stellentext sind Sie dann ja noch gar nicht durchgegangen. Ihre Zielgruppenanalysen können Ihnen dabei helfen, das richtige Wording zu finden, aber Plattformen wie praktikum.info unterstützen auch gern bei der Suchmaschinen-Optimierung.

4.2.5 Content-Strategien

Wenn wir uns noch einmal der werbenden Ausrichtung zuwenden, die unter der Flagge HR-Marketing verkehrt, so dürfen wir das Thema Content (deutsch: Inhalt) nicht außer Acht lassen. Bei der aktiven Suche nach Kandidaten im Social Web drängt sich die Frage des Contents nicht so sehr auf. Ein Unternehmensprofil auf Xing, LinkedIn oder Twitter kann hilfreich sein, ist aber auf gar keinen Fall zwingend erforderlich, wenn man sich auf das klassische Social Recruiting beschränkt. Steigt man aber in das Social-Media-Personalmarketinggeschäft ein, wendet sich das Blatt. Die Eröffnung eines Firmenaccounts im Social Web ist mit Arbeit verbunden. Es kostet viel Zeit, diese Präsenzen zu pflegen. Das sollte man als Arbeitgeber nicht unterschätzen.

Ganz gleich, ob es sich um einen Twitter-Account, eine Facebook-Fanpage oder aber eine google+ Seite handelt, in jedem Fall eröffnen Sie einen Dialogkanal in die weite Welt. Im Grunde können Sie diesen Schritt mit der Herausgabe eines Magazins vergleichen. Dieses ist zwar nicht dialogorientiert, aber was die Bereitstellung von interessanten Inhalten, dem Content angeht, so lassen sich Parallelen erkennen. Versetzen Sie sich also in die Lage eines Kunden, der in einem Zeitungskiosk die Zeitschriften durchblättert, und auf Ihr neues Magazin stößt. Er schlägt es auf und findet nur lauter weiße Seiten. Auf der letzten Seite entdeckt er dann schließlich den Satz: In der nächsten Ausgabe werden Sie interessante Inhalte finden. Glauben Sie, der Kunde würde das Magazin kaufen geschweige denn abonnieren? Vielleicht, wenn er besonders neugierig ist. Unsere Vermutung aber wäre, dass auch nur eine einzige inhaltsleere Ausgabe für ein neues Magazin den Todesstoß bedeutet.

Wenn Sie im Rahmen des HR-Marketings im Social Web unterwegs sind, ist Content einer Ihrer wichtigsten Standbeine. Das allerwichtigste Standbein ist allerdings die Beziehungspflege, was vor lauter Content-Wahn ab und zu vergessen wird. Eine Content-Strategie ist zwar wichtig, aber toller Content hat bislang noch keine Einstellung realisiert; höchstens dazu beigetragen. Aber genau aus diesem Grund predigen wir die Anschlussfähigkeit des HR-Marketings an die Rekrutierung. Der Content ist quasi die Basis Ihres Magazins. Er lockt den Leser und bringt ihn dazu, das Magazin zu abonnieren. Anzeigen werden ganz beiläufig eingeflochten und stellen keinen Fokus dar, aber die eben erwähnte Anschlussfähigkeit an die Rekrutierung. Wie der Content sich nun gestalten soll, darüber gibt es vermutlich 1.001 Theorien. Wenn Sie sich einmal die Mühe machen »Content Strategie« zu googlen, werden Sie viele Tipps und Ideen finden. Vor allem werden Sie aber allgemeine Annahmen dazu finden, was genau guten Content ausmacht. Nach nun 8 Jahren Social-Media-Recruiting und Personalmarketing können wir Ihnen sagen, dass es der Mix macht, den man ständig im Auge behalten muss. Zudem haben wir festgestellt, dass manchmal die banalsten Posts die höchste Interaktion erzeugt haben. Aber Obacht: Dies ist natürlich auch nur der Fall, wenn Sie nicht ausschließlich Banalitäten posten. Folgende vier Dinge versuchen wir daher, beim Posten in ein gutes Verhältnis zu setzen:

- **Aktuelles** – Dinge, die gerade geschehen und genau deswegen interessant sind. Sie stehen auf einer Hochschulmesse und posten einen Selfie, um der Welt zu zeigen, wie voll es dort ist. Oder aber gern auch Statements zu aktuellen Neuerungen in Ihrer Branche. Solche Posts zeigen den Lesern, dass Sie aktiv sind, dass bei Ihnen etwas geschieht.
- **Überraschendes** – Neuigkeiten über den Arbeitgeber, die man vielleicht nicht erwarten würde. Jedes Unternehmen hat diese Zahlen, Daten und Fakten, mit denen kein Außenstehender gerechnet hätte. Es können aber auch Posts sein, in denen Sie sich selbst auf den Arm nehmen. Überraschende Posts bringen das Salz in die Suppe.
- **Banales** – Banale Posts sind schnell mal auf so einer Schlaumeierliste aufgeführt, aber was genau dies bedeutet, weiß dadurch noch niemand. Diese Kategorie von Posts macht Ihr

Gesamtbild rund. Es sind die Posts, von denen Sie denken, dass wird wohl niemand lesen und dann sind es am nächsten Tag die erfolgreichsten, die Sie je hatten. Mal ein Bild aus der Kantine oder der Blick aus dem Bürofenster. Scheinbar inhaltslose Nachrichten, die dann doch mehr transportieren, als man meint.

- **Karriere- und Recruiting-Bezug** – Zuletzt kommt die Karriere- und Recruitingkategorie, die wir bewusst ans Ende dieser Aufzählung stellen. Karrierethemen sind allerdings noch deutlich höher im Kurs als Recruitingthemen. In diese Kategorie legen wir alles vom Mitarbeiterinterview über Bewerbungstipps bis hin zu Stellenanzeigen. Letzteres aber wirklich nur vereinzelt und eher zurückhaltend im Hintergrund.

Wenn man sich auf diese Weise die Themen schon einmal grob zusammengestellt hat, kommt die Zielgruppe ins Spiel. Wen wollen Sie über welchen Kanal erreichen? Die Frage wird direkt aus Ihrer Personalplanung beantwortet. Für die Content Strategie empfehlen wir die Mittelfristplanung heranzuziehen. Nach ihr können Sie die Netzwerke auswählen und auch den Content und die Sprache. Mit der Sprache ist dabei der Sprachstil gemeint. Das heißt: Duzen Sie Ihre Zielgruppe oder vielleicht verwenden Sie einen besonderen Slang oder Dialekt. Letztlich ist alles erlaubt, solange es authentisch ist.

Du oder Sie – eine der Gretchen-Fragen

Wir geben Ihnen hierzu direkt ein Beispiel: Lange Zeit haben Personaler in Deutschland intensiv darüber diskutiert, ob man auf Facebook Duzen sollte oder Siezen. Das Medium würde ja ein Du verlangen, so das Argument der einen Seite. Wer auf Facebook siezt verstünde Social Media nicht. Auf der anderen Seite haben Sie nun lauter Unternehmen, deren Kultur auf Sie basiert. Das bedeutet, dass wenn ein solches Unternehmen auf Facebook duzt, der Bewerber spätestens beim ersten Vorstellungsgespräch irritiert sein wird. Das Unternehmen würde im Social Web eine Maske aufsetzen, was nicht wirklich authentisch wäre. Dieselben Kritiker von eben würden nun laut rufen, wer im Social Web nicht authentisch kommuniziert, der versteht Social-Media nicht. Und nun? Unsere Erfahrung hat gezeigt, dass Pauschalität im Social Web stets der falsche Ansatz ist. Sei es ein pauschales Du oder ein pauschales Sie – beide Varianten führen unserer Meinung nach nicht zum Ziel. Der von uns präferierte Ansatz ist ein situatives Vorgehen, bei dem die Ansprache von den Recruitern entschieden wird. Der Recruiter kennt seine Zielgruppe und kennt unter Umständen sogar die betreffenden Personen. Sie erinnern sich an das Beziehungsmanagement? Hier taucht es wieder auf.

Die persönliche Note des Recruiters

Folgt man dem situativen Ansatz, wird schnell klar, dass man bei einem Social-Media-Auftritt stets auch die persönliche Note des Recruiters oder desjenigen, der die Kanäle betreut, mit hinzukommt. Das ist nichts, wovor man sich als Unternehmen schützen muss. Es birgt Vor- und Nachteile, wobei die Vorteile aus unserer subjektiven Sicht überwiegen. Der Vorteil liegt auf der Hand: Ihre Accounts bekommen ein Gesicht. Der Nachteil folgt, sobald das Gesicht Ihr Unternehmen verlässt. Es muss im Übrigen kein Recruiter sein, der die Accounts betreut. Meist wird man aber keine zusätzlichen Kapazitäten genehmigt bekommen, um in Vollzeit Kanäle betreuen zu lassen. Der Vorteil des Recruiters ist sowieso der frische Content und die Nähe zur Zielgruppe, um die Brücke zurück zur Content-Strategie aufzubauen. Der situative Ansatz begünstigt authentischen Content. In Kapitel 7, wenn es um die Ausbildung des Recruiters geht, werden wir uns erneut mit der Erstellung von Content beschäftigen, da der Recruiter einer der wesentlichen Schlüssel zu gutem Content ist.

Was allerdings ebenfalls benötigt wird, wofür wir 2007 noch belächelt wurden, ist Struktur – oder anders ausgedrückt: ein Redaktionsplan. Content kann man nicht planen, sagte man damals. Unsere Erfahrung zeigt, dass wenn man Content nicht plant, schnell die TEAM-Situation entsteht (Toll Ein Anderer Machts). Wenn es aber keiner macht, dann sind wir schnell bei den weißen Seiten aus dem Magazin.

Definition: Der Social-Media-Redaktionsplan

Der Social-Media-Redaktionsplan strukturiert die Kommunikation über die Medien, auch die klassischen, und setzt Ankerpunkte. Ein Ankerpunkt bezeichnet damit einem Moment, in dem Content produziert werden wird, aber nicht den Content an sich.

Über einen Redaktionsplan lassen sich Ankerpunkte setzen, die Ereignisse in der Zukunft markieren, an denen Content entstehen wird. Man könnte diese Ankerpunkte auch Reminder nennen, allerdings bewirken sie noch ein wenig mehr. Jeder Ankerpunkt erhält sein eigenes Kommunikations- bzw. Content-Konzept. Nehmen wir eine Messe als Beispiel. Diese wäre ein Ankerpunkt. Dieser Ankerpunkt benötigt eine Vorankündigung, eine Live-Berichterstattung und eine Nachberichterstattung. Tragen Sie dies alles in den Redaktionsplan ein, so können Sie schnell Überschneidungen mit anderen Ankerpunkten entdecken und auch feststellen, welcher Punkt von welchem anderen Punkt profitieren könnte. Sie bauen damit ein gesamtes Kommunikationsnetz, welches sich nicht nur auf Social Media beschränken muss. Was ebenfalls aufgenommen werden kann, sind redaktionelle Beiträge in Printprodukten oder anderen klassischen Medien.

Datum	Netzwerk	Anlass/Veranstaltung	Posting Typ	Verantwortlich	Bemerkung
25.04.2015	Twitter	Hochschulmesse bonding	Vorankündigung	Recruiter xx	

Quelle: eigene Darstellung

Abbildung 68: Redaktionsplan

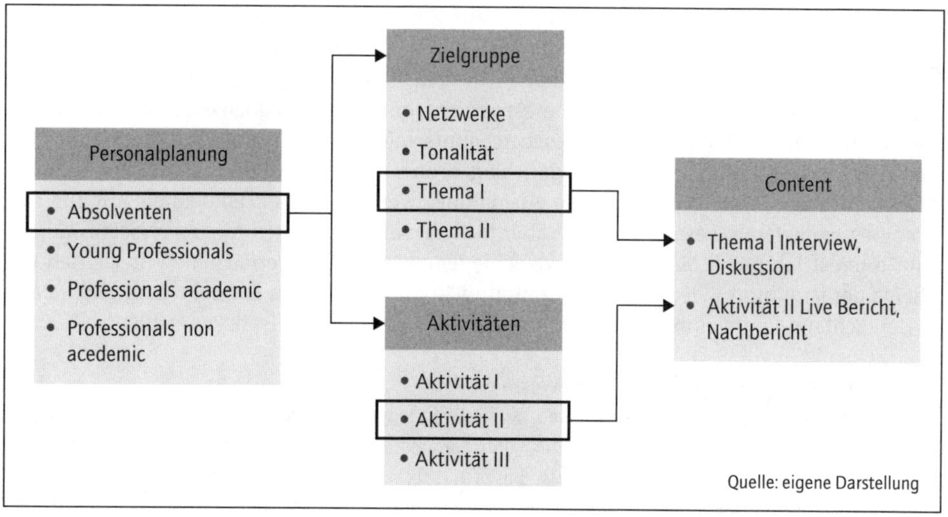

Abbildung 69: Content-Aufbau Gesamtzusammenhang

Betrachten wir nochmals den Gesamtzusammenhang: Über die mittelfristige Personalplanung identifizieren Sie Ihre Zielgruppen. Die Zielgruppenanalyse gibt Ihnen die Detailinformationen, die Sie benötigen, um Themen, Tonalität und Netzwerke grob festzulegen. Themen können sich natürlich im Lauf der Zeit ändern. Nichtsdestotrotz ist es wichtig zu wissen, welche aktuellen Themen Ihre Zielgruppe bewegen. Daraus können Sie dann Themen identifizieren, die Sie gegebenenfalls als Unternehmen bespielen können. Zuletzt bieten Ihre jährlichen HR-Marketing-Aktivitäten, die auf Ihre Zielgruppen abgestimmt sind, erste Ankerpunkte für einen Redaktionsplan.

4.2.6 Ein Bild sagt mehr als 1.000 Worte

Wenn man über Content spricht, darf man den Träger der Information nicht vergessen. Ist es das geschriebene Wort, ein Bild oder doch ein Video, welches den Content übermittelt. Der Trend in den sozialen Netzwerken ist eindeutig: Foto und Video unterstrichen durch schlagkräftige Hashtags. Das scheinen die Träger zu sein, die sich in der näheren Zukunft durchsetzen werden bzw. sich bereits durchgesetzt haben. YouTube ist seit Jahren eines der führenden sozialen Netzwerke, aber auch die Neuentwicklungen setzen auf Bild und Video. Instagram, Pinterest, #Vine und #SnapChat funktionieren ausschließlich Bild- und Video-basiert. Wenn wir uns als Arbeitgeber auf diesen Netzwerken bewegen wollen, müssen wir uns intensiv mit Bild- und Videorechten auseinandersetzen und die AGBs der Netzwerke studieren. Bitte berücksichtigen Sie die AGBs der Netzwerke grundsätzlich! Lassen Sie sich zudem von einem Rechtsanwalt, der sich mit Social-Media-Themen auskennt, initial beraten. Einen Blog zu diesen Themen, den wir als regelmäßige Lektüre empfehlen können, ist der Social-Media-Recht Blog (http://www.socialmediarecht.de/).

Die Kommunikation via Bild und Video wird durch die zunehmende Verbreitung von entsprechenden mobilen Endgeräten verstärkt. Eine verbesserte Technologie wie 4G oder LTE ermöglichen zudem die schnelle Versendung und das Downloaden von qualitativ hochwertigen Bildern. Der Trend zum Kurzvideo, angestoßen durch die Plattform #Vine und nun auch auf anderen Netzwerken etabliert, trägt den begrenzten Datenvolumen der mobilen Generation Rechnung. Die Chance, durch Bilder mehr Emotionen zu übermitteln, birgt zeitgleich auch das Risiko, mehr zu sagen, als einem lieb ist. Gleiches gilt auch für selbstgedrehtes Videomaterial. Unternehmen sind daher in diesem Bereich eher zurückhaltend und wenn man sich Arbeitgeberaccounts auf Pinterest ansieht, entdeckt man doch eher Pressebilder des eigenen Unternehmens. Der Erfolg dieser Accounts spiegelt die Unsinnigkeit dieses Ansatzes wider. Fotobasierte Kanäle lediglich als Ablageordner für Pressebilder zu verwenden, zahlt sich nicht aus. Gern machen wir die Ausnahme, wenn Sie einen Fotografen nur für Ihre Accounts engagieren. Letztlich geht es aber hier darum, einen guten Mix zu erzielen. Gerade auf Pinterest lässt sich dies über die verschiedenen Pinnwände erreichen. Wir werden das Thema der Foto- und Video-basierten Kommunikation nochmals in Kapitel 8 aufgreifen, da es in Deutschland heute zumindest eher noch zu den Trends und Ausblicken zählt.

Best Case: Ein Bild sagt mehr als 1.000 Worte

Die Abbildung unten zeigt einen Cappucino, der kurz vor dem Genuss noch auf Twitter mit diesem Foto verewigt wurde. Kaffeetweets sind vermutlich eine der am häufigsten auftretenden Tweetformen. Kaffee bewegt die Welt. Auf den ersten Blick ist dieses Bild also nur eines von Millionen von Kaffeebildern, die mal wieder ins Netz geladen wurden. Wenn man aber genauer hinsieht, erkennt man ein paar wesentliche Details. Vorab sei schon einmal erwähnt, dass der Tweet an sich natürlich einen Zeitstempel hatte und auch den Ort der Szene beinhaltete. Mit diesen Informationen und dem Tassenaufdruck lässt sich schon einmal direkt erkennen, dass sich der Fotograph im Café Einstein, Unter den Linden in Berlin befand. Zudem war er auf dem Weg zur Arbeit. Vorherigen Tweets konnte man in der Vergangenheit entnehmen, dass er zu dem Zeitpunkt am Postdamer Platz gearbeitet hat. Das Foto war morgens online gestellt worden. Was man zudem noch erkennen kann, ist, dass er offensichtlich neu in Berlin war. Er saß nämlich im Café Einstein im Touristen-Bereich. Ein Ortskundiger hätte sich in den hinteren Bereich des Cafés gesetzt. Dies erkennt man an der nicht vorhandenen Tischdecke. Im Café Einstein sind lediglich die Tische im hinteren Bereich, der etwas abgeschottet gelegen ist, mit Tischdecken ausgestattet. Mit ein wenig Insider Know-how ist man vermutlich auch im Bilde darüber, das im hinteren Bereich dieses Cafés gern Headhunter mit ihren Kandidaten sprechen. Wäre unser Fotograph im hinteren Bereich gewesen, hätte man durch aus vermuten dürfen, dass er einen »speziellen« Termin hatte.

Quelle: eigene Darstellung @robindro

Abbildung 70: Cappucino

4.3 Die wichtigsten Social-Media-Kanäle

Welche Kanäle tatsächlich die wichtigsten sind, das liegt natürlich im Auge des Betrachters. Das unterscheidet sich bereits gravierend, je nach Internationalität Ihres Unternehmens. Ein auf den deutschen Markt fokussiertes Unternehmen setzt natürlich ganz andere Netzwerk-Prioritäten als eines, welches den asiatischen Markt als Zielregion definiert hat. Daher wollen wir in diesem Kapitel unsere Top-Netzwerke vorstellen und hoffen, damit einen umfangreichen Überblick liefern zu können. Bevor wir uns aber einzelnen Netzwerken zuwenden, wollen wir nochmals in Erinnerung rufen, was der Kern eines jeden guten Social-Media-Auftritts ist.

Die Gefahr besteht, dass übereifrige Recruiter vor lauter Social Media vergessen, ihre Hausaufgaben zu machen. Das Herzstück einer Social-Media-Strategie ist eine moderne Karriereseite. Sie ist Dreh- und Angelpunkt aller Aktivitäten, die Sie über das Social Web streuen und heutzutage der Haupteingang für Bewerber. Mittlerweile ist die Karriereseite auch der Zugangskanal für Bewerber, die über offline Kanäle auf ihren Arbeitgeber aufmerksam werden.

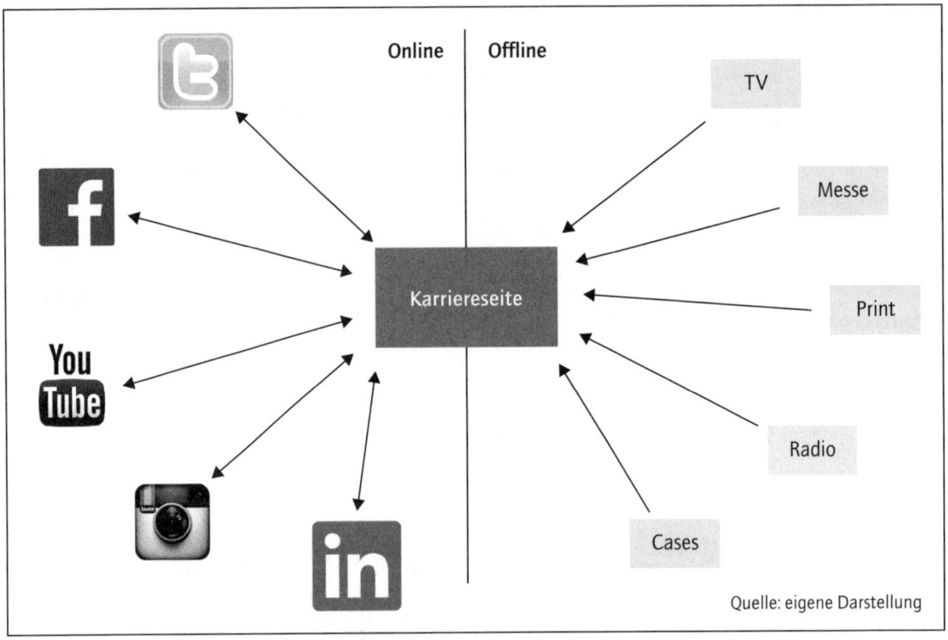

Abbildung 71: Karriereseite im Zentrum der Social-Media-Strategie

Selbst bei Printanzeigen wird auf die Karriereseite verwiesen und die Anzahl derer, die sich per Post bewerben, nimmt stetig ab. Viele Unternehmen akzeptieren Print-Bewerbungen schlichtweg nicht mehr. Wie sich das im Detail in Zukunft entwickeln wird, vermögen wir nicht zu prognostizieren. Dass die Reise aber in Richtung Digitalisierung geht, steht wohl außer Frage.

Die Karriereseite als zentrales Element der Social-Media-Strategie zu verstehen, birgt zudem noch den Vorteil der Unabhängigkeit. Verlagern Sie alles in die sozialen Medien aus, machen Sie sich zeitgleich abhängig von Facebook & Co. Der Markt ist derart schnelllebig, dass die Wahrscheinlichkeit als Leidtragender hervorzugehen sehr groß ist. Darüber hinaus ist die Karriereseite der einzige Ort im Web, an dem Sie Hausrecht besitzen. Sie können nur dort gestalten und walten, wie es Ihnen beliebt. Dieses Recht sprechen wir Ihnen höchstens noch auf einem Corporate Blog zu, wobei unserer Ansicht nach nicht ganz so uneingeschränkt. In allen anderen Netzwerken oder Social-Media-Tools sind Sie lediglich Gast – wenn überhaupt. Diese Macht bzw. Ohnmacht teilen wir in vier Stufen ein:

- **Stufe I** – Sie sind Herr über Ihren Content und können ihn nach Belieben verändern. Kommentarfunktionen gibt es in der Regel keine. Diese Situation stellt sich derart eigentlich nur auf der Karriereseite so dar.
- **Stufe II** – Der Content, den Sie ins Netz stellen, ist kommentierbar. Damit gibt man schon ein wenig Macht ab. Wir bewegen uns in Richtung des Kontrollverlustes. Meist finden Sie diese Situation auf Blogs wieder. Hier kann man die Kommentarfunktion ausschalten, aber dann ist der Blog auch »nur« eine Karriereseite. Lässt man Kommentare zu, was wir empfehlen würden, dann muss man mit den Einträgen im Blog aber auch umgehen können.
- **Stufe III** – Ihr Content bekommt Beine und macht sich selbstständig. Diese Situation finden Sie vor, sobald es die sogenannte »teilen«-Funktion gibt. Einen Überblick darüber zu behalten, wo was geteilt wurde und wie der Content wo diskutiert wird, ist eine echte

Herausforderung. Stufe III spiegelt den Kontrollverlust wider, an den sich viele Unternehmen im Zusammenhang mit Social Media erstmal gewöhnen müssen. Sie können dies auf Netzwerken wie Facebook beobachten, die die klassische share/teilen-Funktion anbieten.
- **Stufe IV** – Die größte Herausforderungen stellen Tools dar, in die Sie Content laden, der Ihnen im Moment der Speicherung dann schon nicht mehr gehört. Bislang, also in den Stufen I – III, konnte Content, den Sie erzeugt haben, noch nicht verändert werden, sondern in der Regel nur kommentiert. Wenn wir uns ein Online Lexikon wie z. B. Wikipedia ansehen, dann ist es dort so, dass Content, den Sie dort bereitstellen, im Moment des Uploads nicht mehr Ihnen gehört. Er kann und wird sofort von anderen bearbeitet und verändert. Warum sollte man sich als Unternehmen mit Wikipedia auseinandersetzen? Nun, gerade als KMU kann es sein, dass die Informationen, die dort über Sie im Internet stehen, nicht mehr aktuell sind oder gar falsch. In solchen Fällen sollte man diese aktualisieren und berichtigen, aber stets die Spielregeln des Netzwerks beachten – keine werbenden Inhalte, also auch kein Personalmarketing.

Ziel ist es nicht, seine ganze Strategie auf Stufe I zu konzentrieren. Die Idee ist, sich die Stufen bewusst zu machen und alle in die Strategie einfließen zu lassen. Wir sagen es nur ungern erneut, aber der Mix machts.

Haben Sie Ihre Karriereseite auf Vordermann gebracht mit Anregungen aus Kapitel 3.4, folgt die Eroberung der Social-Media-Welt. Seitdem die Uhren in der digitalen Welt schneller ticken, muss man lernen zu akzeptieren, dass nur wenige Dinge auf Dauer angelegt sind. Die Karriereseite hat vermutlich noch die höchste Haltbarkeitsstufe, wobei sich einzelne Elemente der Seite verändern können. Irgendwann eine fertige Seite zu haben, ist ein Traum, dem man sich nicht hingeben sollte. Ständig im Fluss zu sein und Entwicklungen zuzulassen, sichert das Überleben in diesem schnellen Markt. Bei den Social-Media-Accounts sollte man mit einer weniger festgefahrenen Einstellung herangehen. Stetige Veränderung ist der Dauerzustand. Man ist gut damit beraten, sein Herz nicht allzu sehr an einzelne Kanäle und Konzepte zu hängen. Die Social-Media-Landschaft der Arbeitgeber in Deutschland zeigt zwar eine gewisse Konstanz, doch nicht alle Zielgruppen spiegeln diese Konstanz auch wider. Teilweise muss man auch mit der Zielgruppe wachsen. Waren vor einigen Jahren noch Schüler und Studierende leicht über Facebook zu erreichen, so sind es heute Studierende und Young Professionals. Die neuen Schüler haben auch neue Netzwerke für sich entdeckt und folgen nicht den vorangegangenen Generationen. Man muss sich einfach mal in die Lage eines heutigen Schülers versetzen, der mit der Tatsache groß geworden ist, dass seine Eltern ständig auf Facebook abhängen. Würden Sie da freudespringend dem Ruf der Eltern ins wohl bekannte traditionelle Facebook folgen oder doch etwas Neues ausprobieren? Eine Strategie und ein Konzept sollten sich daher nicht zu sehr an bestimmte Netzwerke klammern. Aber steigen wir nun ein in unsere Top-Netzwerke.

4.3.1 Xing und LinkedIn

Xing und LinkedIn gehören zu der Kategorie der Business-Netzwerke. Sie sind beide sehr ähnlich aufgebaut, wobei Xing einen starken Fokus auf den deutschsprachigen Raum hat, wohingegen LinkedIn unter anderem die USA fest in der Hand hat. Wenn wir uns einmal kurz das erlernte Wissen zu Nutze machen, können wir die Netzwerke wie folgt charakterisieren:
- Die Netzwerke sind klassisch aufgebaut und haben entsprechend die klassischen Funktionalitäten. Mit klassich umschreiben wir in diesem Zusammenhang Funktionalitäten wie

Folgen, Pinnwand, Liken und Teilen. Da sie sich der Kategorie der Businessnetzwerke zugehörig fühlen, fehlen ihnen die typischen freizeitorientierten Gimmicks, wie zum Beispiel Fotoalben.
- Die Beziehungen, die man auf dem Netzwerk eingehen kann, gehören zum Typ 2 an, wobei beide auch die Messaging-Funktion anbieten.
- Die Viralitätsstrukturen sind eher hinderlich und konzentrieren sich darauf, Informationen im Netzwerk zu halten. Es gibt viele Möglichkeiten, Informationen ins Netzwerk zu speisen, jedoch keine uns bekannte Möglichkeit der Gegenrichtung. Interessanterweise erscheint dieser Gedanke einem auch gar nicht als notwendig.
- Beide Netzwerke haben eine App, die nahezu alle Funktionen abdeckt.

Betrachten wir die Nutzergruppen, so legt die Kategorisierung bereits nahe, dass wir überwiegend Young Professionals und Professionals dort antreffen werden. In Deutschland haben wir zudem eine Tendenz zu Akademikern auf diesen Netzwerken. Genauere Daten zu den Nutzergruppen stellt Xing auf der Startseite zur Verfügung. Nach nur wenigen Klicks kann man sich die wichtigsten demografischen Daten ansehen. Auch zu LinkedIn finden Sie leicht aktuelle Erhebungen im Internet. Beide Netzwerke können wir aus drei Blinkwinkeln betrachten:
(1) Die Perspektive des eigenen Profils – wie stelle ich mich als Recruiter eines Unternehmens dar?
(2) Das Netzwerk als Jagdgrund – wie finde ich geeignete Kandidaten auf diesen Netzwerken?
(3) Das Netzwerk als Plattform – wie kann ich mich als Unternehmen darstellen?

(1) Die Perspektive des eigenen Profils

Auch wenn es in Deutschland noch nicht so etabliert ist, sind Businessnetzwerke dazu da, um gefunden zu werden. Man stellt sich und seine Person vor und dies oftmals im Zusammenhang mit seinem aktuellen Arbeitgeber. Diese Netzwerke haben die Funktionalität einer Visitenkarte längst übernommen, wobei sich dieses kleine Stück Papier noch hartnäckig in einigen Kreisen hält und parallel Anwendung findet. Der Standard ist heutzutage, dass man sich bei einem Geschäftsmeeting trifft, Visitenkarten austauscht und dann später die Personen auf einem der beiden Netzwerke sucht und in die eigene Kontaktliste einlädt. Ein Gebaren, welches Sie vermutlich vor allem von Vertriebsmitarbeitern kennen. Im Kapitel 7 werden wir es nochmals deutlich herausstellen: Der Recruiter der nächsten Generation ist ebenfalls ein Vertriebsmitarbeiter. Er vertreibt Positionen im Unternehmen. Aus diesem Grund ist auch für ihn diese Perspektive immens wichtig. Sobald er in die stärker vertriebsorientierte Rolle schlüpft, gehört er unweigerlich zu den Aushängeschildern des Unternehmens. Er muss diese Rolle gar nicht aktiv annehmen. Die Bewerber werden bereits dafür sorgen, denn sie sind die ersten, die ihre Recruiter googlen werden, um sich deren Xing-Profil anzusehen. In der Vergangenheit haben wir es schon erlebt, dass Recruiter noch ihren Altarbeitgeber im Xing-Profil stehen hatten. All Ihre Bemühungen um einen professionellen Arbeitgeberauftritt werden binnen von Sekunden zerstört, wenn so etwas vorfällt. Oder versetzen Sie sich in einen Bewerber, der von einem Recruiter kein Xing-Profil findet und sonst auch gar keine Spuren im Netz. Das wirkt heutzutage bereits dubios. Hat er etwas zu verbergen? Ist er tatsächlich ein echter Recruiter des Unternehmens? Das ganze scheint doch sehr verstaubt zu sein.

Gerade diese Businessnetzwerke müssen von den Recruitern auch mit eigenen Profilen bewirtschaftet werden. Einerseits prägt es die Darstellung nach außen und auf der anderen Seite sind Xing und LinkedIn mächtige Tools, wenn es um das allgemeine Netzwerken geht. Der gute Recruiter kennt seinen Kandidaten bevor die Stelle ausgeschrieben wird.

Aber kehren wir nochmals zum eigenen Profil zurück. Angefangen mit dem Profilbild geht es über die einzelnen Felder bis hin zum Portfolio (siehe Xing), welches man zur eigenen Darstellung oder der Darstellung des Arbeitgebers nutzen kann. Im Nachfolgenden werden wir uns mit unseren Beispielen auf Xing fokussieren. Die beiden Netzwerke sind sich so ähnlich, dass ein Transfer ohne Probleme möglich sein sollte.

Beginnen wir mit dem Profilbild. Dies darf gern freundlich offen sein und sollte maximal Ihren Kopf und Oberkörper erfassen. Das Ziel muss die gute Erkennbarkeit sein und keine überflüssige Coolness, dargestellt durch einen dunklen Hintergrund. Die Kleidung sollte Ihrer Tätigkeit entsprechend gewählt sein. Als Recruiter wollen Sie professionell wirken und sich daher im Business Outfit zeigen. Sollte die Unternehmenskultur diesem nicht entsprechen, können Sie gern das eben erwähnte Business Outfit ändern auf Business Casual oder Casual. Wichtig ist, dass der berufliche Zusammenhang ersichtlich ist. Wenn Sie ein wenig in den beiden Netzwerken herumsurfen, werden Sie hin und wieder Urlaubsfotos entdecken, die als Profilbild eingestellt wurden. Sollten Sie irgendwann mal diesen Drang verspüren, dann legen Sie sich ein Facebook-Profil an. Xing und LinkedIn strahlen in ihrem Gesamtauftritt Business-Anmutung aus und wollen sich auch so am Markt positionieren. Offenkundige Urlaubsfotos würden gerade in Ihrer Rolle als Recruiter als unprofessionell angesehen werden.

Der nächste Schritt ist die allgemeine Pflege des Profils. Es sollte aktuell sein und Ihre Stationen dürfen gern einen beschreibenden Text beinhalten. Geben Sie weitere Social-Media-Profile an, sofern Sie diese nicht ausschließlich privat nutzen wollen. Sollte Ihr Unternehmen ein Social-Media-Profil haben, können Sie dieses auch wunderbar der Liste hinzufügen.

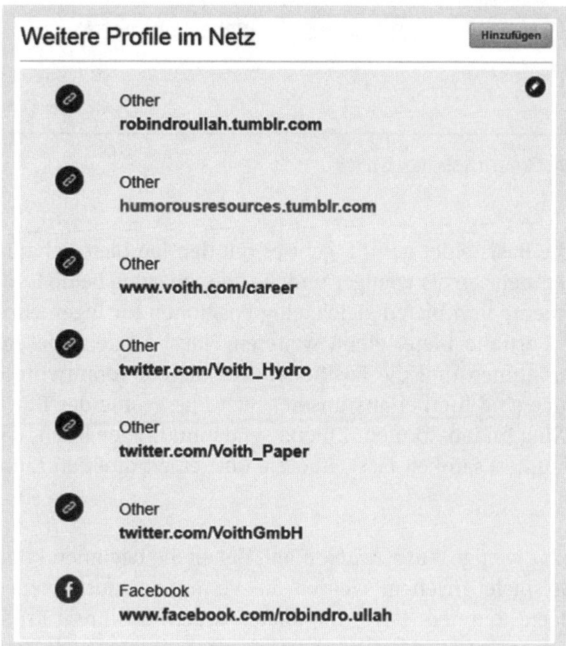

Quelle: eigene Darstellung (www.xing.de)

Abbildung 72: Screenshot Xing Social-Media-Profile

Quelle: eigene Darstellung (www.xing.de)

Abbildung 73: Screenshot Xing Ich suche Ich biete

Haben Sie soweit die Basisfelder gefüllt, geht es mit den Ich biete/Ich suche Feldern weiter. Geben Sie hier lieber mehr an als weniger und Sie können ruhig beide Felder analog befüllen. So suchen Sie Ingenieure und bieten gleichzeitig Positionen für Ingenieure an.

Das sogenannte Portfolio bietet einen weiteren Platz, an dem Sie entweder sich selbst oder aber Ihr Unternehmen und die Positionen, für die Sie verantwortlich sind, darstellen können. Best Practice sind hierbei aus unserer Sicht die Profile der BFFT Recruiter, die Sie ohne weiteres auf Xing finden können. Zuletzt sei darauf hingewiesen, dass auch der Tagesspruch Raum für Aufmerksamkeit lässt, und Sie dort einen direkten Link zu Ihrer Karriereseite setzen können.

Dies sind nur ein paar wenige Ansatzpunkte, mit denen Sie beginnen können. Wenn Sie sich die Best-Practice-Beispiele ansehen, werden Sie vermutlich noch weitere entdecken oder auch auf eigene Ideen kommen. Bevor Sie aber loslegen, an Ihrem Profil herumzubasteln, denken Sie bitte daran, dass Ihr Netzwerk gegebenenfalls über jede Änderung per Status-Update informiert wird. Wenn Sie das nicht wünschen, schalten Sie die entsprechenden Zeilen in den Einstellungen zeitweise aus.

(2) Das Netzwerk als Jagdgrund

Wir hatten eingangs darüber berichtet: Diese Netzwerke sind wie die zwei Seiten einer Medaille: einerseits der werbende Ansatz und andererseits der suchende Ansatz. Xing und LinkedIn eignen sich beide insbesondere für den suchenden Ansatz, mit anderen Worten für das Social Recruiting. Sie sind so aufgebaut, dass Ihnen die wichtigen Informationen im Job-Kontext auf einem Silberteller präsentiert werden. Die Profile sind darauf ausgelegt, im beruflichen Kontext gefunden zu werden, was sie für uns als Recruiter extrem interessant macht. Das haben natürlich auch die beiden Netzwerke erkannt und ihre Business Cases danach ausgerichtet. Bei beiden existieren verschiedene Formen der Mitgliedschaft, die auch Varianten beinhalten, die speziell den Recruitern zugedacht sind. Gegen einen Obulus stellen beide erweiterte Suchmöglichkeiten zur Verfügung und auch Funktionalitäten, um mit anderen Recruitern des gleichen Unternehmens zu kollaborieren. Welche Mitgliedschaftskombination Sie wählen sollten, das hängt sehr stark von Ihren Bedarfen und Ihrer Organisationsstruktur ab. Eine pauschale Empfehlung können wir daher nicht abgeben. Was wir Ihnen aber gern mit auf den Weg geben wollen, ist der Hinweis, dass Sie selbst Teil des Jagdgrundes sind, sobald Sie sich auf Xing bewegen. Eine gute Möglichkeit, interessante Personen in Zielunternehmen zu finden, sind die Kontaktlisten von Recruitern. Diese sind meist gut im Unternehmen vernetzt – idealerweise mit Top-Managern und Mitarbeitern. Unser Tipp daher: Verbergen Sie Ihre Kontaktliste vor anderen.

(3) Das Netzwerk als Plattform

Xing und LinkedIn bieten des Weiteren Unternehmensseiten an, die man als HR-Marketing-Seiten sehr gut nutzen kann. Der besondere Clou an diesen Seiten ist, dass Mitarbeiter, die ebenfalls auf den Netzwerken aktiv sind, mit Ihren Unternehmensseiten assoziiert werden, sofern sie ihren Arbeitgeber eingetragen haben. Sie können also relativ unkompliziert sehen, welches Multiplikatoren-Potenzial Sie in den beiden Netzwerken haben. Natürlich ist die Nutzung nicht kostenlos, aber vor allem ist sie nicht umsonst. Wenn Ihre Zielgruppen auf diesen Netzwerken präsent sind, dann können wir eine bezahlte Unternehmensseite empfehlen. Im Fall von LinkedIn bedeutet dies, dass man sich eine sogenannte Karriereseite hinzukauft, denn die allgemeine Unternehmensseite ist kostenlos. Bei Xing kann man durch den Kauf zusätzliche Funktionalitäten freischalten. Die Basisseite ist auch bei Xing kostenlos. Was beide Netzwerke ebenfalls zusätzlich bieten, ist die Welt der Gruppen. Diese können Sie so ähnlich behandeln wie Foren zu verschiedenen Themen. Nicht zu allen Gruppen hat man automatisch Zugang. Bei einigen muss man zugelassen werden und bei einigen ist man als Recruiter auch gar nicht erwünscht. Respektieren Sie den Wunsch nach fachlichem Austausch und bombardieren Sie Zielgruppen nicht blind mit Stellenanzeigen. Überraschen Sie lieber die Gruppenmitglieder durch passende interessante Fakten über Ihr Unternehmen. Steigen Sie soweit es Ihnen möglich ist, in Diskussionen mit ein, und positionieren Ihr Unternehmen unterschwellig.

Das Netzwerk als Plattform bedeutet für Sie aber auch, dass Sie aktiv netzwerken dürfen und sollen. Laden Sie interessante Profile in Ihr Netzwerk ein und bauen dies so Schritt für Schritt immer weiter aus. Achten Sie darauf, dass Sie dabei einer sinnvollen Verschlagwortung der Profile nachgehen. Jeden neuen Kontakt können Sie ganz individuell für sich verschlagworten. So können Sie beispielsweise jeden potenziellen Kandidaten als »Kandidaten« kennzeichnen. Sie können diese auch direkt in A, B und C einteilen, um einen weiteren Filter ansetzen zu können. Sind Sie also auf der Suche nach einem ITler, können Sie mit Hilfe der Schlagworte als erstes Ihr eigenes Netzwerk nach passenden Kandidaten durchsuchen. Die Ansprache eines Kandidaten, den Sie bereits kennen, hat eine höhere Aussicht auf Erfolg, als eine echte Kaltakquise.

Wie bei allen Netzwerken ist es schwierig, eine pauschale Empfehlung zu geben. Es hängt einfach an zu vielen Punkten und sollte daher individuell bestimmt werden. Ein paar Basics sind dennoch unabhängig vom Unternehmen durchaus beachtenswert, so dass wir unsere Ausführungen zu Xing und LinkedIn mit einer kleinen Checkliste und einem Fazit beenden:

Beispiel Checkliste: Xing-Profil

- Stellen Sie ein ordentliches Profilbild ein.
- Beachten Sie die Felder *Ich biete/Ich suche*, hier gilt nicht: weniger ist mehr.
- Sowohl das Portfolio als auch der Tagesspruch eigenen sich hervorragend, um den Arbeitgeber zu platzieren.
- Achten Sie darauf, Ihre Kontakte vor anderen zu verbergen.
- Überlegen Sie sich rechtzeitig ein Schlagwortsystem und halten Sie dieses durch.

Fazit: Xing und LinkedIn sehen wir vor allem für den Bereich Sourcing und die Netzwerkarbeit der Recruiter. Diese beiden Bereiche mit HR-Marketing-Maßnahmen, wie z. B. einer Karrierepräsenz zu flankieren, verstärkt deren Wirkung und Effektivität.

4.3.2 Facebook

Wer kennt es nicht. Eines der erfolgreichsten Netzwerke dieser Welt gegründet von einem Studierenden namens Marc Zuckerberg. Facebook war über Jahre ein Phänomen und ist es im Grunde auch heute noch. Mittlerweile wohnen ganze Generationen in diesem Netzwerk und wenn man sich die Altersgruppen ansieht, die ein Profil haben, so scheint keine mehr zu fehlen. Wäre Facebook ein Land, wäre es wohl das drittgrößte Land der Welt – so sagt man. Aber Netzwerke kommen und gehen und jüngste Stimmen prognostizieren einen Abstieg des Social-Media-Platzhirschs. Als Familienpicknick bezeichnet man mittlerweile das einst sehr coole Netzwerk. Kinder, Eltern und Großeltern – alle haben sie Profile auf einem Netzwerk, welches den Alltag ins Netz gebracht hat. An Facebook kann man die Entwicklung von sozialen Netzwerken sehr schön studieren. Erst war es Teufelszeug und damit cool für die Jugend. Dann erschloss es weitere, etwas ältere Zielgruppen. Als dann die Großeltern auf den Zug aufsprangen, war die Familie komplett und in einem Netzwerk zu sein, das wurde zu etwas Alltäglichem. Was bedeutet das für die Rekrutierung? Ist es Pflicht für uns Unternehmen, weil es ein alltäglicher Aufenthaltsort wurde?

Vor gut zwei bis drei Jahren gab es in Deutschland die wilde Fanpage Gründer-Phase. Jeder Arbeitgeber, der verspätet doch noch hip sein wollte, legte sich eine Fanpage an. Die Euphorie hat sich ein wenig gelegt. Nicht zuletzt, da – Gerüchten nach zu urteilen – Facebook nicht länger der Place-to-be war. Was man allerdings ebenfalls festgestellt hat, ist, dass Facebook eine Menge Arbeit bedeutet, was grundsätzlich für das Thema Social Media spricht. In diesem Abschnitt wollen wir Ihnen ein paar Denkanstöße zu Facebook mitgeben und ein zwei Firmen hervorheben, die wir als Best Practice erachten. Beginnen wir mit der Netzwerkanalyse:

- Facebook ist einfach gesagt eine Art »**Alles Könner**«. Nahezu jede Funktion, die man einem klassischen freizeitorientierten Netzwerk zusprechen würde, ist vorhanden. Zudem kopiert das Netzwerk immer wieder Ideen anderer und weitet somit das eigene Portfolio damit weiter aus. Einen wesentlichen Unterschied zu den Businessnetzwerken stellt die Vielfalt der Apps dar, die vor allem auch etliche Spiele beinhalten. Letzteres darf man nicht unterschätzen, denn Spiele bewegen Jung und Alt. Seit dem Facebook den Messenger in eine eigene App ausgelagert hat, kann man darüber streiten, ob es sich um einen Hybriden handelt oder nicht. Zumindest im mobilen Bereich hat Facebook die Welt des Messengers sauber herausgetrennt.

- Auf dem Netzwerk findet man sowohl Beziehungstyp 1 als auch Typ 2. Dabei ist der erste Typ lediglich realen Personen vorbehalten. Als Firma oder Organisation ist man angehalten eine **Fanpage** zu erstellen, anstatt eines normalen Accounts. Allerdings steht einem als Fanpage lediglich der Typ 2 zur Verfügung, was Auswirkungen auf die Viralität hat. Was von anderen Netzwerken übernommen wurde, ist die Erweiterung der Beziehungstypen für reale Personen. Auch die können auf Facebook Typ-2-Beziehungen eingehen. Dabei ist zu beachten, dass das Abonnieren, so nennt Facebook das Followen, von der betreffenden Person im Profil grundsätzlich freigeschaltet sein muss. Ansonsten kann man ihr nicht folgen – sie nicht abonnieren.
- Das Thema **Viralität** kommt auf Facebook einer kleinen Wissenschaft nahe. Für uns war es das erste Netzwerk, bei dem wir mit echten Viralitätshürden konfrontiert wurden. Auf Facebook bedeutet dies, dass nicht jeder Nutzer alle Updates seiner Freunde sieht – zumindest nicht in der Standardeinstellung. Es ist ein Schutz vor der Informationsflut, den Facebook in seine Systeme einprogrammiert hat. Sie können davon ausgehen, dass man im Schnitt nur ein Bruchteil der Updates seiner Freunde direkt auf der Pinnwand sieht. Wie gesagt, handelt es sich dabei um eine Standardeinstellung, die man bewusst umgehen kann. Die Hürde, die Facebook eingebaut hat, wird als #EdgeRank bezeichnet. Es ist eine Kennzahl, die für jeden Post für jede Person berechnet wird. Die Kernaussage des Wertes soll die Wichtigkeit des Updates für die betreffende Person ausdrücken. Wie wichtig etwas für einen Nutzer ist, hängt zum Beispiel vom Beziehungstypen ab, der zwischen Nutzer und Verfasser und auch den Freunden herrscht. Denn wenn ein Update für alle seine Freunde wichtig war, dann sollte der betrachtete Nutzer es natürlich auch nicht verpassen. Ursprünglich war auch das Alter eines Updates ein Faktor, aber seit dem Facebook immer mal wieder uralte Updates an den Anfang unserer Pinnwände spült, hat der Faktor Zeit offensichtlich an Komplexität gewonnen. Im Detail müssen wir nicht zwangsweise über den #EdgeRank Bescheid wissen. Für unsere Strategie ist es wichtig zu wissen, dass es ihn gibt und dass man ihn auf verschiedenen Wegen mindern kann oder sogar ausschalten. Letzteres geht über die sogenannten Sponsored Posts, also das Bezahlen für Sichtbarkeit.
- Das Thema **Mobile** ist ein besonderes, wenn wir Facebook betrachten. Aufgrund der enorm breiten Nutzerschaft wird Facebook vermutlich noch länger nicht von der Desktop-Variante abweichen. Wenn man standardmäßig desktop-fähig ist, gibt es vermutlich keinen Grund, dies jetzt zu ändern. Trotzdem bereitet sich Facebook auf ein mobiles Zeitalter vor. Erkennbar ist dies am Registrierungsprozedere, denn seit einiger Zeit benötigt man keine E-Mailadresse mehr für die Registrierung. Eine Handynummer ist ausreichend. Damit legt Facebook die Grundsteine für eine von E-Mailadressen freie Welt. Angesichts der Tatsache, dass mittlerweile die populären großen Netzwerke wie beispielsweise WhatsApp ausschließlich via Handynummer funktionieren, ist dies aus unserer Sicht genau der richtige Schritt.

Was wir an dieser Stelle erneut nicht aussprechen, ist eine Empfehlung, die besagt, ob Sie auf Facebook aktiv werden müssen oder nicht. Was Sie aber definitiv benötigen, ist eine Facebook-Strategie, die umschreibt, warum Sie das eine oder andere tun. Entscheiden Sie sich bewusst für oder gegen den Kanal und nicht aufgrund von Trends oder Gerüchten. Bevor die Entscheidung gefällt wird, sehen wir uns das Facebook noch detaillierter an, denn eine Fanpage auf Facebook ist nicht der einzige Weg, wie man dieses Netzwerk als Arbeitgeber nutzen kann. Die sogenannten Facebook Ads, Werbebanner auf Facebook, können ebenso wie Google Ads sehr effektiv geschaltet werden. Es gibt zudem die Möglichkeit, über Gruppen aktiv zu werden, und man kann ungeachtet dessen, ob man auf Facebook als Unternehmen präsent ist oder nicht, in verschiedenen Aktionen die Multiplikator-Funktion nutzen.

Facebook Ads

Im Fall der Facebook Ads benötigen Sie noch nicht einmal die richtigen Suchbegriffe, so wie man es von Google Ads kennt. Da Sie sich innerhalb eines Netzwerkes bewegen, können Sie Zielgruppen recht einfach anhand der Profilangaben bestimmen und damit Ads sehr zielgenau ausliefern lassen. Die Frage, ob man eine Fanpage benötigt, um Facebook Ads sinnvoll zu schalten, würden wir erst mal mit nein beantworten. Natürlich ist es von Vorteil, wenn die Zielgruppe über den Banner nicht aus dem Netzwerk heraus geführt wird, sondern bei Ihnen auf der Fanpage landet, um sich gegebenenfalls direkt von dort aus zu bewerben. Kaum ein Werbemedium kann man derart gezielt schalten, was Facebook Ads tatsächlich sehr attraktiv macht.

Gruppen auf Facebook

Aktuell existieren drei Varianten von Gruppen auf Facebook. Das sind die

- offenen Gruppen
- geschlossenen Gruppen
- geheimen Gruppen

Als ein mögliches Anwendungsbeispiel werden wir im Folgenden einen Case aus dem Azubimarketing beschreiben, der sich auf geschlossene Gruppen bezieht.

Im Azubirecruiting gibt es etliche Herausforderungen. Im Recruitingprozess können wir Ihnen diese in jeder Stufe aufzeigen. Einen der besonders empfindlichen Punkte findet man in der Phase zwischen Vertragsunterzeichnung und Ausbildungsstart. Dieser Zeitraum kann teilweise 12 Monate andauern. Einen Azubi in dieser Phase an ein anderes Unternehmen zu verlieren, ist nicht nur bitter, sondern auch extrem teuer. Genau an diesem Schwachpunkt können Bindungs- und Kommunikationsmaßnahmen Abhilfe schaffen. Frühzeitig eine Bindung zum Unternehmen herzustellen, schafft ein Gefühl von Zugehörigkeit und die Wahrscheinlichkeit eines Absprungs sinkt. Über eine Facebookgruppe lässt sich dies gut realisieren. Wenn man zudem eine geheime Gruppe wählt, entsteht noch viel stärker der Eindruck der Exklusivität. Man kann je Jahrgang eine Gruppe gründen und da der Zutritt nur über Einladung erfolgen kann, können Sie als Unternehmen diese direkt nach der Vertragsunterzeichnung aussprechen. Die Gruppe sollte dann in den folgenden Monaten mit Inhalten aus der Ausbildung bespielt werden. Eine gute Idee ist auch, zwei Auszubildende aus den älteren Jahrgängen zur Gruppe einzuladen, die tatsächlich live von der Ausbildung berichten können. Ein weiterer unschlagbarer Effekt entfaltet sich durch die Gruppe selbst: Die angehenden Auszubildenden lernen sich kennen und es bildet sich ein Netzwerk noch vor Start der Ausbildung – ein Vorteil, der nicht unterschätzt werden sollte. Derlei Bindungsgruppen kann man sich auch bei Studierenden vorstellen, um diese nach einem Praktikum zu binden. Was bedacht werden sollte, ist, dass man so etwas nicht auf einem Standbein aufbaut und sich von Facebook damit abhängig macht. Aber als Baustein in einem gesamten Programm kann dies ein guter Beitrag sein.

Facebook als Multiplikator

Unabhängig davon, ob Sie eine feste Präsenz auf Facebook haben, können Sie dieses Netzwerk in alle sonstigen Aktivitäten integrieren. Allein wenn Sie damit beginnen, dass Inhalte auf Ihrer Karriereseite auf Facebook teilbar sind. Auch Jobs könnten über Facebook geteilt werden. Den Ideen sind da keine Grenzen gesetzt. All das ist natürlich schöner, wenn Sie eine

Facebook-Fanpage haben, aber wie bereits angedeutet, kann es durchaus für Ihr Unternehmen sinnvoll sein, keine Fanpage zu bewirtschaften.

Fanpages

Zuletzt gehen wir auf das Thema Fanpages ein und wollen dies anhand von Beispielen darstellen. Über Fanpages für Unternehmen wurde bereits ausreichend in anderen Medien geschrieben. Hierzu empfehlen wir vor allem die einschlägigen Blogs. Bewusst haben wir Beispiele ausgewählt, die nicht von starken Produktmarken oder lauten Recruitingkampagnen profitiert haben. Es sind Fanpages, die durch erstklassiges Fanpagemanagement und Communitymanagement groß geworden sind. Gute Ideen, gute Inhalte und der Dialog mit der Zielgruppe zeichnen diese Seiten aus.

Als Erstes möchten wir die Seite der Techniker Krankenkasse empfehlen. Sie finden diese auf Facebook unter »Techniker Krankenkasse (TK) – Ausbildung und Karriere«. Das Team um Jürgen Sorg macht mit einem sehr abwechslungsreichen Programm Lust auf den Arbeitgeber TK. Besonders interessant sind die Posts, die man einem solchen Unternehmen garnicht zutrauen würde, wie in folgender Abbildung zu sehen ist.

Quelle: eigene Darstellung (www.facebook.de/tk)

Abbildung 74: Screenshot TK Fanpage

Solche Posts zeigen in besonderer Weise Insights, die man mit Standard Recruiting Posts nicht übermitteln könnte. Das Programm der TK beinhaltet aber zudem stets auch Posts, die direkt zur Bewerbung auffordern und den passenden Link beinhalten.

Die zweite Fanpage auf dir wir verweisen wollen ist die der Krones AG. Das Besondere an dieser Seite ist, dass sie von einem klassischen B2B-Unternehmen geführt wird und damit eindrucksvoll beweist, dass auch die Industrie große Reichweiten und eine starke Fanbase auf Facebook erreichen kann. Zudem handelt es sich um keine Karriere-Fanseite im klassischen Sinn, da diese Seite federführend durch die Unternehmenskommunikation gesteuert wird. Ein solcher Schachzug ist gerade bei so zeitintensiven Medien wie Facebook sehr sinnvoll, sofern die internen Grabenkämpfe, die es leider sehr häufig zwischen Unternehmenskommunikation und HR gibt, es zulassen.

Exkurs: Deutsche Fanpages auf Facebook

Zuletzt wollen wir nun noch auf die Liste der deutschen Karriere-Fanpages auf Facebook hinweisen, die Sie auf dem Wollmilchsau Blog finden unter http://www.wollmilchsau.de/facebook-karriereseiten/

Eine Strategie beim Aufbau einer Facebook-Fanpage

Wie so viele Dinge, ist auch dies ein Vorgehen, welches man auf alle sozialen Netzwerke übertragen kann und in diesem Fall für die gesamte Social-Media-Strategie anwenden sollte. Wir gehen allerdings an dieser Stelle darauf ein, da die beschränkte Viralität von Facebook diesen Ansatz in besonderer Weise verlangt. Entscheiden Sie sich für den Launch einer Karriere-Fanpage auf Facebook, wird die Anlaufphase das härteste Stück Arbeit. Die Frage, die im Raum steht, ist: Wie zieht man Aufmerksamkeit auf die Seite? Ein Weg sind die Facebook Ads, in die man zum Start einer Seite durchaus etwas investieren kann. Wir können es zwar nicht belegen, aber einen nachhaltigen Aufbau von Fans werden Sie eher durch echte Aktivitäten erreichen als durch das Schalten von Werbung. Der #EdgeRank und die damit verbundene geringe Viralität spielen Ihnen gerade am Anfang sehr übel mit. Daher empfehlen wir vor jeder Account-Eröffnung eine unternehmensweite interne Kampagne durchzuführen. Wenn Sie kurz davor sind eine Fanpage auf Facebook zu eröffnen, sollten das alle Mitarbeiter erfahren. Geben Sie Tag und Uhrzeit an, wann der erste Post über den Äther geschickt wird, und machen Sie ein Happening aus der gesamten Geschichte. Erzählen Sie einfach die gesamte Geschichte Ihren Mitarbeitern. Der Gedanke hinter diesem Vorgehen wirkt in zweierlei Hinsicht. Der Mitarbeiter hat das Gefühl, dass er nicht alles immer nur über die Presse erfahren muss, sondern sein Unternehmen ihm gern einen Wissensvorsprung gewährt. Darüber hinaus ist Ihr Ziel, zusätzlich so viele Mitarbeiter wie möglich als Fans der Seite zu gewinnen. Das hat den einfachen Grund, dass die Posts der ersten Stunde diesen Facebookern auf jeden Fall auffallen werden. Wenn Sie intern ausreichend Werbung gemacht haben, werden Ihre Mitarbeiter sogar nach den Posts suchen und diese liken und teilen. Da es sich um Mitarbeiter handelt, ist die Wahrscheinlichkeit sogar recht hoch, dass sie Ihnen bei der Verbreitung helfen. Es ist ein kleiner aber wirkungsvoller Baustein im Kampf gegen den #EdgeRank.

Fazit: Facebook kann einen sehr starken Gegenpol zur eigenen Karriereseite bilden. Man hat sehr viele Möglichkeiten dieses Netzwerk in die HR-Marketingaktivitäten einzubinden, darf aber nicht vergessen, dass es viel Zeit und auch unter Umständen finanzielle Ressourcen kosten wird.

4.3.3 Twitter

Twitter ist eines der schnellsten, wenn nicht sogar *das* schnellste Netzwerk der Welt. Unserer Meinung nach häufig unterschätzt, aber letztlich ein guter Baustein in einer übergreifenden Social-Media-Strategie. Twitter gehört zu den Netzwerken, bei denen viele Personaler uns gegenüber geäußert haben, dass sie das Netzwerk an sich nicht verstehen. Der Grund, in 140

Zeichen sich regelmäßig mitzuteilen, erscheint vielen unlogisch und nicht sinnvoll. Wer soll das alles überhaupt lesen? Wen interessiert es? Zwei Fragen, die uns häufig gestellt werden. Gerade Frage Nummer zwei hätten wir wohl an den Anfang dieses Kapitels stellen sollen, wobei wir uns schon länger nicht mehr mit den Diskussionen um die Sinnhaftigkeit von Social Media im Allgemeinen herumschlagen müssen. Nun betrifft dies nur noch einzelne Netzwerke, deren Nutzen infrage gestellt wird. Aber glauben Sie uns, Frage zwei braucht grundsätzlich niemand zu stellen. Es gibt immer jemanden, den interessiert, was Sie als Unternehmen zu sagen haben. Die Frage wäre dann noch, ob diejenigen, die es interessiert, auch zu Ihrer Zielgruppe zählen. Haben Sie aber alle Hausaufgaben gemacht und kennen Ihre Zielgruppen »aus dem FF«, dann werden Sie es sicherlich schaffen, die Richtigen anzusprechen. Sollte sich übrigens niemand für Ihren Input interessieren, muss das nicht direkt am Netzwerk liegen. Vielleicht sollten Sie dann Ihre Content-Strategie nochmals überdenken. Kehren wir zu Twitter zurück und beginnen mit der Netzwerkanalyse:

- Twitter gehört zu den sogenannten **Micro-Blogging-Diensten**. Betrachtet man es aus dem Blickwinkel eines Netzwerks, so muss man ganz klar sagen, dass Twitter recht armselig ist. Im Grunde hat Twitter nämlich keine großartigen Funktionalitäten zu bieten. Man kann es aber auch positiv ausdrücken. Vielleicht ist Twitter als Netzwerk so schnell, weil es keinen unnötigen Ballast mit sich herumschleppt. Fotoalben, Gruppen, etc. gibt es auf Twitter nicht. Es beschränkt sich mehr oder weniger auf das Wesentliche: das Posten von Informationen. Wenn die Analogie gestattet sei, könnte man Facebook mit einem Schweizer Taschenmesser vergleichen mit 200 + 10 Funktionen. Twitter gleicht eher einem Laguiole-Messer; schlank, elegant und auf eine Kernfunktion fokussiert. Was Twitter zudem noch auszeichnet, ist die grundsätzliche Gleichheit der Accounts. Egal ob Sie sich als Firma oder Privatperson registrieren, alle haben dieselben Funktionalitäten.
- **Beziehungs-Typ 1** ist im Grunde der vorherrschende Beziehungstyp auf Twitter. Dieser Typ ist erst durch Twitter zu Bekanntheit gekommen und das Followen wurde gesellschaftsfähig. Auch diese Beschränkung auf Typ 1 macht Twitter enorm schnell und wendig. Aufgrund der Unverbindlichkeit dieses Beziehungstypen kann man ein ständiges Kommen und Gehen unter den Followern beobachten. Ent-frienden überlegt man sich länger als Un-followen. Dies hängt aber vor allem auch damit zusammen, dass man häufig keine persönliche Beziehung zu denjenigen hat, denen man followt.
- Der Punkt **Viralität** macht Twitter so enorm schnell, denn das Netzwerk hat keinerlei Hürden. Ebenso schlank, wie es sich im funktionalen Umfang aufstellt, zeigt es sich auch in allen anderen Belangen. Auf den Einbau Informationsflut vermeidender Mechanismen hat Twitter verzichtet. Was dem Nutzer dennoch an die Hand gegeben wurde, ist eine simple Listenfunktion, die es ihm erlaubt, seine Abos (die Accounts, denen er folgt) in verschiedene Kategorien einzuteilen. So kann er leicht nach Themen gefiltert die Tweets durchgehen. Eine Funktion auf Twitter, die diese ungehemmte Viralität voll ausnutzt, ist die ReTweet-Funktion. Es handelt sich dabei um eine ähnliche Funktion wie das Teilen auf Facebook. Es ermöglicht den Nutzern, gute Tweets weiter zu verbreiten. Dank der enormen Viralität erlangte Twitter 2007 recht schnell Ruhm. Damals war ein Flugzeug im Hudson River notgewassert. Binnen weniger Minuten wanderten die ersten Amateurfotos über Twitter einmal um die Welt. Kein Nachrichtensender konnte mit dieser Geschwindigkeit mithalten und man konnte erstmalig beobachten, wie offizielle Berichterstatter sich auf Fotos von Twitter referenzierten. Damals war das ein Paradigmenwechsel – im Grunde nicht vorstellbar.
- Die letzte Frage der Analyse betrifft das Thema **mobile Anwendung**. Obwohl Twitter auch eine Webanwendung für den Desktop besitzt, erscheint die Nutzung über einen stationären PC eher unsinnig, zumindest wenn man etwas posten möchte. Da aber ein Großteil der

Nutzer eher konsumiert und Twitter als Informationsquelle nutzt, erscheint eine stationäre Nutzung wieder sinnvoller. Twitter insgesamt ist allerdings eher als mobiles Netzwerk angelegt. Kurze aktuelle Information von überall auf der Welt zu erhalten, ist einer der Kerngedanken. Eine Information so lange aufzuheben, bis man wieder an einem Rechner sitzt, um sie dann zu posten, entspricht nicht dem Twitter-Gedanken. Eine einfache Struktur, wenige Funktionalitäten – alles deutet sehr darauf hin, dass der Erfinder eine überwiegend mobile Anwendung im Sinn hatte.

Die simple Struktur von Twitter hat zur Folge, dass es für alle nur eine Account-Art gibt. Eine Pinnwand, die #Timeline genannt wird, ein Profilfoto und rudimentäre weitere Informationen können von jedem Nutzer eingepflegt werden. Ganz im Stil von Twitter kann man lediglich einen 140 Zeichen langen Text, #Bio genannt, über sich selbst verfassen. Dies ist der einzige Ort, an dem Unternehmen auf dem Profil über ihre Motive informieren können. Mit Motiven meinen wir den Grund des Accounts. Ist es ein Job-Account oder ein Karriere-Account? Posten echte Recruiter oder wird hier lediglich die Stellenbörse automatisiert getweetet? Das sind wichtige Information, die die Nutzer interessieren. Sie wollen wissen, worauf sie sich einlassen. Wichtig dabei ist, dass in der #Bio exakt das steht, was den potenziellen Follower auch erwartet.

Kehren wir nochmals zu unserem Zeitschriftenbeispiel zurück. Einen Kanal im Social Web zu eröffnen, ist so als würden Sie ein Magazin herausbringen. Damit Kunden Ihr Magazin auch dauerhaft kaufen, ist es unter anderem ratsam, auf dem Cover abzubilden, was den Leser in etwa im Inneren erwarten wird. Auch der Titel des Magazins sollte erahnen lassen, was sich dahinter verbirgt. Auf unseren Twitter-Account bezogen bedeutet dies, dass Sie ihn nicht XYZ Karriere nennen sollten, wenn es ein #JobBot (ein Account, der automatisiert nur Stellenanzeigen postet) wird. Unsere Erfahrung hat gezeigt, dass jede Art von Account auf Twitter sehr gut funktionieren kann, solange man diese konsistent gestaltet. Damit meinen wir eine durchgängige Geschichte. Ein Bruch wäre zum Beispiel auch gegeben, wenn Sie einen Account auf Deutsch unterhalten – also ausschließlich auf Deutsch twittern –, aber die #Bio in Englisch verfasst ist, da Sie in einem ach so internationalen Konzern arbeiten. Cool ist das nicht. Das Einzige, was geschehen wird, ist, dass Sie aufgrund der englischen #Bio englischsprachige Follower generieren, die enttäuscht wieder abziehen werden.

Sie bemerken es vielleicht bereits: Obwohl es technisch nur eine Account-Art gibt, lässt Twitter dem Nutzer natürlich die Freiheit, diesen ganz unterschiedlich zu gestalten. Grob unterscheiden wir daher folgende Account-Typen:

- **Der reine Corporate Account** – Dieser Account ist ein Push-Account, der verschiedene Informationen über das oder von dem Unternehmen in regelmäßigen Abständen in Twitter einspeist. Ob es sich hierbei um Jobs, News oder firmenbezogene Informationen handelt, wird durch die Social-Media-Strategie definiert. Grundsätzlich ist der reine Corporate Account ein unpersönlicher Account, bei dem nicht klar ist, wer hinter den Tweets steckt. Nichtsdestotrotz sind diese Accounts oftmals sehr erfolgreich. Werfen wir einen Blick in Richtung der Zeitungsaccounts wie @spiegelonline oder @stern.de. Die Dienstleistung, die hier bereitgestellt wird, entspricht zwar nicht dem Social-Media-Ansatz sich dem Dialog zu öffnen, wird aber akzeptiert, da dem Nutzer transparent dargestellt wird, worauf er sich beim Abonnieren einlässt. Die wohl wichtigste Regel des Social Web wird demnach eingehalten: Versprechen Sie nichts, was Sie nicht auch halten werden. Natürlich kann man sich fragen, warum so mehrere hunderttausend Menschen solchen Accounts folgen. Die Antwort ist vermutlich so simpel wie auch einfach: Wenn sie eh viel auf Twitter unterwegs sind, dann können sie auch direkt solche Angebote mitnehmen.

- **Der Zwitter Corporate Account** – Dieser Accounttyp ist ein Corporate Account mit einem persönlichen Gesicht. D.h. der Twitterer outet sich und ist auch für Dialoge offen bzw. beteiligt sich an Dialogen und Diskussionen, die das Thema des Accounts betreffen. Nichtsdestotrotz spricht hier das Unternehmen, und der Befüller an sich ist sekundär. Trotzdem macht dieser Account-Typ bereits einen deutlich persönlicheren Eindruck als der vorherige Corporate Account. Karriere-Accounts folgen meist diesem Muster, da es sich bei Karriere- und Job-Themen um sehr persönliche Dinge handelt. Potenzielle Bewerber haben gern ein Gesicht zum Unternehmen. Es ist die Frage »Wer arbeitet da eigentlich?«, die einen beschäftigt, und die durch einen persönlichen Ansprechpartner im ersten Ansatz beantwortet werden kann. Beachten Sie aber, dass solch ein Account, ebenso wie wir es bei den Facebook Fanpages gesehen haben, von den Persönlichkeiten zehrt, die dahinter stehen. Beispiele für solche Accounts sind @Voith_Career oder @DBKarriere.

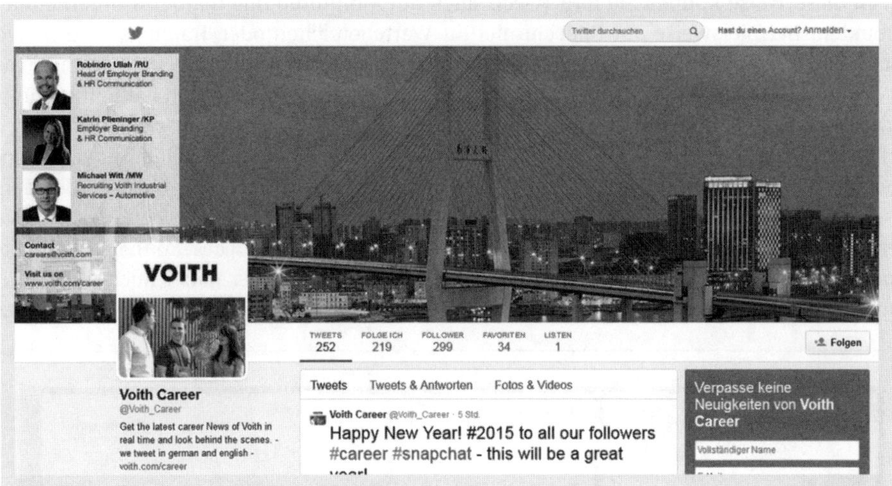

Quelle: twitter.de

Abbildung 75: Screenshot @Voith_Career

- **Der Mitarbeiter-Account mit Arbeitgeber- Label** – Für uns als Unternehmen – vermutlich auch grundsätzlich – der am schlechtesten planbare bzw. initiierbare Account von allen. Dafür allerdings der wohl für das HR-Marketing und Recruiting wertvollste Accounttyp. Hier kann man Mitarbeiter lediglich zu ermutigen, wohingegen die vorangegangenen Accounts jemandem »aufs Auge gedrückt« werden können. Der Mitarbeiter-Account zeichnet sich also dadurch aus, dass ein Mitarbeiter sich als solches outet und in einem Teil seiner Tweets auch seinen Beruf und sein Unternehmen berücksichtigt. Der Mensch steht also im Vordergrund und nicht das Unternehmen. Es wird zu einem kleinen Teil des Twitterlebens dieser Person. Der besondere Reiz liegt darin, dass man bei diesem Accounttyp die Möglichkeit hat zu erfahren, welche Menschen hinter einem Unternehmen stehen.
- **Der Maskottchen-Account** – Der Maskottchen Account ist ein fiktiver Account. D.h. die Person, die hinter dem Account steht, ist frei erfunden. Dies muss unbedingt sowohl in der #Bio als auch auf dem Hintergrund und der Landingpage deutlich gemacht werden. Denkbare Nutzer eines solchen Accounts sind sicherlich Vereine (Fußball) oder andere Organisationen, die bekannte Maskottchen besitzen. Anders als beim Push-Account sollte das

Maskottchen ansprechbar sein und gern von seiner fiktiven Welt berichten. Ein Beispiel für einen solchen Account ist @laracroft. Auch im Arbeitgeberkontext gab es bereits Versuche über fiktive Unternehmensgestalten auf Twitter, den Arbeitgeber zu positionieren. Ein Beispiel hierfür ist der Allianz_Kai, dessen Account allerdings nicht mehr existiert.

Aus Recruiting-Sicht sind für uns vor allem der Zwitter Corporate Account und der Mitarbeiter-Account interessant. Letztere haben egal, auf welchem Netzwerk, unsere besondere Aufmerksamkeit verdient. Es sind unsere #Brand Advocates, die in ihrem Namen den Arbeitgeber vermarkten.

Wenn wir Twitter nochmals von einer Metaebene aus betrachten, so kann man weitere Vorteile dieses Netzwerkes entdecken. Die Möglichkeit der vielfältigen Einbindung ist ein großer Pluspunkt. Sei es auf der eigenen Karriereseite oder aber auf Blogs von Mitarbeitern, dank des sogenannten Twitter Widgets lassen sich die Tweets sehr einfach überall sichtbar machen.

Auf diese Weise können Sie Ihre Tweets auch auf Monitoren innerhalb des Unternehmens einbinden. Beispielsweise auf Bildschirmen in Wartebereichen oder Trainingscentern. Viele Mitarbeiter zeigen sich äußert interessiert, insbesondere dann wenn sie keinen eigenen Twitter Account besitzen. Es ist diese Plattformunabhängigkeit, die man durch die Einbindung in andere Kanäle erreicht, die Twitter interessant für das HR-Marketing macht. Landläufig ist Twitter auch als sogenannte Linkschläuder verschrien. Der Name lässt keine besonders positiven Assoziationen zu, obwohl es sich um einen sehr positiven Effekt handelt, der damit beschrieben wird. Aufgrund der Zeichenbegrenzung wird Twitter in über 90 % der Fälle verwendet, um Links zu weiterführendem Content zu verbreiten. Dies können Blogartikel, Videos, Fotos oder andere Internetseiten sein. Man könnte Twitter daher auch als eine Art Nachrichten-Netzwerk bezeichnen – Nachrichten in allen Formen und Farben. Daraus ergibt

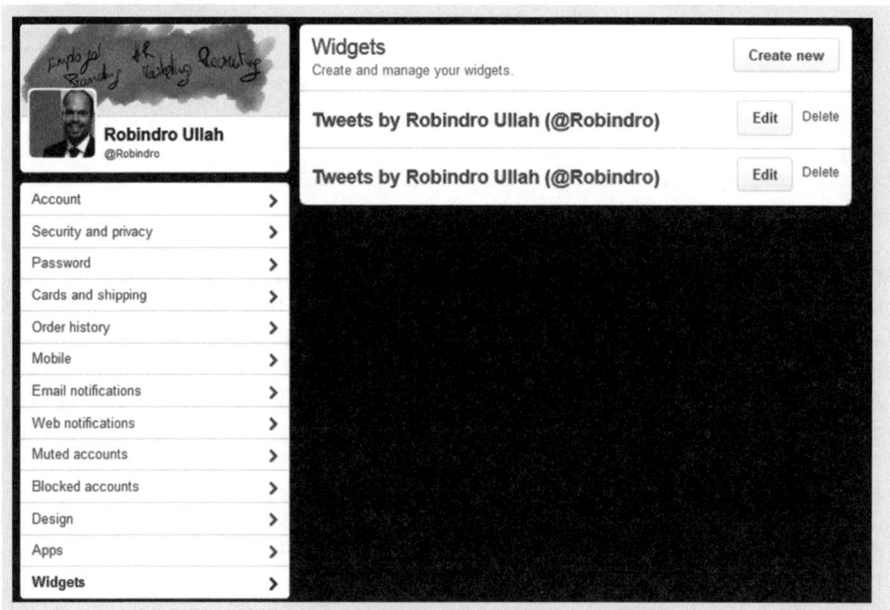

Quelle: twitter.de

Abbildung 76: Screenshot Twitter Widget

sich ein weiterer kleiner Vorteil von Twitter. Das Netzwerk unterstützt Sie bei der Suchmaschinen-Optimierung. Einerseits pickt Google gern Nachrichten und Informationen heraus, die aktuell sind, wodurch gern in den Suchergebnissen auch Tweets mit aktuellem Bezug hoch gerankt werden. Andererseits sollten Sie über Tweets auch hin und wieder Stellen auf Ihrer Stellenbörse und Inhalte von Ihrer Karriereseite verlinken. Da Google unter anderem auch nach der Häufigkeit der Verlinkungen einer Seite schaut, können Sie diese positiv durch Tweets beeinflussen.

Fazit: Dieses Netzwerk eignet sich insbesondere für die Verbreitung von bestehenden Informationen. Es kann nur in einer Multi-Netzwerk-Strategie zur vollen Entfaltung kommen. Es ist einfach gesagt der perfekte Wingman für jede Social-Media-Strategie. Dabei ist allerdings zu beachten, dass man die Unternehmensstrukturen auf ein solch schnelles Netzwerk vorbereiten muss. Ewig lange Abstimmungsschleifen sind tödlich für jeden Twitter-Account.

4.3.4 YouTube und #Vine

Stellvertretend für die Welt der Videos wollen wir uns in diesem Abschnitt kurz YouTube und #Vine ansehen. Wir haben uns für diese beiden Netzwerke entschieden, da es beide geschafft haben, ihre Zeit zu prägen. YouTube war und – man muss es sagen – ist auch heute noch der Platzhirsch der Videosharing-Plattformen. In den vergangenen Jahren hat sich das Netzwerk zu einer echten Konkurrenz zum Fernsehen entwickelt. Es hat große Stars hervor gebracht, die teilweise vom Fernsehen aufgegriffen wurden, da Hunderttausende ihnen auf YouTube gefolgt sind. Stars wie Y-Titti oder Herr Tutorial sieht man immer öfter in Produktwerbungen und Shows, und eben diese beiden wurden 2013 sogar in die Liste der 100 berühmtesten Deutschen aufgenommen.

#Vine auf der anderen Seite hat es geschafft, zum Synonym für Kurz-Videos zu werden. Das im Vergleich zu YouTube relativ junge Netzwerk gehört zu Twitter und zeichnet sich dadurch aus, dass man lediglich Videos von einer maximalen Länge von sechs Sekunden hochladen kann. Auch dieses Netzwerk hat bereits Weltstars hervorgebracht, die nun großen US-Konzernen als Werbeträger dienen. Einer der wohl bekanntesten ist der finalCutKing alias Zach King, der mit seinen #Vines Millionen begeistert.

Betrachten wir die Netzwerke einmal aus der Analyse-Perspektive und beginnen mit YouTube:

- YouTube ist nicht ganz einfach einer Netzwerkkategorie zu zuordnen. Der Grund hierfür ist, dass YouTube sich mittlerweile zu einer der größten Suchmaschinen der Welt entwickelt hat. Auf YouTube finden Sie nicht nur Musik- und Sportvideos, Sie finden auch unzählige Tipps und Tricks zu allem und jedem. Sie wollen die Rezension zum neuen Blueray Player von Sony lesen? Warum nicht einfach auf YouTube ansehen. Sie wissen nicht mehr so genau, wie man den Reifen eines Fahrrades wechselt? Einfach auf YouTube suchen und einer der hochgeladenen Anweisungen folgen. War diese hilfreich, so kann man dies mit einem Like unterstreichen oder aber kommentieren. Wenn man sich YouTube aus der Perspektive der Funktionalitäten ansieht, kann man das Portal noch am ehesten mit einer Blogging-Plattform vergleichen. Als aktiver Nutzer kann man sich einen Kanal anlegen, den man weitestgehend selber gestalten kann. Man hat ein Profil und die Beiträge in Form der Videos können geliked, gedisliked und kommentiert werden. Ein Sharen/Teilen der Videos in andere Netzwerke ist ebenfalls ohne Weiteres möglich.
- Wenn man YouTube als Netzwerk begreift und zunächst nicht als riesige Videodatenbank, dann herrscht dort der Beziehungstyp 1 vor. Man kann mit seinem Profil Kanäle anderer

Nutzer abonnieren. Das entspricht dem Folgen auf Twitter. Unabhängig davon lebt YouTube von unzähligen Besuchern, die kein eigenes Profil im Netzwerk haben. Durch die etablierte Nutzung von YouTube als Suchmaschine hat man also noch eine weitere Form der Beziehung, die einem Webseiten-Besucher gleicht.
- Viralitätshürden hat YouTube keine, die absichtlich eingebaut wurden. Ganz im Gegenteil, die Verbreitung der Videos über verschiedenste Netzwerke wird stark unterstützt. Zudem lassen sich die Videos leicht in andere Internetseiten oder Blogs integrieren. Der dafür benötigte sogenannte #Embedded Code wird mit jedem Video allen Zuschauern zur Verfügung gestellt. YouTube-Videos findet man dadurch heutzutage überall.
- Die mobile Verfügbarkeit von YouTube ist komplett gegeben. Lediglich die teilweise stundenlangen Videos sind nicht für den mobilen Datenfunk bestimmt. Kürzere Videos sind mitunter noch downloadbar, aber sobald man in den Bereich der fünfminütigen Videos kommt, wird es schon kritisch. Man muss aber hierzu auch bemerken, dass die mobile Nutzung sich nicht nur auf ein Unterwegssein beschränkt. Seit dem Siegeszug der Tablets wird auch viel auf dem heimischen Sofa mit dem Tablet gesurft. Gerade Videos lassen sich so natürlich besonders gut ansehen.

Insgesamt kann man sagen, dass YouTube für Unternehmen eine hervorragende Plattform bietet, um Videos zu präsentieren, aber vor allem, um Videos abzulegen. Oftmals geht es gar nicht nur darum, auf YouTube selbst erfolgreich zu werden, sondern die Möglichkeit zu haben, die Videos jederzeit und überall einbinden zu können. Wenn Sie gute Videos produzieren, werden sich diese dann schon über Facebook und Twitter verbreiten. Apropos gute Videos: Ein gutes Video zu erstellen ist nicht ganz trivial und leider helfen Agenturen nicht immer dabei. Unter dem Link http://www.goldenerunkelruebe.de/ finden Sie die Recruitingvideos, die im Jahr 2014 für die goldene Runkelrübe nominiert wurden. Dieser Preis wird einmal im Jahr an die schlechtesten Personalmarketingmaßnahmen Deutschlands verliehen. Aus der Kategorie Recruitingvideos kann man sich viele Anregungen dazu holen, wie man es am besten *nicht* macht. Das perfekte Kochrezept für ein gutes Video können wir Ihnen leider nicht bieten.

Die Faktoren, die für einen Erfolg verantwortlich sind, sind je Unternehmen derart unterschiedlich, dass wir es nicht zusammenfassen können. Aber wir wollen Ihnen gern unseren Best Case präsentieren, der von der Firma zendesk stammt, und ein weiteres positives Beispiel von BASF zeigen.

Best Case: Zendesk und Praktikumsstellenanzeige von BASF auf YouTube

Das Video von Zendesk wurde professionell erstellt, was gegen die Meinung einiger spricht, dass ein YouTube Video verwackelt und handgemacht aussehen muss. Es zeigt auf eine sehr unverkennbare Art und Weise die Mitarbeiter und die Kultur der Firma. Hier würden wir sogar fast schon so weit gehen und sagen, dass dieses Video es geschafft hat, die Employer Brand einzufangen. Das ist etwas, was wir bislang noch von keinem Deutschen Unternehmen gesehen haben. Es ist unverkennbar Zendesk, da es auf eine sehr kreative Art und Weise einem potenziellen Mitarbeiter näher bringt, wie es wäre, bei Zendesk zu arbeiten. Es sind die vielen kleinen Details, die einem wirklich nur dann auffallen, wenn man in die Schuhe eines Mitarbeiters schlüpft.
- Wo kann ich meine Mittagspause verbringen?
- Wie ist der Blick aus dem Fenster?
- Wen sehe ich tatsächlich als erstes, wenn ich zur Arbeit komme?
- Was sind die kleinen Besonderheiten der Kultur, wie beispielsweise der Victory Dance?

Das Video schafft es, den Eindruck einer Firma zu vermitteln, ohne mit Klischees spielen zu wollen. Wo andere in Rap-Gesänge einstimmen, wird hier »lediglich« nackte Realität gezeigt.

Hier geht's zum Video auf YouTube: https://www.youtube.com/watch?v=10uaSU6IVN4

(Quelle: Zendesk)

Das nächste Beispiel für eine gelungene YouTube-Recruiting-Nutzung wurde vor mittlerweile zwei Jahren auf YouTube hochgeladen. Es handelt sich dabei um eine sehr gut produzierte Praktikumsstellenanzeige von BASF. Damals hatte sie uns bereits beeindruckt und sowohl Machart und Idee überzeugten. Es gibt sicherlich verschiedene Argumente, die heute gegen eine solche Stellenanzeige sprechen. So ist sie beispielsweise für die mobile Nutzung nicht geeignet, aber der Ansatz war damals sehr gut. Vor allem regt er für weitere Ideen an.
Was insbesondere bei diesem Video heraussticht ist die sehr zielgruppenspezifische Ansprache. In diesem Fall wurde genau das richtige Medium mit genau der richtigen Aufbereitung für die gesuchte Zielgruppe verwendet. Darüber hinaus hat man in Anlehnung an sogenannte Infografiken Elemente im Video verwendet, die es sehr zeitgemäß und auch dem Medium angepasst erscheinen lassen. Zuletzt hat man auch hier eine leichte persönliche Note mit eingebracht, die allerdings im Vergleich zur Zahlen-Daten-Fakten-Vorstellung – wenngleich diese auch pfiffig gemacht wurde – eher in den Hintergrund gerät.

Hier geht es zum Video auf YouTube: http://youtu.be/gmv_3f9jZrY

(Quelle: BASF)

Fazit: YouTube ist eines der Portale, die einem unheimlich praktische Dienste erweisen, vor allem in Bezug auf die Distribution von Unternehmens- und Recruitingvideos. Wenn Sie solche Videos im Unternehmen haben und noch keinen YouTube-Kanal, kann es tatsächlich sinnvoll sein, sich einen einzurichten. Sollte aber beispielsweise bereits der Bereich des Produktmarketings einen besitzen, so sollte zunächst geprüft werden, ob man nicht sinnvoll miteinander kooperieren kann. Ein YouTube-Kanal ebenso wie alle anderen Social Media kosten stets Zeit. Ein YouTube-Kanal kostet zudem oft zusätzlich Geld, da wie im Best Case bereits beschrieben, zumindest einige der eingestellten Videos professionell produziert werden sollten. Ein guter Mix macht auch hier den guten Kanal aus. Was wir Ihnen zuletzt noch auf den Weg geben wollen: Nehmen Sie bitte Abstand von einem Musik-Recruiting-Video – es sei denn, Sie sind sich ganz sicher, dass es richtig, richtig gut ist.

Nun sehen wir uns das andere Extrem an, #Vine das Kurz-Video Portal:

- Im Vergleich zu YouTube ist #Vine ein typisches Netzwerk und kann eins zu eins mit Twitter verglichen werden. Der einzige Unterschied ist, dass statt der Textnachrichten Kurz-Videos gepostet werden. Abgesehen davon sind alle Funktionen analog. Da auf #Vine Videos gepostet werden, gibt es allerdings noch den #Embedded Code, so wie bei YouTube, der es den Nutzern erlaubt, die Videos sehr flexibel ebenso wie YouTube-Videos überall einzubinden.
- Auf #Vine gibt es nur den Beziehungstyp 1. Man folgt Nutzern wie bei Twitter. Letztlich kann man sagen, dass #Vine das Pendant zu Twitter aus der Welt der Videonetzwerke ist.
- #Vine zeigt aufgrund der Ähnlichkeit zu Twitter auch eine ähnliche Viralitätsstruktur auf. Es gibt keine Hürden. Was #Vine zudem exzellent geschafft hat, ist, seine Videos über andere Kanäle zu verbreiten. Hauptkanal ist dabei YouTube. Ehrlicherweise muss man sagen, dass diese Verbreitung den Nutzern (Vinern) zu verdanken ist, die überdurchschnittlich viel Kreativität an den Tag gelegt haben. Auf diese Weise haben #Vines in den vergangenen Monaten YouTube buchstäblich überschwemmt. Sogenannte #Vine Compilations wurden zusammengestellt, die zu verschiedenen Themen eine Aneinanderreihung von #Vines darstellen, um diese dann auf YouTube hochzuladen.
- Die Anwendung von #Vine ist ausschließlich mobile angedacht. Ursprünglich war es sogar so, dass sich die #Vines lediglich mit Smartphones drehen ließen. Man war gezwungen, die #Vine App dazu zu verwenden. Heute lassen sich beliebige Videos hochladen, so lange sie die sechs Sekunden Marke nicht überschreiten. Gerade die Kürze der Videos macht das Netzwerk unheimlich mobile freundlich. Die Downloadzeiten sind nicht der Rede wert und die Datenpakete der Nutzer werden kaum belastet.

#Vine ist in Deutschland noch relativ unbekannt und kann sich als Netzwerk aktuell nicht gegen den Konkurrenten Instagram durchsetzten. Das Fotonetzwerk Instagram hatte zuletzt ebenfalls den Upload von Kurzvideos eingeführt, was zumindest den deutschen Markt wohl zufriedengestellt hat. International überzeugt #Vine nach wie vor durch die Kreativität der Nutzer, die unglaubliche Videos zustande bringen. Dank der sogenannten Stop-Motion-Technik werden weitaus mehr Inhalte in den sechs Sekunden untergebracht, als man meinen mag.

Best Case: Voith #Vine Stellenanzeige

Derzeit ist uns tatsächlich nur ein Arbeitgeber-Anwendungsfall für #Vine bekannt, welcher durch uns konzipiert und umgesetzt wurde. Für die Voith GmbH haben wir gemeinsam mit der Job Börse stellenanzeigen.de Stellenanzeigen durch #Vine-Videos aufgewertet. Dabei ging es uns vor allem darum, dem Bewerber binnen weniger Sekunden die Kernelemente der jeweiligen Ausschreibung in einer sehr modernen Art und Weise zu präsentieren. Die #Vine Videos, welche direkt vor die Stellenanzeige geschaltet wurden, haben wir extra je Stellenausschreibung produziert. Ein #Vine passt also immer nur genau zu einer Anzeige. In der folgenden Abbildung können Sie die Klick-Entwicklungen betrachten, die wir zur Erfolgsmessung direkt von Tag eins an dokumentiert haben. Uns war zudem wichtig Vergleichsanzeigen zu beobachten, die in sämtlichen Rahmenbedingungen vergleichbar waren. Lediglich das #Vine fehlte den Vergleichsanzeigen. 2014 wurde dieses Konzept mit dem HR Excellence Award für Stellenanzeigen ausgezeichnet. Besonders hervorgehoben wurde das Vordenken in Richtung Mobile Recruiting. Im Gegensatz zu anderen Stellenanzeigen, die mit mehrminütigen Unternehmensvideos ausgestattet waren, konnte die Voith #Vine-Stellenanzeige ohne Probleme auf Smartphones angesehen und vor allem heruntergeladen werden.

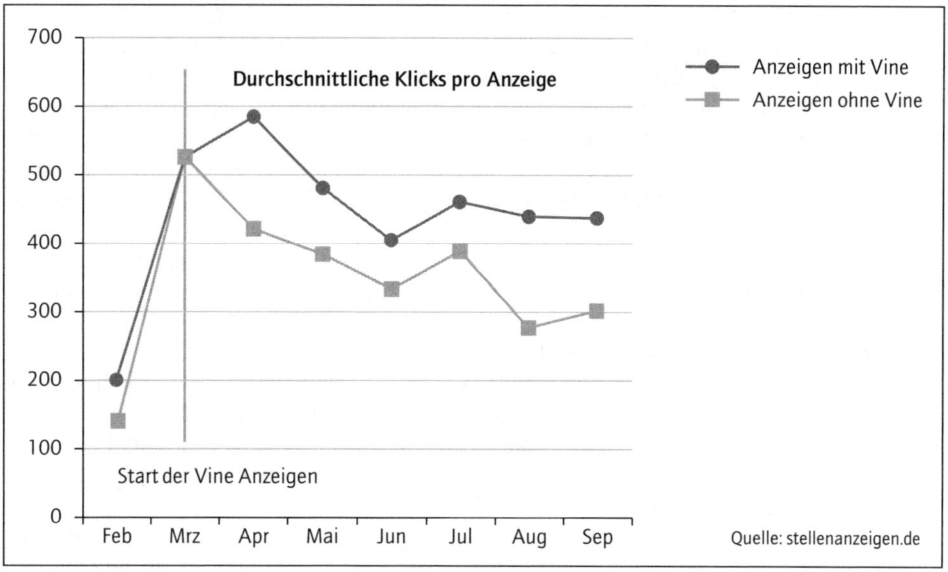

Abbildung 77: Klickverlauf Vine Stellenanzeigen

4.3.5 Der Blog

Bei den Blogs müssen wir, wenn wir genau sein wollen, etwas weiter ausholen. Mittlerweile gibt es verschiedene Formen von Blogs. So gibt es die Micro-Blogs, zu denen Twitter zählt. Es gibt aber auch eine Mischform, die man irgendwo zwischen Twitter und einem normalen Blog einordnen könnte. Ein Beispiel für diese Art wäre der #Tumblr Blog. Der ursprüngliche Blog, so wie man ihn schon beinahe seit Jahrzehnten kennt, stammt von dem Begriff Web-Log. Dabei setzt sich dieser Begriff zusammen aus Web (Internet) und Logbuch (Tagebuch). Man versteht hierunter ein öffentlich geführtes Tagebuch. Die Variante des geschlossenen Tagebuchs, welches lediglich mittels eines Passworts gelesen werden kann, existiert selbstverständlich auch. Im unserem Kontext interessiert uns eher die öffentliche Variante.

Der klassische Blog ist eine Internetseite, auf der ein Blogger (Autor) Texte verfasst, die abwärtssortiert auf dieser Seite erscheinen. Meist können die Texte kommentiert werden und in der Regel stehen dem Leser Social Plugins zur Verfügung, um die Texte in anderen Netzwerken teilen zu können. Was zudem meist möglich ist, ist eine Abonnierfunktion. Man kann Blogs also in der Regel folgen, um so stets informiert zu werden, wenn ein neuer Artikel erscheint. Blogs können eigentlich nicht als Netzwerk bezeichnet werden, da jeder Blog sehr individuell gestaltet ist, und die Blogs auch nicht alle auf der selben Plattform laufen. Nichtsdestotrotz vernetzten sich Blogs untereinander über die sogenannte #Blogroll. Dabei handelt es sich um einen Bereich auf dem eigenen Blog, von wo aus man auf andere Blogs zu ähnlichen Themen oder zu Themen, die einen persönlich interessieren, verlinkt. Blogs stellen somit nicht nur ein Instrument zur Personalgewinnung dar, sondern sie unterstützen auch dabei sich zum Thema Personalgewinnung auf dem Laufenden zu halten. In Deutschland hat sich hierzu eine ganze Bloggergemeinde gebildet, die wir liebevoll die Personaler-Suppe nennen. Eine Liste der aktuellen Blogs und eine kurze Beschreibung finden Sie im Anhang. Wie gesagt, so richtig kann man Blogs nicht als Netzwerk bezeichnen. Aber sehen wir uns einmal die Analyse an:

- Es gibt durchaus Bloggernetzwerke, wie beispielsweise blogger.de. Diese bieten den Mitgliedern die klassischen Vernetzungsfunktionalitäten, wie man sie von anderen Netzwerken kennt. Auch eine der bekanntesten Blogger Softwares WordPress bietet ein zusätzliches Netzwerk an, in dem sich die Blogger Community austauschen kann. Den Blog an sich betrachtet man aber meist unabhängig von einem Netzwerk. Er ist ein Tagebuch, wie wir bereits geschrieben haben. Unternehmen nutzen dies oftmals als eine Art zusätzliches Magazin, welches eben noch weitere Funktionalitäten bereitstellt, wie das Kommentieren von Einträgen.
- Da wir im Fall des Blogs nicht von einem abgeschlossenen Netzwerk sprechen können, gibt es im Grunde lediglich Beziehungstyp 1. Die Bindung kann aber eine etwas höhere sein als beim Follower auf Twitter. Über den Blog werden häufig weitaus mehr Emotionen transportiert, als man es von Tweets kennt. Er selbst ist deutlich individueller gestaltet und man ist völlig frei in der Gestaltung der Posts. Abonnenten eines Blogs, obwohl es nach unserer Definition lediglich Follower sind, kann man deutlich besser binden.
- Was die Viralität eines Blogs angeht, so wird diese maßgeblich durch den Autor bzw. Besitzer des Blogs bestimmt. Da diese ihre Seite selbst gestalten, entscheiden sie, welche Möglichkeiten es gibt, um Inhalte zu teilen und zu kommentieren.
- Auch die mobile Verfügbarkeit eines Blogs hängt ganz vom Besitzer ab. Die meisten Themes (so nennt man das Basis Design eines Blogs) sind mobil optimiert. Wenn man sich selbst eines programmiert, sollte man an die mobile Optimierung denken.

Blogs gehören aus unserer Sicht in die Königsklasse der Social-Media-Anwendungen. Einen richtig guten Blog zu gestalten, ist echt schwer. Darüber hinaus ist es enorm aufwendig. Einen Blog als Unternehmen oder auch als Privatperson zu unterhalten, kommt tatsächlich einem Magazin gleich. Ohne es wertend zu meinen, denn beides hat Vor- und Nachteile, ist ein Tweet am Tag binnen weniger Minuten verfasst. Einen Blogpost am Tag zu verfassen, ist schier unmöglich. Blogposts sind kleine Artikel, für die Sie teilweise recherchieren müssen. Als schmückendes Beiwerk und zur optischen Illustration hilft gut ausgewähltes Bildmaterial und zur Krönung können auch hin und wieder Videos spendiert werden. Darin steckt richtig viel Arbeit, aber man kann mit Recht behaupten, dass sich diese Arbeit bezahlt machen kann – bezahlter als bei anderen Social-Media-Tools.

Blogs zählen zu den Stufe II – Social Media, womit diese eine perfekte Ergänzung zur eigenen Karriereseite sein können. Des Weiteren können Sie den publizierten Content mehrfach wiederverwenden. Je nachdem, welche weiteren Netzwerke Sie bespielen, können Sie Teile eines Blogposts auf andere Netzwerke ausdehnen. Was zudem ebenfalls sehr gut funktioniert, ist Themen aus der Zielgruppe aufzugreifen, um dazu Stellung zu beziehen. Jüngst gab es die Diskussion um den Mindestlohn bei Praktikanten, die heute auch noch andauert. Ein Coporate Blog kann eine sehr gute Plattform bieten, um die Meinung des Unternehmens zu positionieren und auch potenzielle Bewerber zu informieren, wie das eigene Unternehmen damit umgehen möchte. Über Karriereblogs können Sie aber auch andere Themen platzieren. Bewerbungstipps speziell für Ihren Bewerbungsprozess sind denkbar, Berichte von aktuellen Mitarbeitern und vieles mehr lassen sich auf einem Blog platzieren.

Die Zielgruppe eines Blogs richtet sich ganz nach den Inhalten, die dort publiziert werden. Da wir hier kein richtiges Netzwerk vor der Brust haben, sondern sehr individuell gestaltete Blogs, kann man keine bevorzugte Blog-Leserschaft ausmachen. Jung und alt – alle lesen Blogs.

Best Case: Otto Azubi Blog und der Blog der Deutschen Flugsicherung
Der Otto Azubi Blog zeigt einen recht erfolgreichen Blog, der vor allem durch die authentischen Berichte der Blogger groß geworden ist. Echte Azubis berichten von Ihrem Alltag und liefern damit Content, der interessiert. Darüber hinaus ist die Einbettung des Blogs in die Gesamt Social-Media-Landkarte gut gelungen. Er ist keine Stand Alone Lösung und profitiert von den anderen Präsenzen.

Quelle: http://ottoazubiblog.de

Abbildung 78: Screenshot Otto Blog

Auch der Azubi Blog der DFS kann sich sehen lassen. Wieder haben wir das sehr überzeugende Konzept, dass von der Zielgruppe für die Zielgruppe berichtet wird.

Quelle: http://www.dfs-azubiblog.de

Abbildung 79: Screenshot DFS Blog

Fazit: Der klassische Blog ist eine der mächtigsten Social-Media-Anwendungen, die ein Unternehmen im Social-Media-Personalmarketing einsetzen kann. Zeitgleich ist es aber auch eine der zeit- und kostenintensivsten Varianten, die man sich aussuchen kann. Durch die flexible Einsetzbarkeit könnte man fast meinen, ein Blog sollte wie eine Karriereseite jedem Unternehmen empfohlen werden. Das Auswahlkriterium heißt daher Ressource. Steht diese zur Verfügung, würden wir einen Blog empfehlen. Allerdings sollten der Launch professionell begleitet und die Blogger vorab geschult werden. Zuletzt sollte der Blog keine alleinstehende Lösung darstellen. Beide Best Cases zeigen eine wundervolle Integration der Blogs in die übrigen Aktivitäten.

4.3.6 Weitere ausgewählte Kanäle

Im Verlauf dieses Kapitels haben wir hier und da noch Hinweise auf weitere Netzwerke anklingen lassen. Es ist unserer Meinung nach hier völlig unmöglich, alle Netzwerke in der nötigen Detailtiefe zu besprechen. Selbst die besprochenen Netzwerke hätte man noch weitaus detailierter erläutern können. Social Media ist ganz klar ein Fass ohne Boden und auch beim Schreiben dieses Buches haben wir gemerkt, dass immer »noch mehr geht«. Unser Ansatz ist dennoch, Ihnen einen möglichst großen Überblick zu geben. Daher steigen wir hier zackig in ein paar weitere Netzwerke ein, die wir im Schnelldurchgang besprechen wollen.

#Tumblr

Beginnen wir mit #Tumblr, einem Netzwerk, welches im vorhergehenden Abschnitt angeklungen war. Es ist ein Netzwerk, welches sich zwischen Twitter und einem Blog bewegt, und sich großer Beliebtheit in den USA erfreut. Einen richtigen Hype konnte man in Deutschland nicht wahrnehmen, obwohl auch hier ein paar Anhänger existieren. Nachstehend unsere kurze Netzwerkanalyse:

- Wenn man den Netzwerkaufbau betrachtet, kann man #Tumblr sehr gut mit Twitter vergleichen. Zusätzlich können einzelne Posts allerdings kommentiert werden. Was zudem anders als bei Twitter ist, ist, dass man neben seinem Haupt-#Tumblr weitere Neben-#Tumblr zu verschiedenen Themen führen kann, ohne jedes Mal einen neuen Account anzulegen. Diese zusätzlichen #Tumblr kann man auch mit mehreren Nutzern bewirtschaften. Die Posts stellen häufig eine gute Mischung aus Fotos und Text dar.
- Auf #Tumblr finden wir den Beziehungstyp 1.
- Die Viralität ist ebenfalls wie bei Twitter nicht beschränkt. Da das nicht ganz so erfolgreich ist und man #Tumblr nicht ganz so flexibel wie einen Twitterfeed haben kann, ist das Potenzial geringer als bei Twitter.
- #Tumblr ist ein mobile ausgelegtes Netzwerk. Es existiert auch eine webbasierte Oberfläche, über die man seine #Tumblr ebenfalls erstklassig verwalten kann. Insgesamt eignet sich das Format aber hervorragend, um etwas längere Gedanken von unterwegs zu posten.

Best Case: Siemens #Tumblr

Als Best Case für #Tumblr schicken wir den Siemens #Tumblr The Siemens Graduate Program ins Rennen: Es gibt nicht viele HR-Marketing Ansätze auf #Tumblr, aber einer der besonders guten ist der #Tumblr von Siemens. Auf ihm findet man Berichte der Teilnehmer des Graduate Programs. Immer wieder neue Geschichten von diversen Teilnehmern geben dem Leser einen guten Überblick über die Inhalte und vor allem auch darüber, was hinter den Kulissen geschieht. Der #Tumblr ist auf Englisch und adressiert die internationale Studenten-Szene. Ein rein Deutsch ausgerichteter #Tumblr würde beispielsweise aufgrund der geringen deutschen Nutzergemeinde keinen Sinn machen.

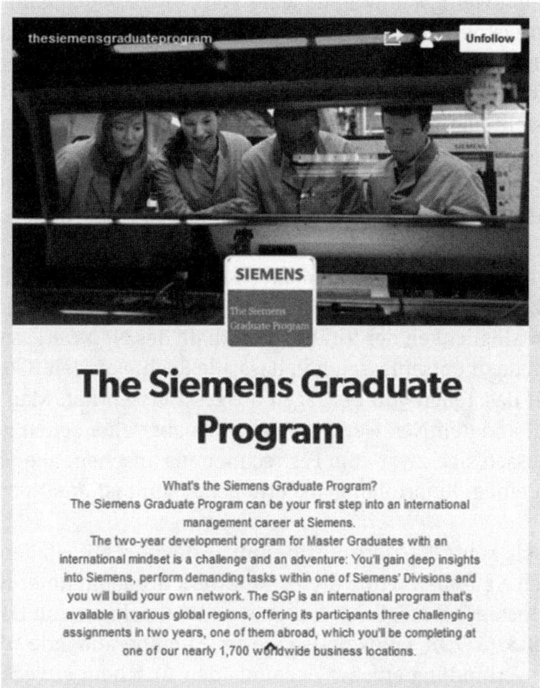

Quelle: thesiemensgraduateprogram.tumblr.com

Abbildung 80: Screenshot Siemens Tumblr

Der letzte Satz war vielleicht ein bisschen zu absolut, denn wenn man die richtige Idee hat, kann man im Social Web fast überall etwas bewegen. Setzen wir uns noch mal an den #Tumblr. Es gibt eine App namens Paper53, mit deren Hilfe man sehr einfach Zeichnungen, Gemälde und Skizzen anfertigen kann. Diese Zeichen App lässt sich ohne Weiteres mit einem #Tumblr verbinden. Es existieren auch Schnittstellen zu Twitter und Facebook, aber in Anbetracht des Contents – einem Bild, ein paar Zeilen Text und ein paar Hashtags – wäre eine Tumbler-Verbindung im ersten Schritt ratsam. Danach kann der #Tumblr den Inhalt auf Twitter und Facebook verbreiten. Nun wäre es zum Beispiel denkbar, Karrierethemen zeichnerisch aufzubereiten. Vielleicht ist einer der Personaler zeichnerisch begabt, sodass man auf diese Weise an publizierbare Paper53 Bilder kommt. Dies ist aber nur ein Gedanke, der als Aufforderung zum Weiterspinnen verstanden werden darf.

Instagram

Instagram ist ebenfalls ein Netzwerk, dessen Name bereits gefallen ist. Derzeit wird dieses Netzwerk als der Nachfolger von Facebook gehypt, im Sinne von: »die Jungend wandert nun zu Instagram«. Fotobasierte Kommunikation ist die Zukunft und einen Schritt weiter liegt dann die videobasierte Kommunikation. Da wir bereits ein paar Sätze zu dem Netzwerk verloren hatten, kommen wir direkt zur Analyse.

- Instagram ist ein fotobasiertes Netzwerk, welches mittlerweile auch den Upload von Videos zulässt. Es ähnelt ein wenig #Tumblr, da jedes Foto/Video beliebig mit einem beschreibenden Text versehen werden kann. Hashtags müssen direkt im Text vermerkt werden. Einen Post kann man nur entweder mit einem Foto oder einem Video erstellen. Reine Textbeiträge sind nicht möglich. Instagram ist ein Netzwerk mit insgesamt nur wenigen Funktionen. Es ist schlank aufgestellt und bietet dennoch viel Spielraum für Kreativität.
- Der vorherrschende Beziehungstyp auf Instagram ist Typ 1. Es wird also auf Instagram auch gefolgt. Dies kann aber unterbunden werden, indem der Account geschlossen gestaltet wird. Das bedeutet, dass andere Nutzer erst Anfragen müssen, bevor sie einem Account folgen können.
- Die Viralität auf Instagram wird erstaunlicherweise vor allem durch die Verschlagwortung erzeugt. Das Setzen der richtigen Hashtags ist daher immens wichtig auf diesem Netzwerk. Eine andere Möglichkeit der Viralität innerhalb des Netzwerkes gibt es hier nicht, da das Netzwerk sich dazu entschlossen hat, dass alle Rechte an den Bildern bei den Nutzern bleiben und somit das Teilen von Beiträgen ausgeschlossen hat. Man kann Beiträge allerdings per Link auf anderen Netzwerken teilen, was aber eher selten genutzt wird.
- Instagram Fotos lassen sich zwar vom Festrechner aus ansehen, aber der Upload kann nur über die App von einem Smartphone aus erfolgen. Damit ist das Netzwerk 100 % mobil.

Bislang sind uns noch keine Karriereauftritte auf Instagram aufgefallen, wobei man sagen muss, dass im Bereich Azubimarketing dieses Netzwerk dringend unter Beobachtung bleiben sollte. Was alles auf Instagram möglich ist, zeigt eine Werbeaktion von Daimler für den neuen GLA. Unter GLA_BUILD_YOUR_OWN finden Sie eine atemberaubende Werbeaktion, die über eine sehr geschickte Verbindung etlicher Accounts den Anschein erweckt, der Nutzer könne seinen eigenen GLA auf Instagram zusammenstellen.

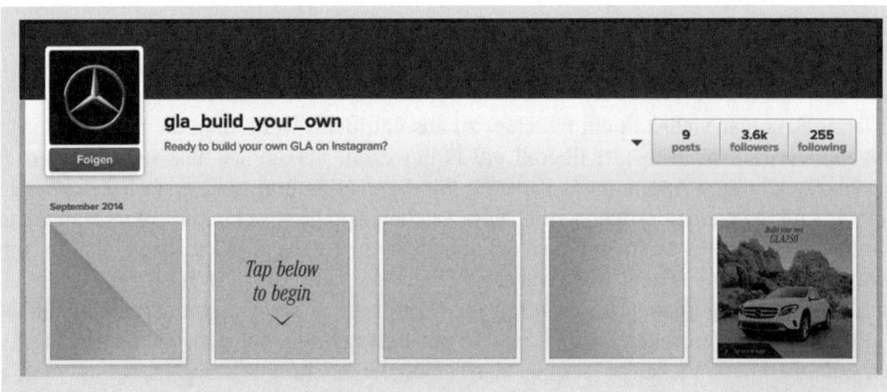

Quelle: Instagram

Abbildung 81: Screenshot GLA Instagram Account

Das Konstrukt dieses Accounts beruht auf der Logik, mit der Personen in Fotos markiert werden können. Daimler hat dadurch ein komplettes Netzwerk eigener Accounts geschaffen, durch das der Nutzer geführt wird. Auf seiner Reise erhält er die Möglichkeit, einen kompletten GLA zu konfektionieren. Dies ist kein HR-Marketingbeispiel und mit Recruiting hat es auch nichts zu tun, aber es zeigt eindrucksvoll, wie weit man denken darf. Über ein solches

Konstrukt wäre ein Unternehmensrundgang ohne Weiteres realisierbar. Man könnte eine Berufsberatung implementieren und und und ... Erlauben Sie sich, frei zu denken.

Pinterest
Zuletzt gehen wir auf Pinterest ein. Ein Netzwerk, welches im Zusammenhang mit unserem kurzen Foto-Exkurs genannt wurde. In unserer Wahrnehmung war Pinterest eines der ersten fotobasierten Netzwerke, wenn wir einmal von den klassischen Fotosharing-Plattformen absehen. Das Netzwerk ist insofern spannend, da ihm in verschiedenen Studien immer wieder bescheinigt wird, dass es überwiegend weibliche Nutzer hat. Bei Pinterest geht es einfach gesagt darum, seine Interessen an virtuelle Pinnwände zu pinnen, die dann von anderen eingesehen werden können. Pinnwände können Sie zu verschiedenen Themen erstellen und dort entweder eigene Fotos und Videos oder Internetseiten pinnen oder aber die anderer Nutzer. Betrachten wir die Analyse:

- Pinterest ist ein Netzwerk mit einer etwas gewöhnungsbedürftigen Struktur. Grundsätzlich kann man dort teilen in Form von einer Art Repin und liken. Kommentiert werden können die Pins ebenfalls.
- Der Beziehungstyp entspricht dem *Typ 1*, wobei hier der Zusatz gilt, dass man Themen, Pinnwänden und Nutzern folgen kann.
- Die *Viralität* ist erst mal uneingeschränkt, es sei denn der Nutzer schränkt sie selbst ein, indem er eine Pinnwand auf geheim setzt. Pins können im Allgemeinen auch von Pinterest aus auf anderen Netzwerken geteilt werden.
- Das Netzwerk ist ebenso wie Instagram *mobil* angelegt. Ähnlich wie auch bei #Tumblr existiert eine Weboberfläche, die man mit dem PC nutzen kann.

Als Pinterest aufkam und die Personaler-Szene sich sofort über die Nutzungsmöglichkeiten im HR-Marketing und Recruiting Gedanken machte, waren es die PWCler, die recht zügig aufgesprungen sind. Unter PwC Karriere findet man auch heute noch den Account, wobei dieser nicht als Best Case dienen soll. Weitere Firmen sind gefolgt, so findet man unter anderem auch Daimler Career und Allianz Karriere. Doch leider kann man nicht behaupten, diese Unternehmen seien sehr erfolgreich auf dem Netzwerk unterwegs. Der Fakt, dass vor allem Frauen durch das Netzwerk angesprochen werden, bleibt, und leider auch der Fakt, dass den Unternehmen die entsprechenden Ideen fehlen, um das Netzwerk zielgruppengerecht zu nutzen.

4.4 Ein Blick in die Zukunft

Zum Schluss des Kapitels wollen wir einen Blick in die Zukunft des Social Media Recruitings und Personalmarketings werfen. Natürlich sind wir keine Hellseher. Aber es ist sicherlich erlaubt, einen zusammenfassenden Blick auf die Trends unserer Zeit zu wagen:

Trend 1: Mobile
Wir hatten es bereits in alle unsere Überlegungen einfließen lassen und Sie treffen innerhalb des gesamten Buches immer wieder auf das Thema Mobile. Vielleicht darf man es auch gar nicht mehr Trend nennen? Schließlich sind wir mitten drin im Umbruch. Alles wechselt auf mobile Endgeräte und sogar das Fernsehen überlegt, ob ihre Konzepte nicht das mobile Endgerät auf der Couch als sogenannten First Screen ansehen sollten. Für uns geht es aber noch deutlich weiter. Mobile bedeutet auch das langsame Verschwinden der E-Mail-Adressen. Man braucht diese Dinge eigentlich für nichts mehr – fast nichts, außer für die Bewerbung. Meine

Bankgeschäfte erledige ich mit einer Mobile Tan. Für die habe ich mich mit meiner Handynummer registriert. Meine Facebook-Registrierung führe ich mittlerweile auch über meine Handynummer durch, und Netzwerke wie WhatsApp haben schon immer nur die Handynummer verlangt. E-Mails gibt es in deren Welt gar nicht. Naja, zum Arbeiten wäre E-Mail gar nicht schlecht – wobei, da gibt es doch schon Firmen, die sich intern gar keine E-Mails mehr schreiben, und externe Kommunikation kann leicht über andere Kanäle abgefedert werden. Ist E-Mail tatsächlich passé? Wir glauben ja. Der mobile Trend bedeutet für uns aber auch die stärkere Verknüpfung der Rekrutierung mit #Location Based Networks und Services. Wenn der Nutzer es gestattet, können wir ihm standortbezogene Informationen zukommen lassen, die ihm wirklich nur an seinem spezifischen Standort weiterhelfen. Zielgerichteter geht es kaum. An diesen Punkt erscheint dann auch das Thema #Augmented Reality (die erweiterte Realität). Damit ist die Technologie gemeint, die es ermöglicht, dass zum Beispiel Smartphones über die Kamera Objekte oder Orte erkennen und dem Nutzer wichtige Informationen aus dem Internet zu den betrachteten Orten im Bildschirm anzeigen. Nehmen wir einen ganz einfachen Fall an. Ein Bewerber hat sich auf unserer Karriereseite registriert und gestattet es uns, dass wir seinen Standort nachverfolgen dürfen, solange er diesen auf Swarm postet. Nun stellen unsere Systeme fest, dass Nutzer X ganz in der Nähe einer passenden Stelle eingecheckt hat. Über eine Push-Benachrichtigung lassen wir ihn dies wissen. Wenn er mag, könnte er nun seine Kamera aktivieren und wir blenden ihm den Standort der Stelle direkt in sein Sichtfeld ein. Vielleicht auch mit ein paar zusätzlichen Informationen zur Gegend und dem Unternehmen. Die Vermischung von virtueller Welt und Realität steht uns bevor, sodass solche Szenarien keine Hirngespinste sind. Mit #Augmented Reality arbeiten längst große Unternehmen wie Ikea in der Werbung.

Die Spiele-Industrie hat das Potenzial von #Augmented Reality ebenfalls längst erkannt und setzt dieses in Geräten wie der PS Vita oder der Nintendo 3DS XL ein. Kinder werden also

Quelle: https://www.youtube.com/watch?v=vDNzTasuYEw

Abbildung 82: Screenshot IKEA AR Katalog

mit der erweiterten Realität groß. Ein ganz aktueller Anwendungsfall aus diesem Bereich ist der Azubi- Wimmel Bus der Voith GmbH, bei dem man zusätzliche Informationen erhalten kann, wenn man den Bus mittels der AR App Layar abfilmt.

Quelle: eigene Darstellung

Abbildung 83: Erlkönig Voith Industrial Services

Trend 2: Foto/Video

Auch diesen Trend hatten wir bereits erwähnt. Immer mehr wird über Bilder und Videos kommuniziert und Netzwerke, die neu entwickelt werden, basieren meist ausschließlich auf Bild oder Video. Im Bereich Bilder geht es immer mehr in Richtung Bildbearbeitung. Netzwerke bieten Filter und andere Bearbeitungstools an. Im Bereich Videos läuft es derzeit auf Kurzvideos hinaus. #Vine hat den Anstoß gegeben, und immer mehr Netzwerke springen auf diesen Zug aus. Was ganz aktuell zu beobachten ist, ist eine Selfie-Videos-Bewegung. Letztlich kann man hier wohl von aufgezeichneten Videonachrichten sprechen. Diese ersetzen nun zunehmend den klassischen Selfie. Die App #SnapChat begann mit sogenannten Videotagebüchern im buchstäblichen Sinne. Man filmt sich da überwiegend selbst oder seine aktuelle Umgebung. Die nun zuletzt auf dem Markt erschienene App Dubsmash treibt das Selbst-Filmen auf die Spitze. Ihre Funktion beschränkt sich darauf, dass man sich selbst dabei filmt, wie man eine Szene eines Films, ein Geräusch oder ein Tier nachspricht. Der Originalton wird dann von der App hinterlegt. Sie meinen, es handele sich dabei um eine überflüssige App? Nun der aktuelle Hype, der um diese App stattfindet, gibt dem Konzept recht. In Bezug auf Recruiting werden sich beispielsweise Recruiter auf diese neue Form der Kommunikation einstellen müssen. Ein Foto auf der Karriereseite und die entsprechenden Kontaktdaten des Recruiter werden zukünftig vielleicht nicht mehr ausreichen. Ein Selfie-Video wird eventuell von der Zielgruppe verlangt werden.

Zuletzt gibt es nun die ersten Berichte über Hologramme auf Handy-Bildschirmen (www.ostendo.com). Stellen Sie sich einmal vor, Sie könnten Stellenanzeigen in Form von Hologrammen der zukünftigen Chefs aufs Handy bringen, die der Zielgruppe dann erzählen, worum es bei der Stelle geht. Durch eine simple Programmierung können vom Hologramm einfache Fragen beantwortet werden. Sie dachten, dass wäre nur bei StarWars möglich? Nun vor 30 Jahren haben wir das auch noch gedacht. Heute sehen wir hier eine Entwicklung, die die Stellenanzeige nochmals in eine ganz andere Richtung drehen wird.

Trend 3: Hashtags
Diese neue Form der Verschlagwortung haben wir sehr bewusst in das Konzept dieses Buches mitaufgenommen. Erfunden wurden diese während der ersten Gehversuche des Netzwerks Twitter. Damals wie auch heute hatte Twitter wenig Struktur, und um sich ein wenig besser im Dschungel der Tweets zurechtzufinden, hat man die Hashtags eingeführt. Es sind Schlagworte, die zu besonderen Kennzeichnung noch eine Raute # vorweg mit sich führen. Die Idee wurde schnell von Twitter insofern aufgegriffen, als eine automatisierte Erkennung der Begriffe anhand der Raute programmiert wurde. Damit wurde jeder Hashtag automatisch zu einem Link, der eine Suche auslöst, die genau nach dem Hashtag sucht. So wie wir es heute von vielen Netzwerken kennen. Die Idee des Hashtags war so überragend, dass es einen sprichwörtlichen Siegeszug dieses Konzeptes gab. Facebook, Instagram, #Tumblr, und wie sie nicht alle heißen, alle haben das Konzept übernommen. Über Nacht wurde der Hashtag sozusagen zur neuen Verkehrsordnung im Social Web. Dieser Titel ist mehr als gerechtfertigt, denn wenn man mal beobachtet, wie jüngere Generationen beispielsweise Instagram nutzen, kann man sehen, dass sie sich anhand der Hashtags durch das Netzwerk navigieren. Sie machen Bilder, laden diese hoch und versehen sie mit einer Fülle von Hashtags. Anschließend schauen sie dann nicht nach, was ihre Freunde gepostet haben, sondern sie klicken in ihren eigenen Posts auf die Hashtags, um zu sehen, was andere Menschen genau zu denselben Schlagworten fotografiert haben. Hashtags haben das Social Web erobert und sind damit für uns im Recruiting lebensnotwendig geworden. Die Jugend wächst damit auf und hält es für eine logische Grundordnung. Leider findet man diese logische Grundordnung nicht überall. So sind nach wie vor Karriereseiten davon ausgenommen. Stellen Sie sich mal vor, Sie lebten in einer Stadt, in der Linksverkehr herrscht. Auf allen Straßen gilt das gleiche Prinzip. Außer Sie fahren mit Ihrem Wagen auf ein Firmengelände. Dann gilt plötzlich Rechtsverkehr. Wäre das nicht etwas verwirrend?

Der nächste Schritt bei der Weiterentwicklung der Hashtags wäre wohl der netzwerkübergreifende Zusammenschluss. Heute ist es leider noch so, dass die Suchen, die durch Hashtags ausgelöst werden, lediglich das Netzwerk durchsuchen, in dem Sie sich befinden. Hier wird es sicherlich in den kommenden Jahren noch einige Veränderungen geben. Für uns im Recruiting wird diese Entwicklung sicherlich, wie bereits angedeutet, das Thema Karriereseiten berühren.

Trend 4: Messenger
Der letzte Trend, auf den wir im Abschluss des Kapitels Social Media hinweisen wollen, ist der Trend zu Messenger-basierten Netzwerken. WhatsApp hat es uns in der westlichen Welt gezeigt. Messenger sind wieder groß im Kommen. Früher waren es ICQ und MSN und heute nutzen alle WhatsApp und Threema. Es ist also nichts Neues, aber in Zeiten der Smartphones in einer völlig neuen Art und Weise wiederentdeckt. Der Trend hat Asien sogar völlig überrollt und die alten überholten klassischen Netzwerke abgelöst. Was WhatsApp in Europa ist, ist WeChat in China. Der Messenger WeChat (Weixin) ist aber noch einen Schritt weiter gegangen und hat das Beste aus beiden Welten kombiniert. Er führte in einer App die Messenger-Funktion mit einer Pinnwand zusammen. China hat dieses Netzwerk bereits in der Hand mit rund 500 Millionen Nutzern (Quelle: maximum Survey). Weitere 100 Millionen Nutzer existieren außerhalb Chinas. Diese findet man überwiegend in Indien, Süd Afrika und Südamerika. Der Formarsch der Messenger ist also scheinbar nicht mehr aufzuhalten. Für die Rekrutierung und vor allem das HR-Marketings wird dies unheimliche Veränderungen bedeu-

ten. Messenger basieren nämlich auf einer 1:1-Logik und nicht der klassischen »One to many«-Kommunikation der bekannten Netzwerke. Das Zeitalter großer Viralitätseffekte wäre damit zumindest für diesen Bereich abgeschlossen und man müsste sich als Unternehmen wieder auf den Service im Prozess selbst konzentrieren. Wenn jeder Bewerber mich in einem direkten Kanal ansprechen kann, so wie man es auf WhatsApp kennt, also über einen direkten Chat, muss ich mich als Unternehmen auch um diese Einzelanfragen kümmern. Ich muss also für einen besonders guten Service während der Bewerbungsphase sorgen, die derzeit etwas bei deutschen Unternehmen in Verruf gekommen ist (Quelle: www.robindroullah.de).

Mit diesem Trend schließen wir Kapitel 4. Es ist eines der umfangreichsten Kapitel des Buches und könnte durchaus noch unbegrenzt weiter ausgedehnt werden. Die Welt der Social Media ist unendlich weit und noch viel zu unerforscht, wenn man dies aus der Perspektive der Personalgewinnung sagen will.

5 Recruiting in Europa

Die in Kapitel 2 beschriebenen und diskutierten Herausforderungen, denen sich Unternehmen jetzt und in Zukunft stellen müssen, machen es notwendig, auch den europäischen Arbeitsmarkt als Möglichkeit für das Recruiting zu verstehen. Durch die in Deutschland wachsenden Engpässe in verschiedenen Berufen und Branchen, den demografischen Wandel, aber auch bedingt durch den sogenannten Brain Drain, die Auswanderung von Fachkräften aus Deutschland, klafft eine Fachkräftelücke, die unter Bezugnahme verschiedenster Studien nur durch die Zuwanderung ausländischer Fachkräfte geschlossen werden kann. Um die Personalanwerbung aus dem Ausland grundsätzlich zu ermöglichen, hat die Europäische Union mit ihren Mitgliedsländern entsprechende Grundlagen geschaffen, die durch gezielte Initiativen in Deutschland unterstützt werden. Zum Einstieg in diese vielfältige Thematik wollen wir Ihnen die grundlegenden Informationen über den europäischen Arbeitsmarkt, zum europäischen Recruiting und den Recruitingkanälen und -tools an die Hand geben. Der Schwerpunkt unserer Betrachtung liegt aber auf der umfassenden Integration neuer ausländischer Mitarbeiter sowie auf der Schaffung einer Willkommenskultur und der notwendigen interkulturellen Kompetenz in Ihrem Unternehmen.

5.1 Europäischer Arbeitsmarkt

Zum europäischen Arbeitsmarkt werden die Mitgliedsstaaten der Europäischen Union gezählt. Der in seiner Fläche und auch in der Anzahl von Erwerbspersonen riesige Markt kann analog dem deutschen Arbeitsmarkt als Ort, an dem Tauschgeschäfte stattfinden, beschrieben werden (vgl. Kapitel 2.2. Arbeitsmarkt). Auch hier wird Arbeitskraft gegen Lohn getauscht. Da aber auf dem europäischen Arbeitsmarkt, im Gegensatz zum innerdeutschen Markt, Ländergrenzen überschritten werden und somit auch einzelne Ländergesetze ihre Wirkung entfalten, müssen zum einen vonseiten der Europäischen Union aber auch zum anderen von den einzelnen Ländern entsprechende rechtliche aber auch berufsbezogene Aspekte berücksichtigt und Initiativen auf den Weg gebracht werden. Die auf Deutschland bezogenen Initiativen und Möglichkeiten wollen wir in Kapitel 5.2. Europäisches Recruiting näher betrachten. Zuvor stellen wir Ihnen die Zusammenhänge auf dem Europäischen Arbeitsmarkt vor und wollen auch einzelne rechtliche Hintergründe benennen. In diesem politisch rechtlichen Rahmen wird hier von Beschäftigungs- und Arbeitsmarktpolitik gesprochen, deren geschichtliche Entwicklung und inhaltliche Ausgestaltungen wir nur kurz umreißen werden.

Am 07. Februar 1992 wurde mit dem Maastrichter Vertrag die Schaffung eines Binnenmarktes zwischen den Mitgliedstaaten festgelegt und beschlossen (Ribhegge 2011, S. 191 ff). Um dieses Vorhaben umzusetzen, wurden vier Kriterien erarbeitet, die zur Realisierung des Binnenmarktes beitragen sollten:

- freier Warenverkehr,
- freier Personenverkehr,
- freier Dienstleistungsverkehr und
- freier Kapitalverkehr.

Im Kontext des europäischen Recruitings ist die in Punkt (2) genannte »Freiheit im Personenverkehr« besonders bedeutsam, da hier unter anderem auch die sogenannte Freizügigkeit der

Arbeitnehmer auf dem europäischen Arbeitsmarkt enthalten ist. Die Freizügigkeit der Arbeitnehmer wurde grundsätzliche in Art. 48 RGV garantiert und beinhaltet im Wesentlichen (1) das Recht sich zur Ausübung einer Beschäftigung innerhalb der Gemeinschaft frei zu bewegen, (2) das Recht des freien Zugangs zum Arbeitsmarkt jedes Mitgliedstaates und (3) das Verbot jeglicher Diskriminierung aufgrund der Staatsangehörigkeit (z. B. hinsichtlich Belohnung) (ebd.). Grundsätzlich können alle arbeitsuchenden EU-Bürger die Freizügigkeit in Anspruch nehmen.

Exkurs: Die Freizügigkeit von Arbeitnehmern in der Europäischen Union

»Die Freizügigkeit von Arbeitnehmern ist ein in Artikel 45 des Vertrags über die Arbeitsweise der Europäischen Union verankerter Grundsatz, dessen Umsetzung durch abgeleitetes EU-Recht und die Rechtsprechung des Europäischen Gerichtshofs gewährleistet wird. EU-Bürgern steht es demnach zu,

- in einem anderen EU-Land Arbeit zu suchen,
- dort zu arbeiten, ohne dass eine Arbeitserlaubnis erforderlich wäre,
- zu diesem Zweck dort zu wohnen,
- selbst nach Beendigung des Beschäftigungsverhältnisses dort zu bleiben,
- hinsichtlich Zugang zu Beschäftigung, Arbeitsbedingungen und aller anderen Sozialleistungen und Steuervorteile genauso behandelt zu werden wie die Staatsangehörigen des Aufnahmelandes« (Quelle: http://ec.europa.eu/social/main.jsp?catId= 457&langId=de – 18.12.2014).

Eine neuere, aber weitreichende Entscheidung bezüglich der Beschäftigungs- und Arbeitsmarkpolitik in Europa ist die sogenannte Lissabon-Strategie, bei der im Jahre 2000 eine neue wirtschafts- und sozialpolitische Agenda beschlossen wurde. Ziel war es, im Rahmen der Lissabon-Strategie die Europäische Union zum wettbewerbsfähigsten, dynamischsten sowie wissensbasiertesten Wirtschaftsraum der Welt zu machen. Dabei wurden neben verschiedenen Initiativen auch folgende Kernpunkte benannt:

Mehr und bessere Arbeitsplätze

Dabei soll vor allem der Arbeitsmarkt reformiert werden. Kern hierbei ist die Schaffung von Anreizen in den Steuer- und Sozialsystemen, die eine höhere Beschäftigung schaffen sollen. Ein Schwerpunkt soll dabei auf der Erwerbstätigkeit älterer Menschen liegen. Darüber hinaus soll sichergestellt werden, dass sich ältere Menschen durch »lebenslanges Lernen« für die Anforderungen der Zukunft qualifizieren.

Sozialer Zusammenhalt

Ein ganz wesentlicher Punkt der Lissabon-Strategie ist der soziale Zusammenhalt innerhalb Europas. Ein Augenmerk soll dabei besonders auf der Bekämpfung von Armut und sozialer Ausgrenzung sowie auf der Gleichstellung der Geschlechter liegen. Dabei soll die Erwerbstätigkeit von Frauen verbessert werden, mit der einhergehend die Betreuungsangebote für Kinder verbessert werden sollen.

Wettbewerbsfähigkeit durch Innovation

Um die Wettbewerbsfähigkeit, die durch die Innovationsfähigkeit der Mitgliedsstaaten gekennzeichnet ist, voranzubringen, müssen die einzelnen Länder drei Prozent des Bruttoinlandsprodukts (BIP) für Forschung und Entwicklung auszugeben. Der sogenannte »Time to Market«, also die schnellere marktgerechte Umsetzung von Innovation in konkrete Produkte, soll beschleunigt werden.

Vollendung des Binnenmarktes
Das Potenzial, dass der bestehende Binnenmarkt bereithält, ist nicht voll ausgeschöpft. Es sollen Maßnahmen in jedem der Länder eingeleitet werden, die das reibungslose Funktionieren der Märkte für Waren, Dienstleistungen, Kapital und Arbeit gewährleisten. Zudem sollen die Bereiche der Rechtsetzung und der Steuersysteme vereinfacht und der zugehörige Verwaltungsaufwand verringert werden.

Diese hier nur kurz zusammengefassten wesentlichen Inhalte der Lissabon-Strategie machen deutlich, dass enorme Anstrengungen unternommen werden, die länderübergreifenden Märkte zu vereinheitlichen und den Austausch von Waren, aber auch vor allem von Arbeitskraft auf diesen Märkten besser zu gestalten. Dies gilt auch für den Arbeitsmarkt. Arbeitnehmer sollen aus Basis der vorgestellten Arbeitnehmerfreizügigkeit einfacher in anderen Ländern Fuß fassen und ein vollwertiges Mitglied des länderspezifischen Arbeitsmarktes werden. Da die Lissabon-Strategie nur auf 10 Jahre ausgelegt war, lief diese im Jahre 2010 aus. Mit einer leicht geänderten Fassung, in der neuere Gegebenheiten berücksichtigt wurden, wurde eine Nachfolgestrategie für die Beschäftigungs- und Arbeitsmarktpolitik beschlossen: »Europa 2020« (Scherb 2012, S. 34 f). Die in der Strategie »Europa 2020« hinterlegten Inhalten lassen sich mit denen der Lissabon-Strategie vergleichen: Beschäftigung, Forschung und Entwicklung, Klima/Energie, Bildung, soziale Eingliederung und Armutsbekämpfung. Weiterhin sind die soziale Aspekte der Armutsbekämpfung und soziale Eingliederung zentrale Elemente des neuen Strategiepapiers. Auch Bildung und Innovation als Treiber der Beschäftigung wurden, angepasst an die neuen Gegebenheiten, hinterlegt. Neu aufgenommen, und vor allem der dramatischen Entwicklung der Umwelt geschuldet, wurden Ziele im Bereich des Klimas und der Energie. Hier sehen die Mitgliedsstaaten besondere Herausforderungen auf sich zu kommen und setzen bereits erste Maßnahmen um.

Unser Blick soll aber weiterhin auf dem europäischen Arbeitsmarkt und seinen Ausprägungen liegen. Für die Darstellung der aktuellen Ausprägungen und Gegebenheiten auf dem Arbeitsmarkt der Europäischen Union ziehen wir eine Veröffentlichung des Centers for European Studies (CES) und der Konrad Adenauer Stiftung (2013) heran, deren zentrale Ergebnisse wir folgend in fünf Kategorien zusammengefasst darstellen wollen:

- Unterschiedliche Arbeitslosenquoten in Europa zeichnen einen sehr unterschiedlichen Arbeitsmarkt. Griechenland und Spanien haben aufgrund der hinlänglich bekannten Problematiken die höchste Arbeitslosenquote in Europa. In Deutschland, Schweden, Luxemburg und Belgien gibt es vor dem Hintergrund unterschiedlicher landespezifischer Ausprägungen deutlich erkennbare Fachkräfteengpässe.
- Die Mobilität der Arbeitnehmer auf dem europäischen Arbeitsmarkt scheint gering zu sein. Bei der Auswertung war besonders auffällig, dass Länder mit einer hohen Nachfrage nach Arbeitskräften eine unterdurchschnittliche Zuwanderungsquote besaßen. In ganz Europa lassen sich nur sehr geringe berufsbegründete Wanderungsströme nachweisen.
- Die Auswanderung aus dem Heimatland soll nicht nur berufliche und ökonomische Faktoren berücksichtigen. Ebenso spielt auch die im neuen Land erwartete Lebensqualität eine besondere Rolle. Gegen die Auswanderung sprechen vornehmlich soziale Faktoren, wie das Verlassen der Familie und des Freundeskreises.
- Die Sprachbarrieren scheinen nach wie vor eine große Hürde zu sein. Obwohl sich die englische Sprache als Hauptsprache etabliert hat, beherrschen nur wenige der Wechselwilligen tatsächlich Englisch. Zudem sind die Vergleichsmöglichkeiten von Schul- und Ausbildungen nicht gewährleistet und erschweren die berufliche Integration enorm. Die soll aber mit neuen Maßnahmen aller Mitgliedstaaten vorangebracht werden.

- Durch die Verbesserungen der Vergleichbarkeit von Schul- und Berufsabschlüssen und auch die in der Weiterbildungsstruktur wird die Fachkräftewanderung zunehmen. Besonders aus den europäischen Krisenländern wird eine Abwanderung von Fachkräften in Länder mit hoher Fachkräftenachfrage geschehen.

Aus unserer Erfahrung heraus werden hier einige der zentralen Aspekte herausgearbeitet, die bei operativen Recruitingbemühungen zum Tragen kommen und sich oftmals auch als Bremsklotz für einen erfolgreichen Prozess herausstellen. Im Besonderen scheinen die vermeintliche Sprachbarriere und die fehlende Transparenz in den unterschiedlichen Schul- und Ausbildungssystemen der Staaten in der EU ein erfolgreiches Recruiting zu behindern. Um dieser Problematik Lösungen entgegen zu stellen, haben die einzelnen Mitgliedsländer der Europäischen Union verschiedene Instrumente entwickelt und stellen diese Unternehmen zur Verfügung. Mit Blick auf den deutschen Arbeitsmarkt wollen wir im folgenden Abschnitt die dortigen Bemühungen und Instrumente vorstellen.

Exkurs: Brain Drain

»Brain Drain beschreibt im übertragenen Sinn den »Abfluss von Intelligenz und Verstand«. Das bedeutet: Ein Land verliert Spitzenkräfte aus Wissenschaft und Wirtschaft an andere Länder. Meist verlassen gut ausgebildete Arbeitskräfte ihre Heimat, weil sie anderswo bessere Arbeits- oder Forschungsbedingungen vorfinden und eine höhere Entlohnung. Allerdings können auch politische und kulturelle Gegebenheiten zu Auswanderungen führen. Viele hoch qualifizierte Migranten profitieren von ihrem Umzug. Ihr Heimatland allerdings verliert mit den klugen Köpfen wichtiges Potenzial für seine Wirtschaft und seine internationale Wettbewerbsfähigkeit«
(Quelle: http://www.wirtschaftundschule.de/lehrerservice/wirtschaftslexikon/b/brain-drain/–13.12.20124).

5.2 Europäisches Recruiting

Um auf dem europäischen Arbeitsmarkt erfolgreich einen Recruitingprozess implementieren zu können, müssen vonseiten der einzelnen Mitgliedsländer flankierende Initiativen auf den Weg gebracht werden, die die grenzüberschreitenden Recruitingaktivitäten unterstützen. Aus unserer Betrachtung heraus gilt für das hier besprochene europäische Recruiting, dass Fachkräfte aus dem europäischen Ausland in den innerdeutschen Arbeitsmarkt und Gesellschaft integriert werden. Somit handelt es sich aus Sicht des strategischen Recruitings um einen weiteren Kanal, den es effizient zu gestalten gilt.

Dabei ist für angeworbene Fachkräfte aus dem Ausland besonders wichtig, dass sie Zugänge zu den verschiedensten Systemen im Gastland bekommen. Im Besonderen sind dies: die Teilnahme auf dem Arbeits-, Wohnungs-, Bildungsmarkt, Zugang zum Gesundheitssystem, Sprach- und Kulturkenntnisse, soziale Kontakte mit den Akteuren aus dem Gastland sowie Stabilität und Sicherheit. Um diese wichtigen Teilhabeaspekte zu vertiefen, wollen wir zu Beginn dieses Kapitels einen Blick auf die theoretisch belastbaren Hintergründe einer Abwanderung aus dem Heimatland werfen. Dabei werden Gründe für eine Migration ins Ausland in Push- und Pullfaktoren unterteilt.

Die Pullfaktoren (Motive der Auslandsattraktion) beziehen sich auf die im Ausland bestehende Nachfrage nach Arbeitskräften, das Bedürfnis sich neuen Herausforderungen zu stellen, die Erweiterung des eigenen Horizontes aber auch auf die Erwartungen, die mit dem bestimmten Land verbunden werden. Die Pushfaktoren, auch als Fluchtmotive bezeichnet, veranlassen Menschen, ihre Heimat zu verlassen. Die Fluchtmotive sind sehr oft mit einer generellen Lebensproblematik, Unzufriedenheit mit der gesellschaftlichen bzw. politischen Situation im Heimatland, fehlenden beruflichen Perspektiven, unsicherer Arbeitsmarktsituation, beruflich-finanziellen sowie psychischen Problemen verbunden. Die Auswanderung in ein anderes Land stellt für diesen Personenkreis eine Art Problemlösung dar, die oftmals zu illusorischen Erwartungen an das neue Land und die Auslandstätigkeit führen und sich dabei hinderlich auf eine erfolgreiche Integration auswirken (Spieß/Brüch 2002, S. 17). Daraus lässt sich ein Bündel an Motivatoren beschreiben, die in intrinsische (Interesse an Gastland und Kultur) und extrinsische (Karriere- bzw. finanzielle Gründe) Aspekte eingeteilt werden können (ebd., S. 1). Eine ausgeprägte intrinsische Motivationslage beeinflusst die Integration im Gastland dabei positiv.

- **Extrinsische Motive:** Aufstiegsmöglichkeiten im Ausland, langfristig bessere Karriereperspektive, höheres Einkommen, Verbesserung von Fachkenntnissen und Qualifikation und Erweiterung beruflicher Entscheidungskompetenzen.
- **Intrinsische Motive:** Besonderes Interesse am Gastland, Kennenlernen fremder Länder und Kulturen, Fremdsprachkenntnisse verbessern, Persönlichkeitsentwicklung und neue Erfahrungen machen.

Es ist daher unerlässlich, dass für Arbeitsuchende, die sich auf dem europäischen Arbeitsmarkt umsehen, ausreichend Informationsquellen zur Verfügung gestellt werden. Mithilfe dieser Quellen können sich Interessierte vorab über das Land und dessen berufsbezogenen Möglichkeiten informieren. Aufgrund des oftmals vorhandenen finanziellen Gefälles sollten zudem angebotene Unterstützungsleistungen transparent und verständlich dargestellt werden. Diese Unterstützungen stehen in aller Regel den Unternehmen und den ausländischen Bewerbern zur Verfügung und haben die Intention, die Anwerbung ausländischer Fachkräfte erfolgreich zu untermauern.

Für mögliche finanzielle Unterstützungen, die Unternehmen und auch ausländische Bewerber in Anspruch nehmen können, hat die Bundesrepublik Deutschland im Rahmen des Sonderprogramms zur »Förderung der beruflichen Mobilität von ausbildungsinteressierten Jugendlichen und arbeitslosen jungen Fachkräften aus Europa (MobiPro-EU)« ein umfangreiches Instrumentarium in Deutschland etabliert. Diese Förderungen gelten für junge Menschen aus der Europäischen Union im Alter von 18 bis 35 Jahren, die in einem der Engpass- bzw. in Mangelberufe tätig sind (Bundesanzeiger MobiPro EU, BAnz AT 02.01.2013 B5, veröff. am 02.01.2013, S. 1). Das Programm zielt darauf ab, europäischen ausbildungsinteressierten Jugendlichen und arbeitslosen jungen Fachkräften eine erfolgreiche Vermittlung in eine betriebliche Ausbildung oder in eine qualifizierte Beschäftigung in Deutschland zu ermöglichen. Dafür stehen im Rahmen dieses Programms verschiedene Instrumente zur Verfügung, die laut Anlage II des Sonderprogramms (ebd., S. 6) gefördert werden.

- Finanzierung eines Deutschsprachkurses im Herkunftsland: bis zu 8 Wochen im Umfang von maximal 170 Unterrichtseinheiten (UE) à 45 Minuten.
- Anreisekostenpauschale zum Bewerbungsgespräch: 200 € bis zu einer einfachen
- Entfernung von 500 km, 300 € ab 500 km.
- Umzugskostenpauschale zur Arbeitsaufnahme: 890 €.
- Kostenübernahme für Anerkennungsverfahren: Bis zu 1.000 € Verfahrenskosten einschließlich Übersetzungen und Beglaubigungen.
- Finanzierung von berufsbegleitendem Deutschunterricht oder eines Vollzeitsprachkurses in Deutschland: bis zu 510 UE à 45 Minuten, max.12 €/UE.

Die Antragstellung erfolgt durch das Unternehmen und wird bei der Agentur für Arbeit bzw. der Zentralen Auslands- und Fachvermittlung (ZAV) eingereicht. Zu beachten ist, dass es sich hier um eine sogenannte Individualleistung handelt, bei der die konkrete für die Förderung vorgesehene Person benannt werden muss. Daher müssen vonseiten des Unternehmens im Vorfeld Recruiting-Bemühungen umgesetzt sein, um in Kontakt mit interessanten Kandidaten zu kommen. Die Leistungen aus dem Sonderprogramm MobiPro-EU sind bis zum 31. Dezember 2016 befristet. Obwohl die Bundesregierung die Fördermittel im Jahr 2014 aufgestockt hat, werden derzeit keine neuen Anträge für Förderung entgegen genommen. 2015 sollen weitere Informationen folgen.

Begleitend zu diesem Sonderprogramm stellt der Bund interessierten Kandidaten und Bewerbern eine ganze Reihe Informationen zur Verfügung, die wir folgend aufzählen und kurz vorstellen wollen:

Internetportale

Für eine umfangreiche Informationsgewinnung werden von verschiedenen Behörden in Deutschland zwei Internetportale bereitgestellt: »The Job of my Live« und »Make it in Germany«. Die Webseite »The Job of my Live« wird von dem Bundesministerium für Arbeit und Soziales (BMAS) und der Bundesagentur für Arbeit (BA) betrieben und stellt alle Informationen rund um das Sonderprogramm zur Verfügung. »Make it in Germany« versteht sich dagegen als Willkommensportal für alle Interessierten, die in Deutschland beruflich Fuß fassen wollen. Die Seite stellt diesbezüglich alle relevanten Themen bereit und ist ein Produkt der Fachkräfteoffensive, die vom Bundesministerium für Wirtschaft und Energie, der Bundesministeriums für Arbeit und Soziales sowie der Bundesagentur für Arbeit verantwortet wird.

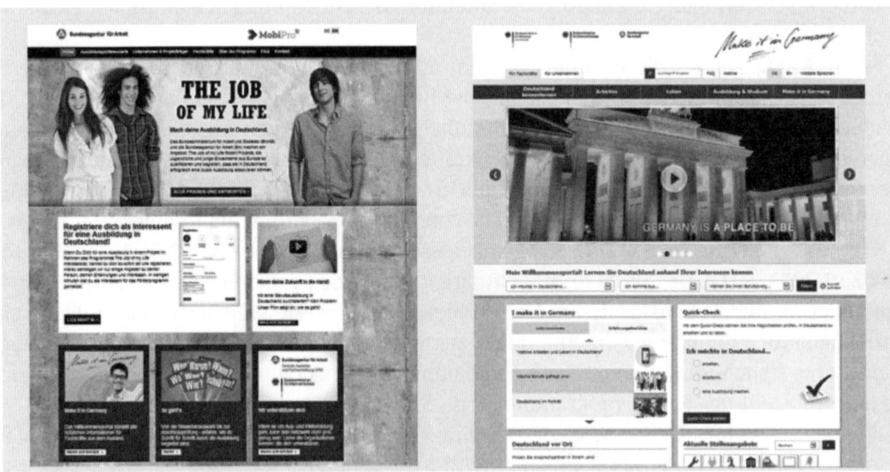

Quelle: eigene Darstellung/»Make it Germany«: Bundesministerium für Wirtschaft und Energie, http://www.make-it-in-germany.com – 21.12/»Job of my life«: Zentrale Auslands- und Fachvermittlung (ZAV) der Bundesagentur für Arbeit.

Abbildung 84: »The Job of my live« und »Make it in Germany«

Broschüren

Die auf den beiden internetgestützten Portalen bereitgestellten Informationen können auch als Printfassungen bestellt werden. Diese Broschüren stehen grundsätzlich allen in deutscher Sprache zur Verfügung, sind aber auch vereinzelt in diversen Landessprachen erhältlich.

Unserer Meinung nach bieten folgende Broschüren mit unterschiedlicher inhaltlicher Stoßrichtung und Umfang gute Hilfestellungen an:

- »Arbeiten in Deutschland«. Herausgeber: Bundesministerium für Wirtschaft und Energie.
- Ratgeber »Leben in Deutschland«. Herausgeber: Bundesministerium für Wirtschaft und Energie.
- »Willkommen in Deutschland«. Herausgeber: Bundesministerium für Arbeit und Soziales.

Qualifikationen

Ein weiterer Aspekt, der uns in der Praxis immer wieder vor neue Herausforderungen stellt, ist die Vergleichbarkeit von Schul- und Berufsabschlüssen sowie Fort- und Weiterbildungen. Es ist in aller Regel aus den in einer üblichen Bewerbung eingereichten Unterlagen nicht zu erkennen, ob der im Ausland erlangte Schul- oder Berufsabschluss deckungsgleich mit den in Deutschland geforderten Abschlüssen ist. Eine beglaubigte Übersetzung der Originale bringt oft auch keine verwendbaren Erkenntnisse mit. Um dieser Problematik entgegenzutreten, hat die Europäische Union den »Europäische Qualifikationsrahmen für lebenslanges Lernen (EQR)« geschaffen, mit dessen Hilfe Qualifikationen in den europäischen Mitgliedsstaaten zu vergleichen sind. Dieses Instrumentarium soll die berufliche Mobilität in der EU deutlich erhöhen.

Exkurs: Blue Card

Als »Blue Card« oder auch »Blue Card EU« wird offiziell der neue Aufenthaltstitel bezeichnet, der die zuvor geltende Green Card ersetzt. Anspruch auf die Blue Card haben explizit zwei Personengruppen: Hochschulabsolventen, die auf Basis ihres Abschlusses ein Arbeitsverhältnis begründen und ein Bruttojahresgehalt von mindestens 46.400 € erzielen. Bei der Prüfung des Antrags entfallen die sogenannte Vorrangprüfung und die Prüfung vergleichbarer Arbeitsbedingungen, sodass der Zugang und das Verfahren stark beschleunigt sind. Die zweite Gruppe von Anspruchsberechtigten sind Hochqualifizierte. Zu den Berufen werden die festgelegten Mangelberufe gezählt, die sich vornehmlich in den Bereichen der Ingenieure, akademische und vergleichbare Fachkräfte der Informations- und Kommunikationstechnologie sowie Ärzte wieder finden lassen. Die Mindestgrenze des Bruttogehalts liegt hier bei 36.192 €. Bei diesen Hochqualifizierten wird ebenfalls auf die Vorrangprüfung verzichtet. Es erfolgt jedoch eine Prüfung der Vergleichbarkeit der Arbeitsbedingungen.

Die genannten Maßnahmen, Initiativen und Programme sollen einer erfolgreichen Integration von ausländischen Auszubildenden und jungen Fachkräften dienen. Jedoch stellen diese Programme nur bedingt passenden und ausreichende Recruitingkanäle und -tools zur Verfügung. Welche der im Kapitel 3.6 beschrieben Recruiting Tools auch für das Recruiting im europäischen Ausland eignen, stellen wir Ihnen im nun folgenden Abschnitt vor.

5.3 Operatives Recruiting

Das Recruiting über die Ländergrenzen hinweg zu betreiben, kann für Unternehmen eine strategische Entscheidung bedeuten, da hier, je nach Ausrichtung und Intensität, ein gänzlich neuer Recruitingprozess implementiert werden muss. Zum einen kann eine Recruitingaktivität im europäischen Ausland als zusätzlicher Recruitingkanal gesehen werden, oder zum anderen in einer ganzheitlichen Sicht, als neuer Prozess. Wir sehen das Recruiting auf dem europäischen Arbeitsmarkt vornehmlich als einen Kanal an, der unserem Verständnis nach einen modifizierten Recruitingprozess bedarf. Ebenso werden an das Onboarding ausländischer Mitarbeiter, wie schon in diesem Kapitel erwähnt, andere Anforderungen gestellt. Um die notwendigen Änderungen und Modifikationen aufzuzeigen, wollen wir den in Kapitel 3.1. eingeführten Recruitingprozess als Ausgang nehmen und entlang dieses Prozesses die Anpassungen für ein europäisches Recruiting erläutern (siehe Abbildung 25).

Schritt 1: Ausschreibung und Schritt 2: Ansprache

Die im ersten Prozessschritt aufgeführten Punkte vollziehen sich analog der bereits dargestellten Handlungsschritte: Die Stellenanforderung bleibt unberührt von einem Recruiting im Ausland. Die daraus entwickelte Stellenausschreibung sollte unserer Meinung nach auf jeden Fall in deutscher und englischer Sprache verfasst werden. Als weitere Möglichkeit bietet sich die Übersetzung in die jeweiligen Ländersprachen an, auf dessen Märkten die Stellenausschreibung platziert werden soll. Die Übersetzung in die Landessprache sollte erfolgen, wenn keine Bewerbungen hereinkommen. Durch die Übersetzung wird die Ausschreibung in dem jeweiligen Land über Google auffindbar.

Im Rahmen der Festlegung der Suchstrategie fällt die Entscheidung, auf welchen Arbeitsmärkten die Ansprache stattfinden soll. Hier kann sich entscheiden, ob Sie auf dem inländischen und/oder auf dem europäischen Arbeitsmarkt aktiv werden wollen. Soll die Ausschreibung auf dem europäischen Markt platziert werden, gibt es hierfür verschiedene Recruiting Tools, die unserer Meinung nach am geeignetsten erscheinen. Unsere folgende Darstellung verfolgt die Annahme, dass von Deutschland aus auf einem oder mehreren ausgesuchten europäischen Märkte gesucht wird. Die Ansprache und die folgenden Auswahlschritte sollen in Deutschland vollzogen und abgeschlossen werden.

(Online) Jobbörsen

Die Europäische Union betreibt das webbasierte europäische Jobnetzwerk »Eures – The European Job Mobility Portal« (https://ec.europa.eu/eures/page/homepage?lang=de), welches die Zentrale Auslands- und Fachvermittlung (ZAV) der Bundesagentur für Arbeit auch aktiv für die Platzierung von Stellenausschreibungen nutzt. Die Seite ist in allen europäischen Sprachen verfügbar und bietet alle bekannten Funktionalitäten inländischer Jobportale, die vom Anlegen eines eigenen Benutzerkontos, dem Hochladen der eigenen Bewerbungsunterlagen, über Funktionen zur Jobsuche bis hin zu Informationen über die Arbeitsbedingungen unterschiedlicher Zielländer reichen. Wollen Sie als Arbeitgeber dort eine Stelle ausschreiben, so ist dies über den Arbeitgeberzugang der Jobbörse der Agentur für Arbeit möglich, indem Sie bei der Anlage der Stellenausschreibung die Option »Eures« wählen. Damit wird die Stelle im europäischen Jobnetzwerk veröffentlicht. Darüber hinaus spielt die Agentur für Arbeit die Stelle in der Stellenbörse auf der Homepage »The Job of my Live« aus. Diese Angebote können kostenfrei genutzt werden. Hierbei ist anzumerken, dass die Stellenausschreibung in aller Regel in Deutsch oder in Englisch veröffentlicht wird. Wollen Sie die Ausschreibung in der Sprache ihres Ziellandes veröffentlichen, so müssen Sie die Ausschreibung übersetzen lassen. Auch kommerzielle Anbieter von Karriereplattformen bieten an, Ihre Stellen auf den ausländischen Arbeitsmärkten zu platzieren, und räumen oft auch die Möglichkeit ein Ihre Stellenausschreibung zu übersetzen. Jedoch ist es hier ratsam, Angebote einzufordern und diese zu vergleichen. Unsere Erfahrung zeigt, dass sich die Kosten deutlich unterscheiden können. Alternativ können Sie auch versuchen, direkt mit einer Plattform im Ausland Kontakt aufzunehmen. Hier werden Sie, unserer Erfahrung nach, die besten Preise erzielen.

Programme und Initiativen

Über das gesamte Bundesgebiet verteilt existieren verschiedenste Programme und Initiativen, die sich mit dem Recruiting im Ausland beschäftigen. Die regionalen Agenturen für Arbeit legen oftmals eigene, lokal angesiedelte Recruitingprogramme auf, die ein konkretes Land und oftmals auch konkrete Berufszweige als Zielsetzung haben. Beispielsweise hat die Region München ein Projekt mit Ingenieuren aus Tunesien lanciert und die Region Stuttgart arbeitet aktiv mit den spanischen Behörden zusammen, um Automotive-Experten für die Region zu begeistern. Welche Programme und Kooperationen in Ihrer Gegend durchgeführt werden, erfahren Sie bei der Zentrale Auslands- und Fachvermittlung (ZAV) oder bei Ihrem zuständigen Berater der Agentur für Arbeit. Auch die Kammer initiieren Kooperationen mit ihren entsprechenden ausländischen Pendants und bieten oftmals neben der Vermittlung passender Fachkräfte auch begleitende Angebote für die soziale Integration in die neue Heimat an. Auch einzelne Städte betreiben gut funktionierende Netzwerke im Ausland, mit deren Hilfe Fachkräfte angeworben werden sollen. Die Stadt Stuttgart plant beispielsweise den Betrieb eines eigenen Welcome Centers für zugezogene ausländische Fachkräfte. Die Vielzahl der bereits aufgeführten Möglichkeiten runden darüber hinaus Landes- und Bundesinitiativen ab, die vornehmlich Fördergelder bereitstellen. Als Beispiel kann hier ein Projekt des Landes NRW aufgeführt werden, dass im Rahmen der Ausbildungsinitiative des Bundes regelmäßig spanische Jugendliche für eine Ausbildung begeistern und nach Deutschland holen will. Für die Entscheidung, welches Programm für Ihre Bedürfnisse das passende ist, empfehlen wir, die einzelnen Angebote inhaltlich zu vergleichen und auf dieser Basis eine Entscheidung zu treffen.

Messen – Events

Die im vorangegangenen Abschnitt erwähnten Träger von Kooperationen und Programmen organisieren auch im Rahmen der Umsetzung Messen oder Kennenlerntage, bei denen sich die interessierten Fachkräfte und teilnehmenden Unternehmen beschnuppern und austauschen können. Des Weiteren werden kostenpflichtige Firmentage oder auch Karrieremessen in verschiedenen europäischen Ländern von spezialisierten Dienstleistern angeboten und organisiert. Den Vorteil, den wir in diesem Format sehen, ist der, dass auf diesen Veranstaltungen ein unverbindlicher Erstkontakt entsteht, bei dem ein erster fachlicher und auch persönlicher Austausch stattfinden kann. Dies kann aufseiten der auswanderungswilligen Fachkraft und aufseiten des aufnehmenden Unternehmens Hemmschwellen abbauen und mögliche Ängste beseitigen.

Personalberater

Der Markt von Personalberatern oder Agenturen, die sich auf die Vermittlung von ausländischen Fachkräften spezialisiert haben, ist sehr vielfältig und auch sehr unübersichtlich. Leider, so unsere Meinung, wurde mit dem europäischen Binnenmarkt und der darin enthaltenen Arbeitnehmer Freizügigkeit auch ein neuer Wirtschaftszweig etabliert, der mitunter fragwürdige Blüten treibt. So wird von »Kopfpauschalen« und »Kopfprämien« gesprochen und ausländische Fachkräfte und deren Arbeitsleistung regelrecht als Ware angeboten und nach Stunden verkauft. Ebenso existieren verschiedenste seriöse, aber auch viele unseriöse Geschäftsmodelle. Diese voneinander zu unterscheiden, ist oftmals kaum möglich. Aus diesem Grund wollen wir Ihnen raten, bei der Beauftragung eines Personalberaters oder einer Vermittlungsagentur sensibel auf notwendige Zulassungen und Zertifizierungen zu achten, die in Deutschland vorgeschrieben sind. Darüber hinaus bietet sich immer eine Anfrage bei der Bundesagentur für Arbeit an, die hier mit Rat und Tat zur Seite steht und auch, wenn notwendig, Informationen über den Dienstleister einholt.

Print
Ebenfalls besteht die Möglichkeit, in ausländischen Printmedien Ihre Stellenausschreibung zu veröffentlichen. Um das passende Medium zu finden, kann eine deutsche Agentur beauftragt werden, oder sie recherchieren selbst im entsprechenden Land bzw. der entsprechenden Region des Landes. Da Ihre Ausschreibung in einem ausländischen Printmedium erscheint, greift das Google Argument nicht. Je nach Zielgruppe können Sie entweder in der Landessprache, in Deutsch oder auch in Englisch ausschreiben. Nach unserer Erfahrung wird eine in deutscher Sprache ausgeschriebene Stelle in einer ausländischen Tageszeitung kaum wahrgenommen. Dies kann sich aber auch nach Magazin und Zeitung unterscheiden. Als wichtig erscheint uns eine konkrete Kontaktmöglichkeit anzugeben, da Sie dies für eine erste Einschätzung von unseriösen Anbietern unterscheidet. Um die Anfragen adäquat beantworten zu können, sollten Sie im besten Fall einen Muttersprachler in Ihrem Team für die Zeit der Veröffentlichung platzieren.

Karrierewebseite
Auch im europäischen Recruiting kann Ihre Karrierewebseite eine zentrale Rolle einnehmen. Es würde sich zum Beispiel anbieten, die Seite in die Sprache des Ziellandes oder der Zielländer zu übersetzen, damit interessierte Kandidaten sich ein Bild von Ihrem Unternehmen und Ihrem Angebot machen können. Aber auch eine kleinere und abgespeckte Variante Ihrer Karrierewebseite, auf die Sie Interessenten leiten, kann Ihnen bei den Recruitingbemühungen wichtige Dienste leisten. Dies hängt natürlich immer ganz von der Anzahl der Bedarfe ab, die Sie über diesen Weg abdecken wollen. Je mehr Bedarfe zu decken sind, desto eher lohnen sich Übersetzungen. Wie eine Karrierewebseite im Idealfall aufgebaut sein sollte, haben wir in Kapitel 3.6.1 dargestellt.

Schritt 3: Screening und Schritt 4: Auswahl
In den folgenden Schritten, dem Screening und der Auswahl, können die meisten Vorgänge analog des bekannten Auswahlprozesses vonstatten gehen. Nachdem Sie Bewerbungen und Profile erhalten haben, müssen diese bewertet werden. Hier tritt oftmals die bereits erwähnte und schwer durchzuführende Vergleichbarkeit der Schul- und Berufsabschlüsse zum Vorschein. Hier raten wir, vorab Erkundigungen einzuholen, wie die vergleichbaren Abschlüsse Ihres Suchprofils im Ausland benannt werden. Mittlerweile hat sich der sogenannte Europass Lebenslauf (http://www.europass-info.de) etabliert, der in Deutsch oder Englisch eingereicht wird. Somit kann eine erste Bewertung und Entscheidung durchgeführt werden. Die erste Gesprächsrunde kann sich aufgrund einer möglichen Entfernung zwischen Bewerber und Unternehmen als schwierig erweisen. Daher ist zu empfehlen, das erste Kennenlernen und Gespräch fernmündlich durchzuführen. Alternativ kann auch hier auf Videotechnik zurückgegriffen werden, beispielsweise auf Skype. So entsteht auf beiden Seiten ein annehmbarer Aufwand und der Kostenrahmen hält sich deutlich in Grenzen. Mit der erstellten Shortlist beginnt nun die Planung von Gesprächen, die persönlich durchgeführt werden sollten. Hierbei können bzw. könnten die genannten Fördermittel beantragt werden, die die Anreise des Bewerbers zum Unternehmen finanziell unterstützen. Aus unserer Sicht ist es ein positives Signal, wenn das Unternehmen die kompletten Reisekosten des Bewerbers unabhängig von einer Förderung trägt. Dies signalisiert ein echtes Interesse gegenüber dem Bewerber. Das Interview verläuft nach bekanntem Muster. Jedoch muss im Rahmen des Gesprächs auch das Augenmerk auf die Übersiedlung, die Einarbeitung und auch die familiäre Integration gelegt und diese umfänglich besprochen werden. Nachdem Sie die Auswahl getroffen haben, die notwendigen nachgelagerten Prozessschritte eingeleitet sind, können Sie den letzten Schritt des Recruitingprozesses anstoßen.

Schritt 5: Vertrag

Die Vertragsgestaltung wird auf Basis der besprochenen Inhalte durchgeführt. Als hilfreich hat sich erweisen, den Arbeitsvertrag nicht nur in Deutsch, sondern auch in der Muttersprache des neuen Mitarbeiters auszuhändigen. Dies ermöglicht ihm, die Inhalte zu vergleichen und auch besser zu verstehen. Der wichtigste Aspekt, der im Rahmen des fünften Prozessschrittes zum Tragen kommt, ist das Onboarding, die Integration des neuen, ausländischen Mitarbeiters in Ihr Unternehmen. Hierfür sollten Sie innerhalb des Unternehmens für Offenheit gegenüber ausländischen Kollegen sorgen und eine entsprechende Willkommenskultur aufbauen. Da aus unserer Sicht dieser Aspekt eine besonders wichtige Aufgabe ist, werden wir uns mit dieser Thematik im folgenden Abschnitt ausführlicher beschäftigen. Zudem sollte Sorge getragen werden, dass der Umzug nach Deutschland, die ersten Behördengänge usw. mit dem neuen Kollegen gemeinsam durchgeführt werden oder er eine entsprechende Hilfestellung erhält. Eine gute und gelungene Integration trägt viel zur Bindung von aus dem Ausland angeworbenen Fachkräften bei.

5.4 Integration ausländischer Mitarbeiter

Der Prozess der Anwerbung, der Einarbeitung sowie der Integration eines ausländischen Mitarbeiters bringt viele Herausforderungen mit sich, die viel Einsatz und Engagement von allen Prozessbeteiligten erfordern. Hier spielen Offenheit gegenüber ausländischen Fachkräften, der Aufbau einer Willkommens- und Akzeptanzkultur, Anerkennung, Wertschätzung der Arbeit und interkulturelle Kommunikation eine wichtige Rolle. Um angeworbene Fachkräfte aus dem Ausland einen erfolgversprechenden Einstieg in Deutschland zu ermöglichen, müssen nicht nur die Aspekte einer beruflichen Integration berücksichtigt werden. Vielmehr liegt der Schwerpunkt in der sozialen Integration (vgl. Kapitel 3.8.1. Onboarding), zu der neben einer Sozialisation im Unternehmen auch das private, außerberufliche Umfeld eine besondere Rolle spielt. Die familiäre Integration nimmt hier ebenso einen besonderen Stellenwert ein. Es ist besonders wichtig, den Integrationsprozess so weit wie möglich, individuell zu gestalten. Ein wichtiger Schlüssel liegt nicht nur in einer konzeptionellen und prozessualen Integration nach Schema F. Bei der Integration ausländischer Mitarbeiter sehen wir zwei Faktoren als heraussagende Größen an: die Willkommenskultur im aufnehmenden Unternehmen sowie die interkulturelle Kompetenz ihrer Belegschaft. Wir haben dieses Kapitel daher in zwei weitere Unterabschnitte eingeteilt, in denen wir die einzelnen Themengebiete ausführlicher darstellen werden: (1) Willkommenskultur und (2) interkulturelle Kompetenz.

Exkurs: Integrationsmodell nach Hartmut Esser (2001)

Im Integrationsmodell von Hartmut Esser werden zwei Sichtweisen des gesellschaftlichen Integrationsbegriffs unterscheiden: (1) Systemintegration und (2) Sozialintegration.

(1) **Systemintegration** bedeutet demnach, dass die Integration in eine Gesellschaft als Ganzheit angesehen wird und von den Motiven und Beziehungen einzelner Akteure bis zu einer bestimmten Grenze unabhängig ist. Der Zusammenhalt der Gesellschaft wird dabei von drei Mechanismen gesteuert: Markt, Medien und Organisation.

(2) **Sozialintegration** dagegen ist durch den Erwerb von Sprachkenntnissen, Akzeptanz gesellschaftlicher Normen und Werte, aber auch durch kulturelle Anpassungen und Veränderungen von Einstellungen und Verhalten bei Migranten sowie bei der aufnehmenden Gesellschaft gekennzeichnet. Sozialintegration ist mit den Akteuren eines Systems, deren Motiven, Absichten und Beziehungen verbunden und hängt sehr von der Aufnahmegesellschaft und ihrer Offenheit gegenüber fremden Kulturen ab.

Man kann in gewisser Weise die Abhängigkeit der beiden Integrationsarten aufzeigen. Laut Hartmut Esser kann bei extrem geringer Systemintegration nur eine geringe Sozialintegration der Akteure vorliegen.

5.4.1 Willkommenskultur

Die vorherrschende Willkommenskultur in Ihrem Unternehmen nimmt im Prozess der Integration neuer, insbesondere ausländischer Mitarbeiter eine bedeutsame Rolle ein. Denn sie bewirkt, dass der neue, in unserem Fall, ausländische Mitarbeiter sich unterstützt und geschätzt fühlt. Sie hilft, dass sich die neue Kollegin oder der neue Kollege schneller einarbeiten kann und sich auch dabei aufgenommen fühlt. Damit gezielt positiv auf die unternehmenseigene Willkommenskultur gewirkt werden kann, bedarf es vor konkreten Umsetzungsbeispielen einer einleitenden theoretischen Auseinandersetzung mit dieser Thematik.

Definition: Willkommenskultur

Nach Christoph Metzler et al. (2012, S. 2) bedeutet Willkommenskultur, die Mitarbeit von Mitarbeitern aus dem Ausland oder mit Migrationshintergrund als bereichernden Mehrwert zu begreifen.

Diese auf den ersten Blick einfach klingende Definition bedeutet jedoch, dass in Unternehmen viele Anstrengungen von Nöten sind, um diesen kulturellen Anforderungen gerecht zu werden. Mitunter beinhaltet eine funktionierende Willkommenskultur umfangreiche Unterstützungsmaßnahmen, die dem neuen Mitarbeiter dabei zur Verfügung gestellt werden können.

Die Gesellschaft für Innovationsforschung und Beratung (n.V.) hat im Jahr 2012 Unternehmen nach deren Unterstützungsdienstleistungen im Rahmen ihrer eingeführten Willkommenskultur befragt. Dabei geben mehr als 80 % der Unternehmen an, ihren ausländischen Mitarbeitern bei der Erledigung von Formalitäten und Behördengängen zu helfen. 71 % der Unternehmen bieten eine Unterstützung beim Umzug an, und fast jedes zweite Unternehmen bereitet seine neuen ausländischen Mitarbeiter auf das Leben in Deutschland vor, indem es die Kultur erklärt und die neuen Mitarbeiter mit bestimmten Regeln vertraut macht. Mehr als 40 % der Unternehmen initiieren ein Patenmodell, das neben der beruflichen Integration auch die soziale im Blick hat. Mit dem Ziel, die bestehende Belegschaft auf die ausländischen Mitarbeiter vorzubereiten, bietet fast die Hälfte der befragten Unternehmen entsprechende Fortbildungen an.

Für den Aufbau einer eigenen Willkommenskultur in Ihrem Unternehmen bieten sich mehrere der in der Befragung genannten Punkte an. Ebenso kann auch ein eigenes, für Ihr Unternehmen entwickeltes Maßnahmenpaket passender sein. Wir wollen ein paar unserer Meinung nach grundlegende und praxiserprobte Möglichkeiten vorstellen:

Re-Location-Service

Ein sogenannter »Re-Location-Service« ist eine Dienstleistung, die die Unterstützung der neuen ausländischen Fachkraft bei der Suche nach einer passenden Wohnung, beim Umzug und Hilfestellung bei allen bürokratischen Vorgängen, wie z. B. das Begleiten bei Behördengängen, die Erklärung der deutschen Strukturen oder Hilfe beim richtigen Ausfüllen von Formularen, zum Inhalt hat. Oft werden diese Angebote bei einem externen Dienstleister gebucht und mit diesem das Unterstützungsangebot individuell zugeschnitten. Zudem bieten die weiter oben genannten Programme und Initiativen je nach Ausgestaltung einzelne Pakete mit an. Für einen langfristigen Verbleib des neuen Mitarbeiters in Ihrem Betrieb ist die Integration der Familienmitglieder ein wichtiger Aspekt. Daher sollten im Rahmen von einem Re-Location-Service auch an Kindergärten, Schulen und Vereinsmitgliedschaften gedacht werden. Ebenso sollten alle Familienmitglieder auf den anstehenden Kulturwandel vorbereitet werden.

Sprachförderung

Sprachkenntnisse gelten als Voraussetzung für die erfolgreiche Teilnahme am Integrationsprozess und werden immer wieder als Schlüsselkomponente bei der beruflichen Integration beschrieben. Das Erlernen von Fremdsprachen ist, wie wir alle wissen, ein langwieriger und oftmals auch anstrengender Prozess, der sich über eine längere Zeitspanne erstrecken kann. Aus diesem Grund ist es zu empfehlen, schon im Heimatland mit einem vorbereitenden Sprachkurs zu beginnen, der dann in Deutschland fortgeführt werden sollte. Für die Umsetzung in Ihrem Unternehmen sind dabei eine Vielzahl von Methoden und Ansätzen denkbar: E-Learning, Integrationskurse, berufsbezogene Deutschkurse, Sprachkurse im Unternehmen sowie Sprachtandems.

Beispiele Deutschkurse

Integrationskurse: Ein Integrationskurs umfasst 660 Unterrichtsstunden und ist untergliedert in einen Basis- und Aufbausprachkurs zu je 300 Unterrichtsstunden. Im Anschluss an diesen Sprachkurs erfolgt ein Orientierungskurs mit 60 Unterrichtseinheiten. Bei Bedarf werden auch Intensivsprachkurse mit 430 Unterrichtsstunden oder Förderkurse mit bis zu 960 Unterrichtsstunden angeboten. Eine Teilnahme an solch einem Sprachkurs ist nur nach dem Absolvieren eines Einstufungstests möglich. Mehrere Informationen und Antragsformulare zu Integrationskursen sind auf der Webseite des Bundesamtes für Migration und Flüchtlinge zu finden.

Berufsbezogene Deutschkurse: Die berufsbezogenen Deutschkurse werden vom Europäischen Sozialfonds (ESF) gefördert und vom Bundesamt für Migration und Flüchtlinge (BAMF) organisiert. Das Programm richtet sich vor allem an Menschen mit Migrationshintergrund, die ihre Schulpflicht schon erfüllt haben und für die Deutsch nicht Muttersprache ist. Jedoch sollten sie Deutschkenntnisse der Niveaustufen A2 bzw. B1 des Europäischen Referenzrahmens für Sprachen besitzen oder schon einen Integrationskurs besucht haben. Weitere Informationen zu den Kursträgern der ESF-BAMF Programm deutschlandweit sind ebenfalls auf der Webseite des Bundesamtes für Migration und Flüchtlinge zu finden.

Welcome Package

Ein Welcome Package kann in Form einer Broschüre, eines Booklets oder einer E-Mail-Datei den Einstieg in das Unternehmen erleichtern. Es beinhaltet eine Zusammenstellung aller wichtigen Daten über das Unternehmen, die neue Stadt sowie über Deutschland und dient somit der ersten Orientierung für den neuen Mitarbeiter. Eine Einführungsschrift über das Unternehmen sollte unserer Erfahrung nach unter anderem Informationen über die Geschichte des Unternehmens, die Rechtsform des Unternehmens, Unternehmensziele, -kultur, -philosophie, Arbeitszeitregelungen, Sicherheitsvorschriften und die Telefonnummer des Ansprechpartners beinhalten. Darüber hinaus kann ein Welcome Package schon die ersten Einladungen zu Einführungsveranstaltungen oder Workshops enthalten. Zudem können die weiter oben genannten Online-Angebote des Bundes hier zum Einsatz kommen.

Interkulturelle Trainings

Der größte Teil der interkulturellen Missverständnisse entsteht als Resultat der mangelhaften Kenntnisse über die Kulturgegebenheit der eigenen und der mitunter falschen Wahrnehmung der neuen, fremden Kultur. Verschiedene Kommunikationsstile, die von Menschen aus unterschiedlichen Ländern stammen, können das gemeinsame Verständnis und die Zusammenarbeit beeinträchtigen. So kann ein Verhalten, das beispielsweise in einer Kultur als überzeugend und sachkompetent angesehen wird, in einer anderen Kultur als Ausdruck von Arroganz und Desinteresse interpretiert werden. Um dies zu vermeiden und nicht weiteren ungewoll-

Deutschland: Daten, Zahlen, Fakten, Feiertage

Wohnen in Deutschland: Wohnsitzanmeldung beim Einwohnermeldeamt, Benötigte Unterlagen (Formulare, Informationen), Aufenthaltserlaubnis, Wohnungssuche, Miete und Mietrecht, Parkausweis für Bewohner, Einwohneramt

Gesundheitssystem: Ärzte, Krankenkassen, Krankenhäuser

Bildungssystem: Kindergarten, Schulsystem

Versicherungen: Krankenversicherung, Sozialversicherung, Rentenversicherung, Arbeitslosenversicherung, Pflegeversicherung, Haftpflichtversicherung, KFZ-Versicherung, Lebensversicherung

Steuern: Einkommensteuer, Kirchensteuer, Kfz-Steuer

Bankensystem

Öffentliche Verkehrsmittel: Bus, Bahn, Fahrkarte, etc.

Radio, Fernsehen, Telefon

Freizeit: Vereine und Verbände

Die Stadt: Einkaufsmöglichkeiten in der Umgebung, Tipps

Quelle: eigene Darstellung

Abbildung 85: Inhalte des Welcome Package

ten Strömungen die Möglichkeit zu geben, sich auszubreiten, empfehlen wir, die Durchführung von interkulturellen Trainings. Diese Trainings sollten mit Ihrer aktuellen Belegschaft durchgeführt werden und können je nach Ansatz auch schon die neuen, ausländischen Mitarbeiter als Teilnehmer integrieren. Es können dabei zwei unterschiedliche Formen von Trainingsansätzen unterschieden werden:

(1) Informationsorientierte Trainings, können sowohl grundlegende kulturspezifische Daten über ein oder mehrere Länder als auch Informationen zur interkulturellen Kommunikation und allgemeine Verhaltensregeln vermitteln.
(2) Kulturorientierte Trainings versuchen einen Reflexionsprozess über die eigenen kulturellen Werte und Verhaltensweisen, Wahrnehmungen, Bewertungskriterien anzustoßen. Im Rahmen des Trainings wird gemeinsam erarbeitet, wie mit problematischen Situationen, die innerhalb der ersten Wochen oder Monaten in Deutschland vorkommen können, umgegangen werden kann.

Die Maßnahmen, die zu ergreifen sind, um eine Willkommenskultur im Unternehmen zu etablieren, sollten sich aber nicht nur auf die ausländischen Fachkräfte beschränken. Damit die Zusammenarbeit aller Akteure gelingt, müssen auch die interkulturellen Fähigkeiten ihrer Stammbelegschaft gestärkt werden. Der Abbau von diskriminierenden Zugangshürden und Stereotypen spielt in der Willkommenskultur eine prägende Rolle. Dabei gehört die interkulturelle Kompetenz zur erforderlichen Schlüsselqualifikationen, auf die wir im folgenden Abschnitt noch näher eingehen werden.

5.4.2 Interkulturelle Kompetenz

Der gemeinsame Umgang in interkulturellen Begegnungen und die beidseitige Entwicklung eines gegenseitigen Verständnisses ist Voraussetzung für eine erfolgreiche Integration. Um in einer interkulturellen Interaktion angemessen handeln zu können, reicht es nicht aus, Toleranz und Bereitschaft zu zeigen, sondern es ist auch wichtig, sich mit dem Fremden auseinanderzusetzen. Um dies zu bewerkstelligen, wird die interkulturelle Kompetenz benötigt.

Definition: Interkulturelle Kompetenz

Interkulturelle Kompetenz ist die Fähigkeit, mit Individuen und Gruppen anderer Kulturen erfolgreich zu interagieren. Diese Kompetenz spielt bei der Ansprache und der Erst- und weiteren Integration des potenziellen Arbeitnehmers eine entscheidende Rolle (Stehr 2011, S. 3).

Die interkulturelle Kompetenz gehört zu den sozialen Fähigkeiten, die für die menschliche Interaktion von hoher Bedeutung sind. Die interkulturelle Kompetenz ermöglicht unter anderem die Auseinandersetzung mit der eigenen und fremden Kultur, ein Verständnis für andere Sichtweisen zu entwickeln, geistige Beweglichkeit, Einfühlungsvermögen, psychische Belastbarkeit, Sensibilität für kulturelle Unterschiede, Interesse an fremden Kulturen, Flexibilität, Anpassungsfähigkeit, aber auch zweideutige und unsichere Situationen aushalten zu können. Dabei wird aber unterstellt, dass für interkulturelle Kompetenz auf der einen Seite kognitive Fähigkeiten vorhanden sein müssen, um die Unterschiede erfassen zu können. Auf der andern Seite ist interkulturelle Kompetenz aber auch erlern- und entwickelbar. Für die Erklärung dieser interkulturellen Lernfähigkeit kann die sogenannte »Lernspirale der interkulturellen Kompetenz« herangezogen werden. Die Entwicklung interkultureller Kompetenz ist demnach ein komplexer, mehrdimensionaler Prozess, der sich spiralförmig über einen längeren Zeitraum hinweg entwickeln kann. Die dargestellten Teilkompetenzen interkultureller Kompetenz greifen ineinander. An welchem Punkt man in die Lernspirale einsteigt, wann dieser Prozess beginnt und welche Stadien aufeinander folgen, ist stark mit dem individuellen Lebens- und Lernverlauf jeder Person verbunden. Durch eine damit verbundene Selbstreflexion über erlebte Situationen, erworbenes Wissen und über fremde Kulturen wird die Lernerfahrung auf der Spirale weiter gedreht und ermöglicht das Erreichen des nächst höher gelegenen Niveaus. Trainings und Schulungen sowie kurze Auslandsaufenthalte können das Voranschreiten auf der Lernspirale positiv beeinflussen und unterstützen.

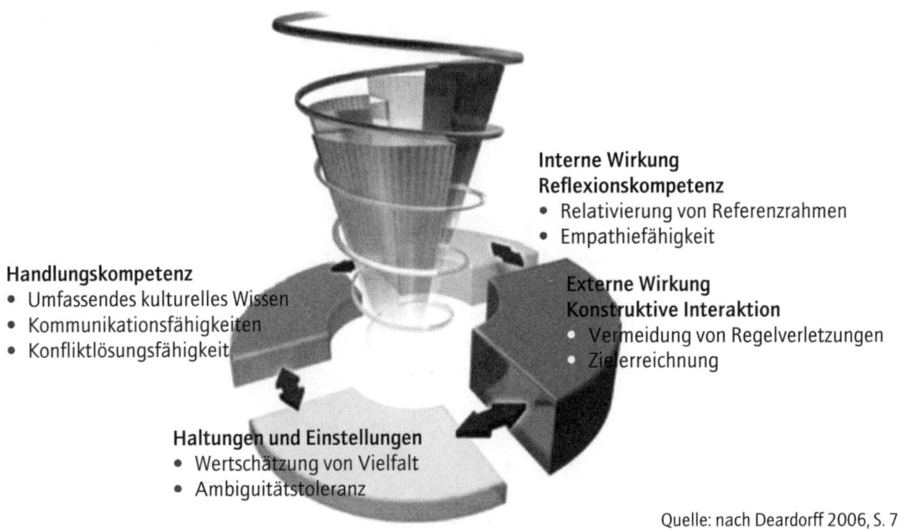

Quelle: nach Deardorff 2006, S. 7

Abbildung 86: Lernspirale der interkulturellen Kompetenz

Die interkulturelle Kompetenz stellt einen wichtigen Faktor für gegenseitiges Verstehen, Kommunizieren und konfliktfreies Interagieren im interkulturellen Kontext dar und unterstützt somit den Integrationsprozess und die Zusammenarbeit in Ihrem Unternehmen.

Recruiting im europäischen Ausland stellt rückblickend einen sehr komplexen und auch komplizierten Prozess dar. Dennoch sind wir der Meinung, dass sich Recruitingbemühungen nicht nur auf den deutschen Arbeitsmarkt beschränken sollten. Die Herausforderungen, die einen auf Europa ausgerichteten Prozess fordern sind klar, aber aus unserer Sicht absolut lohnend und empfehlenswert.

Best Case: Main-Kinzig-Kliniken Integrationskurs für ausländische Ärzte

Wie bereits erwähnt, gehören auch Ärzte zu der Gruppe der Berufe, die vom Fachkräftemangel betroffen sind. Aus diesem Grund macht es hochgradig Sinn, diese aus dem Ausland zu rekrutieren. Neben den allgemeinen sprachlichen Herausforderungen sind in Deutschland insbesondere die Themen der Behördengänge und der Approbationsantrag unüberwindbare Hürden. Die Main-Kinzig-Kliniken haben aus diesem Grund einen zweiwöchigen Integrationskurs ins Leben gerufen, der genau diese Themen behandelt. Neben fachlichen Aspekten lernen die Ärzte etwas über die Arbeitskultur in Deutschland und vor allem, wie sie Herr über die Bürokratie werden.

Die Kosten der Unterkunft und Verpflegung werden durch die Main-Kinzig-Kliniken getragen. Zum Abschluss des Kurses erhalten die Teilnehmer ein Zertifikat. Die teilnehmenden Ärzte müssen sich vorab nicht zu einem Einstieg bei den Main-Kinzig-Kliniken verpflichten. Das Konzept basiert auf der Annahme, dass die Ärzte während der zwei Wochen die Kliniken so gut kennenlernen, dass sie sich für diese entscheiden und nicht für andere Kliniken in Deutschland, was ihnen aber frei steht. Das Programm ist wohl durchdacht und wurde im vergangenen Jahr mit einem HR Excellence Award ausgezeichnet.

6 Die Welt der Kennzahlen

Eines der wohl unbeliebtesten Kapitel der Recruitinggeschichte ist das Thema Controlling. »Key Performance Indicator«, kurz KPI, ertönt es an jeder Ecke im Unternehmen und der kluge Recruiter geht diesem Ungetüm gern aus dem Weg. Leider ist es aber so, dass auch wir zeigen müssen, worin der genaue Mehrwert eines Recruiters besteht, insbesondere wenn dieser als Spezialist sich Vollzeit eben diesem Thema widmet. Kennzahlen sind aber nicht nur zur Daseinsberechtigung wichtig, sie ermöglichen zudem strukturiertes lernendes Arbeiten. Einerseits heißt es also Erfolge messen, aber zur gleichen Zeit sprechen wir auch von einem Monitoring des Prozesses, um kurzfristig auf Missstände reagieren zu können. Bevor wir uns aber weiter diesem Thema widmen, definieren wir KPI genauer.

Definition: Key Performance Indicator

Der Begriff Key Performance Indicator (KPI) bezeichnet in der Betriebswirtschaftslehre Kennzahlen, anhand derer der Fortschritt oder der Erfüllungsgrad hinsichtlich wichtiger Zielsetzungen oder kritischer Erfolgsfaktoren innerhalb einer Organisation gemessen und/oder ermittelt werden kann (Quelle: In Anlehnung an Wikipedia http://de.wikipedia.org/wiki/Key_Performance_Indicator).

Letztlich basiert alles auf der Frage, wo genau im Prozess befindet sich der Bewerber. Unsere Monitoring-Aktivitäten werden daher auch häufig Bewerbertracking genannt. Aus diesem Wissen wird alles Weitere abgeleitet. Um die Fragestellung etwas greifbarer darzustellen, unterteilen wir sie und fügen noch eine weitere Frage hinzu.

- Woher kam der Bewerber?
- Wie war sein Verlauf innerhalb des Unternehmens?
- Wie hat er gesucht?

Diese Unterteilung erscheint uns sinnvoll, da wir zum einen unsere Kosten für Recruiting- und HR-Marketingaktivitäten im Blick haben müssen und vor allem die Effizienz der Kanäle darüber entscheidet, wie wir zukünftig vorgehen. Zum anderen müssen wir den Verlauf im Unternehmen beobachten, da es gerade ab Bewerbungseingang immer wieder zu unnötigen Verzögerungen kommt. Zuletzt beschäftigt uns das Suchverhalten der Bewerber. Beispielsweise sind die durch den Bewerber bei der Suche verwendeten Begriffe für uns sehr wertvoll. Aber auch regionale Mundarten sind von Interesse, da wir aus diesen beim #Sourcing schöpfen können. Im Anschluss an die Ausführungen zu den drei Fragen werden wir uns verschiedenen Bereichen nochmals gesondert widmen. So hat das Thema Social-Media-Monitoring durchaus aufgrund der Komplexität einen eigenen Abschnitt verdient. Darüber hinaus wollen wir auch noch einen Blick auf die Arbeitgeberrankings werfen. Das Kapitel schließen wir dann mit einem groben Kennzahlen-Dashboard, in dem die unserer Meinung nach wichtigsten Kennzahlen aufgeführt sind.

6.1 Woher kam der Bewerber?

Hinter einer so kurzen Frage kann eine ganze Wissenschaft stecken. Mittlerweile ist diese Frage gar nicht mehr ganz so schwer zu beantworten, wobei es nach wie vor auch noch nicht digitale Kontaktpunkte gibt. Für die Bewerber, die über die Karriereseite zu uns stoßen, kann man zumindest die digitale Herkunft gut feststellen. Hier kann Ihnen ein umfangreiches Bewerbermanagementsystem behilflich sein, welches in der Lage ist, die Herkunft der Bewerber festzustellen. Aber auch die in Kapitel 3.6 erläuterten Jobaggregatoren können Ihnen zumindest in der Regel Auswertungen über die angebundenen Jobbörsen liefern, sofern Ihr BMS nicht in der Lage ist, entsprechende Daten zu erheben. Blicken wir in den Recruitingprozess, so bezieht diese Frage sich auf Schritt 2 (siehe Abbildung 34 in Kapitel 3.5).

6.1.1 Online-Bewerbung aus dem Netz

Konzentrieren wir uns nun in Schritt 2 zunächst auf die digitale Welt. Wir können davon ausgehen, dass die Anzahl der Bewerber, die über Ihre Karriereseite zu Ihnen kommen, stetig wachsen wird. Selbst Bewerber, denen Sie in einem realen Format wie einer Messe begegnet sind, werden zunehmend häufiger anschließend ihre Bewerbung in digitaler Form bei Ihnen platzieren. Leider sind nicht immer alle Besucher der Website auch direkt Bewerber, sodass auch das Monitoring der Besucher sehr aufschlussreich sein kann.

Die drei Besucher der Karriereseite
Um detaillierter in das Thema Controlling einzusteigen, empfehlen wir zwei Gedanken an die Besucher einer Karriereseite zu verschwenden. Den ersten Gedanken haben wir bereits anklingen lassen. Nicht alle Besucher einer Karriereseite haben dieselbe Motivation. Um hier den Bedürfnissen entsprechend die Besucher abzuholen, eignet sich eine weitere Unterteilung der Gruppe der Besucher. Der zweite Gedanke dreht sich um den zukünftigen Mittelpunkt aller Recruitingaktivitäten: die Karriereseite eines Unternehmens. Wenn diese Seite zunehmend auch der Bewerbungseinstieg für Besucher von Messen und anderen offline Veranstaltungen wird, sollte man genau an dieser Stelle diesen Einstieg erleichtern. Aus diesem Grund empfehlen wir eine Unterteilung der Besucher einer Website in folgende Untergruppen:
- Besucher
- Interessenten
- Bewerber

Hierbei unterscheidet sich der Begriff Interessent von unserem Besucher durch die Tatsache, dass er bereits Kontaktdaten bei Ihnen hinterlegt hat, wie etwa einer E-Mailadresse, ohne sich bis dato beworben zu haben. Ein Beispiel eines solchen Interessenten wäre jemand, der einen Jobnewsletter abonniert hat. Der Besucher hingegen war tatsächlich lediglich ein Gast der Karriereseite, ohne irgendwelche personalisierten Spuren zu hinterlassen. Mit diesem Status, der zwischen Besucher und Bewerber liegt, haben Sie die Möglichkeit, Unentschlossene soweit an sich heran zu holen, dass eine Beziehung aufgebaut werden kann. Der Status des Interessenten wird auch später erneut interessant, wenn es darum geht, Real-Life-Veranstaltungen zu messen. Man könnte diesen Status auch Bewerbung light nennen und neben der E-Mailadresse noch ein oder zwei weitere Informationen abfragen, die Ihnen beim Anschreiben dieser Kandidaten behilflich sein könnten. Je zielgruppen-spezifischer die Informationen sind, die Sie dieser Gruppe von Interessenten zukommen lassen, desto höher ist die Wahrscheinlichkeit, dass diese zu Bewerbern werden.

Die Gruppe der Bewerber sind nun diejenigen, die sich tatsächlich auf eine Stellenanzeige beworben haben. Von dieser Gruppe erhalten Sie die meisten Informationen. Hier kann je nach System auch nochmals unterschieden werden, in diejenigen, die einen Bewerbungsprozess gestartet haben, und diejenigen, die den Prozess auch abgeschlossen haben. Hieraus können Sie nochmals Informationen über die Nutzerfreundlichkeit Ihres Onlinebewerbungsprozesses ziehen. Zuletzt gehört in diese Gruppe auch noch das Thema der Mehrfachbewer-

Bewerbung Light

Nachname

Mustermann

Vorname

Max

Email

Max.Mustermann@x.de

Studienfach/ Ausbildung

BWL (Personalcontrolling)

Einstiegslevel

Berufserfahren

Status

suchend

Quelle: eigene Darstellung

Abbildung 87: Bewerbung light

ber. Ihr System sollte unbedingt in der Lage sein, dies zu monitoren: Wie oft hat sich eine einzelne Person beworben und auf welche Stellen? Aus den Zahlen dieser drei Hauptgruppen in der ersten Phase lassen sich verschiedene Dinge ableiten: u. a. Fehler im System, weswegen man diese Zahlen stets gut im Auge behalten sollte.

Was insgesamt nicht aus dem Gedächtnis entschwinden darf, ist unser Ziel, so viele passende Bewerber wie möglich zu generieren. Die Betonung liegt hierbei auf »passende«, denn alle anderen Bewerber entschleunigen lediglich Ihre Organisation. Über Jahre war es ein Zeichen für Attraktivität, wenn Bewerberschwemmen die Recruiting-Abteilungen von Unter-

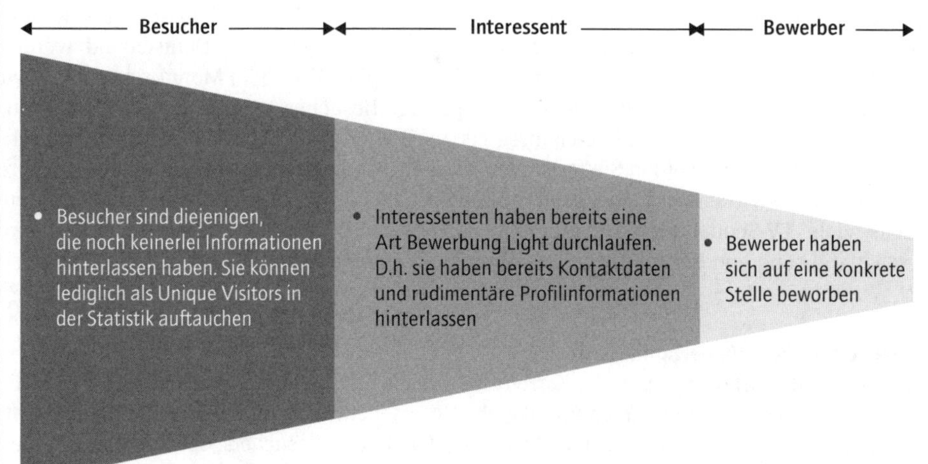

Quelle: eigene Darstellung

Abbildung 88: Besucher – Interessent – Bewerber

nehmen lahmgelegt haben. Heute ist es lediglich ein Ausdruck von Ineffizienz. Wenn man einmal ganz ehrlich mit sich und seiner Organisation ist und überlegt, was es heißt, professionell zu rekrutieren, kommt man zu dem Schluss, dass man für eine offene Stelle doch genau nur einen Kandidaten braucht.

Die Frage des Endgerätes

Besinnen wir uns nochmals auf die eingangs gestellte Frage: Woher kommen die Bewerber? In diesem Zusammenhang ist es ebenfalls entscheidend zu wissen, mit welchem Endgerät sie Ihre Karriereseite aufgesucht haben. Mobile oder Non-Mobile ist die untergeordnete Frage, die vor allem für Unternehmen ohne mobil optimierte Karriereseite wichtig ist. Erheben Sie diese Kennzahl, so können Sie stichhaltige Argumente für Investitionen in diesem Bereich sammeln. Laut der letzten Google Mobile Studie stehen bereits heute 23 % aller mobilen Google-Anfragen im Kontext Jobsuche (Quelle: Google Mobile Survey Germany 2014). Diese Zahl steht für Deutschland, welches ein bekanntermaßen konservatives Land ist. Sollten Sie also keine mobil optimierte Karriereseite besitzen und auch keinen mobil optimierten Recruitingprozess, ist die Kennzahl »mobile Abbruchquote« von Interesse: Wie viele Bewerber verlieren Sie im Prozess aufgrund der Tatsache, dass die Seite nicht mobil optimiert ist?

Unternehmensprofile

Wie andere Unternehmen auch pflegt man hier und dort im Netz Unternehmensprofile. Auch diese meist kostenpflichtigen Präsenzen werden mit der Erhebung der Kenngröße »Ursprungsseite« auf den Prüfstand gestellt. Nicht selten widerfährt es uns, dass die Unternehmensleitung auf diesem oder jenem Portal vertreten sein möchte. Um hier professionell agieren zu können und als HR beratend aufzutreten, helfen die Kenngrößen ungemein. Die Anwendungsfälle sind also vielfältig und nicht nur aus der Ad-hoc-Perspektive sinnvoll. Der Jahresrückblick gibt Ihnen einen detaillierten Aufschluss für die Planung ihrer Online-Aktivitäten im nachfolgenden Jahr.

Die Zeiten

Was ebenfalls stets höchst interessant ist, sind die Zeiten. An welchem Tag und um wie viel Uhr kam der Besucher auf Ihre Karriereseite. Je nachdem, ob Sie global aufgestellt sind oder nicht, kann auch das Ursprungsland von Interesse sein. Gerade in Deutschland werden Grenzländer immer spannender für uns (siehe auch Kapitel 5) und im Monitoring sollten wir dies daher beobachten können. Die Zeitstempel der Besucher können Ihnen zudem Aufschlüsse über sogenannte Sonderereignisse geben. Sollten Sie beispielsweise einen Fernsehspot geschaltet haben, werden Sie feststellen, dass dieser sich binnen von Sekunden auf Ihre Karriereseite auswirken wird. Hier sei das Stichwort #Second Screen erwähnt, mit dem heute bereits viele TV-Sender proaktiv arbeiten. Aber auch Pressekonferenzen, in denen Ihre Geschäftsführung von Einstellungen und Wachstum spricht, hinterlassen ebenfalls eine positive Wirkung.

Unique oder doch Wiederholungstäter

Betrachten wir zuletzt nochmals die Karriereseite gesondert, so interessieren uns hier auch die Wege, die ein Besucher genommen hat. Welche Unterseiten werden besonders häufig besucht, welche geraten vielleicht auch gar nicht in den Fokus des Besuchers. Im Standard werden meist sowohl #Page Impressions als auch #Unique Visitors erhoben, die Ihnen Informationen über die Aktivitäten je Seite geben. Die #Page Impressions geben hierbei Auskunft über die Anzahl der Aufrufe einer Seite. Je höher diese Zahl ist, desto mehr Aktivitäten werden also registriert. Dies muss nicht per se gut sein. Das wiederholte Aufrufen einer Seite kann auch an einem Fehler in der Weiterleitung liegen. Diese Kennzahl sollte daher stets hinterfragt werden. Die #Unique Visitors geben Ihnen Informationen darüber, wie viele einzelne Personen Ihre Seite besucht haben. Festgestellt wird dies anhand der IP-Adresse verglichen mit einem bestimmten Zeitraum. Diese angesetzten Zeiträume können sich je nach verwendetem System unterscheiden. Informieren Sie sich daher über Ihr System, bevor Sie die Zahlen interpretieren. Blicken wir nochmals zurück auf unsere Besucher, so sind dies genau Ihre #Unique Visitors. Beide Kennzahlen gemeinsam helfen Ihnen bei der Verbesserung Ihrer Online-Präsenz und der Analyse einzelner Seiten und auch einzelner Ausschreibungen.

6.1.2 Offline – alternative Bewerbungsmethoden

Die Offline -Seite dieses Themas ist etwas schwieriger zu greifen, verbessert sich aber mit der fortschreitenden Technisierung der Zielgruppen. Inhouse-Events sind in diesem Zusammenhang noch eher leicht zu handhaben, da man meist die Teilnehmer kennt und zumindest die Daten für die eingangs erwähnte light Variante parat hat. Schwieriger gestalten sich Formate wie Messen oder Aktionen, bei denen keine Registrierung notwendig ist. Für eben letztere Varianten eignet sich die Gruppe der Interessenten bzw. die der Light-Bewerbung. Voraussetzung ist, dass Ihr BMS oder Ihre Karriereseite eine solche Gruppe unterstützt und zudem der Zugang zu dieser Gruppe also die Registrierung mobil optimiert ist. Sind diese Dinge gegeben, können Sie via aktionsspezifische QR-Codes die Besucher bitten, sich über den Interessenten-Login binnen weniger Minuten zu registrieren. In Ihrer Auswertung tauchen diese Besucher dann gesondert auf und Sie können im nachfolgenden Verlauf des Bewerbungsprozesses die genauen Ursprünge identifizieren.

Bei konsequenter Umsetzung dieses Ansatzes wird das Elend des Messecontrollings endlich beendet. Kontaktbögen, die von den Besuchern des Messestandes ausgefüllt und abends dann von den Recruitern digitalisiert wurden, gehören dann endlich der Vergangenheit an. Mit einem Tablet vor Ort ließen sich dann auch noch diejenigen abdecken, die kein Smartphone haben sollten.

Fassen wir nochmals die erste Frage und damit die erste Phase zusammen. Folgende Kenngrößen sollten erhoben werden:

Beispiel: Kenngrößen online und offline

- Ursprungsseite/Jobboard
- Datum und Uhrzeit
- #Page Impressions
- Unique Vistitors (Besucher)
- Mobile/Non-Mobile
- Anzahl Interessenten
- Anzahl Bewerber (ggf. unterteilt in Gestartet und Abgeschlossen)
- Anzahl Bewerbungen

6.2 Wie war der Verlauf der Bewerbung innerhalb des Unternehmens?

Für Bewerber ist es häufig das schwarze Loch. Sie senden die Bewerbung ab und dann hören sie wochenlang nichts. Es ist nicht der kostspieligste Fehler, den man in einem Recruitingprozess machen kann, aber er gehört schon zu den Top-10-Fehltritten. Wenn sich jemand tatsächlich für eine Bewerbung entschieden hat, bedeutet dies in der Regel, dass bereits in diesen Kontakt Geld geflossen ist. Sei es eine Anzeige auf einer Jobbörse oder ein Unternehmensprofil, in irgendeiner Form wird sich diese Person über Ihr Unternehmen informiert und sich aktiv für Sie entschieden haben. So jemanden aufgrund schlampiger Prozesse zu verlieren, ist letztlich nicht nur ineffizient, sondern eigentlich dumm. Aus diesem Grund ist das enge Monitoring dieser Phase sehr bedeutend. In unserem Recruitingprozess sind dies die Schritte 3,4 und 5 zuzüglich der Probezeit (siehe Abbildung 19 in Kapitel 3.1).

Wir hatten es schon mehrfach angesprochen: Irgendeine Form von BMS ist dringend zu empfehlen, und ab dem Zeitpunkt des Bewerbungseingangs werden Sie mit Blick auf die Kennzahlenvielfalt schnell einsehen, dass insbesondere das Monitoring dieser Phase ohne geeignete Systeme keinen Sinn macht. Hier kann im Grunde alles aufgezeichnet werden. Jeder kleinste Schritt kann in die Waagschale geworfen werden, wenn es darum geht, diese Zielgrade bis zur Stellenbesetzung zu optimieren. Je schneller Sie in diesem Abschnitt sind, desto besser stehen Ihre Chancen bei der Einstellung eines Bewerbers. Es ist wirklich ärgerlich, wenn Sie gerade jetzt »kurz vorm Tor« den Bewerber an ein anderes Unternehmen aufgrund von Prozesszeiten verlieren.

Bei der Verwendung eines BMS arbeitet man in der Regel mit verschiedenen Status, die eine Bewerbung im Verlauf einnehmen kann. Zu Beginn setzt man meist den Status »Neu« bis der erste Recruiter die Bewerbung gesichtet hat. An dieser Stelle ist sogar zu empfehlen, dass der jeweilige Recruiter nach x Tagen vom System darüber informiert wird, dass er sich den Bewerbungseingang ansehen muss. Gleichzeitig muss auch je Status ein Zähler mitlaufen, der die Gesamtanzahl je Status festhält. Als Nächstes geht es in den Status Shortlist. Zwischen dem Status »Neu« und »Shortlist« kann es natürlich weitere Status geben. Dies hängt ganz davon ab, wie Sie letztlich im Detail Ihren Recruitingprozess ausgestaltet haben. Wir werden im nachfolgenden lediglich die Basisschritte berücksichtigen. Der Status »Shortlist« ist der erste Prozessschritt innerhalb des Unternehmens, bei dem ein Fachbereich involviert wird. Erneut ist es wichtig, die Zeit zu messen, die eine Bewerbung in diesem Status verharrt. Darüber hinaus ist auch die Antwortzeit des Fachbereichs zu messen, da hier oftmals laufende Geschäfte priorisiert werden und Bewerber warten müssen. Es ist eine sehr kritische Stelle, da Sie als Recruiter den Fachbereichen über nicht weisungsbefugt sind. Ein Tipp von unserer Seite ist, für genau diese Kennzahl die Geschäftsführung ins Boot zu holen und einen Eskalationsprozess zu definieren. In der Vergangenheit haben wir es beispielsweise so gehandhabt, dass ein Fachbereich für eine Shortlist eine 5-Tagesfrist erhält. Schafft er es nicht, binnen dieser Zeit eine Rückmeldung zu den Bewerbern zu geben, werden ihm diese entzogen und auf andere Stellen geprüft, zudem erfolgt eine Meldung an die Geschäftsführung. Diese hatte damals sehr klar erkannt, dass ein Fachbereich, der sich keine Zeit für die Shortlist nimmt, offensichtlich nicht wirklich Not hat und somit unter Umständen auch nicht darauf angewiesen ist, die Vakanz zu besetzen.

Je nach Recruitingprozess tauchen nun verschiedene Auswahlschritte auf. In der Grafik haben wir diese mit Auswahlschritt 1 und 2 benannt. Dies können sicherlich auch mehr sein, eventuell auch abhängig von der jeweiligen Zielgruppe. Letztlich geht es um ein Prinzip bei den Kennzahlen, das unabhängig von der Anzahl der Auswahlschritte steht, und daher belie-

Quelle: eigene Darstellung

Abbildung 89: Kennzahlen im Recruitingprozess

big angewendet werden kann. Ebenso wie bei den bisherigen Status sollte die Verweildauer gemessen werden und auch die Anzahl der Bewerbungen innerhalb des Status. Hinzu kommt die Durchfallquote, die je Auswahlschritt erhoben werden sollte. Es ist ein wichtiger Stellhebel, über den sich auch Kosten drücken lassen und Ihre gesamte Auswahlstrategie bewerten lässt. Ebenso wie wir zuvor bei den Bewerberschwemmen auf ein Missverständnis hingewiesen haben, ist auch hier ein weitverbreiteter Trugschluss versteckt. Es ist die Annahme, dass ein Assessment Center nur mit hoher Durchfallquote auch gut ist. Je weiter Sie im Auswahlprozess fortschreiten, desto geringer sollte die Durchfallquote sein. Denn meist verhält es sich so, dass die Auswahlschritte gegen Ende hin deutlich teurer werden. Das bedeutet letztlich, ein Assessment, welches kurz vor dem Schritt der Einstellung angewendet wird, sollte idealerweise eine Durchfallquote von weniger als 10 % haben. Ist dies nicht der Fall und haben Sie den Schritt richtig geeicht, müssen Sie sich die vorherigen Auswahlschritte nochmals ansehen, um dort Schwachstellen auszubessern.

Als Nächstes kommen die Status Angebot, Absage und Weiterleitung. Wie bei jedem Status sollten Sie die Zeit messen, die eine Bewerbung dort verbringt. Die Anzahl ist auch stets interessant. Dies gilt im besonderen Maße für den Status der Weiterleitung. In diesem Status werden Bewerbungen abgelegt, die zwar gut bis sehr gut waren, aber dann doch im Vergleich zu einer noch besseren Bewerbung zurückgestellt wurden. Diese Bewerbungen werden für alternative Stellen geprüft, was die Effizienz einer unternehmensweiten Recruitingorganisation untermauern kann. In Zeiten der rückläufigen Bewerberzahlen, ist es enorm wichtig, das gesamte Potenzial der eingehenden Bewerbungen auszuschöpfen. Dies dann zudem in Zahlen ausdrücken zu können, ist ein wahrer Mehrwert und starkes Argument für eine professionelle Recruitingorganisation.

Zuletzt schauen wir uns die Status Zurückgezogen, Zusagen und Probezeit an. Bewerber, die ihre Bewerbung zurückgezogen haben, sollten Sie nicht nur als Datum erfassen, sondern insbesondere in einstiegsnahen Prozessschritten nach dem Grund befragen. Hier liegt ein enorm großer Optimierungshebel verborgen. Die Bewerbungen sollten gekennzeichnet werden, in welchem Prozessschritt diese zurückgezogen wurden. Sollte es tatsächlich der Angebotsschritt gewesen sein, sollte man sich einen Poolprozess überlegen, der diese Bewerber für einen Kandidatenpool prüft. Schließlich handelt es sich um Bewerber, für die Sie sich bereits einmal entschieden hatten. Je nach Rückzugsgrund sollte ein erfahrener Recruiter entscheiden, ob das Angebot ausgesprochen wird, den Bewerber in einem Kandidatenpool weiterhin zu speichern, um gegebenenfalls zu einem späteren Zeitpunkt erneut auf ihn zu zugehen. Dies hängt aber tatsächlich vom jeweiligen Grund ab.

Der Status »Probezeit« ist normalerweise nicht Teil eines BMS und wird dort auch nicht gepflegt. Nichtsdestotrotz sollte dieser ebenfalls erhoben werden. Hier kann man Hinweise darauf finden, ob der POF (#Person-Organisation-Fit) während des Recruitingprozesses zu kurz kam. Er drückt aus, ob Sie kulturell die richtige Entscheidung getroffen haben: Passt der Kandidat zur Unternehmens- oder Teamkultur? In solchen Fällen muss es eine Rückkopplung zum Stellenbriefing geben, in der der Fachbereich und der Mitarbeiter nochmals genau befragt werden.

Als abschließende Größe ist die Gesamtprozessdauer je Kandidat und je Stelle zu erheben. Wie viele Tage hat ein Kandidat seit Abgabe der Bewerbung in Ihrem System verbracht? Eine wichtige Zahl, die stets unter der Ihres Konkurrenten liegen sollte. Ebenso wichtig ist die Anzahl der Tage, die eine Position vakant war. Diese sollte möglichst gering gehalten werden, aber wem erzählen wir das.

Beispiel: Kennzahlen der zweiten Phase

- Status Neu: Anzahl und Dauer
- Status Auswahlschritte: Anzahl, Dauer und Durchfallquote
- Status Shortlist: Anzahl, Dauer und Rückmeldezeit
- Status Angebot: Anzahl und Dauer
- Status Absagen: Anzahl und Dauer
- Status Zurückgezogen: Anzahl und Befragung Kandidat
- Status Weiterleiten: Anzahl und Dauer
- Status Zusagen: Anzahl, Dauer und Herkunft
- Status Probezeit: Anzahl (Kündigung und Abspringer) und Befragung Fachbereich oder Kandidat
- Gesamtzeit je Kandidat
- Vakanzzeit

6.3 Wie hat der Bewerber gesucht?

Dieser Punkt ist nur ein kurzer aber nicht weniger zu beachtender Punkt. Im Verlaufe der Rekrutierung sollten wir als Recruiter stets daran interessiert sein, immer mehr über unsere Zielgruppe und deren Suchverhalten zu erfahren. Dies unterscheidet sich von Zielgruppe zu Zielgruppe und vor allem auch im Zeitverlauf. Letzteres bedeutet, nur weil ich vor 10 Jahren studiert habe, weiß ich heute eben nicht mehr, wie ein Student sucht. Ich muss mich darüber neu informieren und auf dem Laufenden bleiben. Diese Informationen können Sie über verschiedene Studien erhalten und eben auch zum Teil aus Ihrem eigenen Recruitingprozess. Beispielsweise gibt Ihnen die Eingabe der Schlüsselwörter beim Abonnieren des Job Newsletters erste Hinweise darüber, nach welchen Begrifflichkeiten gesucht wird. Gleiches gilt auch für Ihre allgemeine Suche. Die Ergebnisse dieses Monitorings helfen Ihnen zum Beispiel dabei, die Schlüsselwörter Ihrer GoogleAd-Kampagnen zu definieren. Ein anderer Anwendungsfall wäre der des #Sourcings, bei dem es explizit darum geht, wie der Bewerber zu denken. Anders werden Sie die Kandidaten nicht im Social Web aufspüren.

6.4 Social Media Monitoring

Ein ebenfalls sehr großes und eher undurchsichtiges Feld ist das Social Media Monitoring bzw. Controlling. Da die Begriffe nicht immer von jedem ganz eindeutig verwendet werden, wollen wir unsere Ausführungen in zwei Oberkategorien unterteilen. Auf der einen Seite benötigt man eine Art Social-Media-Screening, damit man jederzeit darüber informiert ist, was im Zusammenhang mit dem eigenen Arbeitgeber im Social Web geschrieben und diskutiert wird. Durch die Größe des Social Web ist dies keine ganz leichte Aufgabe, allerdings erscheint sie uns persönlich übersichtlicher als die zweite Seite des Social-Media-Monitorings, nämlich die Erfolgskontrolle der eigenen Aktivitäten.

6.4.1 Wir im Social Web – Screening

Beginnen wir mit dem Screening des Webs. Nach wie vor gibt es Personaler, die sich scheinbar der Illusion hingeben, dass über ihren Arbeitgeber im Social Web nicht gesprochen wird. Zumindest legt das ihr Handeln und Tun nahe. Sofern man allerdings keine Ich AG ist und Mitarbeiter hat, wird definitiv über einen im Social Web gesprochen. Dies muss nicht immer direkt öffentlich einsehbar sein, aber spätestens, wenn Bewerber sich über schlechte Recruitingprozesse in Foren unterhalten, wächst die Reichweite solcher Diskussionen. Hinzu kommen Arbeitgeberbewertungsplattformen, wie wir sie in Kapitel 4 beschrieben haben, und spätestens dort werden Themen offen angesprochen. Das über ein Unternehmen im Social Web gesprochen wird, ist also unvermeidlich. Die Frage dieses Abschnitts ist aber nicht »Wie gehe ich damit um?«, sondern zunächst »Wie bekomme ich dies mit?«.

Die Mittel, die uns im HR-Bereich für derlei Themen zur Verfügung stehen, sind meist derart begrenzt, dass man sich vermutlich keine professionelle Screening Software wird leisten können. Es ist ohnehin ein Thema, welches grundsätzlich gemeinsam mit dem Kommunikationsbereich oder dem Vertrieb erörtert werden sollte, denn diese Bereiche sind häufig auch daran interessiert zu erfahren, was im Social Web über die eigene Firma geschrieben wird. Wenn Sie Glück haben, haben diese Bereiche bereits ein Tool oder planen gegebenenfalls eines einzukaufen. In kleineren Unternehmen wird dies jedoch vermutlich nicht der Fall sein, sodass man sich auf andere Weise behelfen sollte.

Eine Möglichkeit, sich zumindest einigermaßen auf dem Laufenden zu halten, sind Google Alerts. Dabei handelt es sich um ein Angebot von Google, bei dem der Nutzer Suchbegriffe hinterlegen kann und jedes Mal per E-Mail informiert wird, wenn der Begriff in Foren, Blogs oder Websites auftaucht. Hier können natürlich den eigenen Firmen Name hinterlegt werden und verwandte Themen, die ebenso von Interesse sind. In gleicher Weise kann man sich eine feste Suche auf Twitter einstellen. Diese sollte auf »#Firmenname« gehen. Unter allen Netzwerken im Social Web ist Twitter als sogenannte Link- und Informationsschleuder bekannt. Viele Personen und Organisationen nutzen Twitter nur zur Verbreitung von Content, der sich eigentlich auf einer anderen Plattform befindet. Twitter schnüffelt also im übertragenen Sinne überall rum und weiß daher recht viel. Aus diesem Grund kann man dieses Netzwerk ebenfalls gut zum Screenen einsetzen. Eine weitere Möglichkeit ist der Einsatz einer App namens »feedly«. Auch hier können Sie beliebige Schlagwörter speichern, nach denen dauerhaft gesucht wird. Das praktische an solch einem Programm ist, dass Ihre Suchergebnisse auf allen Endgeräten verfügbar sind und Sie positive Meldungen sehr schnell und einfach weiterverwenden können.

6.4.2 Unsere Wirkung im Social Web – Messung

Wie gesagt, einerseits muss man versuchen, im Blick zu behalten, was über das eigene Unternehmen im Social Web publiziert wird. Andererseits muss selbstverständlich auch das beobachtet werden, was man selbst ins Social Web einbringt. In der Regel tut man dies mit einer bestimmten Absicht oder einem Ziel und eben dies sollte kontrolliert werden. Zudem kann auch mal eine Aktion schief gehen. Um dann rechtzeitig reagieren zu können, sollte man ebenfalls den eigenen Social Web Auftritt im Auge behalten. Der große Vorteil und Reiz am Social Web ist die enorme Vielfalt an Netzwerken und Tools. Dieser Vorteil ist zugleich aber auch ein Nachteil, sobald man sich mit der Messung der eigenen Aktivitäten beschäftigt. Jedes Netzwerk muss nach einer anderen Logik gemessen werden. Als Beispiel orientieren wir uns an Facebook und Twitter. Als Unternehmen kann man auf Facebook eine Fanpage unterhalten, die von Interessenten geliket werden kann, was letztlich so viel bedeutet, wie ein Abonnement der Aktualisierungen. Auf Twitter kann man einen Firmenaccount eröffnen, der sich von den Funktionalitäten nicht von den Accounts von Privatpersonen unterscheidet. Diesem Account können Interessenten folgen, was ebenfalls bedeutet, dass sie die Aktualisierungen abonnieren. Diese beiden Kennzahlen werden sehr häufig sehr gern zur Schaustellung verwendet und für Rankings herangezogen. Unabhängig davon, dass diese Kennzahlen wenig Aussagekraft haben, kann man diese zudem nicht vergleichen. Es gilt also nicht 1.000 Facebook-Fans entsprechen 1.000 Followern auf Twitter.

Zunächst betrachten wir die Aussagekraft der Kennzahl Follower/Fan. Hohe Zahlen in diesem Bereich den Entscheidern zu präsentieren, ist natürlich schön. Solange man aber die Zusammensetzung der Community nicht mit einbezieht, bringen Ihnen die großen Zahlen nichts. Vielleicht sind Sie auf der Suche nach Studenten und Ihre Fangemeinde besteht zu 90 % aus berufserfahrenen Facharbeitern. Zudem sagt die bloße Zahl der Follower gar nichts darüber aus, wie viele von denen tatsächlich ihre Tweets lesen.

Was nun die Vergleichbarkeit angeht, verhält es sich so, dass diese beiden Netzwerke unterschiedlichen Viralitätsgesetzen folgen. Da wir an Stelle (siehe Kapitel 4.3) tiefer in dieses Thema einsteigen, nur ein kurzer Hinweis zum Unterschied: Um auf Facebook 1.000 Fans zu erreichen, muss Ihre Fangemeinde weitaus größer sein. Facebook beschränkt, einfach gesagt, die Sichtbarkeit von Posts, sodass diese nicht zwangsweise automatisch bei jedem Fan sichtbar werden. Bei Twitter sieht dies anders aus. Um 1.000 Follower zu erreichen, benötigen Sie 1.000 Follower. Derzeit hat Twitter noch keine künstliche Beschränkung eingebaut. Viele der Kennzahlen, die man erhalten kann oder die einem bereitgestellt werden, sind genauestens zu hinterfragen. Was bedeutet es, 1.000 Fans auf Facebook zu haben und welche effektive Reichweite habe ich mit Ihnen?

Dies ist nur eins von vielen Beispielen. Teilweise werden Ihnen von Netzwerken auch spezifische Kennzahlen zur Verfügung gestellt, die Sie so auf anderen Netzwerken nicht wiederfinden, da es die Funktionalität gar nicht gibt. Ein Beispiel hierfür ist die Kennzahl der Listungen eines Accounts auf Twitter. Den Erfolg eines Kanals müssen Sie also je Kanal definieren und monitoren. Hierzu empfehlen wir Ihnen, sich mit dem jeweiligen Kanal detailliert zu beschäftigen, und gegeben falls eine Beratung heranzuziehen. Wenn Ihre Strategie für den jeweiligen Kanal feststeht, können Sie auch ein entsprechendes Kennzahlengerüst erstellen.

Wir befinden uns heute noch in der glücklichen Lage, dass die Personalentscheider und Vorstände einer Generation angehören, die nicht mit diesen Medien groß geworden sind, und sich daher leicht durch große Zahlen blenden lassen. Aber glauben Sie uns, nicht mehr lange und wir werden die ersten Vorstände haben, die mit Social Media groß geworden sind.

6.5 Arbeitgeberrankings – wohin das Auge schaut

Kommt es Ihnen auch manchmal so vor, als wären sie überall? Arbeitgeberrankings gibt es in allen Formen und Farben. Laut eines Blogartikels gab es 2013 in Deutschland 178 verschiedene Arbeitgebersiegel. Nicht alle Siegel sind Folge eines Rankings, aber hinter vielen steht eine Form von Ranking. Da hier mit Zahlen hantiert wird, haben wir die Rankings in Kapitel 6 verortet. Entscheider sehen dies auf jeden Fall so. Vielleicht kommt Ihnen die Situation bekannt vor. Wie jedes Jahr veröffentlicht universum den Student Survey in der Wirtschaftswoche, und nur wenige Tage später steht Ihr Geschäftsführer vor Ihrem Schreibtisch und fragt Sie, warum Ihr Unternehmen nicht unter den Top 10 platziert wurde. Platz 42 würde Ihm nicht genügen – koste es was es wolle, nächstes Jahr sollen Sie in den Top 10 sein. Wenn Ihnen das nicht bekannt vorkommt, dann dürfen Sie sich glücklich schätzen. Ganz so extrem stellt es sich aber wahrscheinlich nie dar – ein Sprung von mehr als 30 Plätzen ist völlig absurd.

An diesem fiktiven Szenario erkennt man verschiedene Dinge, die beim Umgang mit den Studien und Rankings unserer Meinung nach wichtig sind. Zum einen ist es selten eine Frage des Geldes. So sollte es zumindest nicht sein. Sobald Sie den Eindruck haben, eines der Siegel könnten Sie durch einen erhöhten Einsatz von finanziellen Mitteln positiver für sich entscheiden, sollten Sie die Finger davon lassen. Wenn wir ein Ranking wie den universum Student Survey betrachten, ist es natürlich so, dass Ihre Marktpräsenz entscheidend ist, die wiederum zum Teil von der Budgetgröße abhängt. Ein paar Plätze könnte man sich daher vermutlich erkaufen. Die Frage wäre dann, ob dies im Verhältnis zu Ihren Bedarfen steht. Es könnte ja durchaus sein, dass Sie gar keine Studenten suchen. Zum anderen ist es absolut notwendig, dass Sie sich mit den bekanntesten Rankings auskennen und genau wissen, was bei welcher Zielgruppe erhoben wird. Wenn Sie mit Ihrer Geschäftsführung in den Ring steigen, müssen Sie detailliert »bewaffnet« sein. Es ist nicht unser Anspruch, in diesem Buch alle 178 Siegel zu bewerten. Vermutlich würden wir Sie auch eher damit langweilen. Daher skizzieren wir einen Beurteilungsleitfaden. Welche Fragen muss man sich stellen, um ein Siegel oder ein Ranking bewerten zu können.

Wer wurde befragt?

Diese Frage muss wie aus der Pistole geschossen gestellt werden, wenn es sich um ein Ranking handelt, welches Sie noch nicht kennen. Ohne zu wissen, wer befragt wurde, oder was die Grundlage des Siegels ist, ist es für Sie nutzlos. Aber selbst wenn Sie wissen, welche Zielgruppe befragt wurde, kann es unter Umständen sein, dass die Aussagekraft für Ihre Firma eher gering ist. Kehren wir nochmals zum universum Ranking zurück. Für uns wichtig zu wissen, ist nicht nur, dass beim Student Survey Studenten befragt wurden, sondern auch an welchen Hochschulen. Als professionelle Recruitingorganisation haben Sie eine Hochschulstrategie. Sollte diese zufälligerweise nicht die Hochschulen beinhalten, die bei der Umfrage befragt wurden, verzerrt dies natürlich das Bild. Sie investieren X € in Hochschulaktivitäten und am Ende ist kein Effekt im Ranking sichtbar. Noch schwieriger wird es bei Zielgruppen, die nicht so schön homogen sind wie die der Studenten: die nichtakademischen Berufserfahrenen (Facharbeiter). Hier sollten Sie mehrmals hinterfragen, wie genau sich die befragte Zielgruppe zusammensetzt. Was bei dieser Frage trivialerweise natürlich auch herauskommt, ist die Gruppierung der Rankings in vier Gruppen. Einerseits gibt es Rankings und Siegel, bei denen Externe befragt werden, und andererseits gibt es diejenigen, die Mitarbeiter befragen, so wie beispielsweise Great Place to work. Dies muss nicht immer sofort ersichtlich sein. Beide Befragungen können sehr wertvolle Ergebnisse liefern, aber letztlich haben die Ergebnisse sehr unterschiedliche Auswirkungen auf Ihre Arbeit. Den dritte Ranking-/Siegeltyp bezeichnen wir als den Blind-Marken Typ. Bei diesem Typen hat weder Ihre Produkt- noch Ihre Arbeitgebermarke Einfluss auf das Ergebnis. Es geht rein um Funktionen, Tools oder Programme. Das Ranking von Potenzialpark für Karriereseiten ist beispielsweise so angelegt. Es wird lediglich bewertet, ob bestimmte Funktionen vorhanden sind und eine angemessene Usability gegeben ist. Das heißt, dass die Nummer eins des Rankings nicht unbedingt die beliebteste Karriereseite bei den Zielgruppen sein muss, geschweige denn die meist besuchte. Der letzte Typ ist das Jury Siegel/Auszeichnung. Eine Gruppe von unabhängigen Experten bewerten einzelne Programme, Module oder Bausteine eines Arbeitgebers. Häufig können sich Unternehmen für solche Auszeichnungen bewerben und werden dann geprüft.

Wann wird befragt?

Sie können davon ausgehen, dass nach Erscheinen eines Rankings, welches externe Zielgruppen befragt, es meist schon zu spät ist, um für das nächste Ranking noch etwas aktiv am Vorgehen zu verändern. Die Motivation sollte übrigens auch nicht die Verbesserung der Ranking-Platzierung sein, sondern vielmehr das Erreichen Ihrer Zielgruppe. Trotzdem ist es gerade auch in der internen Argumentation wichtig, den Befragungszeitraum im Hinterkopf zu haben. Sonderereignisse, wie extrem schlechte Presse aufgrund von Dingen, die Sie im HR nicht beeinflussen können, können sehr wohl das Ranking verändern.

Welche Kriterien dienen als Grundlage für das Ranking?

Gerade bei der Befragung externer Zielgruppen kommen eine Menge an Informationen zusammen, die je nach Ranking gar nicht alle in die Bewertung für das Ranking mit einfließen. Dies ist vor allem dann entscheidend, wenn man tatsächlich das eine oder andere Ranking bei sich in den Blumenstrauß an Kennzahlen aufnehmen möchte. Auch wenn der Text nicht den Anschein macht, so sind wir doch Fans von Rankings. Man muss nur wissen, wie man mit ihnen umgeht.

Der Kennzahlenwald ist undurchsichtig und dunkel. Es lohnt sich nicht nur, hier tiefer einzusteigen – weitaus tiefer, als wir es hier dargestellt haben – es ist sogar Pflicht. Wenn Ihr Unternehmen in Summe heute noch nicht Kennzahlen getrieben ist, wird sich dies mit Sicherheit ändern. Was man zudem nicht unterschätzen darf, ist die Tatsache, dass wir mit Kennzahlen die Sprache des Finanzbereichs sprechen. Sie begeben sich auf Augenhöhe mit den Fachbereichen und legen das »softe« Image ab. Heutzutage können alle relevanten Zahlen erhoben werden. Also sollten wir dies auch tun!

Anzahl Bewerber gesamt	Anzahl Bewerbungen gesamt	Anzahl Bewerbungen je Kanal
Anzahl Bewerbungen je Zielgruppe und Stelle	Time per Hire	Cost per Hire
Vakanzzeit	Dauer je Prozessschritt	Rückmeldezeit der Fachbereiche
Weiterleitungsquote	Abspringerquote je Prozessschritt	Durchfallquote je Auswahlschritt

Quelle: eigene Darstellung

Abbildung 90: Die wichtigsten Kennzahlen im Überblick

7 Der Recruiter next Generation

In diesem Kapitel wollen wir nun auf das Berufsbild des Recruiters eingehen. Wir nennen ihn den Recruiter next Generation (#RNG). Auf die Namensgebung werden wir im Verlauf des Kapitels näher eingehen.

Das Berufsbild des Recruiters hat sich in den vergangenen Jahren derart geändert, dass man nicht mehr von einem Update 2.0 im Sinne von Recruiter 2.0 sprechen kann, sondern tatsächlich eine neue Generation von Recruitern benötigt, um den Anforderungen des Marktes gerecht zu werden. Der Begriff Recruiter 2.0 legt zudem nahe, dass das Basiskonstrukt dasselbe geblieben ist. Davon wollen wir uns ganz klar distanzieren. Der Beruf hat sich grundlegend verändert. Das Konzept, welches hinter dem Recruiter next Generation steht, wurde Anfang 2012 entwickelt und bereits wenige Monate später mit dem HR Excellence Award ausgezeichnet. Es ist auf die neuen Bedürfnisse des Berufes abgestimmt und zeigt deutliche Lernfelder auf. 2013 zeigte sich dann, dass das ursprüngliche eher generalistisch angelegte Konzept nochmals verfeinert werden musste. Mit diesem Redesign wurde der Name erneut geändert, da in Personalerkreisen der #RNG ständig mit dem Recruiter 2.0 und 3.0 verwechselt wurde. Der neue Begriff wurde durch die Recruiter der BFFT GmbH geprägt und hat sich mittlerweile in Fachkreisen durchgesetzt: der #Umberto/Umberta. Der Name wurde bewusst irritierend gewählt, da die HR-Welt aufwachen sollte, um endlich an der Veränderung sehenden Auges teilzuhaben. Die Veränderung des Berufsbildes ist nicht nur inhaltlicher Natur, sondern auch struktureller Art. Diesen Aspekt wollen wir ebenfalls beleuchten, da er den #Umberto im Gesamtkonzept HR einbettet.

7.1 Der Recruiter: ein komplexes vollwertiges Berufsfeld

Die Berufsbezeichnung Recruiter ist schon seit einigen Jahren für Personalreferenten mit Schwerpunkt Personalgewinnung/Rekrutierung gängig und wird in jüngster Zeit in vielen Veröffentlichungen in Verbindung mit einem »Update« gebracht – der Recruiter 2.0. Setzt man aber die Lupe an und nimmt die Funktionen früher und auch heute genauer in Augenschein, entdeckt man vielerorts, dass Recruiting in Firmen oft als Arbeitsgebiet des »allgemeinen« Personalers abgetan wurde. Neben Personalentwicklung und -betreuung und vielem mehr gab es noch einen weiteren Punkt, den man in der wöchentlichen Arbeit abhaken musste. Personaler, die einen besonders hohen Anteil an Recruiting in ihrer Tätigkeit hatten, wurden dann als Recruiter bezeichnet. Der Begriff des Post&Pray-Recruitings wurde in diesem Zusammenhang geprägt und umschreibt die Situation sehr gut. Gemeint ist, dass in dieser Konstellation Stellenanzeigen geschaltet wurden und danach gebetet wurde, dass qualifizierte, passende Bewerbungen eingehen. Einerseits dem Umstand geschuldet, als Themengebiet eingestuft zu sein, und andererseits durch damalige Marktbedingungen begünstigt, wurde das Post&Pray-Recruiting akzeptiert bzw. war teilweise (je nach Umständen wie Branche, Attraktivität und Größe/Ruf des Arbeitgebers) sogar erfolgreich. Ein aktives Zugehen auf den Bewerber war allerdings selten zu spüren.

Der Markt hat sich in den vergangenen Jahren jedoch grundlegend verändert und das in verschiedenen Dimensionen. Dass wir zunehmend einen Bewerbermarkt in Deutschland haben, ist bereits bei vielen angekommen, das ist ein wichtiger erster Schritt. Nur darf man an dieser Stelle das Bewusstsein, dessen was ist, nicht mit der Fähigkeit, etwas dagegen zu tun, verwechseln. Darüber hinaus haben wir im Recruiting wie in vielen Berufen eine zunehmende Technisierung: Bewerbermanagementsysteme, Internetanwendungen, Social Media und neue Gadgets stellen heutige Recruiter vor die Herausforderung, sich in einem kontinuierlichen Prozess mit technischen Themen auseinandersetzen zu müssen. Hinzu kommt die Herausforderung, insbesondere bei Neuerungen im Social Web, kommunikativ die Netzwerke auch bedienen zu können. Der Bereich Recruiting wird immer dialog- und marketingorientierter. Ich würde sogar so weit gehen zu behaupten, dass Recruiting hier vertriebliche Züge annimmt. Der Recruiter muss seine Vakanzen verkaufen und anpreisen. Eine Eigenschaft, die bislang so von Recruitern noch nicht erwartet wurde, aber durchaus gebraucht wird. Es gibt aber noch weitere Dimensionen, auf denen Veränderungen stattgefunden haben: So ist das Interessante an der Post&Pray-Taktik, dass diese zielgruppenübergreifend Gültigkeit besaß. Man hat sich im Grunde wenig Gedanken dazu gemacht, welche Zielgruppe man genau rekrutieren sollte. Eine Stellenausschreibung war das Allheilmittel. Wechselt man in einen proaktiven Recruitingstil, so wird es beliebig komplex, da Kern der neuen Taktik das Einstellen auf die Zielgruppe ist. Man will gezielt Bewerber ansprechen und nicht länger nur darauf hoffen, dass sich die richtigen bewerben. Man muss sich bewusst machen, dass heutige Aktivitäten nur greifen, wenn diese auch zielgruppengerecht konzipiert wurden.

Im Zuge dieser kurzen Erläuterung sei noch erwähnt, dass Stellenausschreibungen auch heute noch im Repertoire des #RNG (#Umberto) zu finden sind. Allerdings, wenn man das so schreiben darf, handelt es sich heute um High-Tech-Stellenanzeigen. Sie sind so optimiert, dass sie nur von der richtigen Zielgruppe gefunden werden. Sie beinhalten #Augmented Reality-Applikationen und sind oft direkt über einen QR-Code mit der Welt des Internets verbunden. Vergleichen wir Stellenanzeigen mit Telefonen, kann man sagen, dass das ehemalige Drehscheibentelefon sich zu einem Smartphone entwickelt hat. Nach wie vor kann man noch telefonieren, aber man kann auch eine ganze Menge mehr damit machen. Leider nutzen die meisten Recruiter lediglich die Telefonfunktion, da sie oft schlichtweg nicht wissen, wie die anderen zusätzlichen Funktionen zu bedienen sind.

Recruiting hat sich in den vergangenen Jahren von einem Themengebiet zu einem komplexen Berufsbild entwickelt. Die Folge ist, dass wir unsere Recruiter schulen und ausbilden müssen.

7.2 Die Kerngebiete, an denen wir arbeiten müssen

Woran genau müssen wir arbeiten?, fragen Sie sich nun vielleicht. Welches sind die Themen, in denen wir unsere Recruiter schulen müssen? Diese Fragen haben uns nun mehrere Jahre beschäftigt und auch heute noch kommen immer wieder neue Themen hinzu. Grob kann man jedoch die Handlungsfelder in 7 Themengebiete unterteilen, auf die wir im Folgenden eingehen werden. Die Einteilung wurde im Rahmen des ersten Konzeptes 2012 entsprechend der Erfahrungen von Robindro Ullah beim Aufbau eines Recruiting-Centers für die Deutsche Bahn vorgenommen. In verschiedenen Schulungen hat sich diese Aufteilung in den vergangenen Jahren bewährt. Die Weiterentwicklung des Konzeptes zum #Umberto setzt genau auf diesen 7 Themengebieten auf und setzt diese voraus.

Die Basiskompetenz – das Recruiting an sich, d. h. die Auswahl von Personal – hat sich im Wesen kaum verändert. Wir sind in Kapitel 3.8 auf diesen Bereich näher eingegangen. Insgesamt hat dieser Prozess sich wesentlich professionalisiert, der Kern ist in diesem Fall aber derselbe geblieben. Mit professionalisiert meinen wir transparente Abläufe und nachvollziehbare Entscheidungen auf der Basis vergleichbarer Beobachtungen und Daten. Dies stellt der Recruiter von heute sowohl für den Bewerber als auch für den Fachbereich sicher.

Was sich innerhalb der Auswahl allerdings ein wenig geändert hat, ist die Motivation bzw. das Zwischenziel. Der ursprüngliche Ansatz, die Bewerberschwemme zu reduzieren und unter den zahlreichen geeigneten Kandidaten einen auszuwählen, greift schon seit Längerem nicht mehr. Die Auswahl war lange Zeit darauf geeicht, möglichst schnell viele Kandidaten auszusieben. Hierbei wurde sehr oft Abstand von einer qualitativ hochwertigen Auswahl genommen und weniger belastbare Kriterien wie Noten herangezogen. Bei ausreichender Anzahl Bewerber wurde einfach bei einem Notendurchschnitt schlechter 1 abgeschnitten. Bei einer solchen Auswahlmethode hätten Sie nie Menschen wie Steve Jobs oder Albert Einstein eingestellt. Eine Auswahl zu treffen, ist nichtsdestotrotz unerlässlich. Der Fokus sollte aber mehr auf einem Matching liegen – »den Richtigen auf den richtigen Job zu setzen« – als blind High Potentials, wenn man diese denn findet, einzustellen.

Die neu definierten Handlungsfelder unterliegen wie vieles in unserer Kommunikations- und Informationsgesellschaft einem stetigen Wandel. Wir hatten bereits eingangs erwähnt, dass auch wir heute noch ständig dazulernen und ein Ende nicht abzusehen ist. Es geht aber nicht darum, alle Trends ständig aufzugreifen. Die Szene derjenigen, die sich mit der Personalgewinnung in Deutschland auseinandersetzen, neigt zwar dazu, regelmäßig die Sau durchs Dorf zu treiben – wir wollen uns hier auch nicht ausnehmen – doch diesem Impuls sollte man widerstehen können. Parallel ist allerdings Trend-Screening nicht zu vernachlässigen. Trends, die sich durchsetzen werden, früh zu erkennen und wertschöpfend einzusetzen, kann einem Unternehmen unheimliche Vorteile im War for Talents verschaffen.

Kommen wir nun aber zu unseren 7 Themengebieten. Im Folgenden finden Sie zunächst eine Zusammenfassung jedes relevanten Themas, bevor wir dann im Detail auf die einzelnen Bereiche eingehen:

Kommunikation:
Der Bereich Kommunikation ist sehr weit gefasst im Kontext Recruiting. Nicht nur, dass durch die Proaktivität der zukünftigen Recruitingstrategien ein besonderes Maß an Kommunikation in der Interaktion mit dem Bewerber verlangt wird, zusätzlich haben wir noch weitere Punkte wie #crossmediale Kommunikationsstrategien und #Storytelling bzw. Storyidentifikation, die für uns ebenfalls unter Kommunikation subsummiert werden können. Was zudem in diesen Bereich fällt, ist die hohe Kunst des Netzwerkens. Netzwerke aufbauen, pflegen und nutzen sind Fähigkeiten, die dem modernen Recruiter in Fleisch und Blut übergegangen sein sollten.

Technik/Gadgets:
In vielen Berufen haben wir eine Technisierung im Sinne einer Weiterentwicklung der Instrumente, mit denen man tagtäglich arbeitet. Auch der Recruiter muss sich diesem Fortschritt stellen und wird mit einer Fülle von stationären und mobilen Endgeräten konfrontiert. Nicht bei allen muss Bedienungssicherheit herrschen, aber man sollte über die wesentlichen Funktionen und Einsatzmöglichkeiten im Bilde sein. Zudem technisiert sich auch sein eigener Arbeitsplatz, wie wir bereits in Kapitel 3 angedeutet hatten. Bewerbermanagementsysteme werden zunehmend komplexer.

Zeit-, Selbst- und Onlinereputationsmanagement:
Die Veränderungen im Recruiting haben wie in vielen anderen Berufen zur Folge, dass der Übergang zwischen Privat- und Berufsleben immer fließender wird, bzw. man sich der Trennung aktiv bewusst werden muss. Die Auswirkungen machen sich nicht nur im Kontext Ihrer Work-Live-Balance bemerkbar, sondern auch bzgl. Ihrer Onlinereputation. Gewissenhaft mit den neuen Medien umzugehen, ist keineswegs selbstverständlich und muss Recruitern bewusst gemacht werden.

Soziale Netzwerke:
Es ist ein weit verbreiteter Irrtum, dass der Besitz eines privaten Facebook-Accounts den Besitzer dazu befähigt, dass Medium professionell im Arbeitskontext zu nutzen. Für einen professionellen Arbeitgeberauftritt bedarf es professionellen Know-hows. Zudem beinhaltet der Oberbegriff soziale Medien weitaus mehr als unsere Medienwelt uns spiegelt. Facebook, Twitter und YouTube sind lediglich die Spitze des Eisbergs, was in Kapitel 4 hoffentlich von uns so vermittelt wurde. Wir betrachteten die unterschiedlichen Viralitätsfaktoren verschiedener Netzwerke, aber auch die verschiedenen Mundarten, die man auf den jeweiligen Netzwerken verwenden sollte. Das »soziale Spielfeld« ist groß und vielfältig und erfordert viel Interesse und Zeit.

Innovation und Kreativität:
Zwei Begriffe, die leicht gesagt sind und viele gern für sich in Anspruch nehmen. Die Fähigkeit, Innovation zuzulassen und aufzugreifen, ist leider keinesfalls selbstverständlich und ebenso wird Kreativität viel zu oft in den künstlerischen Bereich abgeschoben. Um sich am Markt als Recruiter behaupten zu können, muss man mittlerweile kreativ in Prozessen denken und kreative Konzepte erarbeiten – im Grunde kreativ den Recruitingalltag umsetzen können.

Repräsentation:
Die Macht der neuen Medien schafft Transparenz. Einzelne Personen eines Unternehmens können sichtbarer werden als je zuvor. Für Recruiter gilt dies im besonderen Maße, da diese an vorderster Front im War for Talents kämpfen. Sie sind die Frontline und werden vielerorts als Repräsentanten des Unternehmens wahrgenommen. Dessen muss man sich bewusst werden und es vorzuleben wissen. Das Thema Online-Reputation ist dabei lediglich ein Aspekt, den wir bereits im Themengebiet 3 bearbeitet haben. Präsentationstechnik, freies Reden und Moderation gehören ebenso in diesen Bereich.

Navigation durch das Unternehmen:
In einem proaktiven Recruitingprozess ist der Bewerber Kunde und Sie sind Verkäufer. Sie müssen also Ihre Produkte (Arbeitgeber, Stellen, Fachbereiche) genau kennen und den Kunden durch den Bewerbungsprozess navigieren, welcher je nach Unternehmensgröße beliebig komplex sein kann.

7.3 Die 7 Themengebiete im Detail

Nun, da wir uns einen Überblick über die Themengebiete verschafft haben, werden wir uns etwas tiefer mit dem Konzept zum #Umberto beschäftigen. Wie bereits erwähnt, ist die nachfolgende Einteilung lediglich aufgrund einer eigenen logischen Clusterung erfolgt. Ihnen steht selbstverständlich frei, die Aufteilung anders vorzunehmen, was zweifelsohne denkbar wäre. Wichtig ist lediglich, dass keines der subsummierten Themen vergessen wird.

7.3.1 Kommunikation

Märkte sind Dialoge. Das Cluetrain Manifest hat diese Erkenntnis bereits 1999 festgehalten. Diese Entwicklung hat sich auf die Arbeitsmärkte übertragen, auch hier steht heutzutage der Dialog/die Kommunikation im Vordergrund. Für Recruiter, die auf diesen Märkten agieren sollen, gilt: Sie müssen Kommunikationsexperten werden. Ein großer Teil der Tools, die wir Ihnen in Kapitel 3.6 näher gebracht haben, verlangt kommunikatives Geschick. Kapitel 4 schlägt in dieselbe Kerbe. Betrachten Sie den gesamten Recruitingprozess, finden Sie heute nahezu an jeder Schnittstelle auch kommunikative Herausforderungen. Hinzu kommen die wachsenden Anforderungen im Bereich des Netzwerkens. Gerade bezüglich der Rekrutierung von Berufserfahrenen spielt die Fähigkeit, Netzwerke betreiben zu können, eine große Rolle.

Die ständige Ansprechbarkeit der Recruiter durch die sozialen Medien erfordert auch in der persönlichen Interaktion mit Bewerbern regelmäßig kommunikative Skills. Recruiter, so wie wir sie verstehen, sind kleine Kommunikationsmagneten im Arbeitsmarkt, die Themen des Arbeitgebers spielen, Themen der Zielgruppen spiegeln, Netzwerke aufbauen und Kontakte pflegen. Zuletzt sei das Erzählen von Geschichten erwähnt. Geschichten müssen im Unternehmen identifiziert werden und anschließend Zielgruppen gerecht aufbereitet kommuniziert werden. Was sind die Themen/Inhalte, die Sie als Recruiter platzieren wollen und wo finden Sie diese? #Storytelling nennt sich dieser Bereich der Kommunikation, der eine zunehmend wichtigere Rolle im Recruitingprozess übernimmt. Gerade mit dem verstärkten Einsatz sozialer Medien in der Rekrutierung kommen auf den Recruiter immer mehr Aufgaben in Form von Redaktions- und Kommunikationsplänen zu.

Richten wir nun noch unseren Blick in Richtung der Direktansprache über Social Media, also dem sogenannten #Sourcing, so muss der Recruiter in der Lage sein, potenzielle Kandidaten bereits innerhalb der ersten Kontaktaufnahme zu fesseln. Das kann Ihnen im Blut liegen, aber glauben Sie uns, die meisten müssen dies trainieren.

Geschichten, die auf Messen, Events, Vorträgen und im Web erzählt werden, müssen die Recruiter intern entdecken. Es sind Juwelen, die überall im alltäglichen Doing auftauchen können. Den Blick für die Juwelen zu entwickeln, ist die Kunst, die erlernt werden will, wenn es um das Thema #Storytelling geht. Innerhalb des Schulungskonzeptes wird diese Fähigkeit über Case Studies entwickelt. Recruiter müssen Geschichten aus ihren Unternehmen präsentieren und Kommunikationspläne für diese erarbeiten. Um überhaupt an diese Juwelen zu gelangen, müssen interne Netzwerke aufgebaut werden. Wo liegen die Kommunikationsadern des Unternehmens – wie wird man Teil oder sogar Hub des informellen Netzwerks eines Unternehmens? Der Blick nach innen bekommt mit dem Themenfeld Kommunikation ein neues Gesicht.

Die Steuerung von relevanten Medien und Meinungsbildnern – sofern man von Steuern sprechen kann – ist ebenfalls unter Kommunikation zu fassen. Hierunter verstehen wir die Vernetzung mit relevanten Blogs/Bloggern und die Nutzung dieser Netzwerke, um eben gezielt Geschichten zu platzieren. Tauchen wir ins Detail ab, so können Sie sich hierunter einen sehr operativen PR-Prozess vorstellen, allerdings stets mit der Zielgruppe im Hinterkopf. Gleichzeitig erklimmen Sie die nächste Ebene der modernen Kommunikationssteuerung und berücksichtigen in Ihrer Planung SEO (#Search Engine Optimization)-Effekte. Letzteres zahlt auf die Auffindbarkeit Ihrer Themen im Internet ab. Je besser Sie diese auf Blogs, Netzwerken etc. platzieren, desto einfacher ist es, von Bewerbern gefunden zu werden. In der im Anhang befindlichen HR-Blogliste finden Sie auch Blogs, die von Zielgruppen gelesen werden wie beispielsweise den Azubister Blog. Was wir mit dem Vorangegangen meinten, ist, dass Sie Arbeitgeberthemen gezielt beispielsweise bei Azubister platzieren, weil Sie wissen, dass dieses Thema von der Leserschaft als interessant eingestuft wird. Sie überlegen sich aber darüber hinaus weitere Medien, in denen Sie Variationen der Geschichte oder des Themas platzieren können. Gegebenenfalls auch aufeinander aufbauend.

7.3.2 Technik und Gadgets

In vielen Bereichen des Lebens werden uns (Un-)Annehmlichkeiten durch technischen Fortschritt beschert. Dies erfolgt natürlich auch dort, wo wir einen großen Teil unseres Lebens verbringen – am Arbeitsplatz. Betrachten wir das neu formulierte Berufsbild des Recruiters, so haben wir hier in mehrfacher Hinsicht eine Technisierung. Neben den sogenannten Gadgets (z. B. mobile Engeräte wie Smartphones, IPod, PSP Vita, etc.) haben wir die Welt der Bewerbermanagementsysteme, Content Management Systeme etc., in denen sich die Recruiter von morgen zu Hause fühlen müssen. Die Trendwende vom Post&Pray-Recruiting zu einem vertriebsähnlichen Verkaufen von Vakanzen drängt Recruiter zudem in die Situation, sich mit den Gadgets, der Software und den Medien der jeweiligen Zielgruppen auseinandersetzen zu müssen. Der Kunde und seine Lebenswelten müssen verstanden werden. Technik wird zu einem omnipräsenten Thema.

Hierbei erwarten einen an der einen oder anderen Stelle recht unerwartete Hürden. So sind beispielsweise alteingesessene Konzernrichtlinien sehr oft hinderlich bei der Entwicklung der Recruiter. Sie sollten sich nicht nur theoretisch mit der Materie der mobilen Endgeräte auseinandersetzen, sondern auch praktisch. Wir empfehlen daher stets eine Smartphone- und Tablet-Ausstattung. Dies wiederum steht in vielen Unternehmen entgegen der Technikrichtlinie, die solche Endgeräte wie Statussymbole betrachtet. Diese sind natürlich dem Mittleren bis Top-Management vorbehalten, was für Sie bedeutet, dass ein enormer Kulturwandel stattfinden muss. Wir befinden uns mittlerweile in einer Zeit, in der Menschen privat besser ausgestattet sind als beruflich – aus einer technischen Perspektive betrachtet. Früher waren wir am Arbeitsplatz um Längen fortschrittlicher als Zuhause. Man hatte vielleicht einen C64 oder einen 2 86er im Wohnzimmer stehen, wohingegen der Arbeitsplatz bereits einen 486er oder etwas Besseres bereitstellte. Heute ist es in fast allen Fällen so, dass nicht nur Ihr Heimcomputer leistungsfähiger ist als Ihr Arbeitsrechner, sondern auch Ihr Telefon wird, wenn Sie überhaupt ein Diensthandy besitzen, diesem bzgl. der Modernität bei Weitem voraus sein. In einigen Berufen kann man an dieser Situation nicht verändern. Bei einem Recruiter ist es aber so, dass der Gebrauch und das Wissen um die neuesten Technologien immens wichtig ist, und genau diese Bedeutung müssen Sie den Entscheidern vermitteln.

Dem technischen Fortschritt haben wir es zu verdanken, dass nahezu täglich neue Gadgets auf den Markt erscheinen, die nicht direkt zur Grundausstattung des #RNG (Recruiter next Generation) zählen. Mit Blick auf jüngere Zielgruppen stehen wir als Recruiter z. B. in der Game-Branche einer Entwicklungsgeschwindigkeit gegenüber, mit der kaum Schritt zu halten ist. Das Thema Spiele – zu Neudeutsch Gamification – hält auch in das Recruiting Einzug. Arbeitgeberinformationen spielerisch den jungen Zielgruppen zu übermitteln, wird zukünftig einer der Hauptkanäle neben dem Mobile Recruiting sein. Ein Beispiel aus der Vergangenheit ist in diesem Kontext www.fliplife.de – eine Variante, spielerisch Arbeitgeber und vor allem Jobs und Karrierewege zu skizzieren. Blicken wir in die Zukunft, dann sehen wir den Recruiter in der Pflicht, sich neue Möglichkeiten und Wege zu überlegen, über Spiele zu rekrutieren, zumal »Spaß am Job« zum wichtigsten Kriterium für junge Mitarbeiter am Arbeitsplatz avanciert. Noch konkreter erwarten wir aktuell beispielsweise von einem #RNG die Auseinandersetzung mit Minecraft und der Möglichkeit, in Netzwerken zu spielen.

7.3.3 Zeit-, Selbst- und Onlinereputationsmanagement

Work-Life-Balance (WLB): Jeder schreibt drüber, und der Gen Y wird es als Top-Arbeitgeberkriterium nachgesagt. Alles muss maximal WLB sein, um entsprechende Platzierungen in Rankings und Studien zu erhalten. Die Folge ist, dass man als Personaler der Begrifflichkeit WLB schon etwas überdrüssig wird.

Sprechen wir über die Ausbildung zum #RNG, müssen wir uns jedoch sehr intensiv mit WLB und der Einbettung des neuen Berufsbildes in ein bestehendes Leben auseinandersetzen. Allein der hohe Anteil an sozialen Netzwerken, die im täglichen Doing vorkommen, verlangt nach einer Diskussion bzgl. Arbeitszeiten und Trennung von Privatleben und Beruf. Im Grunde wandelt sich die vielfach diskutierte WLB zu einem Work-Life-Blending, wenn wir uns diesem Thema im Zusammenhang mit dem #RNG nähern. Es geht nicht länger um die Balance zwischen Work und Life, sondern um die optimale Vermischung und Verknüpfung dieser beiden Bereiche. Unabhängig von dieser Betrachtungsfrage muss das Thema intensiv besprochen werden. Sie müssen sich vor Augen halten, was genau Sie von einem #RNG verlangen. Er soll dort unterwegs sein, wo seine Zielgruppen sich befinden – on- und offline. In vielen Fällen ruft diese Erwartung im Onlinebereich eine Konfliktsituation auf den Plan, die es zuvor nicht gab. Zu Post&Pray-Zeiten gab es die Situation nicht und auch beim Messe- und Eventrecruiting kann der Recruiter recht einfach privat und beruflich trennen. Nur sehr selten definiert ein Recruiter das Messegelände zu einem privat häufig besuchten Platz. Online haben wir aber eine andere Konstellation. Netzwerke, die Sie ggf. zuvor ausschließlich privat genutzt haben, sollen nun im Arbeitsalltag verwendet werden. Neben der Frage, ob dies mit dem »privaten« Profil erfolgen soll oder durch ein zweites Business-Profil abgefedert wird, haben wir ein Thema der Ansprechbarkeit. 24/7 wird es scherzhaft genannt – die ständige Erreichbarkeit. Ebenso wie Sie im Kontext Social Media einen sehr privaten Bereich der potenziellen Bewerber betreten, kann dies natürlich auch umgekehrt erfolgen. Hieraus resultiert eine ständige Erreichbarkeit der Recruiter über soziale Netzwerke. Ihr neues Berufsbild macht Sie ein Stück weit transparent und eben diese Transparenz gilt es, bewusst zu steuern und zu managen.

Wir haben Teams mit 8 Personen kennengelernt, die das Thema »Wo befindet sich die Schwelle zwischen Privatleben und Beruf beim #RNG« alle sehr unterschiedlich auffassten. Als Führungskraft kann man als gutes Beispiel vorangehen, aber für wen? Und gibt es eine Variante, die für alle gangbar ist? Die einfache Antwort ist »Nein«. Der Dialog über den Umgang mit 24/7 ist das Ziel. Den individuellen Ansprüchen und Lebensweisen gerecht zu werden oder sich diesen anzunähern, kann nicht mit einer vorgegebenen Standardisierung erfolgen. Wichtig ist an dieser Stelle vor allem, sich bewusst mit dem Thema zu beschäftigen und die Recruiter zu ermutigen, ihre Grenzen für sich selbst zu definieren. Immer wieder den Dialog und das Verständnis für andere Umgangsweisen zu fördern, hilft auch dabei, neue Ideen und Umgangsweisen zu generieren. Was jedoch unumstößlich feststeht, ist, dass der #RNG ein definiertes Aushängeschild des Unternehmens darstellt. Eine gewisse Medienpräsenz und Transparenz geht daher mit diesem neu gestalteten Berufsbild einher. Dieser Fakt muss durch die Inhaber der Stellen – den #RNGs – akzeptiert werden. Wie damit umgegangen werden kann und wie man seine eigene Marke managed, ist dann allerdings wieder sehr stark individualisierbar und macht zudem durch diese Individualisierung erst richtig Sinn. Welche Netzwerke ich als Recruitinginstrumente nutze, hängt von meiner Zielgruppe ab. Welche Netzwerke ich für den Aufbau meiner eigenen Reputation verwende, hängt wiederum von meinen persönlichen Vorlieben ab. Bin ich standortbasiert unterwegs oder aber eher der Blogger. Hier sollte man mit jedem #RNG individuell ein Onlinereputationsmanagement planen. Grundsätzlich gilt aber, dass eine gepflegte Social-Media-Präsenz die Basis sein sollte, auf der ein stetiges Kontaktwachstum aufgesetzt wird. Das ist der Mindeststandard.

Dinge, die darüber hinausgehen, werden durch den Begriff »Celebrity Personaler«, gut aufgenommen: der #RNG als Repräsentant des Unternehmens. Ein Charakter, ein Highlight. Um in diese Ausbaustufe zu gehen, brauchen Sie nicht nur erfahrene #RNGs, sondern auch Führungskräfte, die es verstehen, diese sehr anspruchsvollen #RNGs auch zu coachen.

7.3.4 Soziale Netzwerke

Eine Zeit lang schien es in zu sein, den Web 2.0 »Kram« dem Praktikanten zu geben. Der kommt doch aus der ominösen Gen Y und der ist doch mit dem Zeug groß geworden. Das Verständnis, dass Autofahrer sehr wohl wissen wie ein Auto fährt, aber sich deswegen nicht direkt für die Formel 1 oder aber für die Reparatur der Fahrzeuge qualifiziert haben, ist noch nicht sonderlich verbreitet. Spezialistentum existiert in allen möglichen Bereichen und so auch im Bereich Social Media Recruiting. Hierfür müssen die #RNGs explizit ausgebildet werden, denn neben den simplen anwenderbezogenen Dingen, wie z. B. dem Anmeldungsprozess oder »wie poste ich einen Beitrag«, gibt es eine Reihe von Themen, die weitaus tiefer gehen. Dies fängt mit den Viralitätsfaktoren einzelner Netzwerke an (siehe Kapitel 4) – damit ist die Fähigkeit von Netzwerken gemeint, Nachrichten zu verbreiten; d. h. gibt es limitierende Faktoren, wie beispielsweise den facebookischen #EdgeRank, der die Sichtbarkeit von Beiträgen regelt – und hört bei den Sprachen bzw. Mundarten der einzelnen Netzwerke noch nicht auf. Ist die Nutzung von Hashtags gewünscht, gibt es diese auf den jeweiligen Netzwerken überhaupt? Muss ich in ganzen Sätzen schreiben oder aber geht Inhalt vor Grammatik? Was sind die Gründe, die für eine fotobasierte Kommunikation sprechen, und auf welchen Netzwerken sollte ich diese verstärkt nutzen? Dieses Wissen kann sehr schnell ins Detail abdriften und Sie werden merken, dass sich in Recruiterteams Spezialisten für verschiedene Netzwerke herausbilden werden. Niemand wird alles wissen und gerade dies zieht die Notwendigkeit nach sich, dass die #RNGs untereinander einen intensiven Austausch betreiben.

Wie so vieles unterscheidet sich auch die Art des Social-Media-Know-hows der #RNGs je nach der Zielgruppe, die sie betreuen. Wir halten ein Basis-Know-how, welches bei allen #RNGs gleich ist, für wichtig, aber ab einem bestimmten Punkt geht man in die Vertiefung je Zielgruppe. Hier kristallisiert sich die Verfeinerung des Schulungskonzeptes heraus, denn die Recruiter können in Zielgruppen unterteilt werden. Über diese Unterteilung gliedert sich ihr zu erwerbendes Spezial-Know-how.

Grob wollen wir nochmals grundsätzlich zwischen zwei Hauptaspekten unterscheiden: dem Personalmarketing über Social Media und dem #Sourcing (aktive Suche nach Profilen) über soziale Netzwerke. Diese zwei Ansätze arbeiten zwar beide mit und in sozialen Netzwerken, unterscheiden sich jedoch gravierend in der Vorgehensweise und dem Know-how, welches mitgebracht werden muss. Auch dies haben wir in Kapitel 4 detaillierter behandelt.

Auf der Seite des Personalmarketings sind u. a. die Viralitätsfaktoren und die Sprache eine wesentliche Größe, mit der Sie arbeiten. Im Fall des #Sourcings über soziale Netzwerke müssen Sie bestens über die Suchfunktionalitäten von Google oder dem jeweiligen Netzwerk informiert sein. Können beispielsweise #Boolesche Operatoren verwendet werden? Und wenn ja, in welcher Form?

Soziale Netzwerke haben individuelle Talente. Jedes Netzwerk hat so seine eigenen Stärken und Schwächen. Diese zu kennen, ist Grundvoraussetzung für jeden, der ein #crossmediales Kommunikationskonzept aufbauen will. In der Funktion des #RNG sehen wir sehr wohl die Aufgabe, für Events und Recruitingaktivitäten Kommunikationskonzepte aufzustellen.

7.3.5 Innovation und Kreativität

Es ist noch gar nicht so lange her, dass uns gesagt wurde: »Wir Recruiter müssen nicht innovativ und kreativ sein! Dafür gibt es doch den strategischen Bereich!« Mit einer solchen Meinung gewinnt man bei uns keinen Blumentopf mehr. Innovation und Kreativität sind zwei Dinge, die uns am Leben halten im War for Talents. Die Innovationskraft eines jeden #RNGs muss bis in die dunkelste Prozessecke spürbar sein. Innovation muss nicht immer schillern und leuchten, sondern kann sich auch auf Prozesse und Anwendungen beziehen. Die Kreativität verlangen wir jedem täglich ab. Egal ob Recruitingevents oder aber #Sourcing – in beiden Fällen sehen wir ein hohes Potenzial auf der Kreativitätsspielwiese.

Wie schult man nun diese beiden Dinge? Es gibt viele Übungen und Techniken, die diese beiden Themen fördern sollen. Unsere Erfahrung hat gezeigt, dass das Wichtigste der Raum zum Denken ist. In einem so harten Geschäft wie dem Recruiting derartige Rahmenbedingungen und Freiräume zu schaffen, ist nicht leicht und obliegt der Führung. Definieren Sie Räume und Zeiten, in denen frei gedacht und entwickelt werden darf. Unser bisheriger Ansatz war es, einen regelmäßig stattfindenden Jour fixe als sogenannten Challenging Workshop zu definieren. In diesen Workshops sollen Ideen herausgefordert werden. Das heißt, dass Sie die Köpfe Ihrer Recruiter in diesen Zeitfenstern fordern und damit fördern sollen. Im Zuge dieser Workshops sollen also schlichtweg Ideen hervorgebracht und darüber diskutiert werden. Es sind neue Konzepte, Gedanken oder auch nur die letzten Neuigkeiten aus einem aktuellen Blog, die man in diesem Raum des Workshops auseinandernimmt und herausfordert. Werfen Sie eine Idee hinein, kommen fünf neue heraus. Dabei geht es uns oft so, dass nur jede zehnte Idee das Potenzial zu größerem hat. Aber ohne die neun Ideen zuvor wäre Nummer zehn gar nicht entstanden. Versuchen Sie, eine Kultur im Recruiting-Team zu etablieren, in der man nicht zum Arzt geht, wenn man Visionen hat.

7.3.6 Repräsentation

Mit der Eigenschaft des Repräsentanten müssen sich nicht nur die Recruiter anfreunden. Hier haben Unternehmen oft anzupassende Vorstellungen von Repräsentation und vor allem, wer Repräsentant sein darf. Der Schritt, der hier von beiden Parteien gegangen werden muss, ist, dass Repräsentation seit Social Media keine Frage mehr des Unternehmens ist.

Natürlich müssen gewisse Spielregeln festgelegt werden, aber letzten Endes entscheidet der Bewerber, wen er für den Repräsentanten hält. Je nach Sichtbarkeit sind dies in den meisten Fällen die Recruiter. Diese neue Sichtbarkeit erfordert aber einen bewussten Umgang mit dem eigenen Auftreten. Den einen Teil haben wir bereits im Abschnitt Online-Reputationsmanagement besprochen. Der zweite Teil setzt sich aus sehr banalen Dingen zusammen, wie dem Auftreten, der Präsentationstechnik, der Fähigkeit, frei zu sprechen und vielem mehr. Es handelt es sich dabei überwiegend um eine Frage des Trainings – wie bei so vielem. Dieses wird jedoch häufig vernachlässigt. Der zuvor erwähnte Challenging-Workshop eignet sich natürlich auch für derlei Übungen. Neben dem Feedback zum Konzept, sollte auch stets Feedback zur Präsentationstechnik und auch zu den Charts an sich gegeben werden. Was sich für das Thema Präsentationstechnik und freies Reden zudem sehr gut eignet, ist das Format Power-Point-Karaoke. Dabei geht es darum, dass der Präsentierende erst fünf Minuten vor Präsentationsbeginn die Charts erhält. Er kann sich dann binnen weniger Minuten auf das Thema vorbereiten und muss dann mehr oder weniger aus dem Stegreif den Vortrag halten. Dieses Spiel schult ungemein.

7.3.7 Navigation durch das Unternehmen

Den letzten Punkt, den wir in der Jobprofilauflistung des #RNGs anbringen möchten, ist das Wissen um das eigene Unternehmen. Je größer das Unternehmen ist, desto herausfordernder die Aufgabe, dieses derart gut zu kennen, dass man Bewerber durch den Dschungel der Fachbereiche und Vakanzen ohne Weiteres navigieren kann. Hierbei spielen Netzwerke im Unternehmen eine wesentliche Rolle. Habe ich als Recruiter die eigenen Unternehmensstrukturen verstanden und kenne ich auch Schlüsselfiguren in den Fachbereichen? Bei der Navigation durch das Unternehmen läuft eine Vielzahl von Fäden zusammen. Einerseits steht natürlich der Bewerber im Fokus und dessen unbeschadete Reise durch das Bewerbungsgeäst. Andererseits sollten Sie auch das Bewerber-Stelle-Matching stets auf dem Plan sehen und damit den #Cultural-Fit; d.h. passt der Bewerber zum Fachbereich? Letzteres ist eine Herausforderung, die man durch intensives Netzwerken und Kommunikation mit dem Fachbereich bewältigen kann. Auch das Briefing ganz zu Beginn des Recruitingprozesses ermöglicht es gerade in diesem Punkt, mehrfach nachzufassen, um genau herauszubekommen, was für ein Bewerber gesucht wird.

Die Rolle, die man als Navigator im Bewerbungsprozess annimmt, ist nicht zu unterschätzen. Unter Umständen haben Sie bereits viel Zeit und Mühe in einen Bewerber investiert, bevor es zu einer Bewerbung kam. Nun dafür zu sorgen, dass dieser möglichst schnell, nach Bewerbungseingang auf der richtigen Stelle landet, ist daher essenziell im Sinne eines Investitionsschutzes. Im quasi letzten Prozessschritt einen Bewerber aufgrund von langsamen Prozessen, Undurchsichtigkeit oder mangelnder Transparenz zu verlieren, ist der beste Weg, um Kapazitäten und Geld zu verbrennen. Aber auch das haben wir bereits mehrfach in diesem Buch dargelegt. Das Unternehmen und die Fachbereiche zu kennen, bedeutet für Sie zeitgleich eine gute Quelle für Begleiter zu haben, die Sie auf Messen und Events begleiten können. Nicht jedem macht dies Freude. Diejenigen zu kennen, die Lust daran haben, das eigene Unternehmen auf Veranstaltungen zu präsentieren, kann ein entscheidender Vorteil bei der Planung von Recruiting-Maßnahmen sein.

7.4 Das Schulungskonzept

Das Schulungskonzept baut auf diesen sieben Themengebieten auf. Sie werden nicht Schritt für Schritt abgearbeitet, sondern finden sich teilweise parallel in verschiedenen Sessions wieder. So liegen Social Media und Online-Reputationsmanagement sehr nah beieinander (In Anlehnung an Robindro Ullah, jobnet.com).

Die Schulungen unterteilen wir in einen praktischen Teil und einen eher theoretischen Part. Der theoretische Part ist in drei Blöcke mit jeweils 4 Sessions á 2 Stunden gegliedert. Diese Schulungen finden alle 14 Tage während der Arbeitszeit statt und leben davon, dass Dinge zwischen den Einheiten erprobt und getestet werden können. Während der praktischen Einheiten sind die Recruiter bei den Fachbereichen. Dieser Schulungsteil ist ein fortlaufender, der zunächst intensiv beginnt, indem der Recruiter eine Woche lang mit seinen wichtigsten Fachbereichen mitläuft, und später in einen zweimonatigen Rhythmus übergeht. Man könnte dies dann auch den Fachbereichstag nennen. Diese Vorgehen fördert nicht nur das Verständnis für das Geschäft, sondern auch die Kontakte zu den Fachbereichen.

Die Blöcke der theoretischen Schulungen werden wir nun im Nachfolgenden kurz skizzieren.

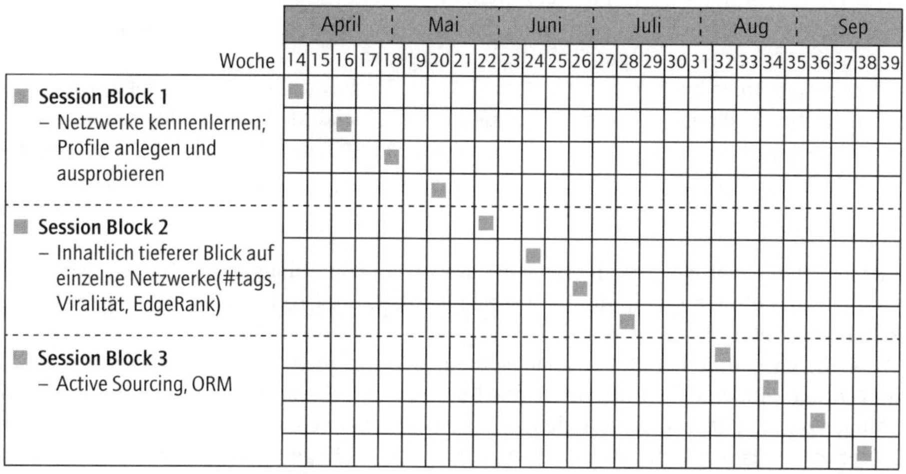

Quelle: eigene Darstellung

Abbildung 91: Schulungsplan RNG

Block 1

Je nachdem, wie Sie Ihre Recruiter ausgewählt haben, also mit welchem Vorwissen diese in die Schulung gehen, können Sie den Start des Blockes 1 variieren. Letztlich geht es zunächst darum, Netzwerke und neue Medien kennenzulernen. Dabei startet man am besten mit den Pflichtprofilen auf Xing und LinkedIn. In Kapitel 4 haben wir bereits verschiedene Gestaltungsmöglichkeiten aufgeführt. Anschließend betrachtet man diese Netzwerke näher und beginnt mit der eigenen Nutzung. Damit ist die Nutzung als Recruiter gemeint – das Netzwerken. Erst anschließend betrachtet man die Nutzung aus Sicht des Recruitings. Hat man diese ersten Gehversuche unternommen, dann folgen weitere Netzwerke – idealerweise beschäftigt man sich zunächst mit Typ 1-Netzwerken und anschließend mit Typ 2- und Typ 3-Netzwerken.

Die Diskussion bezüglich der 24/7-Thematik muss direkt zu Beginn erfolgen. Es ist wichtig, dass jedem bewusst ist, dass es Arbeitszeitgesetze gibt und eine Nutzung der Netzwerke in einem arbeitsbezogenen Kontext nicht außerhalb der Arbeitszeit erfolgen soll. Zudem muss offen über das Abschalten vom Job gesprochen werden. Dies mag überzogen klingen und dennoch bestehen wir darauf, dies zu thematisieren.

Des Weiteren hat das Arbeiten mit sozialen Netzwerken stets ein Auseinandersetzen mit Informationsfluten zur Folge. Diese können reduziert werden, wie beispielsweise mit der Listenfunktion von Twitter, oder aber kanalisiert werden, wie mit der Feedly App.

Block 2

Nachdem man in Block 1 die Grundlagen geschaffen hat, kann man in Block 2 beginnen, die Netzwerke noch detaillierter zu betrachten. So wird der #EdgeRank besprochen und auch verschiedene Nutzungsbedingungen. Wem gehören auf welchem Netzwerk die Bilder, die man hochlädt? Im zweiten Teil kommen nun auch netzwerkübergreifende Themen wie Hashtags hinzu. Letzteres kommt einem Vokabeln lernen gleich. So sollten Recruiter wissen, wofür die gängigsten Hashtags stehen: #ff, #tbt, #doh, #oomf, #WHProject und #biz sollten bekannt sein und darüber hinaus die aktuellen Hashtags der Zielgruppen des Unternehmens. Die Wirkungsweise von Hashtags gehört auch zum Stoff des Blocks 2.

Obendrein geht man die Influencer durch. Wer ist ein Influencer und für welche Zielgruppen ist er dies? Aufgrund der Zeitspanne, die zwischen den Einheiten liegt, lassen sich insbesondere diese Themen auch gut als Aufgaben mitgeben.

Zuletzt sollte hier auch das Thema Social-Media-Recht zur Sprache kommen. Hierzu hatten wir bereits in einem der vorherigen Kapitel den Social-Mediarecht-Blog empfohlen und Nina Diercks. Sich jemanden dazu zu holen, der sich mit dem Thema detailliert auskennt, ist sehr ratsam.

Block 3

Im letzten Block werden grob die Bereiche des Active #Sourcings angesprochen. Nicht jeder Recruiter muss ein Experte in diesem Bereich werden. Ein Grundstock an Wissen reicht z. B. für den Azubirecruiter völlig aus.

Das Thema Online-Reputationsmanagement wird an dieser Stelle ebenfalls vertieft und man geht auf einzelne Recruiter individuell ein. Da das Thema Kommunikation immer wieder aufgekommen ist und auch in den sieben Themenbereichen an erster Stelle stand, gehen wir hier ebenfalls drauf ein. Block 3 kann man auch als Experten-Block bezeichnen, da hier nun externe Berater hinzugeladen werden sollten. So sollten Recruiter ein journalistisches Training genießen sowie ein Moderationstraining. Zudem sollte das Thema Employer Branding aufgegriffen werden und dessen Bedeutung im Zusammenhang mit Recruiting. Für die Basics in diesem Bereich empfehlen wir, die DEBA zu kontaktieren, die wir ebenfalls bereits zuvor in Kapitel 2.4.1 erwähnt hatten.

Viele der Themen, die Sie gemeinsam mit den Recruitern innerhalb der Sessions durchgehen sollten, können Sie diesem Buch entnehmen. Ein paar wenige Bereiche lassen sich aufgrund der hohen Spezialisierung nicht abdecken und müssen daher durch externe Trainer ergänzt werden.

Sind Sie mit den Einheiten durch, so eignet sich der Termin hervorragend dafür, in einen Challenging-Workshop überzugehen. Dieses dauerhafte Arbeiten an den Themen wird Ihnen den größten Mehrwert bieten, wenn es um das Arbeiten mit #RNGs geht. Letztlich können Sie das Basis-Know-how auch deutlich schneller durcharbeiten. Aber Sie wissen selbst, wie es im Tagesgeschäft zugeht.

8 Der Ausblick

Wir nähern uns dem Ende des Buches. Von der Personalplanung über die Ansprache bis hin zur Einstellung haben wir versucht, einen Blick auf die vielfältigen Themen des Recruitings zu werfen. Auf verschiedene Themen haben wir Schwerpunkte gesetzt, wie zum Beispiel das Thema Social Recruiting oder aber auch die Ausbildung der neuen Generation von Recruitern. Insgesamt war es uns dennoch wichtig, Ihnen einen kompletten Überblick aus unserer Sicht mit auf den Weg zu geben. Wir hoffen, es ist uns gelungen. Die Schlüsselbotschaft haben wir allerdings hinreichend oft wiederholt: Das Recruiting muss professionalisiert werden.

Dies Aussage ist leicht daher gesagt. Was genau heißt es, sich zu professionalisieren? Nun, es bedeutet, sich mit all den Themen, die wir in den vorangegangenen Kapiteln vertieft oder auch nur leicht tangiert haben, auseinanderzusetzen. Es heißt, an all diese Themen den Qualitätsmaßstab höchst möglich anzusetzen und vor allem mit vergleichbaren Standards zu arbeiten. Zuletzt bedeutet es für uns, Dinge transparent und messbar zu gestalten, um eine kontinuierliche Verbesserung gewährleisten zu können. Zusammenfassend kann man sagen, wir wollen Recruiting zum Beruf machen. Die Inhalte eines solchen Berufsbildes werden durch das gesamte Buch aufgezeigt und durch Kapitel 7 vertieft. So wie Sie die Spezialisierungen im juristischen Bereich kennen, angefangen von Arbeitsrecht über Erbrecht bis hin zu Scheidungsrecht, werden wir uns zukünftig im HR auch aufstellen müssen, um mit den fortschreitenden Entwicklungen Schritt halten zu können. Recruiting wäre die Spezialisierung, die sich mit dem Gesamtthema Personalgewinnung beschäftigt. Ebenso wie im juristischen Bereich lassen sich hier nochmals feinere Spezialisierungen ausbilden.

In Summe erheben wir keinen Anspruch auf Vollständigkeit. Hierzu unterliegt Recruiting viel zu schnellen Entwicklungszyklen. Ständig entstehen neue Ansätze und kreative Gedanken. Diese Entwicklungsgeschwindigkeit wird sogar noch zunehmen, wenn der Arbeitsmarkt sich weiter verengt. Der Konkurrenzdruck wird ebenso wie das Business die Entwicklung vorantreiben. Sie glauben gar nicht, wie schnell das Recruiting outgesourced wird, wenn es im Unternehmen nicht läuft. Wenn Sie nun denken, dass eine so wichtige strategische Funktion nicht nach außen gegeben wird, mögen Sie hoffentlich recht behalten. Performt diese wichtige interne Funktion aber nicht wie gefordert, wird sich sehr schnell irgendetwas ändern müssen.

Wir hacken nur ungern auf dem Konzept der Personalabteilung herum, aber es wird Zeit, dass sich auch dieser langsame, behäbige Apparat bewegt. Einer, der alles kann, so lässt sich die Rolle des HR-Businesspartners wohl am besten beschreiben. Natürlich klingt es für den Fachbereich charmant, bei allen Fragen des allgemeinen Berufslebens sich an ein und dieselbe Person zu wenden – eine Art Keyaccount. Dass sich dieser Keyaccount keine Hilfe von Spezialisten holt, sondern meint, alles selbst bewältigen zu können, ist den Fachbereichen vermutlich selten bewusst. Wüssten diese davon, könnten sie sich zumindest die schlechte Qualität und das daraus folgende schlechte Image der Personalabteilungen in den Unternehmen erklären. Wir wollen unsere Kollegen nicht schlecht reden und wir wertschätzen die Arbeit, die sie bis heute getan haben. Hier geht es eher um eine fachliche Überforderung einer Struktur, die den heutigen Ansprüchen nicht mehr gewachsen ist. Eine 2012 durchgeführte Studie von Professor Dr. Beck (Beck 2012, S. 9 ff) sollte uns den Weckruf verpassen. Leider war es wohl der Todesstoß, denn aufgewacht ist niemand. Die Studie zeigt eindrucksvoll die verschobene Selbstbild/Fremdbild-Wahrnehmung der HR-Abteilungen deutscher Unternehmen. Es kommt sehr deutlich heraus, dass die Fachbereiche HR für einen etwas besseren administrativen Bereich halten, der außer Abrechnung nichts hinbekommt. Leider wirkte ebenso deutlich die Meinung der Personaler von sich selbst in exakt die entgegengesetzte

Richtung. Strategische Partner des Business, die einen echten Mehrwert liefern, wollen wir sein. Seien wir sogar schon, wenn man uns fragt. Zu unserem Leidwesen sieht das unser Kunde leider völlig anders. Aber wer braucht schon Kunden? HR als Selbstzweck – das funktionierte doch auch in der Vergangenheit sehr gut.

Warum erzählen wir Ihnen das alles? Sind das Ausblicke? Sollen Sie sich schlecht fühlen? Nein, wir wollen, dass sich etwas ändert. Wir wollen mehr Service-Mentalität im HR, mehr Professionalität, mehr Ehrgeiz für die Sache. Diese Forderung steht ganz unabhängig von der Disziplin. Wir brauchen dies in allen Bereichen – eventuell abgesehen von der Entgeltabrechnung. Dort scheinen wir sehr gut aufgestellt zu sein, wenn man das Business fragt. Aufgrund unserer Werdegänge versuchen wir, die Professionalität in die Personalgewinnung zu bringen. Der Bereich Mitarbeiterentwicklung hat es aber ebenso dringend nötig. Aber wie kann es sein, dass früher diese Forderungen nicht bestanden? Das ist leicht erklärt. Früher hatte der Mitarbeiter noch nicht den gleichen Stellenwert wie heute. Früher hatten wir noch keinen Bewerbermarkt. Früher hatten wir noch keine so technisierte und digitalisierte Arbeitswelt, die ganz andere Bedingungen und Möglichkeiten geschaffen hat. Glauben Sie wirklich, dass ein Autobauer, nachdem sich sein gesamter Absatzmarkt gedreht hat, weiterhin seine Autos wie bisher baut? Stellen Sie sich mal vor, man hätte Schritt für Schritt alle Straßen entfernt, weil moderne Autos jetzt fliegen und Tankstellen gehören zunehmend der Vergangenheit an aufgrund der neuartigen Solartechnologie. Was glauben Sie geschieht mit einem Autobauer, der weiterhin fahrende Autos mit Dieselmotor baut?

Unsere gesamte Umwelt hat sich verändert. Das Leben potenzieller Bewerber hat sich gewandelt. Generation Y und Z sind mit digitalen Medien groß geworden und strömen nun in die Arbeitswelt. Parallel verknappt sich die Ressource der guten Mitarbeiter. Die Kommunikation der Welt hat sich verändert. Wir folgen heute neuen Gesetzmäßigkeiten. Und dennoch, wir HR'ler glauben fest daran, dass unsere jahrzehntealten Konzepte weiterhin funktionieren würden. Wir sind eine der wenigen Gruppen, die glaubt, die Welt sei vor 20 Jahren stehen geblieben. Vielleicht ist es schon zu spät, den enormen Imageschaden, den wir in den vergangenen Jahren erlitten haben, wieder zu beheben. Wir haben im HR einen signifikanten Innovations- und Entwicklungsstau, den wir im Grunde schnellstmöglich abarbeiten sollten.

Dieses Kapitel trägt den Titel Ausblick. Die bisherigen Zeilen werden diesem Titel allerdings noch nicht gerecht. Unserer Ansicht nach muss man sich die aktuelle Lage aber erst einmal vor Augen führen, bevor man den Ausblick verstehen kann. Diesen würden wir in verschiedene Szenarien gliedern wollen, denn noch haben wir die Chance, den Ausblick mitzugestalten.

Szenario I: Administration

Der Personalbereich besteht weiterhin auf dem Allrounder-Prinzip und lässt den HR-Businesspartner alle Tätigkeiten federführend steuern. Die Fachbereiche werden weiterhin die Qualität der Personalabteilungen bemängeln. Dort, wo es Personalvorstände oder Personal-Geschäftsführer gab, werden diese sukzessive abgeschafft und dem Bereich Finanzen oder dem Vorsitzenden der Geschäftsführung untergeordnet. Einen administrativen Bereich, der nicht strategisch denken kann, braucht man nicht in der Unternehmensführung. Bereiche wie Personalgewinnung und Personalentwicklung werden outgesourced. Mitarbeiterbindung wird stärker durch die Führungskräfte übernommen, die gemeinsam mit externen Trainingsdienstleistern die Zukunft ihrer Mitarbeiter planen. Die administrativen Tätigkeiten des Recruitingprozesses werden im Unternehmen behalten, die wertigen, kritischen Tätigkeiten werden an Personaldienstleister vergeben. Es findet eine Verschiebung der HR-Know-how-Träger aus dem Unternehmen heraus in den Bereich der Dienstleister statt.

Szenario II: strategischer Partner

Wir werden uns unserer Verantwortung bewusst und strukturieren den HR-Bereich unseres Unternehmens grundlegend neu. Wir bilden echte Spezialisten-Funktionen aus und geben administrative Tätigkeiten nach außen. Als Partner des Business beraten wir bei strategischen Managemententscheidungen und setzen die personalseitigen Veränderungen parallel innerhalb des Unternehmens um. HR wird ein Treiber von Innovation und Technologie. HR ist Mitglied der Unternehmensführung auf Augenhöhe. HR nimmt dann eine veränderte Rolle ein. Die ehemaligen HR-Businesspartner könnte man dann eher mit HR-Projektmanagern, HR Consultants oder HR Sales Manager bezeichnen. Ihre Aufgabe ist es, Projekte zu koordinieren, in Belangen der Personalplanung zu beraten und HR-Produkte zu verkaufen. Den Rücken stets gestärkt durch Experten.

Das sind die zwei großen groben Szenarien, die wir in naher Zukunft sehen. Gegebenenfalls werden sich einige Unternehmen eher in Richtung des einen Szenarios entwickeln und andere in die andere Richtung. Wenn wir uns aber so umschauen, glauben wir zum jetzigen Zeitpunkt eher an eine Entwicklung in Richtung Szenario I. Steigen wir eine Ebene tiefer ein, können wir die Entwicklung des Recruitings betrachten, die sich ganz unabhängig von den Szenarien vollziehen wird. Dass es eine Weiterentwicklung geben wird, steht außer Frage. Der Markt verlangt danach. Ob dies innerhalb des Szenario I oder des Szenario II erfolgen wird, steht wie gesagt auf einem anderen Blatt.

Unsere Gedanken zur Weiterentwicklung des Recruiting lösten bis heute schon einige heiße Diskussionen aus. Durch dieses Buch wird sich das sicherlich nicht verbessern – soll es aber auch nicht. Die Reibungsenergie wird uns guttun. Was unserer Meinung nach wichtig ist, ist die systemische Betrachtung des Themas. Die isolierte Betrachtung wird uns nicht weiterbringen, da man dann die Einflussfaktoren von außen ignoriert. Wie bereits beschrieben, waren wir bislang als HRler ziemlich gut darin, zum Beispiel die Zielgruppe (den Mitarbeiter) auszublenden. Recruiting am Markt vorbei zu entwickeln, das wäre keine gute Idee.

Im Nachfolgenden wollen wir zwei Ausblicke auf einer Metaebene skizzieren, wie sich Recruiting in Zukunft weiterentwickeln kann. Ganz unabhängig von unserer Vorrede bezüglich der Verortung; also innerhalb eines Unternehmens oder außerhalb. Beginnen wir mit dem Ausblick der Vollautomatisierung.

Ausblick Vollautomatisierung

Die technischen Entwicklungen im Bereich Recruiting und die voranschreitende Transparenz legen eine Vollautomatisierung der Prozesse nahe. Recruiter im klassischen Sinne braucht man dann eigentlich keine mehr. Lediglich IT-Administratoren sind dann noch notwendig. In Zukunft wird jeder Mensch irgendeine Form von Lebenslauf im Social Web pflegen. Die Profile der großen Netzwerke werden einfach um die notwendigen Informationen erweitert, so wie wir es heute von den Businessnetzwerken kennen. Die fachliche Seite kann also de facto bereits heute automatisiert geprüft werden. Die persönliche Kompatibilität wird dann durch komplexe Algorithmen aus den Posts geschlossen oder aus anderen Aktivitäten im Social Web. Sie werden eine Stellenanforderung in ein Tool eingeben zuzüglich der Teamdaten und einer Art Kennzahl für die Unternehmenskultur. Anschließend wird das Tool das gesamte Web absuchen und am Ende des Tages die bestmögliche Besetzung ausspucken. Der Fachbereich müsste dann noch die Ansprache durchführen, aber vielleicht brauchen wir hierfür doch noch eine Art Recruiter. Vollautomatisiertes Recruiting inklusive Auswahl und Big Data wird es gegebenenfalls möglich machen. Der Recruiter würde durch eine derartige Entwicklung eher zu einem Talentmanager werden. Wir hätten auch viel mehr Zeit, um uns um die Entwicklung und die passende Ausbildung der Mitarbeiter zu kümmern.

Ausblick Job Tours

In eine ähnliche Richtung wie der vorherige Ausblick geht auch die Vision der Job Tours. Diesen Namen haben wir einem hervorragenden Artikel aus dem Harvard Business Review entliehen. Der Beitrag von den Autoren Reid Hoffman, Ben Casnocha und Chris Yeh trug den Titel »Tours of Duty« und berichtete vereinfacht gesagt, von dem Ende des unbefristeten Arbeitsverhältnisses (Hofman/Casnocha/Yeh 2013). Er schreibt von einer sogenannten Allianz auf Augenhöhe, die sich durch die veränderte Arbeitswelt ergeben hat. Hatte man bislang noch die Situation im Unternehmen, dass der Mitarbeiter sein Leben lang bei einer Firma bleibt und dafür seinen Lohn erhält, sehen die Ansprüche der Bewerber heute anders aus. Früher entwickelte sich zwar das Unternehmen weiter, aber der Mitarbeiter erhielt im Grunde »nur« Geld und eine Scheinsicherheit, die man unbefristeten Arbeitsvertrag nannte. Ein klassisches Arbeitsverhältnis würden wir wohl auch heute noch sagen. Der Wandel der Gesellschaft bringt auch ein verändertes Anspruchsdenken von zukünftigen Mitarbeitern mit sich, denen dieses klassische Arbeitsverhältnis längst nicht mehr ausreicht. Sie benötigen eine Allianz, in der beide ihren Lebensunterhalt verdienen und beide sich weiterentwickeln. Nach der Allianz sind beide mehr wert als vorher, womit beim Mitarbeiter nicht die Ersparnisse gemeint sind. Der Mitarbeiter sorgt dafür, dass das Unternehmen nachhaltig am Markt erfolgreich bleibt und das Unternehmen sorgt dafür, dass der Mitarbeiter nachhaltig am Arbeitsmarkt erfolgreich bleibt. Die Marktwerte beider steigen also. Damit schaffen sich beide eine unabhängige Überlebenschance. Die frühere Abhängigkeit des Mitarbeiters, der über Jahrzehnte bei einem Unternehmen gearbeitet hat, und dann, sollte das Unternehmen mal abbauen, am Arbeitsmarkt kaum einen Wert hatte, ist vorbei. Spinnen wir den Gedanken von Hoffman et al. (ebd.) weiter, so haben wir gravierende Auswirkungen auf die Rekrutierung: Mitarbeiter würden zu Unternehmern werden und projektbezogen eingesetzt werden. Dies muss nicht nicht zwingend stets im selben Unternehmen sein. Unternehmensübergreifende Entwicklungspfade kämen ins Spiel, was wiederum bedeutet, dass man einen ganz anderen Wert auf Alumninetzwerke legen muss und Bumerang Hirings zum Alltag gehören. Der Recruiter, den wir in diesem Ausblick tatsächlich Talent Manager nennen müssten, hätte ein sehr weitreichendes Netzwerk an Talenten auf allen Hierarchieebenen. Sein Denken wäre an den Entwicklungsperspektiven der einzelnen Unternehmer-Mitarbeiter ausgerichtet. Die persönliche Weiterentwicklung jedes Einzelnen stünde im Vordergrund.

Sie merken, hier wird sich mit Sicherheit noch einiges tun. So wie wir derzeit die Personalgewinnung in Deutschland erleben, wird sie sich in wenigen Jahren nicht mehr darstellen. Ob unsere Visionen tatsächlich eintreffen, können wir Ihnen nicht sagen. Was wir Ihnen aber versprechen können, ist, dass die Diskussion über die Szenarien und Ausblicke uns alle weiterbringen wird. Vielleicht gelingt es uns, zwischen Ihnen, liebe Leserin und lieber Leser, und uns beiden, eine Allianz aufzubauen. Wir geben Ihnen so viele Ideen, Gedanken und Wissen mit, wie wir können, und Sie »challengen« unsere Gedanken mit dem erworbenen Wissen.

9 #Glossar

Active #Sourcing – bedeutet: »Nutzung von Suchmaschinen, Sozialen Netzwerken und Netzgemeinschaften für Zwecke der kurz- und mittelfristigen Sellenbesetzung (Strzygowski 2014, S. 104).

Anforderungsprofil – das Anforderungsprofil gliedert die Stellenbeschreibung und benennt erfolgskritische Fähigkeiten, Kenntnisse und Anforderungen, die an den zukünftigen Stelleninhaber zu stellen sind.

Arbeitgebermarke – Die Arbeitgebermarke, auch Employer Brand genannt, soll Bewerbern signalisieren wofür das Unternehmen steht und was seine Alleinstellungsmerkmale als Arbeitgeber sind.

Arbeitsmarkt – ist der Ort »... an dem die Nachfrage nach Arbeitskräften mit dem Selbstangebot von Arbeitskräften zusammentrifft« (Brinkmann 1981, S. 225).

#Augmented Reality – auf Deutsch: erweiterte Realität, wird die computergestützte Erweiterung der Realität durch virtuelle Inhalte genannt. Dabei kommen verschiedene Apps zum Einsatz, die die virtuellen Inhalte beispielsweise auf Smartphones zum Vorschein bringen (z. B. Ikea-Katalog).

#Baidu – ist eine chinesische Software, die wie google.de das Internet nach eingegebenen Suchanfragen durchsucht. #Baidu ist Marktführer in China.

Bewerbermagementsoftware – bezeichnet eine Software, mit der der gesamte Bewerberprozess bis hin zur Ausschreibung von Stelleausschreibung und Marketingaktivitäten gesteuert werden kann.

Bewerbertracking – Hier wird die lückenlose Dokumentation des Bewerbungsprozesses eines Bewerbers gemeint. Für das sogenannte Tracking, die Ablaufverfolgung, kann eine Bewerbermanagementsoftware zum Einsatz kommen.

#Bing – ist eine Internetsuchmaschine, die analog zu google.de das Internet nach eingegebenen Suchanfragen durchsucht.

#Bio – bezeichnet ein Feld bei Twitter, in welchem der Eigentümer des Twitter-Accounts Informationen hinterlegen kann. Hier können persönliche Angaben gemacht werden. Meist wird an dieser Stelle die Intention des Twitter-Accounts hinterlegt.

Blog – stammt von dem Begriff »Weblog« und bedeutet Logbuch. Bei diesem Logbuch werden die neusten Artikel immer oben aufgeführt. Ein Blog wird von einem oder mehreren Bloggern betrieben. Am bekanntesten sind Fashion-Blogs, bei denen Blogger über aktuelle Modetrends berichten. Aber auch im Personalwesen existieren verschiedene Blogs (siehe Anhang).

#Blogroll – eine #Blogroll führt Links zu anderen, aus Sicht des Bloggers, lesenswerten Blogs auf.

bonding Studenteninitiative e. V. – Ist eine Studenteninitiative, die es sich zum Ziel gesetzt hat, Studenten schon während des Studiums Einblicke ins spätere Berufsleben zu ermöglichen und Kontakte zwischen Studenten und Unternehmen herzustellen (Quelle: bonding.de).

#Bookmarking/Social Bookmarking Social Bookmarks sind Lesezeichen *(engl. bookmarks)*, die zu bestimmten Webseiten führen. Diese werden nicht wie gewöhnlich im Browser, sondern in einem Social-Bookmark-Portal im Internet gespeichert. Hier können Nuztzer auch entscheiden, ob und welche der eigenen Bookmarks für andere Nutzer sichtbar sind (Quelle: http://www.onlinemarketing-praxis.de/glossar/social-bookmarks-social-bookmarking)

#Boolsche Operatoren – Um bei einer Suche in einer Suchmaschine verschiedene Begriffe bzw. Suchparameter miteinander zu verknüpfen, können #Boolsche Operatoren AND (= und), OR (= oder) und NOT (= nicht) verwendet werden (Quelle: http://intercessio.de/?s=#Boolsche+Operatoren).

#Brand Advocates – In Anlehnung an Professor Dr. Martin Grothe haben wir diesen Begriff eingeführt, da der Begriff des Markenbotschafters suggeriert, dass der Mitarbeiter ähnlich wie ein Botschafter nicht seine eigene Meinung vertritt. Da dies im Social Web nicht der Fall ist, halten wir den Begriff des #Brand Advocates für treffender.

Browser – Der Browser ist ein Programm zur grafischen Darstellung der Inhalte des World Wide Web (WWW) (Quelle: http://wirtschaftslexikon.gabler.de/Archiv/76972/browser-v11.html).

#Buzzword – wird auch als Schlagwort bezeichnet, das eine große Aufmerksamkeit erzeugt.

#Candidate Experience -« beschreibt das individuelle Erleben von Rekrutierungsprozessen bei einem potenziellen Arbeitgeber durch den jeweiligen Bewerber. Sie bildet sich aus der Summe der in diesem Kontext gesammelten Erfahrungen mit diesem Arbeitgeber und seinen Vertretern. Diese Erfahrungen des Bewerbers werden potenziell an allen Berührungspunkten (Touchpoints) mit dem Arbeitgeber geprägt und können in personaler und nonpersonaler Form erlebt werden« (Athanas/Wald 2014, S. 3).

#Contentmarketing – stammt aus dem Verkauf von Produkten und bedeutet, dass mittels markenbezogenem Inhalt, dem Content, Käufer zum Kauf bewegt werden sollen.

Corporate Design – ist das visuelle Erscheinungsbild eines Unternehmens im Rahmen und zur Unterstützung der von der Corporate Identity vorgegebenen Ziele.

Corporate Identity – lässt sich mit Unternehmensidentität übersetzten und vereint alle Maßnahmen die auf diese Identität einzahlen.

#Crossmedial – bedeutet die Verknüpfung verschiedener Kommunikationskanäle zur optimalen Platzierung einer Botschaft.

#Cultural-Fit – Die Anforderungen des #Cultural-Fit lassen sich in persönliche Faktoren und persönliche Einstellungen untergliedern. Dabei werden Kernkompetenzen, Fähigkeiten, Fertigkeiten und Wissen den persönlichen Faktoren zugeschrieben und den persönlichen Einstellungen Anforderungen wie Werte, Ethik und Normen.

#EdgeRank – bezeichnet den Algorithmus, der in dem sozialen Netzwerk Facebook die Reihenfolge bestimmt, in der die Beiträge im Newsfeed angezeigt werden (Quelle: https://de.onpage.org/wiki/EdgeRank).

#Embedded Code – mit Hilfe dieses Codes können onlinebasierte Inhalte auf Webseiten integriert werden, z. B. Videos.

Employer Branding – »... ist die identitätsbasierte, intern wie extern wirksame Entwicklung und Positionierung eines Unternehmens als glaubwürdiger und attraktiver Arbeitgeber« (DEBA nach Kriegler 2012, S. 23).

Fachkraft – ist eine Person, die eine abgeschlossene Berufsausbildung unabhängig von Branche und Berufsgattung absolviert hat.

Fachkräftemangel – « ist (...) gegeben, wenn unter Berücksichtigung der beruflichen Flexibilität der Bedarf an ausgebildeten Fachkräften erkennbar und dauerhaft über dem Angebot an ausgebildeten Fachkräften liegt. Hiervon abzugrenzen ist der Arbeitskräftemangel, der die notwendige berufliche Qualifikation nicht berücksichtigt und auch nicht formal beruflich Qualifizierte mit einbezieht« (Bundesinstitut für Berufsbildung (BIBB) et al. 2014, S. 3).

#Flash – ist eine Software des Herstellers Adobe und dient der Programmierung und Darstellung verschiedener Inhalte auf Internetseiten.

#Foursquare/Swarm – ist der Vorreiter der lokationsbasierten Dienste. Die App nutzt die GPS-Funktionalität mobiler Geräte, um den Standort des Nutzers festzustellen und Informationen zu örtlichen Unternehmen und Einrichtungen anzuzeigen (Quelle: http://social-media-abc.de).

#Frechmut – Jörg Buckmann prägte 2013 den Begriff. Er vertritt dabei die Auffassung, dass erfolgreiches Personalmarketing nur funktioniert, wenn man mutig und frech ist. Daraus erschuf er den Begriff #Frechmut.

#Gallup Studie – Das deutsche Forschungsinstitut #Gallup veröffentlich jährlich eine Studie zur Mitarbeiterzufriedenheit.

#Glasdoor – ist eine mittlerweile international agierende Arbeitgeberbewertungsplattform, die derzeit auf dem Vormarsch in Europa ist.

#Green Recruiting – Bei diesem Recruiting Ansatz werden ausschließlich Produkte verwendet, die eine positive Ökobilanz aufweisen und somit »grün« sind.

HR-Marketing – (auch Personalmarketing) umfasst die Erstellung zielgruppenspezifischer sowie unspezifischer Tools zur Ansprache der gewünschten Zielgruppen bzw. zur Erzielung des gewünschten Effektes auf Basis der aus dem Employer Branding erwachsenen Arbeitgebermarkenpositionierung bzw. den Kernbotschaften« (Ullah/Witt 2014).

#HTML 5 – HTML5 ist die überarbeitete und neueste Version der Hypertext Markup Language (HTML), der Standard-Programmiersprache, um Inhalte von Websites zu beschreiben und darzustellen (Quelle: http://www.searchenterprisesoftware.de).

Jobbörse – »Eine Jobbörse ist ein internetbasierter Online-Stellenmarkt in welchem Betreiber Stellenangebote von Arbeitgebern und/oder Stellenangebote von Bewerbern mittels Informationsabfrage und -Selektion zur Vermittlung bereitstellt« (Quelle: Crosswater Systems).

#JobBot – ist ein kleines Programm, das über Twitter automatisiert Jobs postet.

Jobfamilien – fassen Jobs mit gleichen oder sehr ähnlichen Anforderungsprofilen zusammen.

KPI – Als Key Performance Indicators *(kurz: KPI)* gelten Schlüsselkennzahlen, die die unternehmerische Leistung widerspiegeln und als Zielvorgaben dienen.

#Kununu – ist eine Arbeitgeberbewerbungsplattform die dem Businessnetzwerk Xing gehört und in der DACH-Region operiert.

#Location Based Network (LBN) – gehören zu den #Location Based Services, tragen aber zudem den Netzwerkgedanken und ermöglichen es den Usern, sich auszutauschen.

#Location Based Services (LBS) – sind Dienste, die zur Erbringung eines Services oder Bereitstellung einer Information Ihren aktuellen Standort verwenden.

Matching – »Im Matching-Prozess werden die Bewerber mit dem Stellenprofil verglichen, um zu ermitteln, welcher Kandiatet für die jeweilige Stelle geeignet ist (Wottawa et al. 2004, S. 130).

Onboarding – »Unter Onboarding versteht man im Personalwesen die Maßnahmen, die die Integration eines neuen Mitarbeiters in ein Unternehmen fördern. In der Regel durchläuft der Mitarbeiter in der Zeit zwischen Vertragsunterschrift und finaler Einarbeitung verschiedene Phasen, die es durch Onboarding-Maßnahmen abzudämpfen gilt. Hierbei geht es darum, die Diskrepanzen zwischen den Erwartungen des Bewerbers und des Unternehmens zu überbrücken« (Habermann 2012).

#One-Klick-Bewerbung – Dies ist ein online Bewerbungsprozess, der es dem Bewerber ermöglicht, sich mittels eines Klicks zu bewerben.

#Page Impressions – ist ein Begriff aus der Webanalyse. Dieser bezeichnet einen Sichtkontakt oder auch den Seitenabruf eines gesamten HTML-Dokuments mit einem Browser (Quelle: https://de.onpage.org).

#Parsing/Parser – Parsing (to parse = Syntax analysieren) bedeutet das automatische Einlesen von Lebensläufen in eine Bewerbermanagement-Software (Quelle: http://www.milchundzucker.de/Presse/Trends-im-E_Recruiting/CV-Parsing-_-Turbo-f%FCr-die-Onlinebewerbung.html).

#Personal-Fit – Der #Personal-Fit vereint alle formalen Kriterien, die an den zukünftigen Stelleninhaber gestellt werden sollen. Vor allem werden hier Daten zur notwendigen Qualifikation, Ausbildung und Weiterbildungen benannt. Auch nachweisbare Berufserfahrung, Sprachkenntnisse und Auslandsaufenthalte werden dieser Rubrik zugeordnet.

Personalmarketing – verwenden wir synonym zum HR-Marketing: Es umfasst die Erstellung zielgruppenspezifischer sowie unspezifischer Tools zur Ansprache der gewünschten Zielgruppen bzw. zur Erzielung des gewünschten Effektes auf Basis der aus dem Employer Branding erwachsenen Arbeitgebermarkenpositionierung bzw. den Kernbotschaften« (Ullah/ Witt 2014).

#Person-Organisation-Fit – kann auch als #Cultural-Fit bezeichnet werden und vereint alle Ausprägungen, die die Person und dem Unternehmen gemeinsam hat. Angesprochen sind hier Werte, Normen und Einstellungen.

#Podcast – Audio- und Videobeiträge, die über das Internet zu beziehen sind. Bei dem Begriff Podcast handelt es sich dabei um ein Kunstwort, welches sich aus Pod für »play on demand« und cast, abgekürzt vom Begriff Broadcast (Rundfunk), zusammensetzt (Quelle: http://wirtschaftslexikon.gabler.de/Archiv/596505882/podcast-v2.html)

#Recrutainment – »bezeichnet den Einsatz spielerisch-simultativer Elemente in Berufsorientierung, Employer Branding, Personalmarketing und Recruiting« (Quelle: Joachim Dierks).

#Responsive – Responsive Webdesign stellt eine aktuelle Technik zur Verfügung, welche es ermöglicht mit Media-Queries das einheitliche Anzeigen von Inhalten auf einer Website zu gewährleisten. Hierbei wird das Layout einer Website so flexibel gestaltet, dass dieses auf dem Computer- Desktop, Tablet und Smartphone eine gleichbleibende Benutzerfreundlichkeit bietet und der Inhalt gänzlich und schnell vom Besucher aufgenommen werden kann (Quelle: http://www.responsive-webdesign.mobi/was-ist-responsive-webdesign/)

#RNG – Diese Abkürzung steht für Recruiter Next Generation und bezeichnet einen proaktiven auf den neuen Arbeitsmarkt vorbereiteten Recruiter.

#Search Engine Marketing (SEM) – SEM wird im Deutschen Suchmaschinen-Marketing genannt. »Suchmaschinen-Marketing umfasst alle Maßnahmen zur Gewinnung von qualifizierten Besuchern über Suchergebnisseiten in Suchmaschinen« (Bundesverband Digitale Wirtschaft (BVDW) e. V. http://www.bvdw-sem.de/glossar/suchmaschinen-marketing.html).

#Search Engine Optimization (SEO) – SEO wird im Deutschen Suchmaschinen-Optimierung gennant. »Unter Suchmaschinen-Optimierung versteht man alle Maßnahmen, die dazu geeignet sind, eine bessere Platzierung in den redaktionellen Ergebnisseiten von Suchmaschinen zu erreichen« (Lammenett 2009, S. 155).

#Second Screen – Der Begriff »#Second Screen« beschreibt die Nutzung eines zweiten Endgerätes beispielsweise eines Smartphones oder ein Tablets (der »Zweite Bildschirm«) während des laufenden Fernsehprogramms.

#Snapchat – ist ein App aus den USA, mit denen Freunde Fotos/Momentaufnahmen bzw. Textnachrichten teilen, die sich nach kurzer Zeit selbst auflösen. Sinn und Zweck von #SnapChat ist das Verschicken von Augenblicken, die nicht perfekt oder durchdacht sind (Quelle: http://www.online-marketing-kompakt.com).

Social Media – (deutsch: soziale Medien) ist der Überbegriff für Medien, in denen Internetnutzer Meinungen, Eindrücke, Erfahrungen oder Informationen austauschen und Wissen sammeln (engl.: User Generated Content, UGC) (Quelle: onlinamaketing Praxis).

Social-Media-Personalmarketing (SMP) – Unter Social-Media-Personalmarketing verstehen wir Aktivitäten, die primär darauf abzielen, das Unternehmen als Arbeitgeber darzustellen. Erst im zweiten Schritt führen diese auf Stellenausschreibungen oder zu Recruitingevents. Beispiele für klassische SMP Maßnahmen sind Facebook Fanpages, Twitter Accounts, Google + Accounts etc.

Social Media Recruiting (SMR) – Unter Social Media Recruiting verstehen wir die Suche und direkte Ansprache von Kandidaten über das Internet bzw. Social Web. Beispiele hierfür sind Direktansprachen über Businessnetzwerke wie Xing oder LinkedIn.

#Sourcing – auch #Active Sourcing – bedeutet: »Nutzung von Suchmaschinen, Sozialen Netzwerken und Netzgemeinschaften für Zwecke der kurz- und mittelfristigen Sellenbesetzung (Strzygowski 2014, S. 104).

Stellenausschreibung – ist die (Arbeits-) marktgerechte Umsetzung der Stellenbeschreibung und dient zur Ansprache von Interessenten. Sie wird auch Stellenangebot, Jobangebot oder Ausschreibung genannt.

Stellenbeschreibung – ist die verbindliche, in schriftlicher Form abgefasste Fixierung der organisatorischen Eingliederung einer Stelle im Betrieb hinsichtlich ihrer Ziele, Aufgaben, Kompetenz, Pflichten etc. (Quelle: wirtschaftslexikon-gabler.de)

#Stop Motion Technik – Stop-Motion-Filme sind Filme, die aus Einzelbildern zusammengesetzt werden. Dabei wird quasi die Illusion einer Bewegung erzeugt, indem die Figuren oder Gegenstände im Film sich in jedem Einzelbild ein kleines bisschen bewegen (Quelle: jugend netz-berlin.de)

#Storytelling – Mit dem Sammelbegriff Storytelling ist das Erzählen von möglichst authentischen Geschichten gemeint, deren Inhalt den Kindern durch Tonfall, Gestik, Mimik, Geräusche, Requisiten und visuelle Unterstützung verständlich gemacht werden kann (Quelle: http://nibis.ni.schule.de/).

#Suchmaschinenoptimierung siehe: Search Engine Optimization (SEO).

Talent Management – »Talent Management bezeichnet jene Organisationskonzepte und -maßnahmen, die sich gezielt mit Gewinnung, Erhaltung und Entwicklung von gegenwärtigen oder zukünftigen Mitarbeitenden auseinandersetzen, die aufgrund ihrer vergleichbaren knappen, stark nachgefragten und für die Organisation zentralen Schlüsselkompetenzen als Talente bezeichnet werden« (Ritz 2011, S. 109.

Talent Relationship Management (TRM) – »Das Talent Relationship Management (TRM) beschreibt die aktive und frühzeitige Kontaktaufnahme zu potenziellen Kandidaten mit dem Ziel, eine Beziehung aufzubauen und diese nachfolgend systematisch zu pflegen. Durch den damit zusammenhängenden Aufbau eines Talentpools erfolgt die Besetzung einer Funktion in kurzer Zeit, sowie mit einer von Anfang an hohen Qualität« (Bender 2014, S. 4).

#Timeline – ist der Bereich bei Twitter, in dem die Posts der Personen angezeigt werden, denen sie folgen.

Touchpoint – »ist ein Begriff des Marketings. Er steht für einen Ort, an der Schnittstelle eines Unternehmens, einer Marke, eines Wirtschaftsguts (z. B. Ware, Dienstleitung) zu möglichen, tatsächlichen oder ehemaligen Kunden, Lieferanten oder anderen Stakeholdern« (Winters 2014).

#Tumblr – »Tumblr ist ein Netzwerk aus Mikroblogs, das sich durch Einfachheit auszeichnet und seit 2013 zum Internetkonzern Yahoo gehört« (Lumma et.al. 2013, S. 44).

#Umberto – Aufgrund der Ähnlichkeit der Begriffe Recruiter 2.0 und Recruiter Next Generation wurden diese beiden immer wieder verwechselt, obwohl der #RNG einen deutlich weiter gefassten Ansatz verfolgt als sein Pendant. Aus diesem Grund wurde der #RNG in Fachkreisen #Umberto getauft, um die Unterschiedlichkeit zum bisherigen Konzept zu verdeutlichen.

#Unique Visitors – dt. »Einzelner Besucher«. Bezeichnung der Gesamtzahl der Besucher einer Website, dabei wird jeder Besucher in einem bestimmten Zeitraum nur einmal gezählt, unabhängig davon, wie oft er in diesem Zeitraum die Website erneut aufruft (Quelle: http://www.lexikon-suchmaschinenoptimierung.de).

Vakanz – Der Personalbedarf eines Unternehmens wird in durch Vakanzen abgebildet. Eine Vakanz ist eine (ganz oder teilweise) zu besetzende Planstelle, die von Recruiter betreut wird.

#Vine – Vine ist seit Oktober 2012 eine Twitter-Tochter. Es handelt sich dabei um eine – vor allem in den USA sehr erfolgreiche – App, mit der sich sog. Looping Videos erstellen und teilen lassen. Looping Videos ist so zu verstehen, dass die Videos a) sehr kurz sind (sechs Sekunden), vor allem aber b) am Ende wieder von vorn beginnen (Quelle: kein-aprilscherz-sondern-geile-idee-stellenanzeigen-in-form-von-vine-videos-bei-voith-interview-mit-robindro-ullah).

#Zielgruppe – Eine Zielgruppe ist eine Gruppe von Personen, die ein Werbungtreibender erreichen möchte. Unternehmen definieren ihre Zielgruppen über unterschiedliche Merkmale wie zum Beispiel Alter, Bildung, Interessen, Beruf, Einkommen, etc. (Quelle: http://www.onlinemarketing-praxis.de/glossar/zielgruppe).

10 Anhang: HR-Blogs in Deutschland

Das Internet stellt heutzutage eine gute Möglichkeit dar, ständig auf dem Laufenden zu bleiben. Die neuesten Geschehnisse rund um die Welt findet man dort – zudem meist begleitet von Kommentaren und Diskussionen. Um in einem speziellen Fachgebiet stets up-to-date zu sein, eignen sich vor allem Foren und Blogs der jeweiligen Szene. Für uns HRler ist das die sogenannte Personalersuppe, ein Begriff, der sich in den vergangenen Jahren etabliert hat. Er bezeichnet die Summe aller Blogs, die für das Thema Personalgewinnung stehen. Hier waren gerade in jüngster Zeit etliche Präsenzen entstanden. Es lohnt sich immer wieder, die Artikel durchzugehen, um mitzubekommen, was sich in der Szene so tut. Da es sich um Blogs handelt, ist es natürlich so, dass diese Auftritte sehr stark von den Bloggern gefärbt werden. Man kann sich also durchaus nach eigenen Präferenzen die Blogs, die einem gefallen, zusammenstellen und muss nicht ständig alle lesen. Auch wir tun das nicht. Wenn ein Thema äußerst wichtig ist, schreiben sowieso mehrere darüber.

Damit Sie sich ein kleines Bild der Szene machen können, haben wir eine Blog-Liste für Sie erstellt. Grundlage bildet die Liste der Blogs der Deutschen Employer Branding Akademie (DEBA), die Sie auf deren Homepage finden. Diese Liste haben wir die Blogs zum Thema Personalgewinnung reduziert.

Wir wünschen Ihnen viel Spaß beim Stöbern.

Absolventa Karriere-Blog, absolventa, www.absolventa.de/blog
Das Karriere-Blog für Studenten, Absolventen und Young Professionals von Absolventa informiert über Recruiting Trends und Entwicklungen am Arbeitsmarkt, gibt Tipps und Hilfen für Bewerbung und Berufseinstieg, bietet News vom Arbeitsmarkt für Akademiker und veröffentlicht Experten-Interviews zu Karrierefragen. Obwohl die Zielgruppe die Bewerber sind, ist es immer wieder aufschlussreich, sich über diesen Blog zu informieren.

Azubister – Dein Ausbildungsblog, Martin Glania, blog.azubister.net
Azubister ist ebenfalls ein Zielgruppen Blog. Dort werden Themen rund um den Bereich Ausbildung, Berufswahl und Ausbildungsmarketing aufgegriffen.

Berufebilder, Simone Janson, www.berufebilder.de
Dies ist das Karriereblog von Bestseller-Autorin Simone Janson zu den Themen Bildung und Lernen, Berufs- und Quereinstieg, Job- und Personalsuche, Karriere und Erfolg und Existenzgründung und Innovation.

Bewerber-Tagebuch, Annette Gerlach, bewerbungstagebuch.annettegerlach.de
Hier schreibt Annette Gerlach über ihre Jobsuche.

Bewerberblog, Reinhard Hoffmann, www.bewerberblog.de
Reinhard Hoffmann möchte mit dem Bewerberblog eine Plattform schaffen, auf der sich Personaler und Bewerber austauschen können und auf der gleichzeitig wertvolle Informationen gesammelt werden sollen. Der Blog zum Thema Bewerbung und Recruiting stellt also Informationen zur Verfügung, informiert über neue Entwicklungen und bietet den Lesern die Möglichkeit, sofort und unkompliziert mit den Autoren oder anderen Lesern in Kontakt zu treten.

Crosswater Job Guide, diverse Autoren, crosswater-job-guide.com/wp
Hier finden Sie Beiträge von verschiedenen Autoren zu Themen wie Recruiting, HR, Gehalt und Karriere.

Employer Branding & Recruiting, Gunnar Lübbe, employerbrandingandrecruiting.wordpress.com/
Der Blog umfasst prinzipiell die ganze Bandbreite von Employer Branding und Recruiting, fokussiert dabei aber insbesondere Karriere-Websites und die Nutzung von Social Media. Die Inhalte beschränken sich nicht nur auf Deutschland, sondern beziehen auch internationale Beispiele mit ein (etwa aus Italien). Oft gibt es einen Bezug zu Unternehmen aus dem Finanzsektor.

Employer Branding von morgen, Robindro Ullah, www.robindroullah.de
Robrindro Ullah ist Mathematiker und schreibt zu Ideen und seinen Erfahrungen mit Employer Branding, HR-Marketing und Recruiting aus seinem Arbeitsleben. Er stellt regelmäßig einen Suppen-Report auf, in dem er die Themen aus verschiedenen Blogs der Bereiche Personal Marketing, Recruiting und Employer Branding aufgreift und kommentiert.

EmployerBranding-Blog, Wolfgang Goebel, www.employerbranding-blog.de
Dies ist der Blog von McDonald's Personalvorstand Wolfgang Goebel. Hier berichtet er über seine Erfahrungen mit der Frage »Wie wird ein Unternehmen zum Arbeitgeber erster Wahl – sowohl für die eigenen Mitarbeiter als auch für Franchise-Nehmer?«.

HRMarketingBlog, Raoul Fischer, www.wuv.de/blogs/hrmarketingblog
Der Blog von W&V Karriere & Job informiert über alle Themen rund um HR-Marketing und Employer Branding.

HUW28 Der Personalmarketing Blog, Hans Ulrich Würth, www.huw28.wordpress.com
Hans Ulrich Würth (HUW28) und seine Gastautoren bloggen über die gesamte Bandbreite des Personalmarketing. Schwerpunkt sind aktuelle Trends, Nachrichten, Studien. Fokussiert auf Arbeitgeberattraktivität, Arbeitsmarktstudien, Ausbildungsmarketing, Employer Branding, Fachkräftemangel, Jobbörsen, Fachliteratur, Mittelstand, Mitarbeiterkommunikation, Mitarbeiter-motivation, Mobile Recruiting, Recruiting, Seminare & Workshops, Social Media, Tools, Wissensmanagement u. v. m.

JOBlog, Marcus Tandler, www.secretsites.de/joblog
Marcus Tandler berichtet in seinem Blog zu den Themen Job und Karriere sowie der deutschen wie auch internationalen Jobbörsen-Landschaft.

Karriere.at Blog, Christoph Weissenböck, www.karriere.at/blog
Das Blog ist von karriere.at mit Beiträgen rund um die Themen Jobs, Joballtag, Jobsuche, Karriere und berufliche Lebensplanung.

Leipziger-HRM-Blog, Professor Dr. Wald, www.leipzig-hrm-blog.blogspot.de
In dem HRM-Blog von Prof. Dr. Wald werden Themen beleuchtet wie: Social Media im Employer Branding, Rekrutierungsprozesse und Arbeitgeberrankings. Der Blog zeigt Trends, Diskussionen und interessante Vorträge rund um Employer Branding.

mats-blog.de, Daniel Schütt, www.mats-blog.de
Der Personalmarketing-Blog für die digitale Generation. mats-blog.de schreibt über die Ansprüche der Studenten an Employer Branding und Recruiting und welche neue Rolle Social Media und Web 2.0 dabei spielen. Ob Umfragen an Hochschulen oder Einblicke in die Lebenswelt der Nachwuchskräfte von morgen, der Blog diskutiert, was eine moderne Arbeitgebermarke verkörpern muss. Hinter Mats steckt das Team von meinpraktikum.de, das nicht nur selbst Teil der Generation Y ist, sondern vor allem mit seinem populären Praktikumsportal Erfahrung im Personalmarketing für Hochschüler gesammelt hat.

Mein Freund die Arbeitgebermarke, Jannis Tsalikis, mfda-blog.de/
Themen dieses Blogs sind Employer Branding, Human Resources Management und Recruiting im Web 2.0.

metaHR, Christoph Athanas, blog.metahr.de
Das Human Resource-Blog der metaHR stellt aktuelle HR-Trends vor und berichtet über Personalentwicklung 2.0, Führung und Recruiting in Zeiten von Social Media. Autor Christoph Athanas ist HR-Berater und Geschäftsführer der metaHR GmbH.

NochEinPersonalmarketingBlog, Tim Verhoeven, NochEinPersonalmarketingBlog.blogspot.com
Seit einigen Jahren verfolgt Tim Verhoeven (Referent des Personalmarketing bei Weidmüller Interface GmbH & Co. KG) regelmäßig die Blogger-Szene im Bereich Social-Media/HR und schreibt seit Anfang 2012 selbst rund um das Thema Personal, vor allem zu Personal-marketing, Employer Branding und Recruiting.

Online-Recruiting, Eva Zils, www.online-recruiting.net
Eva Zils (JobTicket GmbH) beschäftigt sich mit der Auswahl, der Planung und dem Einsatz der geeigneten nationalen und internationalen Internetmedien, um qualifizierte Bewerber anzusprechen. Zudem interessiert sie sich für Social Media Recruiting.

PersoBlogger, Stefan Scheller, persoblogger.wordpress.com/
Stefan Scheller berichtet in seinem Blog rund um das Thema HR-Marketing und Recruiting. Mit immer neuen Formaten versucht er die HR Community zum Diskutieren anzuregen.

Personalblogger.de, diverse Autoren, www.personalblogger.net
Der Personalblogger ist in Deutschland vermutlich der größte Zusammenschluss von bloggenden Personalern. Die Themen beschäftigen sich mit HR im Allgemeinen, aber auch häufig mit der Personalgewinnung.

Personalmarketing-blog, Lutz Altmann, www.personalmarketingblog.de
Dieser Blog beschäftigt sich mit Themen rund um das Social-Media-Personalmarketing und soll zur lebhaften Diskussion anregen.

personalmarketing2Null Blog, Henner Knabenreich, personalmarketing2null.de/
Henner Knabenreich berichtet über das World Wide Web mit all seinen Anwendungen, Trends und Entwicklungen. Unter ganz besonderer Beobachtung stehen dabei die HR-Websites großer oder eben auch nicht ganz so großer Unternehmen sowie Social Media.

prospective, Mathias Maeder, blog.prospective.ch
Dies ist der Blog der eDispositions- und Medienberatungsagentur Prospective zu zahlreichen Themen wie Social Media, Recruiting und Employer Branding.

Recrutainment Blog, Joachim Diercks, blog.recrutainment.de
Der Recrutainment-Blog der CYQUEST GmbH, die u. a. auf die Entwicklung webbasierter e-Assessments spezialisiert ist, bietet Infos und Beiträge zu von ihr umgesetzten Recrutainment-Projekten, zu e-Assessment, Self-Assessment und Employer Branding.

saatkorn, Gero Hesse, www.saatkorn.com/
Bei Gero Hesse (Geschäftsleitung der medienfabrik, der Medienagentur des Bertelsmann Konzerns) geht es um Social Media und Employer Branding. Wie kommuniziert man in Zeiten von #Kununu, Twitter, Facebook oder Xing so mit der Zielgruppe, dass ein Interesse für einen bestimmten Arbeitgeber entsteht?

Social Media Recht Blog, Nina Diercks, socialmediarecht.wordpress.com
Nina Diercks, Rechtsanwältin, wendet sich in erster Linie an diejenigen, die mit Social Media arbeiten. Auf verständliche, mitunter auch amüsante Art wird über Entwicklungen, Fragestellungen sowie Probleme in den Bereichen Social Media und Recht gebloggt.

Talent Blog, Intra Worlds GmbH, www.intraworlds.de/talent-blog/
Der Talent Blog der IntraWorlds GmbH beschäftigt sich mit Themen rund um Talent #Sourcing. Es werden unter anderem aktuelle Trends diskutiert, Branchenexperten befragt, Studien und Best Practices vorgestellt und Event-Highlights zusammengefasst.

Wollmilchsau, Jan Kirchner und Alexander Fedossov www.wollmilchsau.de
Dies ist der Blog vom Wollmilchsau-Team. Die »Wollmilchsau« berichtet über Ideen und Meinungen zum Thema Recruiting, Marketing und Social Media im deutschsprachigen Raum.

11 Literaturverzeichnis

Alvares de Souza Soares, P. (2012): Der gläserne Bewerber. http://www.zeit.de/2012/37/C-Aufmacher-Klout-Score. Stand: 24.04.2013.

Apple App Store. www.apple.com. Stand:10.03.2013.

Athanay, Christof/Graf, Nele (Hrsg.) (2013): Innovative Talentstrategien. Freiburg 2013.

Beck, Christof (Hrsg) (2012): Personalmarketing 2.0. Köln 2012.

Becker, Manfred (2008): Messung und Bewertung von Humanressourcen. Stuttgart 2008.

Becker, Manfred (2010): Personalwirtschaft. Stuttgart 2010.

Bender, Jens (o.J.): Talent Relationship Management & Active #Sourcing. Servicebroschüre BPM. Berlin.

Bents, Richard/Blank, Reiner (2004): Typisch Mensch. Einführung in die Typentheorie. Göttingen 2004.

Bergmann (Hrsg) (2012): Handlexikon der Europäischen Union. Baden-Baden 201

Berthel, Jürgen/Becker, Fred G. (2013). Personalmanagement. Stuttgart 2013.

BITKOM – Bundesverband Informationswirtschaft Telekommunikation und neue Medien e.V. (Hrsg.) (2011): Soziale Netzwerke. Eine repräsentative Untersuchung zur Nutzung sozialer Netzwerke im Internet. Berlin 2011.

Bosch, Gerhard/Kohl, Heribert/Schneider, Wolfgang (Hrsg.) (1995): Handbuch der Personalplanung. Köln 1995.

Bridges, William (1998): Der Charakter von Organisationen. Göttingen 1998.

Brinkmann, Gerhard: Ökonomik der Arbeit. Band 1: Grundlagen. Klett-Cotta, Stuttgart 1981, S. 225

Brücker, Herbert (2010): Deutschland leidet unter einem Brain Drain. In: Wirtschaftsdienst 2010, S. 137–139.

Buckmann, Jörg (Hrsg.) (2013): Einstellungssache: Personalgewinnung mit #Frechmut und Können. Wiesbaden 2013.

Bundesagentur für Arbeit (Hrsg.) (2011): Perspektive 2025: Fachkräfte für Deutschland. Nürnberg 2011.

Bundesamt für Migration und Flüchtlinge (2014): Broschüre: Willkommen in Deutschland. http://www.bamf.de/SharedDocs/Anlagen/DE/Publikationen/Broschueren/willkommen-in-deutschland.html?nn= 1362950. Stand: 15.04.2014.

Bundesministerium für Arbeit und Soziales (Hrsg.) (2014): Warum aktive Fachkräftesicherung in Deutschland notwendig ist. Mannheim 2014.

Bundesministerium für Wirtschaft und Energie (2014): Förderung der beruf-lichen Mobilität von ausbildungsinteressierten Jugendlichen und arbeitslosen jungen Fachkräften aus Europa (MobiPro EU), http://www.foerderdatenbank.de/FoerderDB/Navigation/Foerderrecherche/suche.html?get = 4aa561e46fff16fb87d819d09c769842;views;document&doc = 11828&typ = RL. Stand: 15.05.2014.

Bundesministerium für Wirtschaft und Energie (BMWi) (Hrsg.) (2014): Fachkräfteengpässe in Unternehmen. Berlin 2014.

Bundesministerium für Wirtschaft und Energie (o.J. a): Ratgeber: »Arbeiten in Deutschland«, http://www.make-it-in-germany.com/fileadmin/user_upload/download/Ratgeber-Arbeiten-in-Deutschland_dt.pdf. Stand: 05.05.2014.

Bundesministerium für Wirtschaft und Energie (o.J. b): Ratgeber »Leben in Deutschland«, http://www.make-it-in-germany.com/fileadmin/user_upload/download/Ratgeber-Leben-in-Deutschland_de.pdf. Stand: 05.05.2014.

Bundesministerium für Wirtschaft und Technologie (BMWi) (Hrsg.) (2012): Fachkräfte sichern. Engpassanalyse. Berlin 2012.

Bundesverband Digitale Wirtschaft (BVDW) e.V. (2012): Deutsche Unternehmen setzen immer stärker auf Social Media.http://www.bvdw.org/medien/bvdwdeutsche-unternehmen-setzen-immer-staerker-auf-social-media?media= 4308. Stand: 28.02.2013.

Bundesverband Digitale Wirtschaft (BVDW) e.V. – http://www.bvdw-sem.de/glossar/suchmaschinen-marketing.html. Stand: 04.03.2015

Busold, Matthias (Hrsg.) (2014): War for Talents. Düsseldorf 2014.

Busse, Annika/Kruse-Wiegand, Malina (2013): Wir machen dieses Social Media. Köln 2013.

Calmbach, M./Thomas, P.M./Borchard, I./Flaig, B. (2012): Wie ticken Jugendliche? Lebenswelten von Jugendlichen im Alter von 14 bis 17 Jahren in Deutschland. Heidelberg 2014.

Centers for European Studies/Konrad Adenauer Stiftung (Hrsg) (2013): Der Europäische Arbeitsmarkt – Erfolg durch Flexibilität und Mobilität. Berlin 2013.

Corsswater Job Guide. Typologie der Jobbörsen. http://www.crosswater-systems.com/ej5003ap_m_3.htm. Stand: 04.03.2015

Dahm, Johanna (2007): Talent Management. Köln/Zürich 2007.

Dallhammer/Kellermann (2013): Ständige Erreichbarkeit dank moderner Kommunikationsmittel. http://www.apraxa.de/recht/arbeitsrecht/334/st%C3 %A4ndige_erreichbarkeit_dank_moderner_kommunikationsmittel. Stand: 11.03.2013.

Dannenberg, Marius/Wildschütz, Frank/Merkel, Stefanie (2002): Handbuch Werbeplanung. Stuttgart 2002
Dannhäuser, Ralph (2014): Praxishandbuch Social Media Recruiting. Wiesbaden 2014.
Davis, Melissa (2010): Grundlagen des Brandings. München 2010
Deardorff, Darla (2006): Interkulturelle Kompetenz – Schlüsselkompetenz des 21. Jahrhunderts, Bertelsmann Stiftung, Gütersloh http://www.bertelsmann-stiftung.de/bst/de/media/xcms_bst_dms_17145_17146_2.pdf. Stand: 04.03.2014.
Derksen, J. (2008): Viele Geräte, wenige Nutzer: Internet auf dem Handy steht erst am Anfang. http://www.accenture.com/de-de/company/newsroomgermany/Pages/mobile-web-nutze-studie.aspx. Stand: 27.02.2013.
Deutscher Industrie- und Handelskammertag e. V.(2014) (Hrsg.): DIHK-Arbeitsmarktreport. Berlin 2014.
DGFP e. V. (Hrsg.) (2012): Employer Branding. Bielefeld 2012.
Diercks, Joachim/Kupka, Kristof (Hrsg.) (2013). Recrutainment. Wiesbaden 2013.
Durayappah, A. (2011): Facebook enhances self-esteem study finds. http://www.psychologytoday.com/blog/thriving101/201103/facebook-enhancesself-esteem-study-finds. Stand: 23.04.2013.
Esser, Hartmut (2001): Integration und ethnische Schichtung. Arbeitspapiere-Mannheimer Zentrum für Europäische Sozialforschung., Nr. 40, http://www.mzes.uni-mannheim.de/publications/wp/wp-40.pdf, Stand: 15.02.2014.
Feldweg, Helmut/Kibiger, Ralf/Thielen, Christine (1995): Zum Sprachgebrauch in deutschen Newsgruppen. Osnabrücker Beiträge zur Sprachtheorie 50. S. 143–154.
Fesler, Georg (2010): Personalmarketing. 2010. Göttingen.
Feter, Hermann (1983): Markt-Segmentierung. Stuttgart 1983.
Flaig, Bodo Berthold/Barth, Bertram (2014): Die Sinus Milieus 3.0 – Hintergründe und Fakten zum aktuellen Sinus-Modell. In: Halfmann, Marion (Hrsg.) (2014): Zielgruppen im Kosumentenmarketing. Wiesbaden 2014. ebook.
Freter, Hermann (1983): Marktsegmentierung. Stuttgart 1993.
Friederichs, Thomas (2012): Die besten Mitarbeiter gewinnen. Freiburg/München 2012.
Gaedt, Martin (2014): Mythos Fachkräftemangel. Weinheim 2014.
Gammage. B. et al. (2009): Gartner's Top Predictions for IT Organizations and Users, 2010 and Beyond: A New Balance. http://www.gartner.com/DisplayDocument?ref=clientFriendlyUrl&id=1268513. Stand: 28.02.2013.
Grabs, Anne/Bannour, Karim-Patrick (2012): Follow me. Bonn 2012.
Grandke, Julian (2012): Studie: Social-Media-Nutzung in deutschen Unternehmen nimmt zu. http://www.socialmediastatistik.de/studie-social-media-nutzung-indeutschen-unternehmen-nimmt-zu/.
Haase, Martin/Huber, Michael/Krumeich, Alexander/Rehm, Georg (1997): Internetkommunikation und Sprachwandel. In: Rüdiger (Hrsg.) (1997): Sprachwandel durch Computer.
Hähnel, M. (2011): Wenn Angestellte aussuchen: 92 % wollen iPhone als Firmenhandy. http://www.areamobile.de/news/18526-wenn-angestellteaussuchen-92-%-wollen-iphone-als-firmen handy. Stand: 04.03.2013.
Haitzer, Axel (2011): Bewerbermanagement. Neubeuren 2011.
Halfmann, Marion (2014): Der Konsument von morgen – Vom Homo oeconomicus zum Homo mysticus. In: Halfmann, Marion (Hrsg.) (2014): Zielgruppen im Kosumentenmarketing. Wiesbaden 2014. e-book.
Halfmann, Marion (Hrsg.) (2014): Zielgruppen im Kosumentenmarketing. Wiesbaden 2014.
Hans Böckler Stiftung (Hrsg.) (2012): Zukünftiger Qualifikations- und Fachkräftebedarf. Handlungsfelder und Handlungsmöglichkeiten. Ein Überblick. Düsseldorf 2012.
Hartz, H. (2006): Bizarrer Trend: Mit dem Handy ins Grab. http://www.insidehandy. de/news/5701-bizarrer-trend-mit-dem-handy-ins-grab. Stand: 03.03.2013.
Hemken, H./Rehberg, C./Wienströer, S./Mank, N. (2013); Das Internet in Zahlen. http://www.seo-united.de/blog/internet/das-internet-in-zahlen-2.htm. Stand: 10.03.2013.
Hermann Ribhegge (2011): Europäische Wirtschafts- und Sozialpolitik. Berlin, Heidelberg 2011.
Hoffman, Reid/Casnocha, Ben/Yeh, (2013): Tours of Duty. Harvard Business Review, https://hbr.org/2013/06/tours-of-duty-the-new-employer-employee-compact. Stand: 05.01.2015.
Jacob, Leon/Schutz, Thomas (2011): Die Kunst, Talente Talentgerecht zu entwickeln. Norderstedt 2011.
Jäger, Wolfgang/Lukasczyk, Alfred (Hrsg.) (2009): Talent Management. Köln 2009.
Janssen, Herbert (2012): Die besten Mitarbeiter erfolgreich gewinnen, entwickeln und halten. Zürich 2011.
Janszky, Sven Gabor/Abicht, Lothar (2013): 2025 – So arbeiten wir in der Zukunft. eBook.
Jetter, Wolfgang (2008): Effiziente Personalauswahl. Stuttgart 2008.
Johannes Scherb (2012): Lissabon-Strategie. In: Bergmann (Hrsg) (2012): Handlexikon der Europäischen Union. Baden-Baden 201
Jordan, Ulrich/Külpp, Birgit/Bruckschen, Ines (2013): Das erfolgreiche Einstellungsinterview. Wiesbaden 2013.

Kannenberg, Dieter/Diederichs, Matthias (2014): Führungs-Kraft. Regensburg 2014.
Kannig, Uwe Peter/Pöttker, Jens/Klinge, Katharina (2008): Personalauswahl. Stuttgart 2008.
Keppler, B. (2010): Pflicht zur Herausgabe des Xing Accounts bei Arbeitsplatzwechsel?. http://www.rechtzweinull.de/archives/128-Pflicht-zur-Herausgabe-des-XING-Accounts-bei-Arbeitsplatzwechsel.html. Stand: 24.04.2013.
Kerth, Klaus/Asum, Heiko/Stich, Volker (2011): Die besten Strategietools in der Praxis. München 2011.
Kirch, Nico (2012): 70 % der deutschen Internetnutzer nutzen 2012 auch Social Media. http://www.socialmediastatistik.de/social-media-atlas-2012/. Stand: 23.10.2012
Klug, Andreas (o. J.): Die DIN 33430 in der Personalpraxis. Universität Tier.
Köhler, Ralph (2009): Neue Wege im Recruiting. Paderborn 2009.
Kramer, Ralp/Peter, Frank K. (2012): Arbeitsrecht: Grundkurs für Wirtschaftswissenschaftler. Wiesbaden. 2012
Kriegler, Wolf Reiner (2012): Praxishandbuch Employer Branding. Freiburg 2012.
Kuhs, Peter (2012): Employer Branding. Saarbrücken 2012.
Kuß, Alfred/Tomczak, Torsten (2007): Käuferverhalten. Stuttgart 2007.
Lammenett, Erwin (2009): Praxiswissen Online-Marketing. Wiesbaden 2009.
Lewin, K. (1947): Frontiers in Group Dynamics. Weingarten/Opladen 1947.
Lumma, Nico/Ripller, Stefan/Woischwil, Branko (2013): Berufsziel Social Media: Wie Karrieren im Web 2.0 funktionieren. Wiesbaden 2013.
Maier, Norbert (2011): Erfolgreiche Personalgewinnung und Personalauswahl. eBook. Zürich 2011.
McKinsey & Company (Hrsg.) (1998): The war for Talents. In: The McKinsey Quarterly. 1998 Number 3.
McKinsey Deutschland (Hrsg.) (2011): Wettbewerbsfaktor Fachkräfte. Strategien für deutsche Unternehmen. Berlin 2011.
Meffert, Heribert (2000): Marketing-Grundlagen marktorientierter Unternehmensführung. Wiesbaden 2000.
Meifert, Matthias T. (Hrsg.) (2010): Personalauswahl. Freiburg 2010.
meta HR Unternehmensberatung GmbH/stellenanzeigen.de GmbH &Co. KG (Hrsg.) (2014): #Candidate Experience Studie. Berlin/München 2014.
Metzler, Christoph/Werner, Dirk/Achtenhagen, Claudia/Michalski, Corinna/Erdmann, Vera (2012): Unternehemen positionieren. Willkommenskultur im Unternehmen. Herausgeber: Bundesministerium für Wirtschaft und Technologie (BMWi), http://www.kompetenzzentrum-fachkraeftesicherung.de/nc/service/publikationen/rkw2/Media/show/willkommenskultur-in-unternehmen/, Stand: 10.02.2014
Morschhäuser, Tanja (2013): Nutzung von Social Networks: Der Trend geht zu Twitter. http://www.socialmediastatistik.de/nutzung-von-social-networks-indeutschland/. Stand: 14.03.2013.
Nagel, Katja (2011): Employer Branding. Wien 2011.
Nufer, Gerd/Ambacher, Vanessa (2012): Eye Tracking als Instrument der Werbeerfolgskontrolle. Hochschule Reutlingen
o. V. (o. J.): War for Talents, http://www.4managers.de/themen/war-for-talents/, 17.05.2014
Olfert, Klaus (Hrsg.) (2005): Kompakt-Training Marketing. Ludwigshafen 1999.
Optendrenk, F./Calinski, M. (2012): Büroangestellte sollten weniger oft ihre E-Mails checken, das meidet Stress. http://www.paradisi.de/Health_und_Ernaehrung/Symptome/Stress/News/63444.php. Stand: 02.03.2013.
Peitz, Anja/Pfeiffer, Rolf (Hrsg.) (2002): Personalauswahl international. Suche, Auswahl, Integration. 2002 Düsseldorf.
Petkovic, Malden (2008): Employer Branding. München/Mering 2008.
Radler, Michaela (2009): Leitfaden zur Vorbereitung, Durchführung und Nachbereitung von Einstellungsgesprächen. Norderstedt 2009.
Remmers, Manfred (o. J.): Instrumente und Methoden für eine erfolgreiche Personalauswahl. eBook.
Riederle, Philipp (2013): Wer wir sind und was wir wollen. München 2013.
Ritter, Andre (2010): E-Recruiting. München 2010.
Rohm, Armin (1997): Karriereplanung. München/Wien 1997.
Rohrlack, Kirsten (2012): Personalbeschaffung kompakt. München/Mering 2012.
Roth, P./Wiese, J. (2010): Facebook Nutzerzahlen. http://allfacebook.de/userdata/. Stand: 12.03.2013.
Scheuss, Ralph (2012): Handbuch der Strategien. Frankfurt am Main 2012.
Schüller, Anne M. Schüller (2012): Touchpoints – Auf Tuchfühlung mit dem Kunden von heute. Offenbach 2012.
Schulz, Ludwig M. (2014): Das Geheimnis erfolgreicher Personalauswahl. Wiesbaden 2014.
Schulze-Geißler, A. (2012): Mail ist beim Handynutzer angekommen. http://www.adzine.de/de/site/artikel/6640/e-mail-marketing/2012/02/e-mail-istbeim-handynutzer-angekommen. Stand: 01.03.2013.
Shirky, Clay (2008): Here comes everybody. New York 2007.
Sinus-Institut (2014): Sinus-Milieus®. Heidelberg. 2014.

Socha, S. (2010): Social Media: Statistiken & Daten zu Nutzerzahlen [+ Infografiken]. In: Goddard, J./ Schmidt, C. (2010): Kennstdueinen. http://blog.kennstdueinen.de/2010/03/social-media-statistiken-daten-zunutzerzahlen-und-mehr/. Stand: 28.02.2013.
Spiegel Online (2012): Erreichbarkeit: Freizeit und Arbeit verschmelzen immer mehr. http://www.spiegel.de/gesundheit/psychologie/aok-fehlzeitenreport-freizeitund-arbeit-verschmelzen-immer-mehr-a-850397.html. Stand: 02.03.2013.
Spieß, Erika/Andreas Brüch (2002): Beurteilung der Motive beruflicher Auslandstätigkeit. In: Peitz, Anja/ Pfeiffer, Rolf (Hrsg.) (2002): Personalauswahl international. Suche, Auswahl, Integration. Düsseldorf 2002.
Springer Gabler Verlag (Herausgeber), Gabler Wirtschaftslexikon, Stichwort: Printwerbung, online im Internet: http://wirtschaftslexikon.gabler.de/Archiv/81071/printwerbung-v7.html
Statistische Ämter des Bundes und der Länder (Hrsg.) (2011): Bevölkerungs- und Haushaltsentwicklung im Bund und in den Ländern. Wiesbaden 2011.
Stehr, Christopher (o.J): Willkommen in der Region. http://www.pro-magazin.de/wirtschaft/wirtschaft/0-2013-willkommenskultur.html. Stand: 28.02.2014,
Steinweg, Svea (2009): Systematisches Talent Management. Stuttgart 2009.
Stimmen, Kurt (2012): Stellenanzeigen wirksam und erfolgreich formulieren. Zürich 2012.
Stotz, Waldemar/Wedel-Klein, Anne (2013): Employer Branding. München 2013.
Strzygowski, Steffen (2014): Personalauswahl im Vertrieb. 2014 Wiesbaden.
Stuber, Reto (o.J.): Social Media Marketing. Düsseldorf.
Stülb von Klimesch Lothar/von Klimesch Christoph (2014): Professional Search als Personalmarketing. Eine Antwort auf das Recruiting-Dilemma in der Wissensgesellschaft. Berlin Heidelberg 2014.
Thier, Karin (2010): Storytelling. Berlin/Heidelberg 2010.
Trost, Armin (2012): Talent Relationship Management. Berlin/Heidelberg 2012.
Trost, Armin (Hrsg.) (2009): Employer Branding. Köln 2009.
Uebel, Matthias/Dangelmaier, Wilhelm (2002): Effektives Customer Relationship Management. Wiesbaden 2002.
Ulrich, Dave (1996): Human Resource Champions. Harvard 1997.
Verlag Bertelsmann Stiftung (Hrsg.) (2013): Arbeitsmarkt. eBook. Gütersloh 2013.
Vogler-Ludwig, Kurt/Düll, Nicola (2013): Arbeitsmarkt 2030. Eine strategische Vorausschau auf Demografie, Beschäftigung und Bildung in Deutschland. Bielefeld 2013.
von Rosenbladt, Bernhrad (1990): Fachkräftemangel und Arbeitslosigkeit. In: Mitteilungen aus der Arbeitsmarkt- und Berufsforschung. 23. Jg./1990
Walczak, Dagna (2008): Sinus Milieus. Sankt Augustin 2008.
Weis, Christian (2005): Kompakt-Training Marketing. Ludwigshafen 1999.
Wottawa, H./Kirbach, C./Montel, C./Oenning, S. (2004): Recruiting und Assessment im Internet. Werkzeuge für eine optimierte Personalauswahl und Potenzialerkennung. Göttingen.
Winters, Phil (2014): Customer Strategy – Aus Kundensicht denken und handeln. Freiburg 2014.
Wolf, Stefan G. (2013): Stellenanzeigen erfolgreich texten. Wiesbaden 2013.

12 Stichwortverzeichnis

Die Autoren

Als studierter Wirtschaftsmathematiker hat **Robindro Ullah** das Personalmanagement erst Mitte 2007 für sich entdeckt. 2005 bei der DB Fernverkehr AG als Trainee eingestiegen, baute er ab Anfang 2008 das Thema Social Media im Kontext HR bei der DB auf. Im Anschluss leitete Herr Ullah eine Abteilung der Tochter DB Services, die sich mit der Beschäftigungssicherung der Mitarbeiter der DB über innovative neue Wege auseinandersetzte. Das Thema Personalgewinnung über soziale Netzwerke lag parallel lange Zeit noch operativ in seiner Verantwortung. Im Rahmen seiner Position als Leiter Personalmarketing und Recruiting Süd war er von 2011–2013 für jährlich 1400 Bedarfe verantwortlich. Seit 2013 ist Robindro Ullah Head of Employer Branding und HR Communication bei der VOITH GmbH und verantwortet dort global die Themen der Personalgewinnung. Parallel zu seiner Arbeit in den Unternehmen ist er seit 2009 Gastdozent an der Quadriga Hochschule Berlin zum Thema Recruiting und ein oft gebuchter Referent auf Personalmanagementveranstaltungen.

In den vergangenen Jahren wurde Robindro Ullah mehrfach für seine Arbeit ausgezeichnet. Unter anderem wurde er zweifach mit dem Social Media Personalmarketing Innovator Preis geehrt und erhielt für seine Projekte zwei Mal den HR Excellence Award.

Kontakt:
E-Mail: Robindro.ullah@gmx.de
Twitter: @robindro
Blog: www.hrinmind.de

Die berufliche Laufbahn von **Michael Witt** begann mit einer Ausbildung zum Tischler, die er in seiner oberschwäbischen Heimat absolvierte. Nach dem Zivildienst in Ulm studierte er den Studiengang Soziale Arbeit, den er mit dem Diplom abschloss. Er fand im Anschluss seinen beruflichen Einstieg in der Beruflichen Fort- und Weiterbildung. Insgesamt war er sechs Jahre in diesem Bereich tätig. Zu Beginn dieser Tätigkeit standen Themen wie Berufsorientierung, Bewerbungslehre und Coaching im Vordergrund, die später von konzeptionellen und strategischen Aufgaben durch die Tätigkeit als Koordinator abgelöst wurden. Als Koordinator entwickelte und implementierte er in der Region Bodensee-Oberschwaben hauptverantwortlich vor allem Seminarkonzepte für junge arbeitssuchende Menschen. Während dieser Zeit schloss er den berufsbegleitenden MBA Studiengang ab und wechselte daraufhin in die Personaldienstleistung, bei der er als Head of Recruiting verantwortlich für eine regionale Einheit war. Neben der Ausrichtung des operativen Recruitings zählten dabei strategische Businessthemen zum Arbeitsalltag. Mit dem Wechsel 2013 zu Voith übernahm Michael Witt die Verantwortung für das bundesweite Recruiting der Division Industrial Services Automotive. In diesem Bereich beschäftigt er sich mit sämtlichen Facetten des Recruitings, die von operativen Maßnahmen über Social Media bis hin zur strategisch konzeptionellen Ausrichtung des Recruitings reichen. Michael Witt wurde für seine Arbeit mit dem HR Excellence Award ausgezeichnet und gewann eine Best Practice Studie der DHBW Baden Württemberg.

Kontakt:
E-Mail: info@witt-consult.de
Twitter: @recruitingwitt
Xing: https://www.xing.com/profile/Michael_Witt10